"十二五"职业教育国家规划教材
经全国职业教育教材审定委员会审定

U0745807

# 微机原理

## （第五版）

新世纪高职高专教材编审委员会 组编

主　编　孙　杰　解统颜　米　昶

副主编　苑　伟　谭新泉

　　　　房　超　董　锋

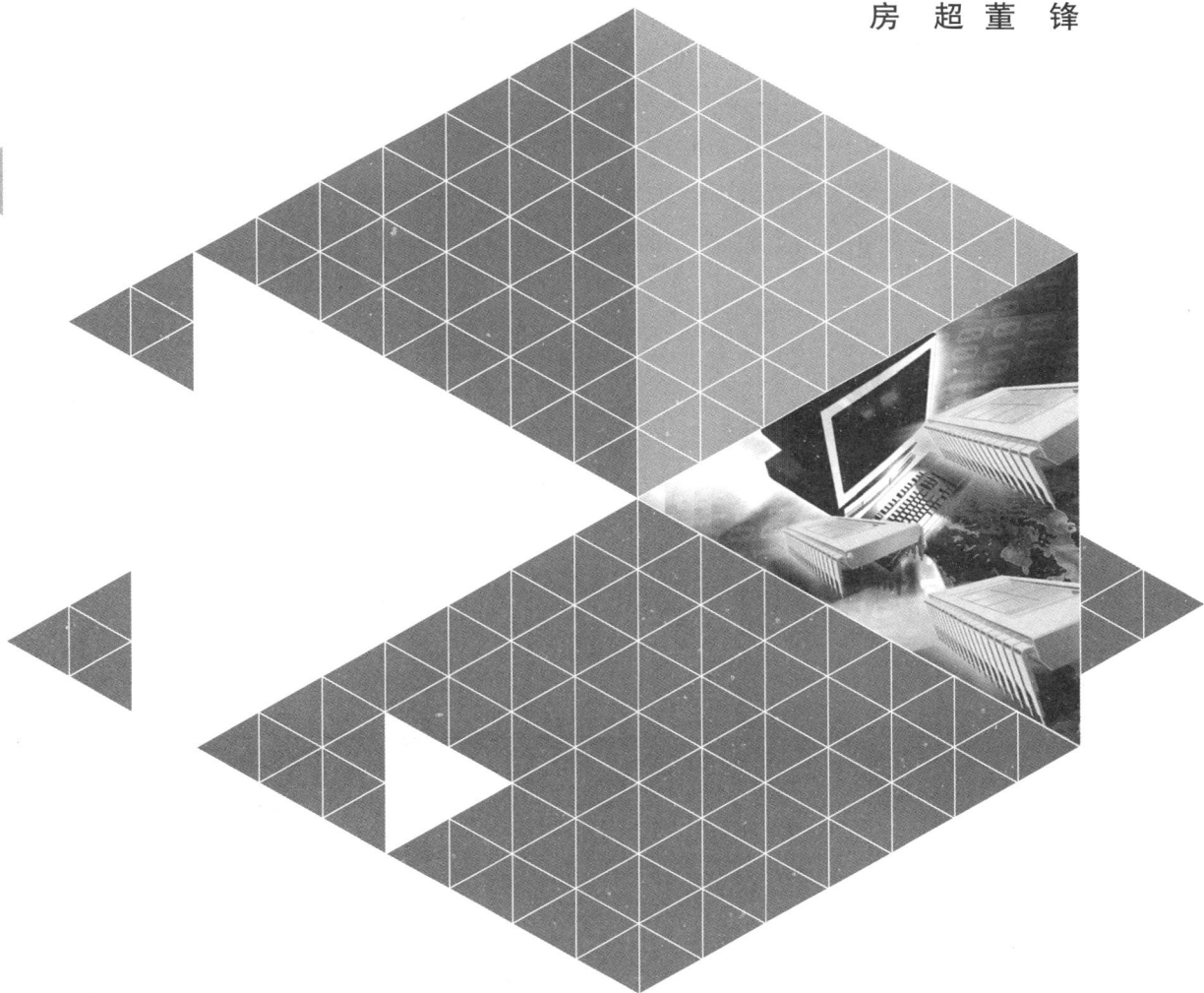

大连理工大学出版社

**图书在版编目(CIP)数据**

微机原理 / 孙杰，解统颜，米昶主编. — 5 版. —
大连 ：大连理工大学出版社，2014.6(2019.6重印)
新世纪高职高专计算机应用技术专业系列规划教材
ISBN 978-7-5611-8498-1

Ⅰ. ①微… Ⅱ. ①孙… ②解… ③米… Ⅲ. ①微型计
算机－理论－高等职业教育－教材 Ⅳ. ①TP36

中国版本图书馆 CIP 数据核字(2014)第 012722 号

大连理工大学出版社出版
地址:大连市软件园路 80 号　邮政编码:116023
发行:0411-84708842　邮购:0411-84708943　传真:0411-84701466
E-mail:dutp@dutp.cn　URL:http://dutp.dlut.edu.cn
大连力佳印务有限公司印刷　　大连理工大学出版社发行

幅面尺寸:185mm×260mm　　印张:18.25　　字数:467 千字
2002 年 2 月第 1 版　　　　　　　　2014 年 6 月第 5 版
2019 年 6 月第 4 次印刷

责任编辑:高智银　　　　　　　责任校对:李　慧
封面设计:张　莹

ISBN 978-7-5611-8498-1　　　　　定　价:42.80 元

# 总　序

　　我们已经进入了一个新的充满机遇与挑战的时代,我们已经跨入了 21 世纪的门槛。

　　20 世纪与 21 世纪之交的中国,高等教育体制正经历着一场缓慢而深刻的革命,我们正在对传统的普通高等教育的培养目标与社会发展的现实需要不相适应的现状做历史性的反思与变革的尝试。

　　20 世纪最后的几年里,高等职业教育的迅速崛起,是影响高等教育体制变革的一件大事。在短短的几年时间里,普通中专教育、普通高专教育全面转轨,以高等职业教育为主导的各种形式的培养应用型人才的教育发展到与普通高等教育等量齐观的地步,其来势之迅猛,发人深思。

　　无论是正在缓慢变革着的普通高等教育,还是迅速推进着的培养应用型人才的高职教育,都向我们提出了一个同样的严肃问题:中国的高等教育为谁服务,是为教育发展自身,还是为包括教育在内的大千社会? 答案肯定而且唯一,那就是教育也置身其中的现实社会。

　　由此又引发出高等教育的目的问题。既然教育必须服务于社会,它就必须按照不同领域的社会需要来完成自己的教育过程。换言之,教育资源必须按照社会划分的各个专业(行业)领域(岗位群)的需要实施配置,这就是我们长期以来明乎其理而疏于力行的学以致用问题,这就是我们长期以来未能给予足够关注的教育目的问题。

　　众所周知,整个社会由其发展所需要的不同部门构成,包括公共管理部门如国家机构、基础建设部门如教育研究机构和各种实业部门如工业部门、商业部门,等等。每一个部门又可做更为具体的划分,直至同它所需要的各种专门人才相对应。教育如果不能按照实际需要完成各种专门人才培养的目标,就不能很好地完成社会分工所赋予它的使命,而教育作为社会分工的一种独立存在就应受到质疑(在市场经济条件下尤其如此)。可以断言,按照社会的各种不同需要培养各种直接有用人才,是教育体制变革的终极目的。

　　随着教育体制变革的进一步深入,高等院校的设置是否会同社会对人才类型的不同需要一一对应,我们姑且不论,但高等教育走应用型人才培养的道路和走研究型(也是一种特殊应用)人才培养的道路,学生们根据自己的偏好各取所需,始终是一个理性运行的社会状态下高等教育正常发展的途径。

　　高等职业教育的崛起,既是高等教育体制变革的结果,也是高等教育体制变革的一个阶段性表征。它的进一步发展,必将极大地推进中国教育体制变革的进程。作为一种应用型人才培养的教育,它从专科层次起步,进而应用本科教育、应用硕士教育、应用博士教育……当应用型人才培养的渠道贯通之时,也许就是我们迎接中国教育体制变革的成功之日。从这一意义上说,高等职业教育的崛起,正是在为必然会取得最后成功的教育体制变革奠基。

　　高等职业教育才刚刚开始自己发展道路的探索过程,它要全面达到应用型人才培养的正常理性发展状态,直至可以和现存的(同时也正处在变革分化过程中的)研究型人才培养的教育并驾齐驱,还需假以时日;还需要政府教育主管部门的大力推进,需要人才需求市场的进一步完善,尤其需要高职高专教学单位及其直接相关部门肯于做长期的坚韧不拔的努力。新世纪高职高专教材编审委员会就是由全国100余所高职高专院校和出版单位组成的、旨在以推动高职高专教材建设来推进高等职业教育这一变革过程的联盟共同体。

　　在宏观层面上,这个联盟始终会以推动高职高专教材的特色建设为己任,始终会从高职高专教学单位实际教学需要出发,以其对高职教育发展的前瞻性的总体把握,以其纵览全国高职高专教材市场需求的广阔视野,以其创新的理念与创新的运作模式,通过不断深化的教材建设过程,总结高职高专教学成果,探索高职高专教材建设规律。

　　在微观层面上,我们将充分依托众多高职高专院校联盟的互补优势和丰裕的人才资源优势,从每一个专业领域、每一种教材入手,突破传统的片面追求理论体系严整性的意识限制,努力凸现高职教育职业能力培养的本质特征,在不断构建特色教材建设体系的过程中,逐步形成自己的品牌优势。

　　新世纪高职高专教材编审委员会在推进高职高专教材建设事业的过程中,始终得到了各级教育主管部门以及各相关院校相关部门的热忱支持和积极参与,对此我们谨致深深谢意;也希望一切关注、参与高职教育发展的同道朋友,在共同推动高职教育发展、进而推动高等教育体制变革的进程中,和我们携手并肩,共同担负起这一具有开拓性挑战意义的历史重任。

**新世纪高职高专教材编审委员会**

2001 年 8 月 18 日

# 前　言

　　《微机原理》(第五版)是"十二五"职业教育国家规划教材、普通高等教育"十一五"国家级规划教材、高职高专计算机教指委优秀教材,也是新世纪高职高专教材编审委员会组编的计算机应用技术专业系列规划教材之一。

　　微型计算机原理是计算机及相关专业的一门重要的专业技术课程。本教材作为高等职业教育的课程教材,充分考虑了职业技术专业教学特征和对学生知识能力培养的不同要求,从应用的角度出发,注重技术的先进性、实用性和应用实践性。

　　编者通过多年的微型计算机原理课程教学实践认识到:在高等职业技术院校的教学过程中,该门课程不论是在理论知识层次还是在实践教学等方面一直都处在教学内容难以把握的困难之中。怎样体现职业技术教育的实践特色,培养专业技术能力强的技能型人才,使学生学到的知识更加实用,也一直是我们努力和奋斗的目标。本教材在讲述微型计算机原理、汇编语言和接口技术的过程中,把微型计算机硬件、软件等方面相关的知识有机地结合在一起。加之精选的实例,使学生了解和掌握微型计算机的工作原理和软件控制硬件的过程。教材中设计了一定量的操作实验,使学生借助实战演练这一环节加深对微型计算机的工作原理的感性认识,力求达到学以致用的目的,为工作过程中应用微型计算机打下坚实的基础。

　　本教材在编写时力求从实际教学角度出发,为便于学生学习和理解,以80X86为基础构建微型计算机的模型。同时又充分考虑微型计算机技术的发展,教材中包含目前主流的32位、64位硬件系统的基本原理和应用等内容,较为完整、系统地介绍了微型计算机的发展轨迹和最新的技术应用。

　　本教材内容的编排尽量符合教育部高等职业技术教育教学的指导思想与原则要求,在内容的组织上本着由浅入深、循序渐进的原则,既注重基本知识和基本概念的介绍,又注意拓展学生的知识面,了解微型计算机技术的演变和技术现状。结合实例重点介绍实用性较强的内容,使学生有的放矢,掌握所学内容,力求做到理论教学与实践教学的同步与融合。

本教材由青岛大学孙杰、山东科技大学解统颜和青岛大学米昶任主编,青岛大学苑伟、谭新泉、山东大学房超和青岛金仕达电子科技有限公司董锋任副主编。具体编写分工为:第1、2、3章由孙杰编写;第4、5章由苑伟编写;第6章由米昶编写;第7、8章由解统颜编写;实战演练部分由房超编写;谭新泉整理了本教材的习题;董锋承担了本教材部分内容的整理工作。全书由孙杰和米昶拟订编写大纲并负责统稿。

在编写本教材的过程中,编者参考、引用和改编了国内外出版物中的相关资料以及网络资源,在此表示深深的谢意! 相关著作权人看到本教材后,请与我社联系,我社将按照相关法律的规定支付稿酬。

在编写本教材的过程中,编者虽然做了周密的内容构思与编排,但是由于水平有限,教材中难免有错误和不妥之处,敬请读者提出宝贵意见。

编　者

2014 年 6 月

所有意见和建议请发往:dutpgz@163.com

欢迎访问教材服务网站:http://www.dutpbook.com

联系电话:0411-84707492　　84706104

# 目　录

# 第1章

# 微型计算机简介

计算机是一种能够按照事先存储的程序,自动、高速地对数据进行输入、处理、输出和存储的系统。

计算机能够完成的基本操作及主要功能为:

- 输入:接收由输入设备(如键盘)提供的数据。
- 处理:对数据、字符和图像等各种类型的数据进行操作,按指定的方式进行转换。
- 输出:将处理所产生的结果(信息)由输出设备进行输出。
- 存储:程序和数据的存储。

以上四种基本操作通常被称为 IPOS 循环,它反映了计算机进行数据处理的基本步骤,即输入(Input)、处理(Process)、输出(Output)和存储(Storage)。

## 1.1 微型计算机系统概述

从系统组成的角度来看,一个微型计算机系统包括硬件和软件两大部分。其中,微机硬件系统无论是 8 位机、16 位机、32 位机还是更高档的 64 位机,它们的基本组成结构相似,由处理器子系统、系统总线、存储器、I/O 接口和 I/O 设备等组成,如图 1-1 所示。

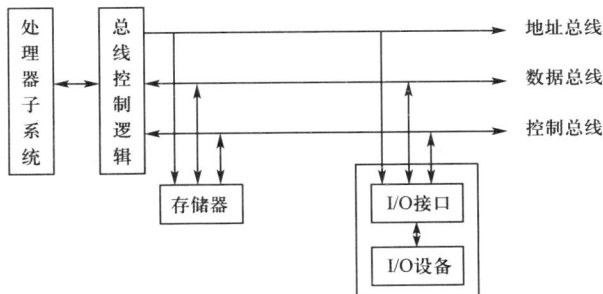

图 1-1 微机硬件系统

微处理器及其支持电路一起构成微机系统的处理器子系统,是微机系统的控制中心,对系统各个部件进行统一的协调和控制。

存储器分为主存和外存两类。主存也称内存,速度快,但容量小、造价高,主要存放当前正在运行的程序和待处理的数据。主存通常在主机内的主板上,CPU 可以通过总线直接存取。

外存也称为辅存,容量大、造价低、信息可长期保存,但速度慢,主要存放当前暂不运行的程序和暂不处理的数据。外存安装在主机箱内或主机箱外,CPU 通过 I/O 接口进行存取。

I/O 即输入/输出设备,也称外部设备或外围设备,或简称外设,其功能是为微机提供具体的输入/输出手段。一般外设需要有 I/O 接口电路来充当它们与 CPU 间的桥梁,通过该电路来完成信号变换、数据缓冲和与 CPU 联络等工作。

## 1.1.1 微型计算机的体系结构和系统构成

一个微型计算机系统包括硬件和软件两大部分。硬件是由各种电子、磁性及机械的器件组成的物理实体,包括运算器、控制器、存储器、输入设备和输出设备等五个基本组成部分;软件则是程序和有关文档的总称,包括系统软件和应用软件两大类。

微型计算机的硬件系统是由主机系统和外部设备两部分组成的,下面分别予以介绍。

**1. 主机系统**

微型计算机的主机系统主要包括微处理器、内存储器、输入/输出接口和系统总线等,具体结构如图 1-2 所示。

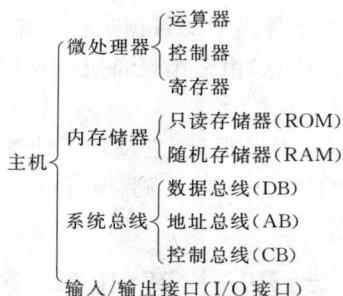

```
                      ┌ 运算器
               微处理器┤  控制器
               │       └ 寄存器
               │       ┌ 只读存储器(ROM)
               内存储器┤
       主机 ┤           └ 随机存储器(RAM)
               │       ┌ 数据总线(DB)
               系统总线┤  地址总线(AB)
               │       └ 控制总线(CB)
               └ 输入/输出接口(I/O 接口)
```

图 1-2　微型计算机的主机系统

(1)微处理器

使用大规模集成电路或超大规模集成电路技术,将计算机的中央处理器(CPU)制作在一个(有时是多个)半导体芯片上,这种半导体集成电路就是微处理器。微处理器包含运算器、控制器和寄存器。

(2)内存储器

计算机具有超强的记忆能力,是因为计算机中具有存储器部件。存储器中含有大量的存储单元。每个存储单元可以存放一个 8 位二进制的信息,称为一个字节。通常,存储器中的一个字节可以存放 0~255 的一个无符号整数或一个字符的 ASCII 码等。内存可分为只读存储器(ROM)和随机存储器(RAM)两类。

(3)输入/输出接口

要将各种各样的外部设备与计算机连接起来,并能协调地工作,就要通过各种接口来连接。接口是指不同的系统之间及同一个系统内的各部分之间相互交流信息的约定或具体实现。I/O 接口是指微机系统中外部设备和主机部分各电信号的连接方式或具体实现这种连接的电路。微机中一般有三种接口,即总线接口、串行接口和并行接口。

(4)系统总线

系统总线是微机系统中各部件之间传输信息的公共通路。信息可以从多个信息源中的任一信息源通过总线传送到多个信息接收部件中的任一部件。总线首先包括一组物理导线,作为传输信息的物理媒介,还有相关的控制、驱动电路等。按其传送的信息来分,总线通常分为数据总线、地址总线和控制总线。

①数据总线(DB)

数据总线用来传送数据信息,是双向总线。

②地址总线(AB)

地址总线用于传送 CPU 发出的地址信息,是单向总线。

③控制总线(CB)

控制总线用来传送控制信号、时序信号和状态信息等单条控制信号线,是双向总线。

**2. 微型计算机的外部设备**

微型计算机的外部设备包括外存储器、输入设备和输出设备等,如图 1-3 所示。

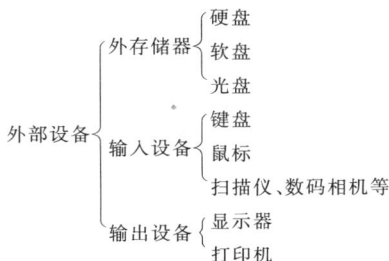

图 1-3    微型计算机的外部设备

(1)外存储器

外存储器又称辅助存储器或辅存,是计算机系统中除内存储器外,以计算机能接收的形式存储信息的其他媒体,如软盘、硬盘存储器、光盘存储器和 U 盘等。它们的特点是能长期保存数据,而且价格便宜,存储量大。

①软盘

软盘是用一种柔性塑料制成的圆形盘片,盘的两面涂有磁性物质。软盘存储器的特点是成本低、重量轻、价格便宜、易携带和易保存。图 1-4 为 3.5 英寸 1.44 MB 容量软盘的结构和软盘的磁道和扇区示意图。

软盘是按磁道和扇区来存储信息的。磁道是由外向内的一个个同心圆,磁道编号从外向内越来越大;每个磁道又等分成若干个区,扇区数由系统的格式化程序来定。每个扇区可以存储若干个字节,字节数也是由格式化程序来定。1.44 MB 软盘片有两面,每面 80 个磁道,每个磁道 18 个扇区,每个扇区存储 512 个字节。软盘容量=磁道数×每磁道扇区数×盘面数×每扇区容量。

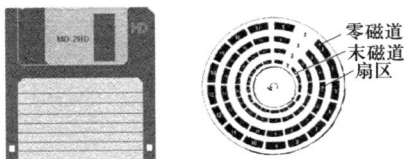

图 1-4    3.5 英寸软盘的结构和软盘的磁道和扇区示意图

②硬盘存储器

硬盘存储器的特点是存储容量大、读写速度快、密封性好、可靠性高、使用方便。如图 1-5 所示,硬盘存储器的存储介质是一种由铝合金材料制成的圆盘,盘的两面涂有磁性物质。微机上硬盘存储器均采用温彻斯特技术(故又称温盘)。其特点是,硬磁盘和硬磁盘驱动器整体组装在密封容器中,二者合为一体,通常简称硬盘。硬盘容量＝柱面(磁道)数×磁头数×每磁道的扇区数×每扇区容量。其中,磁盘是一个盘面上一个个的同心圆,而柱面是不同盘面半径相同的同心圆。通常,由于每个盘面上都有一个磁头,因此磁头数＝盘片数×2。

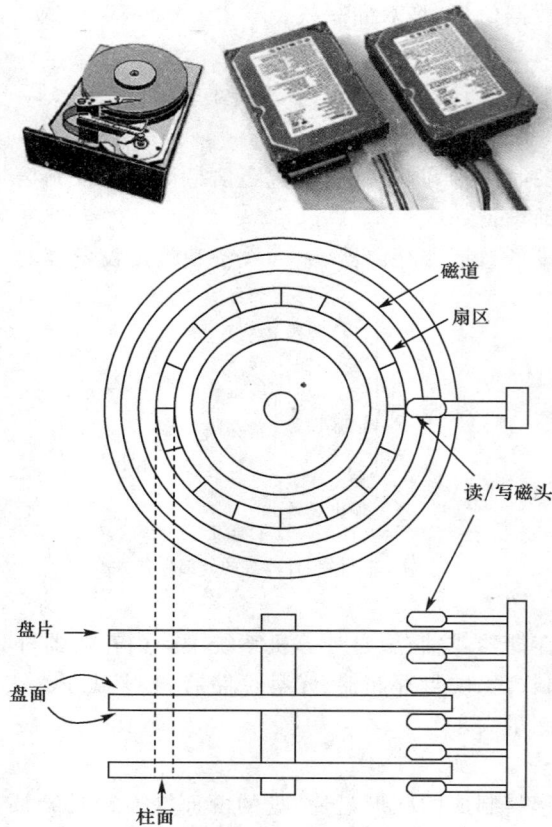

图 1-5　硬盘示意图

③光盘存储器

光盘存储器是利用激光记录和读取信息的存储器,具有存储容量大、装卸方便和经久耐用等特性,简称光盘。按读写方式分类,光盘一般可以分为以下几种类型:

a. 只读光盘(CD-ROM)

只能读取光盘的信息,不能写入信息。

b. 一次性写入光盘(CD-R)

一次性写入光盘(CD-R)可由用户写入一次,写入后不能擦除或修改,但可以反复读取。

c. 可读可写光盘(CD-RW)

可读可写光盘(CD-RW)如同磁盘,既可读出数据,也可重复写入数据。

④U 盘(闪存盘)

随着电擦写存储芯片技术(Flash)的发展,近年来出现了由 Flash Memory(也称作闪存)作为存储介质并使用 USB 接口的移动存储器,如图 1-6 所示。U 盘即 USB 盘的简称,优盘是 U 盘的谐音。

USB 是通用串行总线的首字母缩略词。通俗地讲,USB 就是一种外围设备与计算机主机相连的接口类型之一。USB 接口的优点是具有这种接口的设备可以在计算机上即插即用(即

图 1-6　U 盘(优盘)

插即用有时也叫热插拔)。而 USB 接口的出现却改变了这种状况,如果某个设备是 USB 接口,则可以随时插入计算机主机而不论计算机此时处于什么样的状态,如果要取走该设备,只需按照规范操作便可以将其安全地从电脑上移走。由于 U 盘是 USB 接口的,所以 U 盘能够在计算机上即插即用,也就是说这个 U 盘是可以移动的存储盘,可以随身携带。因此,广义上的 U 盘实际上就是指移动存储设备,而狭义上的 U 盘仅仅指闪盘。

闪存盘与传统的电磁存储技术相比有许多优点,例如,闪存技术在存储信息的过程中没有机械运动,这使得它的运行非常稳定,从而提高了抗震性能,使其成为所有存储设备中最不怕震动的设备。而且,由于它不存在类似软盘、硬盘和光盘等的高速旋转的盘片,所以它的体积往往可以做得很小。而现在的 MP3 播放器可以做得很小的原因就是采用了这种存储技术。

优盘具有以下特性:

a. 不需要驱动器,无外接电源。

b. 容量大(目前使用较多的是 2~32 GB)。

c. 体积非常小,仅大拇指般大小,重量仅约 20 克。

d. 使用简便,即插即用,可带电插拔。

e. 存取速度快,USB 3.0 理论上最高传输速率可达 640 MB/s。

f. 可靠性好,擦写可达 100 万次,数据至少可保存 10 年。

g. 抗震,防潮,耐高低温,携带十分方便。

h. USB 接口,可以带写保护功能。

i. 具备系统启动、杀毒、加密保护和装载一些工具等功能。

(2)输入设备

输入设备是计算机外部设备之一,是向计算机输送数据的设备。其功能是将计算机程序、文本、图形、图像、声音以及现场采集的各种数据转换为计算机能处理的数据形式并输送到计算机。常见的输入设备有键盘和鼠标等。

①键盘

键盘是向计算机发布命令和输入数据的重要输入设备。在微机中,它是必备的标准输入设备。

②鼠标

鼠标(Mouse)主要用来定位光标或完成某种特定的输入。常用的鼠标按工作方式分为:机械式和光电式;按连接方式分为:有线和无线。二者仅在控制光标移动的原理上有所不同,在使用方面没有什么区别。

(3)输出设备

输出设备是将计算机中的数据信息传送到外部媒介,并转化成某种人们所能认识的表示形式。在微型计算机中,最常用的输出设备有显示器和打印机。

①显示器

显示器(又称监视器)是计算机的重要输出设备之一,其作用有二,一是在输入时显示从键盘输入的命令或数据;二是在程序运行时将数据转换成比较直观的字符、图形或图像输出,以便及时观察程序执行过程中的必要信息和结果。根据显示屏幕的不同,常用的有阴极射线管显示器(CRT)和液晶显示器(LCD)两种。

②打印机

打印机在微机系统中是可选件,是微机系统中常用的设备之一。利用打印机可以打印出各种资料、文书、图形和图像等。根据打印机的工作原理,可以将打印机分为三类:针式打印机、喷墨打印机和激光打印机。

## 1.1.2 微机系统的主要性能指标

微机的性能指标有多种,衡量计算机的性能不应单看某一条指标,而要全面综合地衡量。对于不同用途的计算机,衡量其性能的侧重面也有所不同,微型计算机的主要性能指标有以下一些内容。

**1. 字长**

字长以二进制位为单位,是 CPU 能够同时处理的二进制数据的位数,直接关系到计算机的计算精度、功能和运算能力。微机字长一般都是以 2 的幂次为单位,如 4 位、8 位、16 位、32 位和 64 位等。

**2. 运算速度**

计算机的运算速度(平均运算速度)是指每秒钟所能执行的指令条数,一般用百万条指令/秒(MIPS)来描述。因为微机执行不同类型指令所需的时间不同,通常用各类指令的平均执行时间和相应指令的运行比例综合计算,作为衡量微机运行速度的标准。目前微机的运行速度已达数万 MIPS。

**3. 时钟频率(主频)**

主频是指 CPU 内部工作时的时钟频率。通常,时钟频率以兆赫兹(MHz)或吉赫兹(GHz)为单位。通常,时钟频率越高,其运算速度就越快。

**4. 内存容量**

内存容量反映了主存储器存储数据的能力。内存一般以 KB、MB 或 GB 为单位。存储容量越大,其处理数据的范围就越广,运算速度一般也就越快。

**5. 存取周期**

对内存进行一次完整的读写操作所需的时间称为存取周期,即从发出一次读写命令到能够发出下一次读写命令所需要的最短时间。对于破坏性读写存储器(如动态半导体存储器 DRAM 等),存取周期包括存取时间、重写时间和恢复时间三部分。存取周期的大小影响微机的运行速度。微机内存的存取周期一般在几十到几百纳秒(ns,即 $10^{-9}$ 秒)。

## 1.1.3 微型计算机的基本工作过程

美籍匈牙利科学家冯·诺依曼于 1946 年提出计算机的基本结构。迄今为止,占主流位置的计算机仍然是按照冯·诺依曼提出的结构体系和工作原理设计制造的,故又统称为"冯·诺依曼型计算机"。

冯·诺依曼型计算机有两大特征：

（1）程序存储

将事先编好的程序存入计算机中，计算机按照这些程序自动运行，这是计算机自动连续工作的基础。

（2）采用二进制

采用二进制形式存储所有的信息是另一个特征。换句话说，计算机内部无论是程序、待处理的数据还是其他信息均为二进制编码形式。

冯·诺依曼型计算机的工作原理如下：

（1）存储程序

将要执行的程序和数据事先编成二进制形式的代码存入主存储器中。

（2）程序控制

执行时，由 CPU 调用主存储器中的程序和数据进行运算。

计算机工作原理如图 1-7 所示。

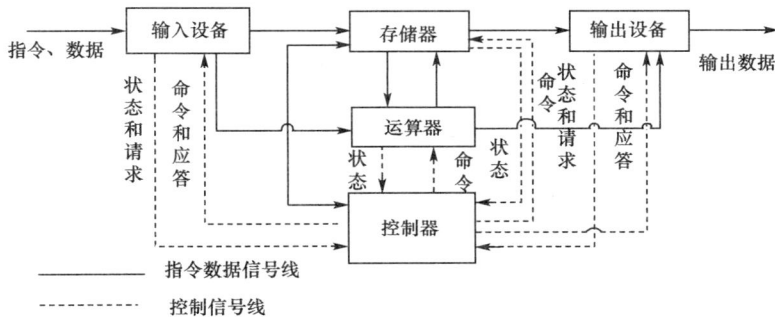

图 1-7　计算机工作原理示意图

在图 1-7 中，实线代表指令和数据，虚线代表控制信号，运算器和控制器构成了微处理器。指令和数据由输入设备输入，执行前先调入主存储器中，经过微处理器的运算和处理之后，相关数据存放在主存储器中，数据若要输出，则经过输出设备将其输出。在主机内部，信号的传递通过系统总线完成，输入和输出设备与主机的信号传递则是通过输入和输出接口实现的。有关内容的详细介绍将在第 2 章中给出，这里不再赘述。

## 1.1.4　微型计算机的应用及发展

计算机的应用已渗透到社会的各个领域，正在改变着人们的工作、学习和生活的方式，推动着社会的发展。归纳起来可将计算机的应用分为以下几个方面：

**1. 科学计算（数值计算）**

科学计算也称数值计算。计算机最开始是为解决科学研究和工程设计中遇到的大量数学问题的数值计算而研制的计算工具。随着现代科学技术的进一步发展，数值计算在现代科学研究中的地位不断提高，在尖端科学领域中，显得尤为重要。例如，人造卫星轨迹的计算，房屋抗震强度的计算，火箭、宇宙飞船的研究设计都离不开计算机的精确计算。在工业、农业以及人类社会的各领域中，计算机的应用都取得了许多重大突破，就连我们每天收听收看的天气预报都离不开计算机的科学计算。

**2. 数据处理（信息处理）**

在科学研究和工程技术中，会得到大量的原始数据，其中包括图片、文字和声音等，对这些信息的处理就是对数据进行收集、分类、排序、存储、计算、传输和制表等操作。目前计算机的信息处理应用已非常普遍，如人事管理、库存管理、财务管理、图书资料管理、商业数据交流、情报检索和经济管理等。信息处理已成为当代计算机的主要任务，是现代化管理的基础。据统计，全世界计算机用于数据处理的工作量占全部计算机应用的 80% 以上，从而大大提高了工作效率和管理水平。

**3. 自动控制**

自动控制是指通过计算机对某一过程进行自动操作，不需要人工干预，且能按照人预定的目标和预定的状态进行过程控制。所谓过程控制是指对操作数据进行实时采集、检测、处理和判断，按最佳值进行调节的过程。目前被广泛用于操作复杂的钢铁企业、石油化工业和医药工业等生产中。使用计算机进行自动控制可大大提高控制的实时性和准确性，提高劳动效率和产品质量，降低成本，缩短生产周期。计算机自动控制还在国防和航空航天领域中起决定性作用，例如，无人驾驶飞机、导弹、人造卫星和宇宙飞船等飞行器的控制，都是靠计算机实现的。可以说计算机是现代国防和航空航天领域的神经中枢。

**4. 计算机辅助设计和辅助教学**

计算机辅助设计（Computer Aided Design，简称 CAD）是指借助计算机的帮助，人们可以自动或半自动地完成各类工程设计工作。目前 CAD 技术已应用于飞机设计、船舶设计、建筑设计、机械设计和大规模集成电路设计等。在京九铁路的勘测设计中，使用计算机辅助设计系统绘制一张图纸仅需几个小时，而过去人工完成同样工作则要一周甚至更长时间。可见采用计算机辅助设计，可缩短设计时间，提高工作效率，节省人力、物力和财力，更重要的是提高了设计质量。CAD 已得到各国工程技术人员的高度重视。有些国家已把 CAD 和计算机辅助制造（Computer Aided Manufacturing）、计算机辅助测试（Computer Aided Test）及计算机辅助工程（Computer Aided Engineering）组成一个集成系统，使设计、制造、测试和管理有机地组成为一体，形成高度的自动化系统，因此产生了自动化生产线和"无人工厂"。计算机辅助教学（Computer Aided Instruction，简称 CAI）是指用计算机来辅助完成教学计划或模拟某个实验过程。计算机可按不同要求，分别提供所需教材内容，还可以进行个别教学，及时指出某学生在学习中出现的错误，根据计算机对该生的测试成绩决定该生的学习从一个阶段进入另一个阶段。CAI 不仅能减轻教师的负担，还能激发学生的学习兴趣，提高教学质量，为培养现代化高质量人才提供了有效方法。

**5. 人工智能方面的研究和应用**

人工智能（Artificial Intelligence，简称 AI）是指计算机模拟人类某些智力行为的理论、技术和应用。人工智能是计算机应用的一个新领域，这方面的研究和应用正处于发展阶段，在医疗诊断、定理证明、语言翻译和机器人等方面，已有了显著的成效。例如，用计算机模拟人脑的部分功能进行思维学习、推理、联想和决策，使计算机具有一定的"思维能力"。我国已成功开发出一些中医专家诊断系统，可以模拟名医给患者诊病开方。机器人是计算机人工智能的典型例子。机器人的核心是计算机。第一代机器人是机械手；第二代机器人对外界信息能够反馈，有一定的触觉、视觉和听觉；第三代机器人是智能机器人，具有感知和理解周围环境、使用语言、推理、规划和操纵工具的技能，模仿人完成某些动作。机器人不怕疲劳，精确度高，适应力强，现已开始用于搬运、喷漆、焊接和装配等工作中。机器人还能代替人在危险工作中进行繁重的劳动，如在有放射线、污染有毒、高温、低温、高压和水下等环境中工作。

### 6. 多媒体技术应用

随着电子技术特别是通信和计算机技术的发展,人们已经有能力把文本、音频、视频、动画、图形和图像等各种媒体综合起来,构成一种全新的概念,即"多媒体"(Multimedia)。在医疗、教育、商业、银行、保险、行政管理、军事、工业、广播和出版等领域中,多媒体的应用发展很快。随着网络技术的发展,计算机的应用进一步深入到社会的各行各业,通过高速信息网实现数据与信息的查询、高速通信服务(如电子邮件、电视电话、电视会议和文档传输等)、电子教育、电子娱乐、电子购物(如通过网络选购商品、办理购物手续和质量投诉等)、远程医疗和会诊以及交通信息管理等。计算机的应用将推动信息社会更快地向前发展。

# 1.2 PC 系列微机的基本结构

PC 系列微机从诞生到现在经历了几十年的发展过程,一些部件和标准虽然进行了一些调整和改进,但其基本结构并未发生较大变化。下面将分别介绍 PC 系列微机的发展简史和80X86 系列微机的基本结构等内容。

## 1.2.1 PC 系列微机的发展简史和结构演化

### 1. 微机的发展简史

从第一代个人微机问世至今,CPU 芯片已经发展到第七代产品,与之对应有七个档次的 PC 系列微机。如果按 PC 所用 CPU 的位数来划分,只经历了 8 位(8088)、16 位(80286)、32 位(80386、80486、Pentium、K5、Pentium Ⅱ、K6、Pentium Ⅲ、Pentium 4 和 Athlon XP)和 64 位(Athlon 64)四代。但是,PC 的外观从诞生到现在,几乎没有多少改变。

第一代 PC 为 8 位微机,以 IBM 公司的 IBM PC/XT 机为代表,CPU 采用 8088,诞生于 1981 年。后来出现了许多兼容机,它们有些选用了 NEC 公司生产的与 8088 兼容的 V20。

第二代 PC 为 16 位微机,1985 年 IBM 公司推出的 IBM PC/AT 标志着第二代 PC 的诞生,它采用 80286 为 CPU。

第三代 PC 为 32 位微机,1987 年 Intel 公司推出了 80386 微处理器。386 分为 SX 和 DX 两档,用各档 CPU 组装的机器,称为该档次的微机,如 386SX 微机和 386DX 微机。

第四代 PC 为 32 位微机,1989 年,Intel 公司推出了 80486 微处理器。486 也分为 SX 和 DX 两档,即 486SX 和 486DX 微机。

第五代 PC 为 32 位微机,1993 年 Intel 公司推出了第五代微处理器 Pentium(奔腾)。其他公司推出的第五代 CPU 还有 AMD 公司的 K5 和 Cyrix 公司的 6X86。1997 年 Intel 公司推出了多功能 Pentium MMX。奔腾档次的微机由于可运行 Windows 95,所以现在仍有部分在使用。

第六代 PC 为 32 位微机,1998 年 Intel 公司推出了 Pentium Ⅱ 和 Celeron CPU,后来又推出了 Pentium Ⅲ 和 Pentium 4。其他公司也推出了相同档次的 CPU,如 K6、Athlon XP 和 VIA C3 等。

第七代 PC 为 64 位微机,2004 年和 2005 年 Intel 公司先后推出 Pentium 64 和 Pentium D 等 64 位处理器,并在之后几年陆续推出 Core 2 和 Core i 系列处理器,标志着 64 位 PC 时代的到来。目前微机所使用的主流 CPU 为 Intel 的 Core i 系列,包括 Core i3、Core i5 和 Core i7 三种型号的 CPU。

**2. 微型计算机总线发展简介**

(1)ISA 和 EISA 总线

ISA 是 IBM 开发的用于个人计算机的总线标准,有 8 位和 16 位两种。ISA 总线的最高传输速率是 8 MB/s。

EISA 是 20 世纪 80 年代后期,Compaq、HP、NEC 和 AST 等九家公司联合推出的 32 位总线,适合于网络服务器、高速图像处理和多媒体等领域。EISA 总线的最高传输速率是 33 MB/s。

(2)PCI 总线

PCI 是由 Intel 提出的硬件标准,用来实现外设间以及外设与主机间高速数据传输。PCI 是一种高速的 32 位或 64 位总线,其速度比 ISA 快 20 倍以上。32 位 PCI 总线的最高传输速率可达 132 MB/s。

(3)AGP 总线

AGP 是由 Intel 提出的硬件标准,是一种新的总路线类型,比 PCI 总线的速度快两倍以上。目前多数计算机系统使用 PCI 作为通用总线,AGP 总线专门用于加速图像显示。见表 1-1,迄今为止,共有四种 AGP 标准:AGP 1X,AGP 2X,AGP 4X 和 AGP 8X。

**表 1-1　　　　　　　　　　　　AGP 总线技术指标**

| 速度 | 规格 | 传输通道 | 有效时钟频率 | 数据传输速度 | 信号电压 | 注释 |
|---|---|---|---|---|---|---|
| AGP 1X | 1.0 | 32 bit | 66 MHz | 266 MB/s | 3.3 V | 双倍于 PCI 的数据传输速度 |
| AGP 2X | 1.0 | 32 bit | 133 MHz | 533 MB/s | 3.3 V | 双倍于 AGP 1X 的数据传输速度 |
| AGP 4X | 2.0 | 32 bit | 266 MHz | 1066 MB/s (1 GB/s) | 1.5 V | 双倍于 AGP 2X 的数据传输速度 |
| AGP 8X | 3.0 | 32 bit | 533 MHz | 2133 MB/s (2 GB/s) | 0.8 V | 双倍于 AGP 4X 的数据传输速度 |

(4)USB

USB 全称为 Universal Serial Bus(通用串行总线),是一种应用在 PC 领域的新型接口技术。使用一个 4 针插头作为标准插头,通过这个插头,采用菊花链形式可以把所有的外设连接起来,并且不会损失带宽。从实际应用来说,USB 规范先后经历了 USB 1.1(最大传输速度为 12 Mb/s)、USB 2.0(最大传输速度为 480 Mb/s)和 USB 3.0(最大传输速度为 5.0 Gb/s)三种。

(5)PCI-E(PCI Express)总线

PCI-E 是第三代标准输入/输出总线。与 ISA 和 PCI 相比,它能提供更强的功能和扩展性,成本也更加低廉。目前它已广泛应用于通信、嵌入式、存储器、手机和 PC 机等诸多硬件产品。

## 1.2.2　IBM PC/AT 微机的基本结构

在微型计算机系统的发展历程中,IBM PC/AT 计算机奠定了现代微型计算机结构的基础。它所采用的一些结构原理虽然在现在高性能的微型计算机中有了较大的变化,但是它们的一些基本原理仍然是了解微型计算机系统的基础。

IBM PC/AT 采用 80286 微处理器作为核心处理器,兼容 8086/8088 的指令系统,有更快的工作速度,支持虚拟存储和多任务操作,对存储器的访问有两种方式,即实地址方式和保护虚地址方式。IBM PC/AT 主板构成的具体电路框图可参见第 6 章中的图 6-1。

在微机系统中,除了 80286 微处理器和 80287 数值运算协处理器作为主要的部件外,系统中还使用了 80284 时钟发生器及其他支持芯片。采用通用的地址锁存器和双向数据收发器来形成 24 位的地址总线及 16 位的数据总线。系统的控制总线由专用的 82288 总线控制器形成。CPU 系统的时钟频率是 8 MHz。

PC/AT 机的 DMA 控制器用 2 片 8237 构成,可提供 7 个 DMA 通道。中断系统用 2 片 Intel 8259A 中断控制器级联构成,可管理 15 级中断输入。定时/计数器使用 1 片 8254 定时/计数芯片,提供 3 个可编程的定时/计数电路作为系统的定时之用。80286 可配置 16 MB 的物理存储器,其中的 1 MB 安排在系统主板上,15 MB 安排在扩展槽中作为任选件配置。

PC/AT 微机使用 ISA 系统总线,数据宽度为 16 位,工作频率 8 MHz,数据传输率最高为 8 MB/s。总线的输入/输出通道包括 8 个 62 线插座和 6 个 36 线插座。62 线插座的定义和 PC/XT 机相同,而 36 线插座主要用来扩充高位地址 A20～A23 和高位字节 D8～D15,使系统可以通过 I/O 通道访问多达 16 MB 的存储空间,并可为外部设备和存储器提供 8 位和 16 位的数据总线。

## 1.2.3　80386/80486 微机的基本结构

Intel 386 是 IA-32 家族的第一款 32 位处理器,拥有 32 位寄存器和 32 位的地址总线,可以访问 4 GB 的物理地址空间。对于每一个进程都独享 4 GB 物理地址空间。

从 386 起,处理器开始支持分段和分页两种内存管理模式。对于分段,还支持了“扁平”(Flat)模式,所有的段寄存器都指向同样的地址,也就是说,一个 32 位地址就可以访问整个 4 GB 的物理空间。对于分页,则使用 4 KB 作为一个页面的大小,并且支持虚拟内存管理。在处理器内部,80386 增加了系统管理等专用寄存器,集成了规范的存储管理部件,并按照速度的不同,采用了分级的总线结构。80386 也是第一个支持片外 Cache 的 CPU。因此,基于 386 的微计算机系统,总体性能上有了很大提高。

386 微机的系统总线采用的是 ISA 总线,386 微机的主频一般配置为 33 MHz,内存 2～8 MB,硬盘容量为 100 MB。

486 微机和 386 微机的硬件结构大体相同,都是具有 32 位数据总线和 32 位地址总线的 32 位微机。486 微机的系统配置较 386 微机的规模更大一些,例如,内存通常为 4～8 MB,硬盘容量为 160～500 MB。总线结构在 ISA 总线的基础上,又增加了 3 个 VL-BUS 总线插槽。

## 1.2.4　现代微机的基本结构

目前,微机主要以主板作为各种设备的连接载体,主板上主要有 CPU、芯片、存储器和 I/O 接口,这些部件均采用总线相连接。I/O 接口扩展槽上可附加显示卡、声卡、视频卡、采集卡及网卡等外接板卡,一些接口卡功能可集成到主板上的芯片甚至 CPU 中。

按照主板上芯片组的结构进行划分,现代微机经历了由基于南北桥芯片的基本结构到基于 PCH(平台管理控制中心)芯片的基本结构的发展过程。以 Intel 为例,从 Intel 440BX 芯片组(支持的 CPU 为 Pentium Ⅱ/Ⅲ)开始,主板上芯片组分为北桥芯片和南桥芯片,二者通过 PCI 总线进行连接。从 Intel 810 芯片组(支持的 CPU 为 Pentium Ⅱ/Ⅲ)开始,引入“加速中心架构",用 MCH(内存控制中心)取代了以往的北桥芯片,用 ICH(输入/输出控制中心)取代了南桥芯片,MCH 和 ICH 通过专用的 Intel Hub Architecture(Intel 集线器结构)总线连接。从 Intel 915 芯片组(支持的 CPU 为 Pentium 4 和 Celeron D)开始,MCH 和 ICH 的连接增加了带宽,名称也改为 DMI(直接媒体接口)。Intel 的 Core i7 800 和 i5 700 系列成功地把原来的 MCH 全部移到 CPU 内,支持它们的主板上只留下 PCH 芯片,其后的 Intel 5/6/7 系列芯片组(支持的为 Core i 系列 CPU)以及目前的 Intel 8 系列芯片组(支持的为 Core i 系列 CPU)均采用 PCH 芯片。PCH 在 ICH 基础上增加了平台管理功能,PCH 和 CPU 之间的连接相当于原来 MCH 和 ICH 的连接,使用的还是 DMI 总线。

目前,Intel 8 系列芯片组一共有 18 个端口,其中固定的有四个 USB 3.0、四个 SATA(6 Gbps)、六条 PCI-E 2.0,剩下两对就可以自定义,第一对(端口 5/6)可以是 USB 3.0/PCI-E,第二对(端口 13/14)可以是 SATA 6 Gbps/PCI-E(但是需注意:PCI-E 2.0 最多只允许八条,所以最多只能有一对配置为 PCI-E,如果想提供 mSATA 接口,只能使用端口 13/14)。

# 1.3　主板芯片组简述[①]

芯片组是主板的核心组成部分,芯片组性能的优劣决定了主板性能的好坏与级别的高低。这是因为目前 CPU 的型号与种类繁多,功能特点不一,如果芯片组不能与 CPU 良好地协同工作,将严重地影响计算机的整体性能,甚至不能正常工作。

## 1.3.1　主板芯片组的功能

微机系统的工作是按照时序进行的,在微机系统中除了 CPU、主存储器、总线和 I/O 设备等逻辑设备外,还应该有时序信号的发生、传送和控制的机构,用于控制各个逻辑设备或部件的工作,使数据能够按照要求完成各种计算、传送、寄存、存储和转换,它们支撑和协调着整个系统有条不紊地工作。这些时序机构通常称为控制电路或控制器。

早期微机的控制电路由中小规模的集成电路(IC)芯片构成,可分为两类。一类是通用的 IC 电路,如各种门电路、触发器、计数器和寄存器等;另一类是专用功能的 IC 电路,如 8284 时钟发生器、8288 总线控制器、8259 中断控制器和 8237DMA 控制器等。这些由分散的 IC 芯片构成的控制电路速度和可靠性都很低,降低了整个微机系统的性能。为了简化设计、降低成本、提高系统可靠性,从 386 微机开始,采用了专用的控制芯片组。这些控制芯片组,把各种控制电路集成到有限的几片 IC 芯片中,通过引脚的输入/输出控制信号和数据实现对整个系统的控制。从此以后,控制芯片组成了与 CPU 和主存等类似的逻辑部件,使得主板的设计和制作更趋于标准化。在当今的微机系统中,几乎毫无例外地采用了由超大规模集成电路制作的控制芯片组来完成微机系统的控制。

目前芯片组的生产主要有两大阵营,一方是生产 CPU 的主流厂商 Intel,从早期 Pentium 的 430 系列,到 Pentium Ⅱ 的 440 系列,以及 Intel 810、820、840 和后来的 915、965 等系列;另

①随着计算机技术的飞跃发展和新 CPU 的不断推出,芯片组技术也是日新月异。为了便于了解现代微型计算机系统的结构和组成,这里对目前常见的芯片组作简单的介绍。同时我们也相信,在截稿时,必然有新的 CPU 和芯片组出现。虽然在性能上有较大的改善和提高,但是它们在微型计算机系中的作用是基本不变的。

一方是以 VIA、SIS 及 ALI 为代表的非 Intel 阵营,它们开发的芯片组有与 Intel 芯片组相近或更高的性能,特别适合于发挥非 Intel CPU 的功能,在价格上比 Intel 芯片组更有优势,因此也占领了相当一部分市场。如 VIA 公司的 MVP3、MVP4、Apollo Pro 系列和 Apollo KX133,ALI 公司的 Aladdin V 和 Aladdin ProⅡ,SIS 公司的 SIS 5591、SIS 530、SIS 620 和 SIS 630/540 等。

## 1.3.2　主板芯片组支持的 CPU

### 1. Intel 芯片组

Intel 公司推出的主板芯片组可分为四大类,分别是早期芯片组、桌面与移动芯片组、服务器与工作站芯片组和嵌入式芯片组。我们重点关注的是 Intel 桌面 PC 机的芯片组。其中,4xx 系列芯片组包括 80486 芯片组、Pentium 芯片组和 Pentium Pro/Pentium Ⅱ/Pentium Ⅲ 芯片组;8xx 系列芯片组包括 Pentium Ⅱ/Pentium Ⅲ 芯片组和 Pentium 4 芯片组;9xx 与 x3x/x4x 系列芯片组包括 Pentium 4/Pentium D/Pentium EE 芯片组、Pentium M/Celeron M 芯片组和 Core/Core 2 芯片组;x5x/x6x 系列芯片组主要为 Core i 系列芯片组。在第 6 章中我们将对芯片组所采用的一些技术细节进行介绍。

### 2. 其他主流芯片组

由于 CPU 两大阵营 Intel 和 AMD 互不兼容,因此芯片组也分成两大系列。

（1）VIA 芯片组

VIA 生产的芯片组,既能为 Intel 和 AMD CPU 提供支持,也能为其自己的 CPU 提供支持,甚至国内的龙芯系列处理器,也由 VIA 芯片组的南桥芯片提供输入/输出功能。2007 年 7 月,VIA 因新一代 Intel 授权无法顺利取得,决定放弃芯片组的生产,其重点转向自家的 CPU 及芯片组的生产。

支持 Intel 平台系列的有:P4X266、P4X266A 和 P4M266 所支持的前端总线频率是 400 MHz;P4X266E、P4X333、P4X400 和 P4X533 所支持的前端总线频率是 533 MHz;PT800、PT880、PM800、PM880、P4M800、P4M800 Pro、PT880 Pro 和 P4M890 所支持的前端总线频率是 800 MHz;PT880 Ultra、PT894、PT894 Pro、PT890 和 P4M900 所支持的前端总线频率高达 1066 MHz。

支持 AMD 平台系列的有:KT266、KT266A 和 KM266 所支持的前端总线频率是 266 MHz;KT333、KT400、KT400A、KM400 和 KN400 所支持的前端总线频率是 333 MHz;KT600 和 KT880 所支持的前端总线频率是 400 MHz。

（2）SIS 芯片组

支持 Intel 平台系列的有:SIS645、SIS645DX 和 SIS650 所支持的前端总线频率是 400 MHz;SIS651、SIS655、SIS648 和 SiS661GX 所支持的前端总线频率是 533 MHz,SIS648FX、SIS661FX、SIS655FX、SIS655TX、SIS649、SIS656 和 SIS662 所支持的前端总线频率是 800 MHz;SIS649FX、SIS656FX、SiS671FX、SiS671DX 和 SiS672FX 所支持的前端总线频率则高达 1066 MHz。

支持 AMD 平台系列的有:SIS735、SIS745、SIS746 和 SIS740 所支持的前端总线频率是 266 MHz;SIS741GX 和 SIS746FX 所支持的前端总线频率是 333 MHz;SIS741 和 SIS748 所支持的前端总线频率是 400 MHz。

（3）ATI 芯片组

支持 Intel 平台系列的有:Radeon 9100 IGP、Radeon 9100 Pro IGP、RX330、Radeon

Xpress 200 IE（RC410）和 Radeon Xpress 200 IE（RXC410）所支持的前端总线频率是 800 MHz，Radeon Xpress 200 IE（RS400）、Radeon Xpress 200 CrossFire IE（RD400）和 CrossFire Xpress 1600 IE 所支持的前端总线频率则高达 1066 MHz。

（4）ULI 芯片组

支持 Intel 平台系列的有 M1683 和 M1685，其前端总线频率是 800 MHz；支持 AMD 平台系列的有 M1647，其前端总线频率是 266 MHz。此外，由于 AMD64 系列 CPU 内部整合了内存控制器，其 HyperTransport 频率只与 CPU 接口类型有关，而与主板芯片组无关，所以其 HyperTransport 频率的区分是相当简单的：Socket 754 平台的 HyperTransport 频率是 800 MHz；Socket 939 平台的 HyperTransport 频率是 1000 MHz；而 Socket 940 平台的 HyperTransport 频率也是 800 MHz。

# 1.4　平板电脑

平板电脑（Tablet Personal Computer），简称 Tablet PC、Flat PC、Tablet 或 Slates，是一种小型、方便携带的个人计算机，以触摸屏作为基本的输入设备。它的触摸屏（也称为数位板技术）允许用户通过触控笔或数字笔而不是传统的键盘或鼠标来进行操作。用户可以通过内建的手写识别、屏幕上的软键盘、语音识别或者一个真正的键盘进行输入。一般可分为滑盖型平板电脑、纯平板电脑、商务平板电脑和工业用平板电脑四类。

## 1.4.1　平板电脑的特点

平板电脑具有以下特点：

（1）基于 ARM 架构的处理器。目前主流平板电脑基本都采用基于 ARM 架构的处理器，因为它是专门为小型移动设备开发打造的处理器，更加注重低功耗。

（2）低功耗设计。为了降低功耗，平板电脑中的内存芯片被直接焊接在主板上；与 PC 使用硬盘存储相区别，平板电脑多采用存储卡作为外置存储介质。

（3）强大的识别输入功能。如数字墨水和手写识别输入，以及强大的笔输入识别、语音识别和手势识别功能；由于显示屏幕采用电容式或电阻式触摸屏，触摸式操作使用户操作变得方便、快捷。

（4）操作系统选择多样化。常见的有 iPhone OS、Android、Windows 等系统。

下面对各个系统做简单说明：

①iPhone OS：由苹果公司推出，该系统是一个有排他性的封闭系统，但应用软件众多，每一项都需付费，使用成本较高。该系统的代表产品是 iPad。

②Windows 智能系统：由微软公司推出，该系统门槛最低，兼容性最强，但也最占用系统资源，电池续航能力差一些。代表产品是汉王 TouchPad。

③Android：是 Google 公司推出的一个基于 Linux 核心的软件平台和操作系统，该系统作为开放性系统，所有软件都能免费使用，厂商们还可以对系统的功能和操作进行修改，对互联网的兼容性较好。2011 年 5 月，Google 正式推出了 Android 3.1 操作系统。代表产品是三星 Galaxy Tab。

## 1.4.2　平板电脑的生产厂商

目前,平板电脑市场有三类企业,第一类是品牌厂商,如联想、惠普和戴尔等 PC 企业;第二类是山寨厂商;第三类则是消费数码企业。表 1-2 中给出了一些厂商代表。

表 1-2　　　　　　　　　　　　　　平板电脑厂商代表

| 厂　商 | 操作系统 | CPU | 阵　营 | 厂商类型 |
|---|---|---|---|---|
| 苹果 | iOS | A4(ARM) | 苹果 | PC 企业 |
| 联想 | Android | ARM/Intel | 谷歌 ARM | PC 企业 |
| 戴尔 | Android/Win7 | ARM/Intel | 谷歌 ARM | PC 企业 |
| 三星 | Android | ARM | 谷歌 ARM | PC 企业 |
| 华硕 | Android/Win7 | ARM/Intel | Wintel 联盟 | PC 企业 |
| 长城 | WinCE/Win7 | ARM/Intel | Wintel 联盟 | PC 企业 |
| 汉王 | Android/Win7 | ARM/Intel | Wintel 联盟 | 数码企业 |
| 华为 | Android | ARM | 谷歌 ARM | 通信企业 |

## 1.4.3　平板电脑的典型代表

下面介绍几种具有代表性的平板电脑品牌型号。

**1. iPad**

2010 年 1 月 27 日,苹果公司发布了 iPad 平板电脑(如图 1-8 所示)。iPad 定位介于苹果的智能手机 iPhone 和笔记本电脑产品之间,通体只有四个按键,与 iPhone 布局一样,提供浏览互联网、收发电子邮件、观看电子书和播放音频或视频等功能。iPad 参数见表 1-3。2011 年 3 月 3 日,iPad 2(如图 1-9 所示)发布,内置一个 A5 双核处理器,前置 VGA,后置 720p 视频摄像头,厚度为 9 mm,Wi-Fi 版的重量为 603 g。2012 年 3 月 8 日,第三代 iPad 发布(苹果将其定名为“全新 iPad”)。其外形与 iPad 2 相似,但电池容量增大,有三块 4000 mAh 锂电池,使用 A5X 双核处理器,图形处理器为四核 GPU。

**2. 三星 Galaxy Tab P1000**

三星 Galaxy Tab P1000,如图 1-10 所示。采用直板触控设计,7 寸大的 TFT 电容屏支持多点触控,分辨率达到 1024×600 像素。三星 Galaxy Tab P1000 机身厚度 12 mm,加入了标准的 SIM 卡槽设计,可以进行正常的语音通话,Micro SD 卡槽支持最大 32 GB 的容量扩展。在机身背面,配备了一个 500 万像素的标准摄像头。Galaxy Tab 采用 Android 2.2 操作系统,集成 PowerVR SGX 540 显卡,运行效果非常流畅。Galaxy Tab P1000 参数见表 1-3。

图 1-8　iPad　　　　　　　　　　图 1-9　iPad 2　　　　　　　图 1-10　Galaxy Tab P1000

表 1-3                          iPad、三星 Galaxy Tab P1000 参数对照

| 平板型号 | 苹果 iPad(16 G/WiFi 版) | 三星 Galaxy Tab P1000 平板 |
|---|---|---|
| 操作系统 | iPhone OS | Android 2.2 |
| 处理器 | Apple A4,1 GHz | ARM A8,1 GHz |
| 存储容量 | 16 GB | 16 GB,支持 Micro SD 卡,最大支持 32 GB |
| 屏幕尺寸 | 9.7 英寸 | 7 英寸 |
| 屏幕分辨率 | 1024×768 | 1024×600 |
| 屏幕描述 | 多点触摸 IPS 屏,防指纹涂层,LED | 电容触摸屏 |
| 摄像头 | 无 | 集成 130 万像素摄像头(前置)<br>集成 500 万像素摄像头(后置) |
| WiFi 功能 | 支持 802.11a/b/g/n 无线协议 | WiFi 无线上网 |
| 蓝牙功能 | 支持 | 支持 |
| 其他接口 | 苹果 Dock 接口 | USB 2.0 |
| 电池类型 | 锂电池 | |
| 续航时间 | 使用时间:10 小时左右待机时间 | 7 小时左右,具体时间视使用环境而定 |
| 产品尺寸 | 242.8 mm×189.7 mm×13.4 mm | 190.09 mm×120.45 mm×11.98 mm |
| 产品重量 | 692 g | 380 g |
| 其他 | 镁合金材质,3.5 mm 耳机接口,3.5 mm 麦克风接口 | PowerVR SGX 540 显卡芯片,联通 3G (WCDMA),支持 Flash 10.1 技术 |

# 本章小结

  本章简要介绍了微型计算机系统,对微型计算机的体系结构、重要性能指标和基本工作过程进行了说明,还分别介绍了 PC 系列微机的发展简史和 80X86 系列微机和现代微机的基本结构。主板芯片组是主板的核心,通过对 Intel 等主板芯片组的简介,读者可以了解芯片组的基本知识,为继续深入学习做好准备。本章还对目前较为流行的几种平板电脑做了简单介绍。

# 习 题

1.在微型计算机中,主机系统主要包括什么部件?
2.解释下列术语:
微处理器、微型计算机、微型计算机系统。
3.简述冯·诺依曼型计算机的工作原理。
4.简述微机系统的重要性能指标。
5.计算机系统中,硬件是指什么?软件是指什么?硬件与软件之间是什么关系?
6.绘制出计算机工作原理示意图。
7.何谓系统总线?一般微型计算机中有哪些系统总线?
8.什么是主板芯片组?主流的芯片组厂商有哪些?
9.什么是平板电脑?有什么特点?一般分为哪几类?

# 第 2 章

# 微处理器

## 2.1 微处理器概述

如果把计算机比作人,那么 CPU 就是人的大脑。CPU 的发展非常迅速,个人计算机从 8088(XT)发展到现在的 Intel Core i 64 位微机时代,只经过了四十年左右的时间。从生产技术来说,最初的 8088 集成了 29000 个晶体管,而 Intel Core i7-980X 的集成度超过了 11.7 亿个晶体管;CPU 的运行速度,以 MIPS(百万个指令每秒)为单位,8088 是 0.75 MIPS,到 Intel Core i7 最高已超过了 80000 MIPS。从工作原理来看,不管什么样的 CPU,其内部结构归纳起来一般都可以分为控制单元、逻辑单元和存储单元三大部分,这三个部分相互协调,对命令和数据进行分析、判断和运算并控制计算机各部分协调工作。

### 2.1.1 Intel 处理器的起源和发展

CPU 发展至今已经有三十多年的历史了,这期间,按照处理信息的字长,可以将其分为 4 位微处理器、8 位微处理器、16 位微处理器、32 位微处理器以及 64 位微处理器,可以说个人计算机的发展是随着 CPU 的发展而前进的。

#### 1. 4 位和 8 位微处理器

1971 年,Intel 公司推出了世界上第一款微处理器 4004,这是第一个可用于微型计算机的 4 位微处理器,包含 2300 个晶体管。随后 Intel 又推出了性能更强的 8 位微处理器 8008,如图 2-1 所示。1974 年,8008 发展成 8080,成为第二代微处理器。此后,8080 作为代替电子逻辑电路的器件被用于各种应用电路和设备中。第二代微处理器均采用 NMOS 工艺,集成度约 9000 个晶体管,平均指令执行时间为 $1 \sim 2 \mu s$,采用汇编语言、BASIC 和 Fortran 编程,使用单用户操作系统。

图 2-1 Intel 4004 和 8008 处理器

**2. 16 位微处理器**

1978 年 Intel 公司生产的 8086 是第一个 16 位的微处理器。作为第三代微处理器的起点,8086 微处理器的最高主频速度为 8 MHz,具有 16 位数据通道,内存寻址能力为 1 MB。与此同时 Intel 还生产出与之相配合的数字协处理器 i8087,这两种芯片使用相互兼容的指令集,统一称为 X86 指令集。

1979 年,Intel 公司又开发出了 8088 处理器,如图 2-2 所示。8086 和 8088 在芯片内部均采用 16 位数据传输,所以均称为 16 位微处理器。8088 工作在 6.66 MHz、7.16 MHz 或 8 MHz 频率上,内部集成了大约 29000 个晶体管。

图 2-2    Intel 8088 处理器以及 IBM PC

1981 年,美国 IBM 公司将 8088 处理器用于其研制的个人计算机中(称为 IBM PC),如图 2-2 右图所示,从而开创了全新的微型计算机时代。也正是从 8088 开始,个人计算机(PC)的概念开始在全世界范围内普及并发展起来。从 8088 应用到 IBM PC 机上开始,个人计算机(也称个人电脑)真正走进了人们的工作和生活之中,也标志着一个新时代的开始。

1982 年,Intel 公司在 8086 的基础上,研制出了 80286 处理器,如图 2-3 所示。80286 CPU 集成了大约 130000 个晶体管,最大主频达到了 20 MHz。从总体来看,80286 在以下四个方面比它的前辈有显著的改进:①支持更大的内存;②能够模拟内存空间;③能同时运行多个任务;④提高了处理速度。

**3. 32 位微处理器**

1985 年 10 月 17 日,Intel 划时代的产品——80386DX 正式发布了,其内部包含 27.5 万个晶体管,时钟频率为 12.5 MHz,如图 2-4 所示。后来随着技术的不断完善,它的时钟频率也逐步提高。有 20 MHz、25 MHz 和 33 MHz 等,后来还有少量的 40 MHz 产品。

图 2-3    Intel 80286 处理器          图 2-4    Intel 80386 处理器

80386DX 的内部和外部数据总线是 32 位,地址总线也是 32 位。80386 CPU 最经典的产品为 80386DX-33 MHz,一般我们说的 80386 就是指它。32 位微处理器的强大运算能力,使个人计算机的应用扩展到很多领域,如商业办公和计算、工程设计和计算、数据中心和个人娱乐等。

1989 年，Intel 推出性能更强的 80486 处理器，如图 2-5 所示。它首次打破了 100 万个晶体管的界限，达到了 120 万个晶体管，使用 1 微米的制造工艺。80486 CPU 的时钟频率从 25 MHz 逐步提高到 33 MHz、40 MHz 和 50 MHz。80486 CPU 的性能比带有 80387 数学协微处理器的 80386 DX 性能提高了 4 倍。

1993 年，Intel 公司把自己的新一代 586 CPU 产品命名为 Pentium（奔腾），以此区别 AMD 和 Cyrix 等其他公司的产品，如图2-6所示。Pentium 最初级的 CPU 是 Pentium 60 和 Pentium 66。早期的奔腾时钟频率为 75～120 MHz，使用 0.5 微米的制造工艺，后期 120 MHz 频率以上的奔腾则改用 0.35 微米工艺。

图 2-5  Intel 80486 处理器          图 2-6  Intel Pentium 处理器

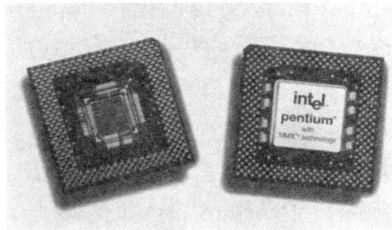

为提高多媒体处理能力，Intel 公司在 1996 年底发布了多能奔腾（Pentium MMX），它的正式名称是"带有 MMX 技术的 Pentium 处理器"，如图 2-7 所示。多能奔腾是在原 Pentium 的基础上进行了多项重大的改进而开发的。它新增加的 57 条 MMX 多媒体指令，使得多能奔腾即使在运行非 MMX 优化的程序时，也比同主频的 Pentium CPU 快得多。这 57 条 MMX 指令专门用来处理音频和视频等数据处理。多能奔腾拥有 450 万个晶体管，功耗 17 W。支持的工作频率有133 MHz、150 MHz、166 MHz、200 MHz 和 233 MHz。

Pentium Pro（高能奔腾，686 级的 CPU）的核心架构代号为 P6，如图 2-8 所示。与后来出现的 Pentium Ⅱ 和 Pentium Ⅲ 相同，都使用了 P6 的核心架构。Pentium Pro 是它们的第一代产品，内部的二级 Cache 有 256 KB 或 512 KB，最大 1 MB。工作频率从工程样品的 133/66 MHz 发展到了 150/60 MHz、166/66 MHz、180/60 MHz 和 200/66 MHz 等频率。

图 2-7  Intel Pentium MMX 处理器          图 2-8  Intel Pentium Pro 处理器

1998 年 4 月 16 日，Intel 第一个支持 100 MHz 外频的 CPU 正式推出，如图 2-9 所示。它是一款采用 P6 架构的 Pentium Ⅱ 微处理器，采用 0.25 微米工艺制造，其核心工作电压降至 2.0 V，支持的芯片组主要是 Intel 的 440BX。在 1998 年至 1999 年间，Intel 公司又推出了比 Pentium Ⅱ 功能更强大的 CPU-Xeon（至强微处理器）。Xeon 微处理器主要面向对性能要求更高的服务器和工作站系统。

图 2-9　Intel Pentium Ⅱ 处理器

1999 年 Intel 公司发布了采用 Katmai 核心的新一代微处理器——Pentium Ⅲ，如图 2-10 所示。该微处理器采用 0.25 微米工艺制造，内部集成 950 万个晶体管。除在安装模式上采用 Slot 1 架构之外，还具有以下新特点：

（1）系统总线频率为 100 MHz；

（2）采用第六代 CPU 核心——P6 微架构，并针对 32 位应用程序进行优化，采用双重独立总线；

（3）一级缓存大小为 32 KB，二级缓存大小为 512 KB；

（4）新增加了能够增强音频、视频和 3D 图形效果的指令集，共 70 条新指令。

Pentium Ⅲ 的最低主频速度为 450 MHz。和 Pentium Ⅱ Xeon 一样，Intel 同样也推出了面向服务器和工作站系统的高性能 CPU——Pentium Ⅲ Xeon（至强）微处理器。

图 2-10　Slot 1 接口的 Intel Pentium Ⅲ 处理器

2000 年 11 月，Intel 公司发布新一款 CPU——Pentium 4（如图 2-11 所示）。这是一款在技术上以 Willamette 为核心，外形结构上采用全新的 Socket 423 插座，集成有 256 KB 的二级缓存，支持更为强大的 SSE2 指令集和多达 20 级的超标量流水线的高性能处理器。在此基础上，Intel 又陆续推出了多款主频在 1.4～2.0 GHz 的以 Willamette 为核心的 P4 处理器，并在后期的 P4 处理器采用了 Socket 478 插座。由于 Willamette 核心制造工艺落后，发热量大，性能低下，一年以后 Intel 很快就发布了第二个以 Pentium 4 为核心，代号为 Northwood 的处理器。该处理器与 Willamette 核心相比最大的改进是采用了 0.13 微米制造工艺，集成了更大的 512 KB 二级缓存，性能有了大幅的提高。

2005 年第二季度，Intel 推出奔腾 D（Pentium D），如图 2-11 所示。该芯片之前的代号为 Smithfield，单一处理器中具有两个 Pentium 4 处理核心。奔腾 D 处理器具有两个独立的执行核心以及两个 1 MB 的二级缓存，两个执行核心共享 800 MHz 的前端总线与内存连接。

### 4. Intel 的 64 位微处理器

为了满足更高速度的处理要求，2001 年 Intel 发布了 64 位的 Itanium（安腾）处理器，如图 2-12 所示。这是 Intel 的第一款构建在 IA-64 架构的 64 位的产品，虽然是为企业级服务器及工作站设计的，但 Itanium 处理器也可以作为高端 PC 工作站市场的硬件平台。在 Itanium 处理器中体现了一种全新的设计思想，完全基于平行并发计算而设计。

图 2-11　Intel Pentium 4 处理器和 Intel Pentium D 处理器

2002 年 Intel 发布了 Itanium 2 处理器，如图 2-12 所示。代号为 McKinley 的 Itanium 2 处理器是 Intel 第二代 64 位系列的产品。Itanium 2 处理器是以 Itanium 架构为基础所建立与扩充的产品，提供了 32 位的兼容性，具有 6.4 GB/s 的系统总线带宽和高达 3 MB 的 L3 缓存，可与专为第一代 Itanium 处理器优化编译的应用程序兼容，并大幅提升了处理器的性能。Itanium 2 处理器系列以低成本与更高效能，为服务器与工作站提供各种平台和应用支持。

图 2-12　Itanium 处理器和 Itanium 2 处理器

2006 年 7 月，Intel 发布 Core 2（酷睿 2），是一个跨平台的构架体系，支持 64 位指令集，包括服务器版（开发代号为 Woodcrest）、桌面版（开发代号为 Conroe，俗称"扣肉"）和移动版（开发代号为 Merom）三大领域。Core 2 是 Intel 推出的第八代 X86 架构处理器，采用全新的 Intel Core 架构，取代由 2000 年起所采用的 Netburst 架构。Core 2 分为 Solo（单核，应用于笔记本电脑）、Duo（双核）、Quad（四核）及 Extreme（至尊版）。Core 2 Extreme 如图 2-13 所示。

图 2-13　Core 2 Extreme 双核处理器和 Core 2 Extreme 四核处理器

2008 年～2010 年，为了简化命名方式，Intel 决定放弃 Core 2 双核和 Core 2 四核等命名方式，先后发布了 Intel Core i7、Core i5 和 Core i3，如图 2-14 所示。其中，i3 代表低端产品，i5 代表中端产品，i7 代表高端产品。

图 2-14　Intel Core i7、Intel Core i5 和 Intel Core i3

## 2.1.2　Intel 处理器简介

在前面的内容中，我们简单介绍了 Intel 处理器的起源和发展，下面就 Intel 的 4 位微处理器、8 位微处理器、16 位微处理器、32 位微处理器和 64 位微处理器的性能指标做一个简要说明，以便读者对 Intel IA-32 架构处理器有一个更加深入的了解和认识，见表 2-1。

**表 2-1**　　　　　　　　　　　　　　　　　　**Intel 处理器性能指标**

| CPU 推出时间 | CPU 类型 | 字长（位） | 时钟频率（MHz） | 数据总线位数（位） | 地址总线位数（位） | 可寻址的内存大小 | 集成的晶体管数目 |
|---|---|---|---|---|---|---|---|
| 1971 | 4004 | 4 | <1 | 4 | 4 | 16 B | 2300 |
| 1972 | 8080 | 8 | <1 | 8 | 16 | 64 KB | 5000 |
| 1978.6 | 8086 | 16 | 6/8 | 16 | 20 | 1 MB | 29000 |
| 1979.6 | 8088 | 16 | 4.77 | 8 | 20 | 1 MB | 29000 |
| 1982.2 | 80286 | 16 | 8/12/20 | 16 | 24 | 16 MB | 134000 |
| 1985.10<br>1988.6 | 80386(DX)<br>80386(SX) | 32 | 12/25/33 | 32(DX)/<br>16(SX) | 32(DX)/<br>24(SX) | 4 GB(DX)/<br>16 MB(SX) | 275000 |
| 1989.6 | 80486(DX) | 32 | 25/33 | 32 | 32 | 4 GB | 1.2 百万 |
| 1991.4 | 80486(SX) | 32 | 25/33 | 32 | 32 | 4 GB | 1.18 百万 |
| 1993.3 | Pentium(P5) | 32 | 60/66 | 64 | 32 | 4 GB | 3.1 百万 |
| 1994.3 | Pentium<br>(P54C) | 32 | 75/90<br>/100/120<br>/133/150<br>/166/200 | 64 | 32 | 4 GB | 3.1 百万 |
| 1996.10 | Pentium MMX<br>(P55C) | 32 | 133/166/200 | 64 | 32 | 4 GB | 4.5 百万 |
| 1997.5 | Pentium Ⅱ<br>（外频 66 MHz）<br>Pentium Ⅱ<br>（外频 100 MHz） | 32 | 233/266/<br>300/333<br>300/350/<br>400/450 | 64 | 32 | 4 GB | 7.5 百万 |
| 1999 | Pentium Ⅲ | 32 | 450/500/<br>800/1000 | 64 | 32 | 4 GB | 24 百万 |
| 2000.11 | Pentium 4 | 32 | 1.4～2.0 GHz | 64 | 32 | 4 GB | 42 百万 |
| 2004 | Pentium 4-64 | 64 | 3.0～3.8 GHz | 64 | 36/40 | 64 GB/1 TB | 125 百万 |
| 2005 | Pentium D | 64 | 2.8～3.6 GHz | 64 | 36/40 | 64 GB/1 TB | 321 百万 |

（续表）

| CPU 推出时间 | CPU 类型 | 字长（位） | 时钟频率（MHz） | 数据总线位数（位） | 地址总线位数（位） | 可寻址的内存大小 | 集成的晶体管数目 |
|---|---|---|---|---|---|---|---|
| 2006 | Core 2 Duo | 64 | 1.8～3.3 GHz | 64 | 36/40 | 64 GB/1 TB | 291 百万 |
| 2006 | Core 2 Quad | 64 | 2.1～3.2 GHz | 64 | 36/40 | 64 GB/1 TB | 582 百万 |
| 2008 | Nehalem | 64 | 3.46 GHz | 64 | 36/40 | 64 GB/1 TB | 731 百万 |
| 2008～ | Core i7 | 64 | 2.53～4.0 GHz | 64 | 36/48 | | 14 亿(Ivy Bridge) |
| 2010～ | Core i3 | 64 | 2.50～3.33 GHz | 64 | 36/48 | | 3.82 亿 |
| 2011 | Sandy Bridge | 64 | 3.6 GHz | 64 | 36/40 | 64 GB/1 TB | 22.7 亿(Sandy Bridge-EP-8) |
| 2013 | Haswell | 64 | QPI 速率：4.8～6.4 GT/s DMI 速率：2.5～5.0 GT/s | 64 | 39/48 | | 16 亿，制造工艺 22 nm，支持更为成熟的三栅极晶体管 |

　　微处理器或微型计算机是按其单位时间能处理的数据的二进制位数即字长来划分的。表 2-1 中给的 Intel 处理器的字长为 4 位、8 位、16 位、32 位和 64 位。

　　半导体加工技术的进步直接推动微处理器的发展。半导体器件的几何尺寸日益缩小，发展到今天加工工艺可达几微米。由于器件的几何尺寸的缩小，芯片的集成度大大提高，即在同样尺寸的硅片上可集成更多的晶体管，同时也提高了芯片的工作速度。

## 2.1.3　其他主流的微处理器简介

### 1. Intel Celeron（赛扬）

　　为满足低端市场的需要，Intel 于 1998 年 4 月推出了一款廉价的 CPU 产品——Celeron（赛扬）。根据不同的使用要求，Intel 最初推出 Covington 核心，0.35 微米工艺制造的 Celeron 产品有 266 MHz 和 300 MHz 两个版本。它与 Pentium Ⅱ 相比，去掉了芯片上的 L2 Cache，此举虽然大大降低了成本，但该微处理器在性能上大打折扣，其整数性能甚至不如 Pentium MMX。其后，Intel 又发布了采用 Mendocino 核心、0.25 微米工艺制造的新一代 Celeron 微处理器——Celeron 300A、333 和 366。其内建 32 KB 的 L1 Cache 和 128 KB 的 L2 Cache，且以与 CPU 相同的核心频率工作，从而大大提高了 L2 Cache 的工作效率。

### 2. AMD 系列处理器

　　K5 处理器是 AMD(Advanced Micro Devices)公司第一个独立生产的 X86 级 CPU，如图 2-15(a)所示。该产品于 1996 年发布，是 AMD 与 Intel 的 Pentium CPU 竞争的产品。

(a)　　　　　　　(b)

图 2-15　AMD 公司的 K5 和 K6 处理器

　　AMD 公司在 1997 年～1999 年陆续推出了 K6(代号 Little Foot)处理器(如图 2-15(b)所示)。K6-2 处理器(如图 2-16(a)所示)和 K6-Ⅲ 处理器(如图 2-16(b)所示)。K6 与 K5 相比,可以并行地处理更多的指令,并运行在更高的时钟频率上。

图 2-16　AMD 公司的 K6-2 和 K6-Ⅲ 处理器

　　K6-2(如图 2-16(a)所示)采用 0.25 微米工艺制造,具有 64 KB 的 L1 Cache,并将二级缓存集成在主板上,容量在 512 KB～2 MB 之间,速度与系统总线频率同步。K6-2 在 K6 的基础上做了几项重要的改进,其中最主要的一项是采用了"3D NOW!"技术。"3D Now!"技术是对 X86 体系的重大突破,它大大加强了处理 3D 图形和多媒体所需要的密集浮点运算性能。

　　K6-Ⅲ 处理器(如图 2-16(b)所示)采用 0.25 微米制造工艺,内部集成了 256 KB 二级缓存,并以 CPU 的主频速度运行。此外,该微处理器还带有 64 KB 一级缓存(32 KB 用于指令,另 32 KB 用于数据)。

　　1999 年 6 月 23 日,AMD 公司推出了 K7 微处理器,并将其正式命名为 Athlon,如图 2-17 所示。K7 采用 0.8 微米、0.25 微米两种工艺制造,含 128 KB 的 L1 Cache 和 512 KB～1 MB 的 L2 Cache 的片外缓存,还采用了全新的宏处理结构,拥有三个并行的 X86 指令译码器,可以动态推测时序,乱序执行。K7 拥有一个强劲的浮点处理单元,通过执行"3D NOW!"指令可以获得更强的 3D 和多媒体处理能力。另外,K7 采用了一种类似于Slot 1的全新的Slot A架构,两者的电器性能完全不兼容。Athlon 是 AMD 第一个具有 SMP(对称多微处理器技术)能力的桌面 CPU,使用者可以用 Athlon 构建双微处理器甚至四微处理器系统。

　　AMD 公司在 2000 年 6 月份连续推出了新款的 Thunderbird(雷鸟)和 Duron(毒龙)微处理器。Thunderbird 是 AMD 面向高端的 Athlon 系列的延续产品,采用 0.18 微米的制造工艺,共有 Slot A 和 Socket A 两种不同的架构。

　　Duron 微处理器是 AMD 的首款基于 Athlon 核心改进的低端微处理器。AMD 在 2001 年推出了新一代采用 Palomino 核心的 Athlon XP,如图 2-18 所示。与 Thunderbird 核心相比,Palomino 的 Athlon XP 对核心做了一些优化,如晶体管数量增加等,使 CPU 的功耗大大减少。

图 2-17　AMD 公司的 Athlon 处理器　　　　图 2-18　Palomino 核心的 Athlon XP

AMD 公司在 2003 年成功地开发出了全球第一款桌面系统 64 bit 处理器 K8。Athlon 64（服务器版本为 Opteron）处理器的诞生对于桌面处理器领域具有划时代的意义，如图 2-19 所示。

从性能上看，K8 最大的特色就是对 64 bit 计算技术的支持，凭借 X86-64 架构，将传统 X86 的 32 bit 模式扩展到 64 bit。K8 架构分为 Socket 754、Socket 939 和 Socket 940 接口，新 K8 处理器统一为 Socket AM2(940 针)接口。

K10 俗称 K8L，是 AMD 继 K8 之后的下一代 CPU 的架构，如图 2-20 所示。AMD 声称其 K10 架构四核心具备一系列"革命性设计"，每核心 512 KB 二级缓存、共享 2 MB 三级缓存、HyperTransport 3.0 总线、增强型 PowerNow 省电技术、AMD-V 虚拟化技术以及领先的性能每瓦特指标等。

图 2-19　AMD 的 K8 处理器　　　　　　图 2-20　AMD 的 K10 处理器

### 3. Cyrix 与 VIA 公司的处理器

Cyrix M Ⅱ 是 Cyrix 公司于 1998 年 3 月开始生产的，也是该公司独自研发的最后一款微处理器。除了具有 6X86 本身的特性外，该微处理器还支持 MMX 指令，包含 64 KB 的一级缓存。

VIA 公司在收购 Cyrix 之后，正式推出了代号为 Joshua 的第一款微处理器，采用 0.18 微米工艺制造和 Socket 370 架构，支持 133 MHz 外频，并拥有 256 KB 的 L2 Cache 及"3D NOW!"指令集。另外，VIA 后来还推出了采用新一代 Samuel 核心的 Cyrix Ⅲ 微处理器，加入新一代的"3D Now!"多媒体指令集，提供 133 MHz 系统外频，128 KB 一级高速缓存，采用 0.18 微米工艺制造。

### 4. Rise

Rise 公司是一家成立于 1993 年 11 月的美国公司，主要生产与 X86 兼容的 CPU，在 1998 年推出了 MP6 CPU。MP6 不仅价格便宜，而且性能优异，有着很好的多媒体性能和强大的浮点运算能力。MP6 使用 Socket 7/Super 7 兼容插座，只有 16 KB 的一级缓存。

### 5. 我国的龙芯

2002 年 9 月 28 日，中国科学院计算技术研究所正式发布国内首枚高性能通用 CPU 芯片——龙芯（Godson），如图 2-21 所示。

龙芯一号 CPU 以中国科学院计算技术研究所研制的通用 CPU 为核心，由神州龙芯公司拥有知识产权，是神州龙芯公司推出的兼顾通用及嵌入式 CPU 特点的新一代 32 位 CPU。龙芯一号是基于 0.18 微米 CMOS 工艺的 32 位微处理器，通过了以 SPEC CPU 2000 为代表的一批性能和功能测试程序的严格测试。龙芯一号 CPU 的诞生打破了我国长期依赖国外 CPU 产品的历史，也标志着国产安全服务器 CPU 和通用的嵌入式微处理器产业化的开始。龙芯一号的问世，不仅为我们带来了真正可以应用的国产 CPU 芯片，还有助于消除我国在电子政务和国防等方面的安全隐患,为提高民族信息产业创新能力、增强民族自豪感,提供了一个坚实的平台。

图 2-21　龙芯系列处理器

龙芯一号在通用 CPU 体系结构设计方面采用了许多先进的微处理器的设计与实现技术,在动态流水线的具体实现和硬件对系统安全性的支持方面独特创新。龙芯一号 CPU 在片内提供了一种特别设计的硬件机制,可以抗御缓冲区溢出攻击,从而大大地提高了服务器的安全性。龙芯一号具有良好的低功耗特性,平均功耗 0.4 W,最大功耗不超过 1 W。因此,龙芯一号 CPU 可以在大量的嵌入式应用领域中使用。

龙芯一号 CPU 主要特征见表 2-2。

表 2-2　　　　　　　　　　龙芯一号 CPU 主要特征

| 主　频 | $200\sim266$ MHz |
|---|---|
| 指令系统 | 可运行 32 位 MIPS 指令 |
| 实现方法 | $0.18\ \mu m$ CMOS |
| 定点字长 | 32 位 |
| 浮点字长 | 64 位 |
| 一级指令 Cache | 8 KB |
| 一级数据 Cache | 8 KB |
| 精确中断处理 | 支持 |
| 浮点标准 | IEEE 754 |
| 体系结构技术特性 | 支持寄存器换名、动态调度、乱序执行 |
| 工作电压 | I/O:3.3 V/内核:1.8 V |
| 功耗 | $0.4\sim1$ W |
| 总线频率 | $75\sim133$ MHz |
| 封装方式 | PQFP/CQFP |
| ESD 保护 | 有 |

在龙芯一号 CPU 问世后,2005 年 4 月 26 日,龙芯二号 CPU 正式面世。龙芯二号 CPU 采用先进的四发射超标量超流水结构,片内一级指令和数据高速缓存各 64 KB,片外二级高速缓存最多可达 8 MB。龙芯二号的最高频率为 500 MHz,功耗为 $3\sim5$ W,远远低于国外同类芯片,其 SPEC CPU 2000 测试程序的实测性能是 1.3 GHz 的威盛处理器的 $2\sim3$ 倍,已达到 Pentium Ⅲ水平。具有以下特点:

（1）高性能。

①64 位、四发射、乱序执行；

②64 KB＋64 KB 片内一级 Cache，1～8 MB 片外二级 Cache；

③IEEE 754 兼容浮点部件，专门的媒体支持；

④双精度浮点运算 10 亿次/秒，单精度浮点运算 20 亿次/秒；

⑤SPEC CPU 2000 实测性能相当于 500～1 GHz 的 Intel Pentium Ⅲ 系列 CPU；

⑥完全满足桌面应用的要求。

（2）采用 0.18 $\mu$m CMOS 标准单元工艺，500 MHz。

（3）针对缓冲区溢出攻击的专门安全支持。

（4）MIPS 兼容，支持 Linux、VxWorks 和 WinCE 等主流操作系统。

（5）1350 万个晶体管，面积 6.2 mm×6.7 mm。

（6）功耗 2～4 W，最高频率 500 MHz。

随着龙芯的诞生，2002 年 12 月 23 日，由国内科研单位和企业联手发起的"龙芯联盟"正式成立，这意味着龙芯从此有了一条完整的产业链条。而这些厂商也能够带动起相应的数字机顶盒、网络计算机、税控机和服务器等产品的应用和推广。目前，已经有多家公司推出了使用龙芯的商用化产品，如图 2-22 所示。

图 2-22 商用化的"龙芯盒子"（龙梦计算机）和学生笔记本计算机

**6. 双核心处理器**

随着信息的不断膨胀，各种应用对处理器的要求日趋苛刻，例如复杂的 3D 模拟、流媒体文件、新增的安全层次、更繁杂的用户界面以及更多的在线用户，这就要求大大地提高处理器的计算能力。

传统上，提高处理器计算能力的主要手段是提高处理器的时钟频率。但是，处理器的高频率将引发巨大的发热量。主频越高，提高的技术难度也就越大。因此人们不得不寻找新的方案来提高处理器的处理能力。主要有以下两种方法：

（1）使用 64 位技术，64 位运算比 32 位运算性能将会大大地提高。例如，使用 32 位的 CPU，要向外输出一个 64 位的数据需要两条指令，但是如果使用 64 位的 CPU，只要一条指令就可以完成。

（2）另外一种做法就是使用多路对称技术，其基本思想就是用两个处理器去完成一个处理器的任务。其方法与磁盘阵列技术类似，使用两块硬盘来同时存取一个文件，各存取一半，因此花费的时间减半。假如使用 4 块硬盘，就是每块各存取 1/4，所需时间就会更短。CPU 的多路对称工作原理也是这样的，在中高端服务器中得到了广泛的应用，并且很多服务器都使用了 4 路、8 路处理器的配备，大幅度地提高了性能。

实现多路对称技术的核心是在系统中拥有多个同样功能的处理器核心。因此，双核心处理器技术的引入可以只用一块 CPU 就可以实现多路对称技术,提高处理器在每个时钟周期内执行的指令数量。

双核心处理器(Dual Core Processor),简单地说就是在一块 CPU 基板上集成两个处理器核心并通过并行总线将各处理器核心连接起来,是美国斯坦福大学提出的 CMP(Chip Multi Processors,单芯片多处理器)技术中最基本、最简单、最容易实现的一种类型。

CMP 技术的主要思想是在一块芯片内实现 SMP(Symmetrical Multi-Processing,对称多处理)架构,且并行执行不同的进程。早在上个世纪末,惠普和 IBM 就已经提出双核处理器的可行性设计。而且 IBM 在 2001 年就推出了基于双核心的 POWER4 处理器,随后 Sun 和惠普公司也都先后推出了基于双核架构的 UltraSPARC 以及 PA-RISC 处理器芯片。但由于价格等方面的原因,双核心处理器架构还都只是应用在高端的 RISC 领域。直到 2005 年,Intel 和 AMD 相继推出自己的双核心处理器,双核心才真正走入了主流的 X86 领域,标志着计算技术的一次重大飞跃。

(1)Intel 双核心处理器

Intel 推出的台式机双核心处理器常见的有 Pentium D、Pentium EE(Pentium Extreme Edition)和 Core Duo、Core 2 Duo 等几种类型。

①Pentium D

Pentium D 是 Intel 公司的双核心处理器系列之一。它简单地把两颗 Pentium 4 Prescott 核心叠加在一起放在同一块晶片上,实现了双核,其外形如图 2-23 所示。

②Pentium Extreme Edition(Pentium EE)

Pentium Extreme Edition(Pentium EE)是 Intel 在 2005 年春季推出的一系列 Intel 微处理器品牌的名称。Pentium EE 以双核心的 Pentium D 为基础,但拥有超线程,因此任何操作系统会看到四个逻辑的处理器(2×2 实体核心),其外形如图 2-23 所示。

Pentium D 和 Pentium EE 分别面向主流市场以及高端市场,其每个核心采用独立式缓存设计,在处理器内部两个核心之间是互相隔绝的,通过处理器外部器件(主板北桥芯片)内的仲裁器负责两个核心之间的任务分配以及缓存数据的同步等协调工作。两个核心共享前端总线,并依靠前端总线在两个核心之间传输缓存同步数据,其结构原理如图 2-24 所示。

图 2-23　Intel 的 Pentium D 和 Pentium EE 处理器　　图 2-24　MCH 协调两颗核心之间的相互调用

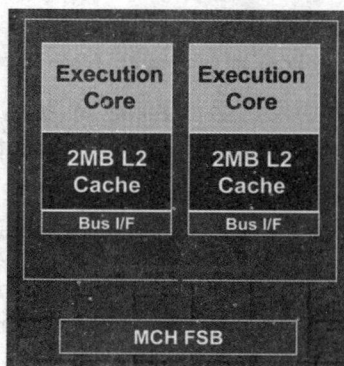

从架构上来看,这种类型是基于独立缓存的松散型双核心处理器耦合方案,其优点是技术简单,只是简单地将两个相同的处理器内核封装在同一块基板上;缺点是数据延迟问题比较严重,性能上受到较大的局限性。Pentium D 和 Pentium EE 的最大区别就是 Pentium EE 支持

超线程技术而 Pentium D 则不支持。

　　③Core Duo 系列处理器

　　Core(酷睿)是 Intel 在 2005 年正式宣布的全新 CPU 架构,其目的是全面取代 Netburst 架构的 Pentium 4 系列。与旧的 Netburst 架构的首要任务是提升运行频率不同,新的 Core 架构在注重处理器时钟频率提升的同时,把首要的任务放在更好的集成多颗核心,采用了许多旨在优化多核处理器功率、性能和可扩充性的重大技术创新,能够以更高的效率完成任务和保持高功耗/性能比。该架构的 CPU 目前有以下几个版本:

　　a. Conroe 是核心的研发代号,是桌面级核心版本。相比 Pentium D,它在性能上增长 40%并可以减少 40%的功耗。

　　b. Core Duo 是酷睿一代的双核版本,单核的叫 Core Solo。

　　c. Core 2 Duo 是酷睿二代的双核版本,单核的叫 Core 2 Solo。

　　d. Woodcrest 是 Intel 针对服务器工作站市场开发的 CPU,FSB 达到 1333 MB/s,L2 Cache 数目将会为 4 MB。

　　e. Kentsfield 是 Intel 最新推出的 4 核心处理器。与此前 Pentium D 的设计类似,它是将两颗双核心 Conroe 封装在一起而构成。

　　Intel Core Duo 不仅仅是处理器设计的发展,还是一次数量级的飞跃。Intel Core Duo 是 Intel 新一代采用 65 纳米工艺的处理器。凭借两个强大的处理器共享资源,以及更加精细化的电路设计,Intel Core Duo 实现了在更加节能的情况下获得更高性能,尤其在笔记本计算机中显现出强劲的优势。

　　酷睿微架构的创新特性体现在以下几个方面:

　　a. 宽区动态执行(Wide Dynamic Execution)——在单个时钟周期内提供更多指令,提高执行效率与性能。每个执行内核的区宽更大,支持每个内核使用高效的 14 级流水线,同时完成(最多)4 条完整指令。

　　b. 智能功率特性(Intelligent Power Capability)——该特性仅在必要时,才向单个逻辑子系统提供电力,由此进一步降低功耗。

　　c. 高级智能高速缓存(Advanced Smart Cache)——其中包括一个共享的二级高速缓存。该特性通过最大限度地降低内存流量来降低功耗;当其他内核处于闲置状态时,允许一个内核使用整个高级缓存,由此提升性能。

　　d. 智能内存访问(Smart Memory Access)——该特性可通过隐藏内存延迟来提升系统性能,由此优化内存子系统的数据带宽的使用。

　　e. 高级数字媒体增强(Advanced Digital Media Boost)——现在,所有 128 位 SSE、SSE2 和 SSE3 指令均能在一个周期内执行,从而将这些广泛应用于多媒体和图形应用中的指令的执行速度提升了 1 倍。

　　(2)AMD 的双核心处理器

　　AMD 推出的双核心处理器分别是双核的 Opteron 系列和全新的 Athlon 64 X2 系列处理器,如图 2-25 所示。Athlon 64 X2 是由两个 Athlon 64 处理器上采用的 Venice 核心组合而成,每个核心拥有独立的 512 KB(1 MB)L2 缓存及执行单元。除了多出一个核之外,从架构上相对于目前的 Athlon 64 并没有任何重大改变。

　　与 Intel 双核处理器不同的是,Athlon 64 X2 的两个内核并不需要经过 MCH 进行相互协调。如图 2-26 所示,AMD 在 Athlon 64 X2 双核心处理器的内部提供了一个称为 System

图 2-25　AMD 的 Dual Core Opteron 和 Athlon 64 X2 处理器

Request Queue(系统请求队列)的技术,在工作的时候每一个核心都将其请求放在 SRQ 中,当获得资源之后请求将会被送往相应的执行核心,也就是说所有的处理过程都在 CPU 核心范围之内完成,并不需要借助外部设备。

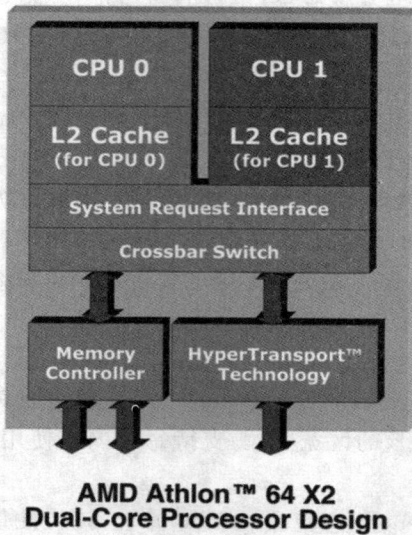

图 2-26　AMD 采用 SRQ 协调执行核心工作

　　不同于 Intel,AMD 的双核技术更专注于服务器领域。由于在个人计算机中,双核 CPU 必须等待硬盘、显卡和 I/O(Input and Output)等传送数据过来才能做处理,因此性能可能随芯片核心的增加而成倍增加,不能得到 1+1=2 的效果。在服务器中的双核处理器,可以直接进行大量的数据运算,将并行运算的概念发挥得最好。

# 2.2　微处理器的硬件结构

　　从外部封装形式来看,CPU 常常是矩形或正方形的块状物,通过众多的引脚与主板相连。从内部来看,CPU 是一片大小通常不到 1/4 英寸①的薄薄的硅晶片,其英文名称为 die(核心)。在这块小小的硅片上,密布着数以百万计的晶体管,它们好像大脑的神经元,相互配合协调,完成各种复杂的运算和操作。

①英寸为英制长度计量单位,1 英寸等于 25.4 毫米。

## 2.2.1　中央处理单元(CPU)的构成

下面以 Intel 的 8086 CPU(如图 2-27 所示)为例介绍 CPU 的结构。

从功能上来看,8086 CPU 可以分为两部分,即总线接口部件(Bus Interface Unit,BIU)和执行部件(Execution Unit,EU)。CPU 在工作时,BIU 不断地从存储器取指令送入指令预取队列(IPQ),EU 不断地从 IPQ 取出指令执行,EU 和 BIU 构成了一个简单的 2 工位流水线,其中指令预取队列 IPQ 是实现流水线操作的关键(如同流水线的传送带)。Pentium 及其以后的 CPU 将一条指令划分成更多的阶段,以便可以同时执行更多的指令。例如,Pentium Ⅲ 为 14 个阶段,Pentium 4 为 20 个阶段(超级流水线),具体内容将在本章后面的部分中予以介绍。

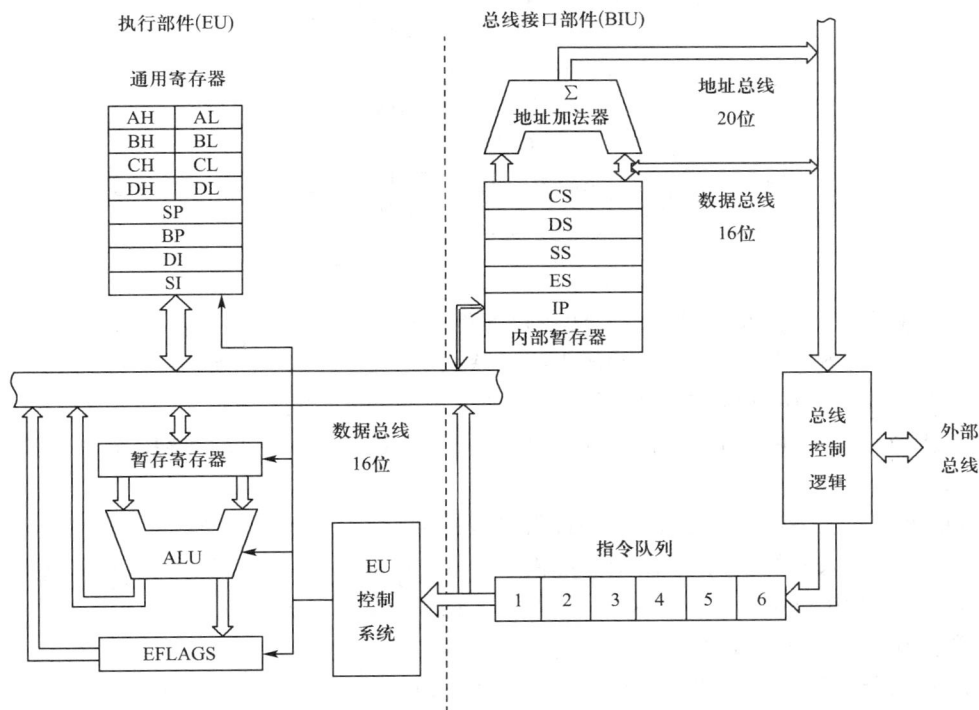

图 2-27　Intel 8086 CPU 系统结构

## 2.2.2　微处理器的基本功能部件

**1. 总线接口部件(Bus Interface Unit,BIU)**

总线接口部件负责与存储器和 I/O 端口传送数据。总线接口部件将从内存中取出的指令送到指令队列,并配合执行部件从内存或外设端口中取数据,同时还要把执行完的数据结果送到指定的内存单元或外设端口中。8086 的总线接口部件由下列四部分组成:

(1)4 个 16 位段地址寄存器(CS、DS、ES 和 SS);

(2)16 位的指令指针寄存器 IP(Instruction Pointer);

(3)20 位的地址加法器;

(4)6 字节的指令队列缓冲器。

由于 8086 可以用 20 位地址寻址 1 M 字节的内存空间,而其内部寄存器是 16 位的,所以需要一个地址生成机构来将寄存器中的 16 位地址信息转换成 20 位的物理地址,这个机构就是 20 位的地址加法器。

如图 2-28 所示是一条指令的物理地址生成过程,假设 CS＝EE00H,IP＝0100H,将 CS 左移 4 位后的值变为 EE000H,将其与 IP 的值相加后即可得到该指令的物理地址 EE100H。

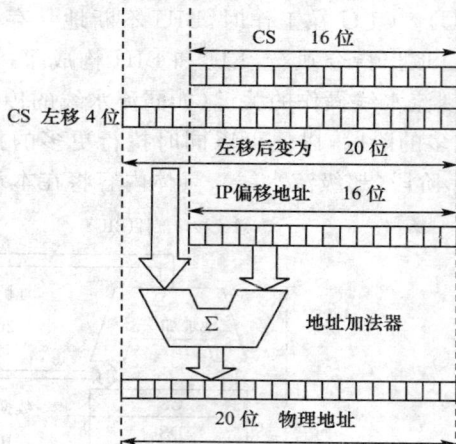

图 2-28　20 位物理地址生成示意图

为了提高 CPU 的效率,在 8086 总线接口部件中包含一个 6 字节的指令队列缓冲器,在执行指令的同时,将下一条指令取出,并放入指令队列缓冲器中。CPU 执行完一条指令后,就可以从指令队列缓冲器中直接取下一条指令(这种方式也叫流水线技术)。

由于指令队列缓冲器用于暂存指令,使得取指令和执行指令可以重叠操作。一般对指令队列有以下要求:

(1)指令队列至少保持一条指令,并且只要有一条指令,执行部件(EU)就开始执行;

(2)指令队列只要有空余,总线接口部件(BIU)就自动执行取指操作,直到填满为止;

(3)若 EU 在执行指令过程中需要对内存单元或外设端口进行存取,则 BIU 在执行完现行取指令操作总线周期后的下一总线周期中进行;

(4)当 EU 执行跳转指令时,EU 要求 BIU 从新的地址中重新取指令,则 BIU 清空指令队列中的原有指令,并重新取指令,将取到的第一条指令直接送至 EU,随后取到的指令填入指令队列。

除了以上提到的四部分外,总线接口部件中还包含总线控制逻辑(输入/输出控制电路),其主要功能是分时传递地址信息或数据信息。

**2. 执行部件(Execution Unit,EU)**

执行部件负责指令的执行,8086 CPU 的执行部件由下列四部分组成:

(1)4 个通用寄存器,即 AX、BX、CX 和 DX;

(2)4 个专用寄存器,即基数指针寄存器 BP(Base Pointer)、堆栈指针寄存器 SP(Stack Pointer)、源变址寄存器 SI(Source Index)和目的变址寄存器 DI(Destination Index);

(3)标志寄存器,又称作程序状态字(Program Status Word,简记为 PSW);

(4)算术逻辑部件 ALU(Arithmetic Logic Unit)。

执行部件的功能如下:

(1)从指令队列中取出指令。

（2）对指令进行译码，发出相应的控制信号。

（3）接收由总线接口送来的数据或发送数据至接口。

（4）进行算术运算。

8086 的算术逻辑单元 ALU 可以完成 8 位或者 16 位二进制算术和逻辑运算，计算偏移量。数据暂存寄存器协助 ALU 完成运算，暂存参与运算的数据。执行部件的控制电路从总线接口的指令队列取出指令操作码，通过译码电路进行分析，发出相应的控制命令，控制 ALU 的数据流向。

**3. 8086 CPU 执行程序的操作过程**

8086 CPU 执行程序的操作过程如下：

（1）形成 20 位的物理地址，并根据此地址找到程序所在的存储器单元，从该单元取出指令字节，依次放入指令队列中。

（2）当 8086 的指令队列中有 2 个空字节时，总线接口部件会自动取指令至队列中。

（3）执行部件从总线接口的指令队列首取出指令代码，并执行该指令。

（4）当指令队列已满，而执行部件又不使用总线时，总线接口部件进入空闲状态。

（5）执行转移指令、调用指令和返回指令时，先清空指令队列内容，然后将要执行的指令放入指令队列中。

## 2.2.3 微处理器的基本寄存器

早期的 8086、8088 和 80286 的内部结构为 16 位（二进制位），是如图 2-29 所示的寄存器组的子集。而对于 80386、80486、Pentium 和 Pentium Pro 等 CPU 的内部结构为 32 位。

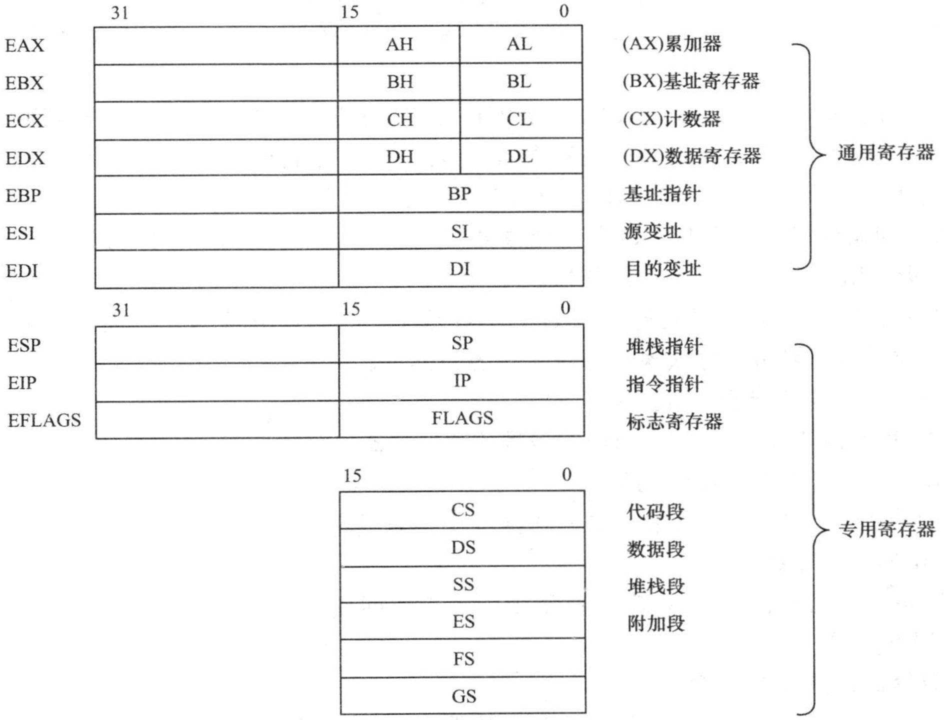

图 2-29　8086-Pentium Pro 微处理器的基本寄存器

　　微处理器的基本寄存器中包括 8、16 和 32 位的三种不同寄存器组,见图 2-3。8 位的寄存器有 AH、AL、BH、BL、CH、CL、DH 和 DL 等,在指令中通过这些字母名称引用。如"ADD DL,DH"指令的功能就是将 DH 和 DL 寄存器中的 8 位数相加,结果送至 DL 中(指令执行后只有 DL 寄存器的内容发生改变)。16 位寄存器有 AX、BX、CX、DX、SP、BP、DI、SI、IP、FLAGS、CS、DS、ES、SS、FS 和 GS。这些寄存器也通过它们的字母名称引用。例如"ADD BX,CX"指令的功能是将 BX 和 CX 寄存器中的 16 位数相加,结果送至 BX 寄存器中。扩展的 32 位寄存器有 EAX、EBX、ECX、EDX、ESP、EBP、EDI、ESI、EIP 和 EFLAGS。32 位寄存器由其字母名称引用。如"ADD ECX,EBX"指令的功能是将 EBX 和 ECX 寄存器中的 32 位数相加,结果送至 ECX 中。需要注意的是 32 位寄存器与两个 16 位寄存器 FS 和 GS 只存在于 80386 及更高级的微处理器中。

　　寄存器分为通用寄存器(或多功能寄存器)和专用寄存器两种。多功能寄存器包括 EAX、EBX、ECX、EDX、EBP、EDI 和 ESI。这些寄存器可保存各种不同长度的数据(如 8 位的字节、16 位的字或 32 位的双字),而且应用程序设计人员可以随意使用这 8 个 32 位通用寄存器。

　　**1. 通用寄存器**

　　32 位的通用寄存器包括 EAX、EBX、ECX、EDX、EBP、EDI 和 ESI。

　　EAX(累加器)是一个通用的概念,它可以是一个 32 位的寄存器(EAX),或是一个 16 位的寄存器(AX),也可以是一个 8 位的寄存器 AH 和 AL 中的任一个。如果一个 8 位或 16 位的寄存器被访问,则只是该 32 位寄存器中被访问的部分发生改变,其余位不发生变化。累加器除了用于乘法、除法及一些调整指令外,它还可以作为一个多功能寄存器来使用。在 80386 及以上的微处理器中,EAX 寄存器可用来存储内存单元的偏移地址。

　　EBX(基地址寄存器)可以通过 EBX、BX、BH 或 BL 的形式访问。BX 寄存器在微处理器中用来保存存储单元的偏移地址,在 80386 及其以上的微处理器中,EBX 也可寻址存储器数据。

　　ECX(计数寄存器)可以通过 ECX、CX、CH 或 CL 的形式访问,是可以保存计数值的通用寄存器。在 80386 及其以上的微处理器中,它也可以保存存储单元的偏移地址。使用计数器的指令有重复串操作指令(REP/REPE/REPNE)、移位指令、循环移位指令和 LOOP/LOOPD 指令、移位和循环移位指令用 CL 作为计数器,重复串操作指令用 CX 作为计数器,LOOP/LOOPD 指令用 CX 或 ECX 作为计数器。

　　EDX(数据寄存器)可以通过 EDX、DX、DH 或 DL 的形式访问,是一个通用寄存器,用来存放乘法结果的一部分或除法执行前被除数的一部分。在 80386 及其以上的微处理器中,该寄存器也可以寻址存储器数据。

　　EBP(基址指针寄存器)可指向所有型号的微处理器的存储器地址,用来传送存储器数据。该寄存器可以通过 BP 或 EBP 的形式来访问。

　　EDI(目的变址寄存器)通常在串操作指令中用来访问目的串数据。它也可作为一个 32 位或 16 位通用寄存器。

　　ESI(源变址寄存器)通常在串操作指令中用来访问源串数据。它也可作为一个 32 位或 16 位通用寄存器。

　　**2. 专用寄存器 EIP、ESP**

　　专用寄存器包括 EIP、ESP、EFLAGS 以及段寄存器 CS、DS、ES、SS、FS 和 GS。下面首先介绍 EIP 和 ESP。

指令指针寄存器(IP/EIP)总是指向程序要执行的下一条指令,它被微处理器用来定位下一条指令。指令指针寄存器可由转移指令或子程序调用指令修改。当微处理器工作在实地址方式下时,该寄存器为 IP(16 位),当 80386 及其以上的微处理器工作于保护方式时,该寄存器为 EIP(32 位)。IP 存放代码段的偏移地址,CS 存放代码段的段基址。

ESP(堆栈指针寄存器)用来访问被称为堆栈的存储区域。堆栈通过这一指针来存取数据。该寄存器的 16 位寄存器形式为 SP,32 位寄存器形式为 ESP。堆栈在微处理器中起着重要的作用,用于暂存数据和过程的返回地址。堆栈是一个 LIFO(Last-in First-out,后进先出)存储区,后进先出是数据入栈和出栈的规则。当使用堆栈暂存数据时,可以用 PUSH 指令将数据放入堆栈,用 POP 指令将数据移出堆栈。使用堆栈暂存过程的返回地址时,可以用 CALL 指令将过程的返回地址保存到堆栈,用 RET 指令将返回地址从堆栈中弹出。

### 3. 标志寄存器 EFLAGS

标志寄存器 EFLAGS 是一个专用的寄存器,在早期的 8086~80286 微处理器中它的位数是 16 位,用 FLAGS 表示,在 80386 及更高级的 32 位微处理器中,标志寄存器是 32 位的,用 EFLAGS 表示。标志寄存器的作用是存放有关微处理器工作过程中的状态标志信息、控制标志信息和系统标志信息,以及各种条件码(如进位、符号和溢出等)及方式位等信息。寄存器中各位的含义如图 2-30 所示。

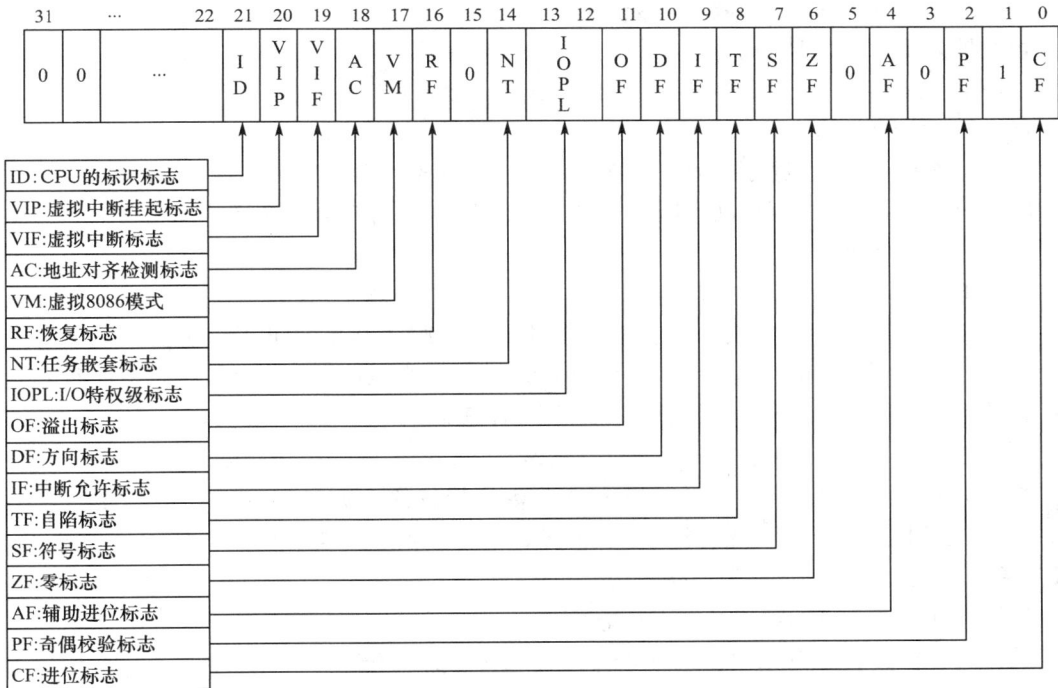

图 2-30　标志寄存器

下面将各有效位的意义做一简要的说明。

(1)CF(Carry Flag)进位标志位

若 CF=1,表示本次运算中最高位(即第 7 位或第 15 位)有进位(加法运算时)或借位(减法运算时)。在进行两个无符号数加法或减法运算后,如果 CF=1,表示运算的结果超出了该字长能够表示的数据范围。例如,执行 8 位数据运算后,CF=1 表示加法结果超过了 255(产生了进位),或者是减法得到的差小于零(使用了借位)。在进行有符号数运算时,CF 对运算结果没有直接意义。

(2)PF(Parity Flag)奇偶校验标志位

若 PF=1,表示本次运算结果的低 8 位中有偶数个"1";若 PF=0,则表示有奇数个"1"。PF 可以用来进行奇偶校验或生成奇偶校验位。

(3)AF(Auxiliary Carry Flag)辅助进位标志位

AF=1,表示 8 位运算结果(限使用 AL 寄存器)中低 4 位向高 4 位有进位(加法运算时)或有借位(减法运算时),该标志位只在 BCD 数运算中才起作用。

(4)ZF(Zero Flag)零标志位

ZF=1,表示运算结果为 0(各位全为 0),否则 ZF=0。

(5)SF(Sign Flag)符号标志位

SF=1,表示运算结果的最高位(第 7 位或第 15 位)为 1(有符号数的负数),否则 SF=0。

(6)TF(Rap Flag)自陷标志位

自陷标志可使微处理器进入跟踪方式,即进入单步调试状态。如果 TF 标志为 1,微处理器可以根据调试寄存器和控制寄存器指示的条件中断程序的执行;如果 TF 为 0,则不进入跟踪(调试)方式。

(7)IF(Interrupt Flag)中断允许标志位

控制输入引脚 INTR 的操作。若 IF=1,则 INTR 信号被允许;若 IF=0,则 INTR 信号被屏蔽。IF 的状态由指令 STI 置位(置 1)和指令 CLI 复位(清 0)决定。

(8)DF(Direction Flag)方向标志位

在串操作指令中,通过方向标志可选择对 DI 或 SI 寄存器内容采用进行递增或递减方式。若 DF=1,则寄存器的内容自动递减;若 DF=0,则寄存器内容自动递增。DF 标志由 STD 指令置位,由 CLD 指令复位。

(9)OF(Overflow Flag)溢出标志位

OF=1 表示两个用补码表示的有符号数的加法或减法结果超出了该字长所能表示的范围。例如,进行 8 位运算时,OF=1 表示运算结果大于 127 或小于一128,此时不能得到正确的运算结果。OF 标志对无符号数的运算结果没有意义。

(10)IOPL(I/O Privilege Level)I/O 特权级标志位

在保护方式操作中使用,用于选择 I/O 设备的特权级。如果当前特权级高于 IOPL,则 I/O 指令能顺利执行。如果当前特权级低于 IOPL,则产生中断,使任务挂起。注意,这里 IOPL=00 为最高级,IOPL=11 为最低级。

(11)NT(Nested Task)任务嵌套标志位

任务嵌套标志表示在保护方式下,当前执行的任务嵌套于另一任务中。当一个任务被软件嵌套时,该标志位置 1。恢复标志与调试操作一起使用,用于控制在下一条指令后恢复程序的运行。

(12)VM(Virtual Mode)虚拟 8086 模式标志位

用来在保护方式系统中选择虚拟 8086 模式,一个虚拟 8086 系统允许在存储器系统中同时存在多个 1 MB 的 DOS 存储器分区。这就允许系统执行多个 DOS 程序。

(13)AC(Alignment Check)地址对齐检测标志位

当访问字或双字时,如果地址不处在字或双字的边界上,则地址对齐检测标志置 1。只有

80486 SXCPU 中含有 AC 标志,供协处理器 80487 SX 使用,用于同步。

(14)VIF(Virtual Interrupt Flag)虚拟中断标志位

该标志只存在于 Pentium/Pentium Pro 微处理器中,是中断允许标志的复本。

(15)VIP(Virtual Interrupt Pending)虚拟中断挂起标志位

用于在 Pentium/Pentium Pro 微处理器中提供有关虚拟 8086 模式中断的信息。它在多任务环境下为操作系统提供虚拟 8086 模式中断和中断挂起信息。

(16)ID(Identification)CPU 的标识标志位。

表示 Pentium/Pentium Pro 微处理器支持 CPU ID 指令。CPU ID 指令为系统提供有关 Pentium 处理器的信息,如型号及制造商等。

**4. 段寄存器**

编程时,程序和各种不同类型的数据分别存放在不同的逻辑段中,它们的段基址存放在段寄存器中,段内的偏移地址存放在其他相应的寄存器中。微处理器中的段寄存器与其他寄存器配合使用可以生成存储单元的地址。微处理器根据其型号不同,一般有 4 个或 6 个段寄存器。段寄存器的功能在实方式和保护方式下是不同的。下面将介绍各个段寄存器及其在系统中的功能。

(1)CS(code)代码段寄存器

代码段是微处理器用来存放代码(程序和过程)的一段存储区域。代码段寄存器定义了代码段存储区的起始地址。在实方式下,它定义一段 64 KB 存储区的起始地址;在保护方式下,它被用来选择一个描述符,该描述符描述了代码段的起始地址和长度。在 8086、8088 和 80286 中程序代码超过 64 KB 时,需要分成几段存放,即一段代码最大为 64 KB。在 80386 及更高的微处理器中,当工作于保护方式下时,代码段的长度最大为 4 GB。

(2)DS(data)数据段寄存器

数据段是一段存放供程序使用的数据的存储区。数据段中的数据根据其偏移地址来访问。与代码段类似,数据段的最大长度在 8086、8088 和 80286 微处理器中也是 64 KB,在 80386 及更高的微处理器中为 4 GB。

(3)ES(extra)附加段寄存器

附加段是一个附加的数据段,供串操作指令用来存放目的串数据。

(4)SS(stack)堆栈段寄存器。堆栈段定义了一个用作堆栈的存储区。堆栈段当前的入口地址由堆栈指针寄存器(SP)确定。BP 寄存器也可寻址堆栈段中的数据。

FS 和 GS 段是在 80386、80486、Pentium 和 Pentium Pro 中新增的段寄存器,是程序可访问的两个附加存储器段。

# 2.3　微处理器的总线

总线是一种数据通道,为系统中各部件所共享。或者说,总线是在部件与部件之间以及设备与设备之间传送信息的一组公用信号线,即在主控设备(部件和设备)的控制之下,将发送设备(部件和设备)发出的信息准确地传送给某个接收设备(部件和设备)的信号通路。

处理器的总线称为片内总线,指的是在微处理机芯片内部的总线,专门用来连接各功能部件的信息通路。

## 2.3.1  总线的结构

通常总线是由多条通信路径或线路组成的,而每一条信号线仅能传送一位二进制的 0 或 1 信号。在一段时间里,一条信号线只能传送一串二进制信息,如果将几条信号线组合在一起,总线就可以在同一时间并行地传输二进制信息。例如,一个字节的信息可以通过总线中的 8 条信号线完成信息的并行传输。计算机系统内各个层次之间的信息传送是由总线来完成的。对于总线上的任何一个部件发出的信息,计算机系统内所有连接到总线上的部件都可以收到。但在进行信息传输时为了避免相互干扰,每次只能有一个叫作主控设备的部件可以利用总线给一个叫作从属设备的部件发送信息。

**1.总线标准的四个特性**

（1）物理特性

物理特性指的是总线的物理连接方式,如总线的根数和排列的形式等。

（2）功能特性

功能特性描写的是这一组总线中每一根线的功能。从总体功能上来看,总线分成三组:地址总线、数据总线和控制总线。地址总线的宽度指明了总线能够直接访问存储器的地址范围;数据总线的宽度指明了访问一次存储器或外部设备最多能够交换数据的位数;控制总线一般包括 CPU 与外界联系的各种控制命令,如输入/输出读写信号、存储器读写信号、外部设备与主机同步匹配信号、中断信号和 DMA 控制信号等。

（3）电器特性

电器特性定义每一根线上信号的传递方向和有效电平范围。一般规定送入 CPU 的信号为输入信号,用"IN"表示,从 CPU 送出的信号为输出信号,用"OUT"表示。以 IBM PC/XT CPU 的总线为例,地址线 A0～A19 为输出线,数据线 D0～D7 为双向信号线,也就是既可以作为数据输入线又可以作为数据输出线。地址线和数据线的信号都是高电平有效。控制线 IOR# 是输入设备读信号线,低电平有效。

（4）时间特性

时间特性定义了每根线在何时有效。也就是说,用户什么时间可以用总线上的信号,或者用户什么时间把信号提供给总线,CPU 才能正确无误地使用。

**2.总线分类**

片内总线根据其功能可以分为地址总线、数据总线和控制总线。

（1）地址总线

地址总线用来规定数据总线上的数据出于何处和被送往何处。若 CPU 欲从存储器读取一个信息,不论该信息是 8 位、16 位、32 位或 64 位的,均是先将欲取信息的地址放到地址线上,然后才可以从给定的存储器取出所需的信息。地址总线的位数直接决定了 CPU 可寻址的内存单元的多少,如 16 位地址总线可寻址的内存空间为 64 KB,32 位地址总线可寻址的内存空间为 4 GB。

（2）数据总线

所谓数据总线,顾名思义就是在计算机系统各部件之间传输数据的路径,把这些信号线组合在一起则被称为数据总线。早期的 8086、8088 和 80286 数据总线的宽度为 16 位,80386 和 80486 是 32 位,Pentium 以后的 CPU 数据总线的宽度多为 64 位。

（3）控制总线

控制总线线的作用是对数据总线和地址总线的访问及其使用情况实施控制。由于计算机中的所有部件均要使用数据总线和地址总线，所以用控制总线对它们实施控制是必要的也是必需的。控制信号的作用就是在计算机系统各部件之间发送操作命令和定时信息。命令信息规定了要执行的具体操作，而定时信息则规定了数据信息和地址信息的时效性。

## 2.3.2　总线的操作

微处理机系统中的各种操作，包括从 CPU 把数据写入存储器、从存储器把数据读到 CPU、从 CPU 把数据写入输出端口、从输出端口把数据读到 CPU、CPU 中断操作、直接存储器存取操作和 CPU 内部寄存器操作等，本质上都是通过总线进行的信息交换，统称为总线操作。

如果一个部件（总线主控设备）欲向另一个部件（总线从属设备）发送信息，总线要进行以下两项操作：

（1）主控设备必须获得对总线的使用权；

（2）总线主控设备通过总线将数据传送给总线从属设备。

如果一个部件（总线从属设备）欲向另一个部件（总线主控设备）请求接收数据，在这种情况下，总线也要进行两项操作：

（1）总线从属设备也必须获得对总线的使用权；

（2）总线从属设备通过控制线和地址线向另一个部件（总线主控设备）发出接收数据的请求，然后就要等待由总线主控设备发送过来的数据。

为完成一个总线操作周期，一般要分成四个阶段。

**1. 总线请求和仲裁（Bus Request and Arbitration）阶段**

由需要使用总线的主控设备向总线仲裁机构提出使用总线的请求，经总线仲裁机构仲裁决定把下一个传送周期的总线使用权分配给哪一个请求源。

**2. 寻址（Addressing）阶段**

取得总线使用权的主控设备，通过地址总线发出本次要访问的从属设备的存储器地址或 I/O 端口地址及有关命令，通过译码使参与本次传送操作的从属设备被选中，并开始启动。

**3. 数据传送（Data Transfering）阶段**

主控设备和从属设备进行数据交换，数据由源模块发出，经数据总线传送到目的模块；在进行读传送操作时，源模块就是存储器或输入/输出接口，而目的模块则是总线主控设备 CPU。在进行写传送操作时，源模块就是总线主控设备，如 CPU，而目的模块则是存储器或输入/输出接口。

**4. 结束（Ending）阶段**

在该阶段，主控设备和从属设备的有关信息均从系统总线上撤除，让出总线，以便其他模块能继续使用。

总线上的主控设备和从属设备通常采用以下三种方式之一来实现对总线传送的控制。

（1）同步传送

同步传送时采用精确稳定的系统时钟作为各模块动作的基准时间。模块间通过总线完成一次数据传送即一个总线周期，时间是固定的。每次传送一旦开始，主、从设备都必须按严格的时间规定完成相应的动作。

（2）异步传送

同步传送要求总线上的各主、从设备操作速度要严格匹配,为了能用不同速度的设备组成系统,可以采用异步传送的办法来控制数据的传送。异步传送需设置一对信号交换握手（Handshaking）线,即请求（Request）和响应（Acknowledge）信号线。

（3）半同步传送

半同步传送是综合同步和异步传送的优点而设计出来的混合式传送方式。其既保留了同步传送的基本特点,如信号发出时间严格参照系统时钟前沿,接收方采用系统时钟后沿。同时又像异步传送那样允许不同速度的模块和谐工作。

# 2.4 微处理器的基本操作流程

在本节中,主要介绍指令执行的基本过程和微处理器的时序等内容。

## 2.4.1 指令执行的基本过程

如图 2-31 所示,计算机指令执行的基本过程一般按照以下步骤进行:

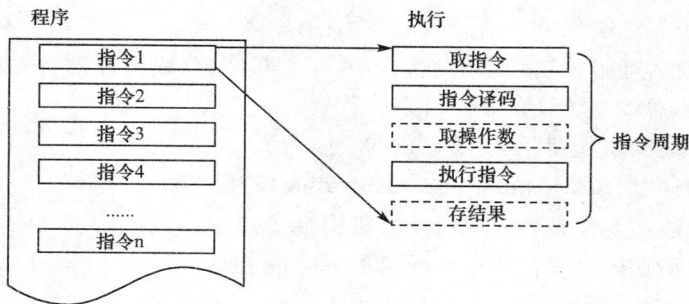

图 2-31 指令执行的基本过程

（1）取指令,从指令指针所指的内存单元中取出一条指令送到指令寄存器。

（2）指令译码,对指令进行译码,并且对指令指针进行增值,以便取得下一条指令。

（3）取操作数,根据指令要求到内存单元或寄存器中取得操作数,对某些特定指令不需要该步骤。

（4）执行指令,依据指令的要求完成相应的运算,如果执行的是转移指令、调用指令或者返回指令,则重新设置指令指针的值,以便取得下一条要执行的指令。

（5）存结果,将运算的结果进行保存,此结果既包括操作数的运算结果,也包括相应的指令执行状态信息。

## 2.4.2 微处理器的时序

微处理器的各种不同操作的实现都是在时钟信号的同步控制下,按时序一步一步进行的。因此,时序是反映微处理器功能特性的一个重要方面。

**1. 总线时序基本概念**

(1)时钟周期、总线周期及指令周期

CPU 的操作都是在系统时钟 CLK 的控制下按节拍有序地进行的。系统时钟一个周期信号所持续的时间称为时钟周期(T),大小等于频率的倒数,是 CPU 的基本时间计量单位。例如,8086 的主频为 5 MHz,得到的时钟周期为 200 ns;Pentium Ⅲ 的主频为 500 MHz,则其时钟周期仅为 2 ns。通常,时钟周期也称 T 状态(T-State)。

CPU 与存储器或 I/O 接口交换信息是通过总线进行的。CPU 通过总线完成一次访问存储器或 I/O 接口操作所需要的时间,称为总线周期(Bus Cycle)。CPU 为了完成对存储器或者 I/O 端口的一次访问,需要发出访问地址和读/写操作命令,并完成数据的传输。每一个操作都需要延续一个或几个时钟周期。因此,一个总线周期由多个时钟周期(T)组成。对于不同型号的微处理器,一个总线周期所包含的时钟周期数并不相同。例如,8086 的一个总线周期通常由四个时钟周期组成,分别标以 $T_1$、$T_2$、$T_3$ 和 $T_4$;从 80286 开始,CPU 的一个总线周期一般由两个时钟周期构成,分别标以 $T_1$ 和 $T_2$。

由前面的介绍得知,一条指令的执行通常由取指令、译码和执行指令等操作步骤组成。指令周期(Instruction Cycle)指的是从取指令到该条指令执行完毕所需要的全部时间。不同指令所需要的指令周期是不相同的。一个指令周期由一个或几个总线周期构成。

(2)等待状态和空闲状态

通过一个总线周期完成一次数据传送,一般要有输出地址和传送数据两个基本过程。例如,对于由四个时钟周期构成一个总线周期的 8086 CPU 来说,在第一个时钟周期($T_1$)期间由 CPU 输出地址,随后的三个时钟周期($T_2$、$T_3$ 和 $T_4$)用来传送数据。数据传送必须在 $T_2 \sim T_4$ 这三个时钟周期内完成。因为在 $T_4$ 周期之后将开始下一个总线周期,如果还未完成将会造成总线操作的错误。在实际应用中,当一些慢速设备在 $T_2$、$T_3$ 和 $T_4$ 三个时钟周期内不能完成数据读写时,那么总线就不能被系统正确使用。为此,允许在总线周期中插入用以延长总线周期的 T 状态,称为"等待状态"($T_w$)。当被访问的存储器或 I/O 端口无法在三个时钟周期内完成数据读写时,就由其发出请求延长总线周期的信号到 CPU 的 READY 引脚,CPU 收到该请求信号后就在 $T_3$ 和 $T_4$ 之间插入一个等待状态 $T_w$,插入 $T_w$ 的个数与发来请求信号的持续时间长短有关。另外,如果在一个总线周期后不立即执行下一个总线周期,即总线上无数据传输操作,则此时总线处于所谓的"空闲状态",在这期间,CPU 执行空闲周期 $T_i$,$T_i$ 也以时钟周期 T 为单位。两个总线周期之间出现的 $T_i$ 的个数随 CPU 执行指令的不同而有所不同。图 2-32 给出了 8086 CPU 的总线周期及其"等待状态"和"空闲状态"的情况。

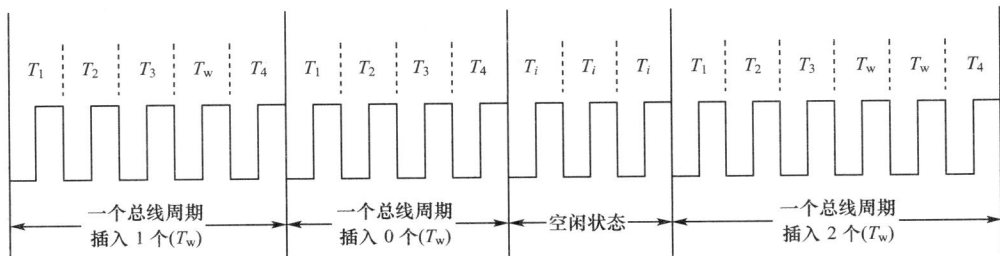

图 2-32　等待状态和空闲状态

**2. 基本的总线时序**

总线操作按数据传送方向可分为总线读操作和总线写操作。前者是指 CPU 从存储单元或 I/O 端口中读取数据,后者是指 CPU 将数据写入指定存储单元或 I/O 端口。

(1)简化的 8086 读总线周期

若要从存储器读出数据,则微处理器首先在地址总线上输出所读存储单元的地址,接着发出一个读命令信号(RD)给存储器,经过一定时间(时间的长短取决于存储器的工作速度),数据被读出到数据总线上,然后微处理器通过数据总线将数据接收到它的内部寄存器中。一个简化的 8086 读总线周期时序如图 2-33 所示。

在总线读周期中,CPU 在 $T_1$ 状态送出地址及相关信号;在 $T_2$ 状态发出读命令和总线驱动器 8286 控制命令;在 $T_3$ 和 $T_w$ 状态等待数据的出现;在 $T_4$ 状态将数据读入 CPU。

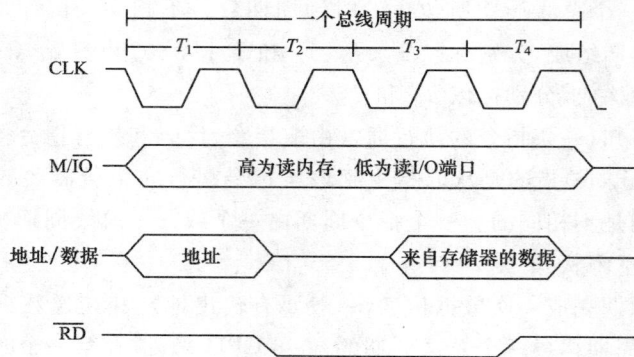

图 2-33 简化的 8086 读总线周期时序

(2)简化的 8086 写总线周期

8086/8088 的写总线周期与读总线周期有很多相似之处,基本写周期也包含四个状态,即 $T_1$、$T_2$、$T_3$ 和 $T_4$。当存储器或 I/O 设备速度较慢时,在 $T_3$ 和 $T_4$ 之间插入一个或多个等待状态 $T_w$。为了把数据写入存储器,微处理器首先要把欲写入数据的存储单元的地址输出到地址总线上,然后把要写入存储器的数据放在数据总线上,同时发出一个写命令信号(WR)给存储器。一个简化的 8086 写总线周期时序如图 2-34 所示。

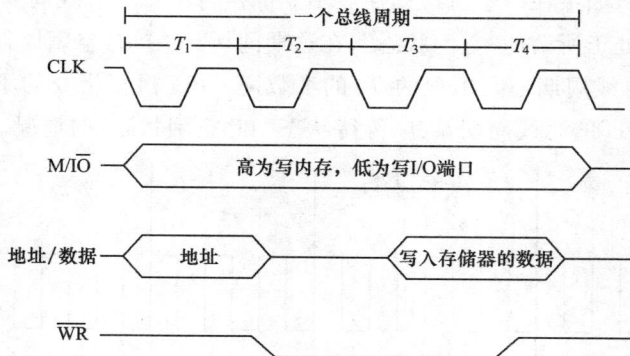

图 2-34 简化的 8086 写总线周期时序

8086 CPU 的总线操作有以下几点特征:

①8086 的一个总线周期包含四个时钟周期(即 $T_1$、$T_2$、$T_3$ 和 $T_4$);

②8086 采用地址和数据总线复用技术,即在一组复用的"地址/数据"总线上,先传送地址信息($T_1$ 期间),然后传送数据信息($T_2$、$T_3$ 和 $T_4$ 期间),从而可以减少微处理器的引脚。

③最大模式下 8086 的总线读写操作在逻辑上与最小模式下的读写操作是一样的,但在分析操作时序时有所不同。最大模式下应考虑总线控制器 8288 产生的一些控制信号的作用。

所谓最小工作模式,是指系统中只有一个 8086/8088 处理器,所有的总线控制信号都由 8086/8088 CPU 直接产生,构成系统所需的总线控制逻辑部件最少。所谓最大工作模式,是指系统内可以有一个以上的处理器,除了 8086/8088 作为中央处理器之外,还可以配置用于数值计算的 8087"数值协处理器"和用于 I/O 管理的 8089"I/O 协处理器",各个处理器发往总线的命令统一送往总线控制器,由它仲裁后发出。

# 2.5 Intel 处理器的结构和原理

在介绍了 Intel 8088/8086 处理器的基本结构的基础上,对 80X86 系列 CPU 的基本框架有了基本的认识。但是,Intel 公司后来开发的 80X86 系列 CPU 在 8088/8086 的基础上各方面的技术和性能又有了很大的提高和改进。为了对它们的原理有一个基本的认识,下面分别对其结构和原理进行简单的介绍。

## 2.5.1 80X86 处理器的结构

### 1. Intel 80286 CPU

1982 年 1 月 Intel 公司推出的 80286 CPU 是比 8086/8088 更先进的 16 位微处理器芯片,其特征是内部操作和寄存器都是 16 位的,内部功能结构见图 2-9。该芯片集成了 13.5 万个晶体管,采用 68 引线 4 列直插式封装,如图 2-35 所示。80286 不再使用分时复用地址/数据引脚,具有独立的 16 条数据线 $D_{15} \sim D_0$ 和 24 条地址线 $A_{23} \sim A_0$。

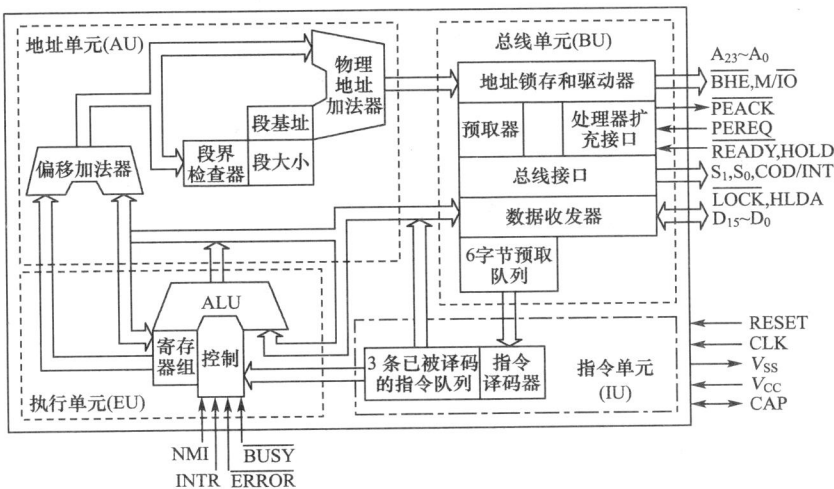

图 2-35 Intel 80286 功能结构

80286 CPU 除了在功能上与 8086/8088 CPU 相兼容外,首次引入了虚拟存储管理机制,在芯片内集成了存储器管理和虚地址保护机构,从而使 80286 CPU 能在两种不同的工作方式(实方式和保护方式)下运行。在实方式下,相当于一个快速的 8086 CPU,从逻辑地址到物理地址的转换与 8086 相同,物理地址空间为 1 MB。在保护方式下,80286 可寻址 16 MB($2^{24}$)物理地址空间,能为每个任务提供多达 1 GB($2^{30}$)的虚拟地址空间,可实现段寄存器保护、存储器访问保护、特权级保护以及任务之间的保护等。因此,80286 CPU 能可靠地支持多用户系统。

8086/8088 处理器的内部结构按功能可分为 EU 和 BIU 两大部分,而 80286 又将 BIU 分为 AU(地址单元)、IU(指令单元)和 BU(总线单元)。其中,IU 是 80286 新增加的部分,该单元取出 BU 的预取代码队列中的指令进行译码并放入已被译码的指令队列中,这就加快了指令的执行过程。由于 80286 时钟频率比 8086/8088 高,而且 80286 是 4 个单元而 8086/8088 是 2 个单元并行工作,因此,80286 处理器的整体功能比 8086/8088 提高了很多。

80286 CPU 内部地址部件单元中集成了存储器管理机构(MMU,Memory Management Unit),从而通过硬件实现了在保护方式下虚拟地址向物理地址的转换,并可实现任务与任务之间的保护与切换。在 80286 CPU 的内部寄存器中,通用寄存器(AX、BX、CX、DX、BP、SP、SI 和 DI)和指令指针寄存器 IP 与 8086/8088 完全相同,而 4 个段寄存器以及标志寄存器 FLAGS 与 8086/8088 有所区别。此外,80286 CPU 还增加了几个新的寄存器,如机器状态寄存器 MSW、任务寄存器 TR、描述符表寄存器 GDTR、LDTR 和 IDTR 等。

**2. Intel 80386 CPU**

1985 年 Intel 公司推出了与 8086/8088 和 80286 兼容,具有高性能的 32 位微处理器 80386,如图 2-36 所示。该处理器芯片以 132 条引线网络阵列式封装(如图 2-36 所示),其中数据引脚和地址引脚各 32 条,时钟频率为 12.5 MHz 及 16 MHz。

Intel 80386 微处理器的主要特点如下:

①采用全 32 位结构,其内部寄存器和 ALU 等都是 32 位,数据线和地址线也均为 32 位。

②提供 32 位外部总线接口,最大数据传输率为 32 MB/s,具有自动切换数据总线宽度的功能。

③具有片内集成的存储器管理部件 MMU,可支持虚拟存储和特权保护,虚拟存储器空间可达 64 太字节(TB)。

④具有实地址方式、保护方式和虚拟 8086 模式三种工作方式。

⑤采用了比 8086 更先进的流水线结构,使其能高效、并行地完成取指、译码、执行和存储管理功能(指令队列 16 字节长)。

图 2-37 给出了 Intel 80386 微处理器包括的六个功能部件。

(1)总线接口部件(BIU)

BIU 是微处理器与系统的接口,在取指令、取数据、分段部件请求和分页部件请求时,能有效地满足微处理器对外部总线的传输要求。

(2)指令预取部件(IPU)

IPU 的功能是从存储器预先取出指令,它有一个能容纳 16 条指令的队列。

(3)指令译码部件(IDU)

IDU 的功能是从预取部件的指令队列中取出指令字节,对其进行译码后存入自身的已译码指令队列中,并且做好供执行部件处理的准备工作。如果在预译码时发现是转移指令,可提前通知总线接口部件 BIU 去取目标地址中的指令,取代原预取队列中的顺序指令。

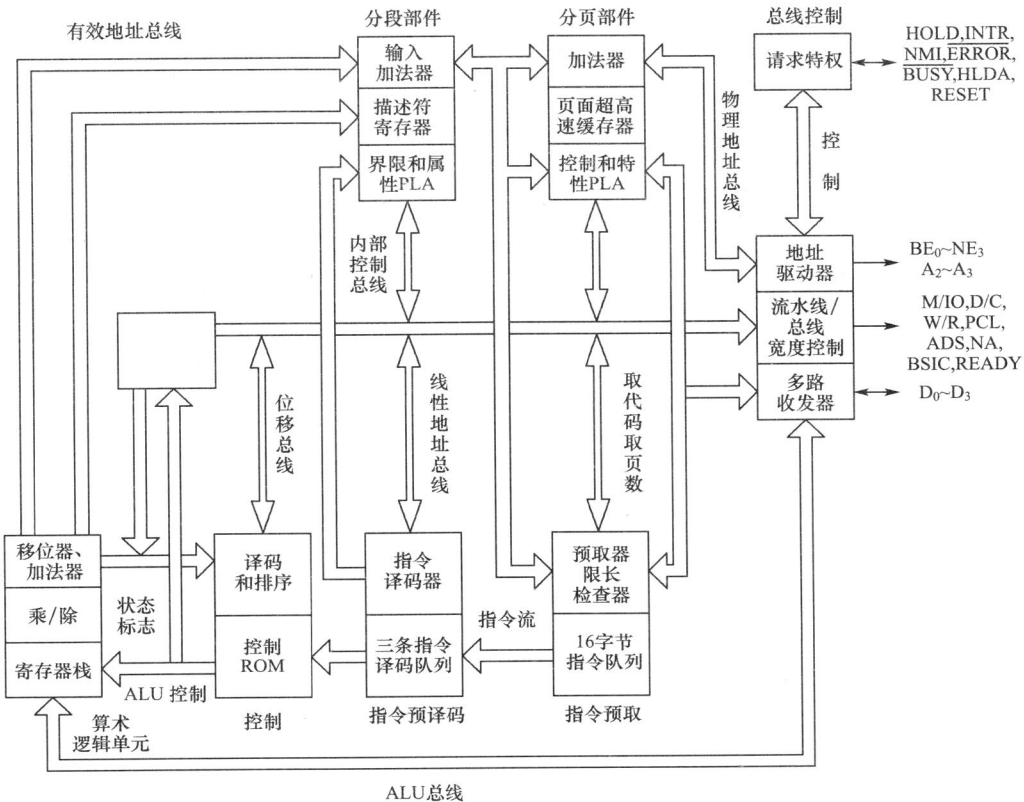

图 2-36  Intel 80386 功能结构

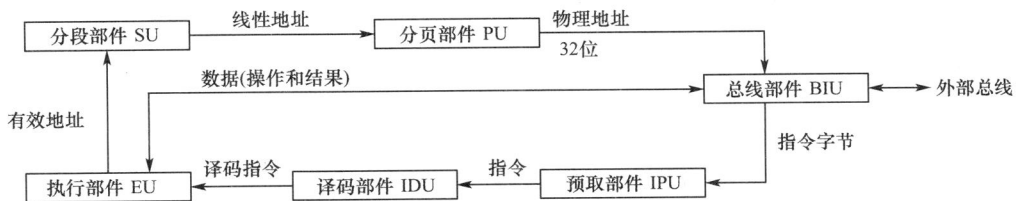

图 2-37  Intel 80386 的六个功能部件

（4）指令执行部件（EU）

指令执行部件由控制部件、数据处理部件和保护测试部件组成。控制部件中包含着控制 ROM 和译码电路等微程序驱动机构。数据处理部件中有 8 个 32 位通用寄存器、算术逻辑运算器 ALU、1 个 64 位桶形移位器、1 个乘除法器和专用的控制逻辑，负责执行控制部件所选择的数据操作。保护测试部件用于微程序控制下，执行所有静态的与段有关的违章检验。执行部件 EU 中还设有一条附加的 32 位内部总线及专门的总线控制逻辑，以确保指令的正确完成。

（5）分段部件（SU）

分段部件的作用是执行部件的请求，把逻辑地址转换成线性地址。在完成地址转换的同时还执行总线周期的分段合法性检验。该部件可以实现任务之间的隔离，也可以实现指令和数据区的再定位。

（6）分页部件（PU）

分页部件的作用是把由分段部件产生的线性地址转换成物理地址，并且要检验访问是否与页属性相符合。为了加快线性地址到物理地址的转换速度,80386 CPU 内部设有一个页描述符高速缓冲存储器(TLB),其中可以存储 32 项页描述符,使得在地址转换期间大多数情况下不需要到内存中查页目录表和页表。通常 TLB 的命中率可达 98%,对于在 TLB 内没有命中的地址转换,80386 还设有硬件查表功能,从而缓解了因查表引起的转换速度下降问题。

**3. Intel 80486 CPU**

80486 是 Intel 公司于 1990 年推出的第二代 32 位微处理器,内部结构如图 2-38 所示。80486 CPU 使用 1 微米的制造工艺,在芯片内部集成了 120 万个晶体管,其数目是 80386 的 4 倍以上。Intel 80486 微处理器数据线和地址线均为 32 条及 168 个引脚的网络阵列式封装。

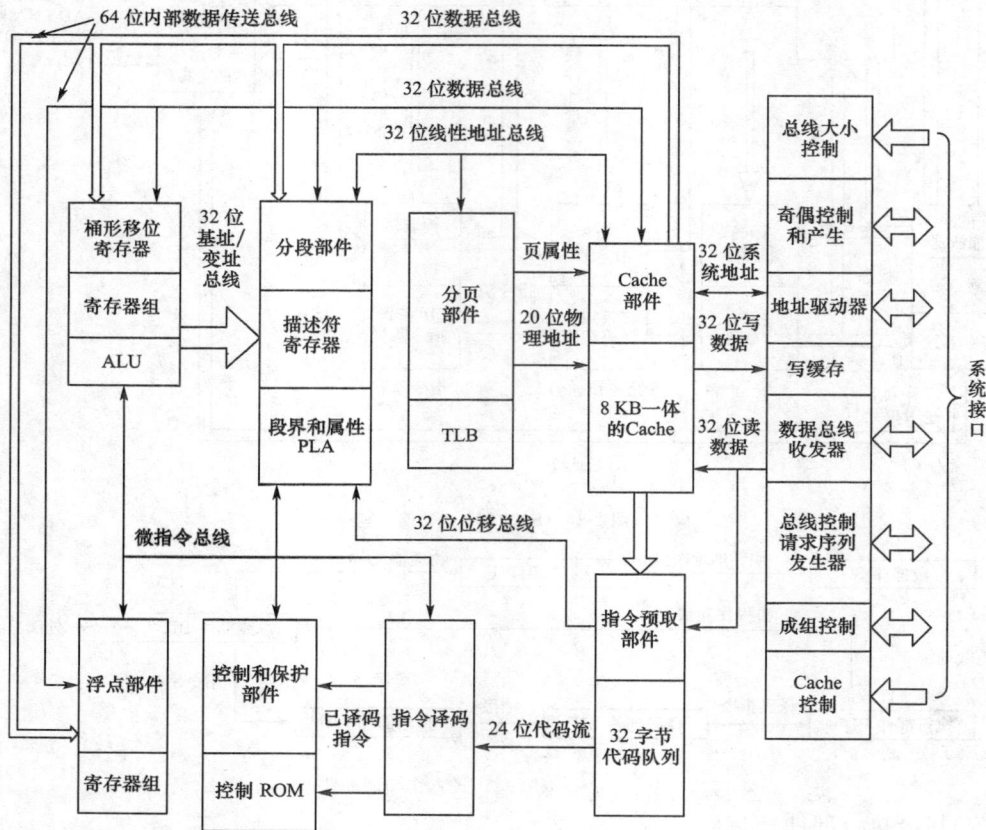

图 2-38　Intel 80486 内部结构

从内部结构组成上看,80486 微处理器是由提高了效率的 80386 微处理器、增强了性能的 80387 数值协同处理器、一个完整的片内 Cache 及其控制器组合而成。所以,80486 芯片内的部件都是经过优化处理的、集成度更高的部件。它的存储器管理部件也由分段部件和分页部件组成,也有 4 级保护机构,支持虚拟存储器。从程序设计角度来看,其体系结构与 80386 相比几乎没有变化,可以说是对 80386 的照搬。例如,与 80386 完全兼容的整数部件(Integer Unit),与 80387 完全兼容的浮点部件 FPU,一整套虚拟存储管理与保护系统,一个标准统一、规模大小为 8 K 字节的程序和数据共用的高速缓冲存储器 Cache,总线监视以及一些多重处理支持设施等。除此以外,80486 CPU 芯片内相对 80386 增加了三个新的部件,分别是浮点部件 FPU、控制和保护部件和 Cache 部件。同时还新增了六条 80386 没有的指令。

80486 微处理器的微体系结构包括九个功能部件,它们分别是:

①总线接口部件;

②片内高速缓冲存储器 Cache;

③指令预取部件;

④指令译码部件;

⑤控制部件;

⑥整数运算和数据通路;

⑦浮点部件;

⑧分段部件;

⑨分页部件。

下面简要介绍一下这些部件的功能。

(1)总线接口部件

总线接口部件与片内 Cache 外部总线接口实行的是逻辑接口连接。当访问 Cache 出现未命中,或当需更改系统存储器内容,或当需向 Cache 写某些信息时,就要通过总线接口从外部存储器系统中取出一批数据。总线接口对填充 Cache 时使用的成组传送方式以及为了遮掩向缓冲存储器写数据时出现的等待时间都能提供技术细节上的支持。另外,80486 CPU 的总线接口还配备有总线监视功能设施。总线接口部件根据优先级高低协调数据的传送以及指令的预取操作,并在处理机的内部部件和外部系统间提供控制。

80486 微处理器的总线接口部件拥有如下结构特征:

①地址收发器和驱动器;

②数据总线收发器;

③总线规模大小控制;

④写缓冲;

⑤总线控制和请求序列发生;

⑥奇偶校验的控制和生成;

⑦成组控制;

⑧Cache 控制。

(2)Cache 部件

80486 处理器片内 Cache 的作用是存放 CPU 最近要使用的、在主存储器中保存着的指令、操作数以及其他一些数据的副本。若微处理器当前需用的信息正在 Cache 中,则称之为 Cache 命中。在 Cache 命中的情况下,操作不需要执行总线读周期,直接到 Cache 读数据即可。若微处理器所需用的信息此时不在 Cache 内,则称之为 Cache 不命中。这时微处理器就会一次传送 16 个字节,经一次或多次传送将微处理器所需用的信息从主存储器读到 Cache 中,这种操作就是 Cache 行的填充(Cache Line Fills)。当出现了向 Cache 某些存储单元的内部写请求时,实际上进行的是两项操作,一是 Cache 内容被修改,二是把写到 Cache 中的内容经由 Cache 同时也写到了主存储器中,这种写操作就是 Cache 的写贯穿(Cache Write-Throngh)。

(3)指令预取部件

当总线接口部件不执行总线周期时就去执行一个取指令周期,指令预取部件就利用总线接口去预取指令。微处理器总是提前把指令预取到预取部件,很少出现微处理器在总线上等待指令预取周期的现象。在指令预取周期读的是 16 个字节的指令模块,其起始地址比最后一次取指令所用地址在数值上要大,而且是由预取部件生成的。从功能结构上看,预取部件与分页部件之间是直接连接的。

（4）指令译码部件

指令译码部件的作用是对预取部件提供的指令流进行译码。80486 CPU 采用的是两步流水线译码方案。这种方案在每一时钟周期都能提供一个译码的指令。这种指令译码部件还提供了许多硬连线的微指令,在把第一个微代码从控制存储部件读出来之前,用这些微指令启动并控制相应操作。因此,在微代码控制之前就已开始执行译码的指令。

（5）控制部件

控制部件负责解释来自指令译码部件的指令字和微代码。控制部件的输出控制着整数部件和浮点部件。另外,由于对存储器段的选择可以由指令给以定义,所以控制部件还控制着分段部件。控制部件内拥有微处理器的微代码。由于许多指令都有唯一的一行微代码,80486微处理器平均起来每一个时钟就能执行一条指令。

（6）整数部件

80486 微处理器的主数据通路包括算术与逻辑运算部件 ALU、桶形移位器、寄存器组以及标志寄存器等部件。为了支持流水线操作,可以用三个读端口和一个写端口来访问通用寄存器。80486 微处理机芯片还配备有一套专用逻辑,用来检测总线的争用情况,同时适时激励总线短程部件(Bus Shorters)。

（7）浮点部件

80486 微处理器配置的浮点部件执行的指令系统,与 80387 数值协同处理器所执行的是同一个指令系统。二者不同之处在于 80486 CPU 的浮点部件还配备有一个下推寄存器堆栈,以及一个用来解释依据 IEEE 标准规定的 32 位、64 位和 80 位数据格式的专用硬件。

（8）分段部件

80486 处理器的段是一个被保护的、独立的存储地址空间。分段的目的是在各应用程序间实行强制性的隔离、去调用恢复的过程、并对在程序设计中所出现的错误实行隔离提供物质基础。分段部件的功能是把程序提供的逻辑地址转换成一种线性地址。分段管理部件是片内整个存储管理功能的一个组成部分。分段部件内配备有一个段描述符 Cache 以及用来计算有效地址和线性地址所必需的电路。另外,分段部件还配备了一种称为面向分段的执行逻辑,用以进行例行保护规则测试。为了加快分段装入操作,在一个时钟周期时间内可以从 Cache 传送出 64 位数据。

（9）分页部件

80486 微处理器将 4 K 字节的存储空间定义为一页。分页部件使用保存在存储器中的名为页表的数据结构,将线性地址转换成物理地址。80486 的分页管理部件在整个存储管理系统内采用的是二级分页管理机制。分页部件配备了一种包含有 32 个登记项的转换旁视缓冲存储器 TLB。分页部件也需要一种面向分页的执行逻辑,用来对分页规则给以检测。使用分页部件可以使程序能够访问比实际可用的存储空间大很多的数据结构,所采用的手段就是将这种大的数据结构的一部分保存在主存储器之内,而另一部分则保存在磁盘上。

80486 微处理器所具有的寄存器种类和数量都非常多。它的寄存器既包含 80386 微处理器中使用的全部寄存器,又有 80387 数值协同处理器中使用的各种寄存器。80486 微处理器的寄存器种类可分为以下几种：

（1）基本体系结构寄存器，包括以下四种：

①通用寄存器

EAX　用作累加寄存器（Accumulator）；

EBX　用作基址寄存器（Base）；

ECX　用作计数寄存器（Count）；

EDX　用作存放数据寄存器（Data）；

ESP　用作堆栈指针（Stack Pointer）；

EBP　用作基址指针（Base Pointer）；

EDI　用作目标变址寄存器（Destination Index）；

ESI　用作源变址寄存器（Source Index）。

②指令指针寄存器

指令指针寄存器是一个 32 位的寄存器。在指令指针寄存器内存放的是下一条要执行指令的偏移量。这个偏移量是相对于目前正在运行的代码段寄存器 CS 而言的。偏移量加上当前段的地址，就形成了下一条指令的地址。当 80486 在 32 位操作方式下进行时，采用的是 32 位的指令指针寄存器。若 80486 工作在实模式、虚拟 8086 模式或保护模式 286 兼容方式下时，就用 16 位指令指针寄存器，完成 16 位的寻址操作。

③标志寄存器

标志寄存器是一个 32 位的寄存器，用来存放有关 80486 微处理器的状态标志信息、控制标志信息以及系统标志信息。

④段寄存器

80486 CPU 内部配备有六个 16 位的段寄存器。段寄存器也叫选择符（Selector），它们的名字和用途与 80386 的一样，分别是：CS（代码段寄存器）、DS（数据段寄存器）、SS（堆栈段寄存器）、ES（附加数据段寄存器）、FS（附加数据段寄存器）和 GS（附加数据段寄存器）。

（2）系统级寄存器，包括以下两种：

①控制寄存器；

②系统地址寄存器。

（3）浮点寄存器，包括以下五种：

①数据寄存器；

②标记字寄存器；

③状态字寄存器；

④指令和数据指针寄存器；

⑤控制字寄存器。

（4）调试和测试寄存器。

**4. Intel Pentium CPU**

Intel Pentium CPU 是 Intel 公司 1993 年推出的第 5 代微处理器芯片。该芯片内部集成了 310 万个晶体管，有 64 条数据线和 36 条地址线。Pentium CPU 采用了新的体系结构，其内部浮点部件在 80486 的基础上重新进行了设计。Pentium 具有两条流水线，这两条流水线与浮点部件能够独立工作。另外，Pentium CPU 内部有两个超高速缓冲存储器（Cache）。一个为指令超高速缓冲存储器，另一个为数据超高速缓冲存储器，这比只有一个指令与数据合用的超高速缓冲存储器的 80486 更为先进。Pentium 微处理器的原理结构图如图 2-39 所示。

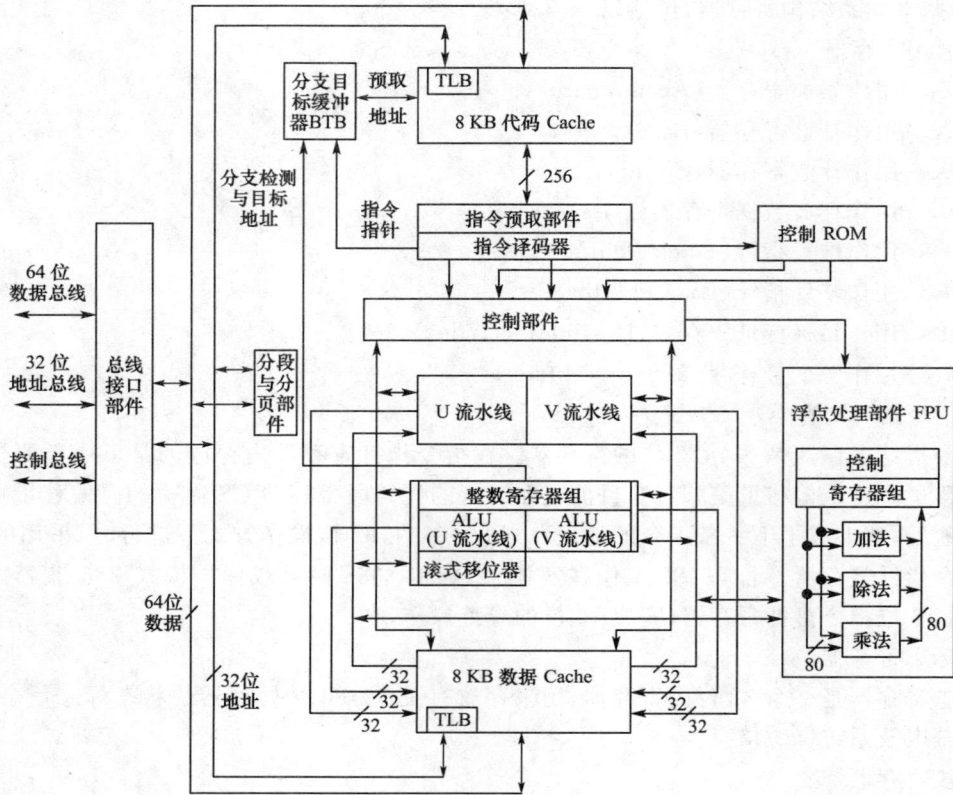

图 2-39　Pentium CPU 原理结构图

Pentium CPU 内部的主要部件有：

①总线接口部件；

②U 流水线和 V 流水线；

③指令高速缓冲存储器 Cache；

④数据高速缓冲存储器 Cache；

⑤指令预取部件；

⑥指令译码器；

⑦浮点处理部件 FPU；

⑧分支目标缓冲器 BTB；

⑨微程序控制器中的控制 ROM；

⑩寄存器组。

下面对 Pentium CPU 的主要部件做简要说明。

（1）总线接口部件

在 Pentium CPU 中，总线接口部件的作用是实现 CPU 与系统总线之间的连接，其中包括 64 位双向的数据线、32 位地址线和所有的控制信号线，并具有锁存与缓冲等功能。总线接口部件可以实现 CPU 与外设之间的信息交换，并产生相应的总线周期。

（2）互相独立的指令 Cache 和数据 Cache

Pentium CPU 在片内设置了两个独立的 8 KB Cache，分别用于存放指令代码与数据。

（3）超标量流水线

Pentium CPU 有 U 和 V 两条指令流水线，故称为超标量流水线。超标量流水线技术的应用使得 Pentium CPU 的运算速度较 80486 CPU 有了很大的提高。因此，超标量流水线是 Pentium 系统结构的核心。有关超标量流水线的内容将在本章后面内容做详细介绍。

（4）浮点运算部件

Pentium CPU 的浮点运算部件包含专门用于浮点运算的加法器、乘法器和除法器，以及 80 位宽的 8 个寄存器构成的寄存器堆，内部的数据通路为 80 位。浮点运算部件除支持 IEEE 754 标准的单、双精度格式的浮点数外，还可以使用一种临时实数的 80 位浮点数。

（5）以 BTB 实现动态转换预测

Pentium CPU 采用了分支目标缓冲器（Branch Target Buffer）实现动态转移预测。这种功能可以减少指令流水作业中因分支转移指令而引起的流水线断流。引入了转移预测技术，不仅能预测转移是否发生，而且能确定转移到何处去执行程序。

Pentium 的寄存器可以分为三组：

①基本寄存器组：包括通用寄存器、指令寄存器、标识寄存器以及段寄存器；

②系统寄存器组：包括系统地址寄存器和控制寄存器；

③浮点部件寄存器组：包括数据寄存器堆、控制寄存器、状态寄存器、指令指针寄存器和数据指针寄存器以及标记字寄存器。

Pentium 处理器的虚拟存储器（Virtual Storage）技术、高速缓存（Cache）技术以及超标量流水线技术是现代微型计算机系统的三大支柱。虚拟存储器的目标是允许多个软件进程高速地共享并使用主存储器这一容量有限的存储资源。虚拟存储器的实现不仅仅体现在计算机硬件系统上的完美无缺，而且是操作系统的核心技术，操作系统中存储器管理程序的主要任务就是将有限的主存储器不断地动态分配给各活动进程。

## 2.5.2　Pentium 4 处理器的结构

Pentium 4 处理器是一个在 Pentium 处理器基础上完全重新设计的处理器，拥有很多改进的革新特性的新技术和性能，如"乱序推测执行"和"超标量执行"等。很多这种新的革新和改进使得处理器技术、处理技术以及以前不能在高容量中实现的电路设计和可制造方法等方面的改进成为可能。Pentium 4 处理器能提供一个在应用程序和使用之间的性能加速度，这些性能的应用包括 3D 可视化、游戏、视频、语音、图像照片处理、加密、金融、工程和科技应用等。

图 2-40 给出了使用了 NetBurst（网际爆发）微结构的 Pentium 4 处理器的内部结构原理。NetBurst 结构具有不少明显的优点，包括 20 段的超级流水线、高效的乱序执行功能、2 倍速的 ALU、新型的片上缓存、SSE2 指令扩展集和 400 MHz 的前端总线等。

下面对 Pentium 4 处理器的主要部件和工作特性做简要说明。

（1）BTB（Branch Target Buffer，分支目标缓存）

Pentium 4 处理器通过一种分支处理预言（Branch Prediction）机能来提高处理器的性能。凭借精确分支处理预言，BTB 可解决控制相关（Dependency）和减少分支运算开销。

（2）μOP（Micro-Operation，微指令或微操作）

由于 X86 指令集的指令长度、格式与寻址方式都相当复杂，为了简化数据通路（Data Path）的设计，Intel 的 X86 处理器就采用了将 X86 指令解码成一个或多个长度相同、格式固定、类似 RISC 指令形式的微指令的设计方法，尤其是涉及存储器访问的 load 及 store 指令。所以，现在的 X86 处理器的执行单元真正执行的指令是解码后的微指令，而不是 X86 指令。

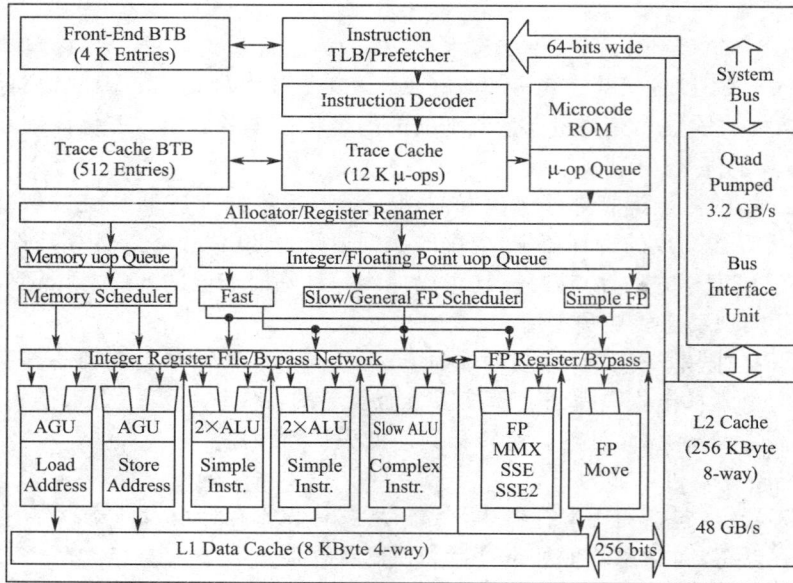

图 2-40　Pentium 4 CPU 微结构图

（3）AGU（Address Generation Unit，地址生成单元）

Pentium 4 处理器的地址生成单元和算术逻辑单元（ALU）一样重要，因为所生成的地址正确与否将直接影响数据的读写操作，也就是说它将影响 CPU 正确地从内存读取和向内存写入数据。

（4）ALU（算术逻辑单元）

Pentium 4 处理器的算术逻辑单元（ALU）中添加了快速执行引擎（REE，Rapid Execution Engine），据 Intel 称，REE 的运行速度是处理器主频速度的两倍，这样 1.5 GHz 的 Pentium 4 处理器的 ALU 单元运行速度就可达 3.0 GHz。ALU 单元利用类似 DDR 内存的工作原理，部分电路在一个处理器时钟周期的上升沿和下降沿都可以进行同频运算，0.5 个时钟周期内，ALU 就可以完成一条算术逻辑指令。

（5）Instruction TLB（指令转换旁视缓冲存储器）

Pentium 4 处理器把最近经常用的页表项保存在 TLB（Translation Lookaside Buffers，转换旁视缓冲存储器）内。TLB 是高速 Cache，用于存放最近访问的虚拟地址和与其对应的物理地址对，这样 TLB 就可以把虚拟地址转换为物理地址。TLB 是内存中系统转换表的一个子集；TLB 通常是指向一个内存页面，而不是一个内存地址；TLB 的大小对 CPU 的性能有很大的影响。Pentium 4 为数据 Cache 和指令 Cache 配备有两个独立的 TLB。绝大多数分页操作都要用到 TLB 中的内容。只有当 TLB 内没有所请求页的转换信息时，才会执行存储器内页表的总线周期。TLB 对应用程序不可见，但对操作系统则不然。当页表中的某些项发生改变时，操作系统就必须立即刷新 TLB，否则存储器就可能在没有接收到旧数据已改变的情况下进行地址转换，出现不正确的引用。通常，只有当操作系统对控制寄存器 CR3 进行装入操作时才会对转换旁视缓冲存储器 TLB 进行刷新处理。

（6）Instruction Decoder（指令译码器）

指令译码器的作用是从 Instruction TLB 中读取指令进行译码，并将译码之后得到的微操作存储到追踪缓存（Trace Cache）中。

（7）Trace Cache（追踪缓存）

Pentium 4 处理器采用了追踪缓存（Trace Cache）来存储解码单元送出来的微操作，用以解决一旦预测错误后的微操作重新获取问题。追踪缓存位于指令解码器和内核第一层计算管线之间。指令在解码单元内获取和解码之后，微操作首先要经过追踪缓存的存储和输出，才能到达内核第一层计算管线并被执行。Trace Cache 每 2 个 CPU 时钟周期取来一个包含 6 条微指令的流水线，也就是说 Trace Cache 的频率是 CPU 主频的一半。追踪缓存最多可以存储 1200 条微操作，其容量是 12 KB。

（8）Register Renaming（寄存器重命名）

寄存器重命名技术是 CPU 在译码过程中对寄存器进行重命名，本质上是通过一个表格把 X86 寄存器重新映射到其他寄存器，使实际使用到的寄存器远大于 8 个。这样做的好处除了便于前面指令发生意外或分支预测出错时取消外，还避免了由于两条指令写同一个寄存器时的等待。

（9）μOP Queues 和 Schedulers（微操作队列和调度）

当微指令（排队）竞争调度端口准备完毕后，在每个周期内，每个快速调度程序能够调度两个 ALU 操作。调度程序通过竞争来获得通向执行端口的通道，由于装载和存储都有专用的端口，而且 ALU 在一个周期内能够执行两个操作，每个周期执行 6 个微指令的最高带宽，因此装载和存储进行叠加后可获得四倍速的 ALU 操作。

（10）SSE2（Streaming SIMD Extension，数据流单指令多数据扩展 2）

单指令多数据流（SIMD）是一项可以通过减低执行指定测试任务所花费的指令数目，提高处理器性能的技术。Intel 在 1996 年在带有 MMX 技术的 Pentium 处理器中第一次引入了 64 位整数的 SIMD 指令，随后又在 Pentium Ⅲ 处理器中引入了 128 位的 SIMD 单精度浮点（SSE）。Pentium 4 的 NetBurst 微结构实现了被称作数据流单指令多数据扩展 2（SSE2）的 144 个新 SIMD 指令。SSE2 指令集增强了以前那些利用 MMX 技术和 SSE 技术的 SIMD 指令。这些新指令支持 128 位的 SIMD 整数操作和 128 位的 SIMD 双精度浮点操作。把所给的指令能操作的数据量加倍，而只有一半编码循环里的指令需要被执行。P6 微构架的向量执行单元单周期内只能进行 64 bit 的运算，对于处理 128 bit 数据的指令，P6 微构架必须把该指令解码成 2 条处理 64 bit 数据的微指令来执行。这样的执行方案一直沿用了下来，包括采用 NetBurst 微架构处理器。NetBurst 微架构的只有 2 个 64bit 的 SSE 单元，需要 2 个周期来执行 1 个 128 bit 的操作。

（11）前端总线

在 Pentium 4 的前端总线架构上，Intel 采用了 QDR（Quad Data Rate）技术，在 100 MHz 的系统总线上通过同时传输 4 条不同的 64 位数据流达到了 400 MHz 的传输效能（类似 ATA-100 和 DDR 采用上下波形传输数据的原理所衍生出来的技术）。因此，Intel 称 Pentium 4 的前端总线频率是 400 MHz。400 MHz 前端总线传输速度的实现，使得 P4 处理器二级缓存和系统内存界面之间的数据带宽达到了 3.2 GB/s。

（12）先进的动态执行

动态执行引擎是一个很深的乱序推测执行引擎，照管执行单元执行指令，通过提供很大的指令窗口，执行单元可从中选取指令。大的乱序指令窗口可避免由于等待解决相关问题的指令引起的流水线停滞。随着主存相对于核心频率时延的增加，这方面在高频率设计中非常重要。NetBurst 微架构的指令可达 126 条，相比之下 P6 微架构 42 条的指令窗口就小得多了。先进的动态执行引擎还交付一种增强的分支预测能力，允许 Pentium 4 处理器更精确地预测程序分支,这相当于将 P6 处理器分支误预测数减少了 33%。这项技术是通过一个可保存更详细的分支历史的 4 KB 分支目标缓冲器以及更先进的分支预测算法实现的,它降低了 NetBurst 微架构对分支误预测惩罚的整个敏感度。

（13）时钟频率

Pentium 4 处理器有三个主要的时钟频率:ALU 的频率(3 GHz),其频率为 CPU 主频的 2 倍;CPU 的主频和流水线频率(1.5 GHz);追踪缓存(Trace Cache)频率(0.75 GHz),其频率为 CPU 主频的一半。

## 2.5.3 Intel Core 2 处理器的结构

Intel Core 2 处理器采用酷睿架构,如图 2-41 所示,下面描述该架构的主要特性。

（1）4 路解码器、宏融合、微融合和分支预测单元

酷睿微架构采用四个 X86 解码器以及 7 路乱序执行单元,解码器包括三个简单 X86 指令解码器和一个复杂 X86 指令解码器。简单 X86 指令解码器能够每个周期把一个 X86 指令转换成一条微操作指令,而复杂 X86 指令解码器能够每个周期完成两条到四条微操作指令,构成所谓的 4+1+1+1 解码格局,成为 4 路超标量处理器。

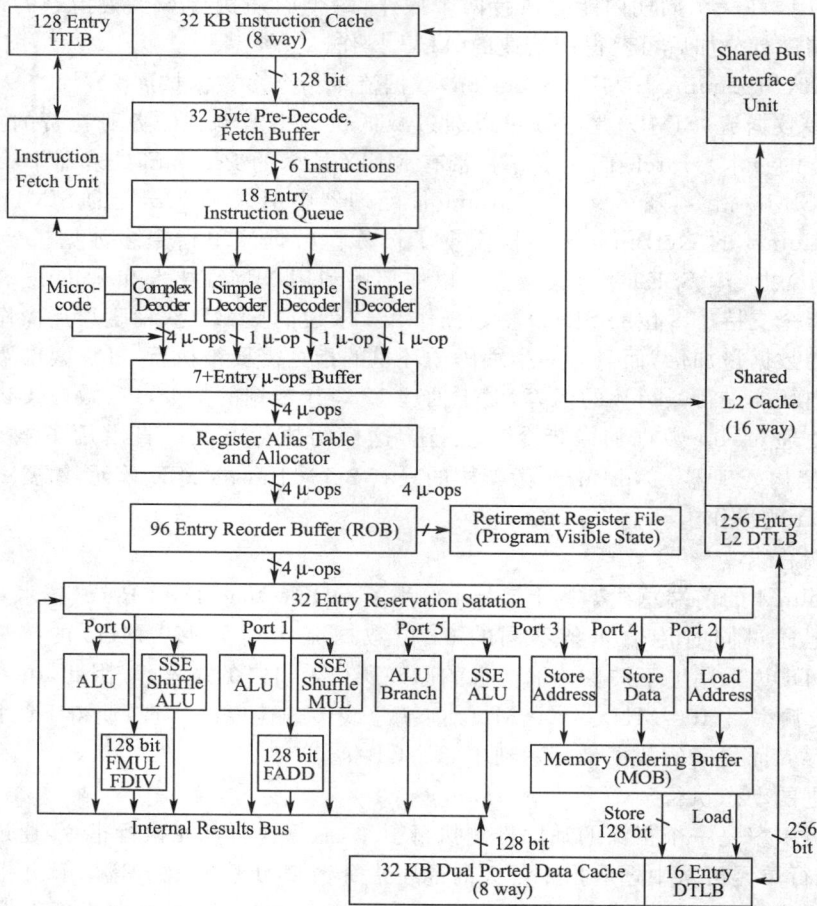

图 2-41   Intel Core 2 处理器微结构图

酷睿的解码电路具备宏融合(Macro-Fusion)特性,即在预解码阶段(尚未转换成微操作的

时候),把两个符合某些特定配对条件(例如其中一条为 cmp 指令,而另一条为分支指令 jne)的 X86 指令合并成一条指令(这里可以合并成被称作 cmpjne 的新微操作 μ-ops,而 IA32e 指令集中没有该指令)。解码时,这两条 X86 指令会以一条微操作的方式发送并存放在 ReOrder Buffer(简称 ROB,主要做寄存器重命名和指令排序,降低 X86 指令集的寄存器数量限制以提高性能)中。在一个传统的 X86 程序中,每 10 条指令就有 2 条指令可以被融合。也就是说,宏指令融合技术的引入可以减少 10% 的指令数量。

微融合技术的目的就在于减少微指令的数目,是指一个简单解码器能够把一条 X86 指令转换成两条符合特定条件的微操作。这两条符合特定条件的微操作会被合并成一条并发送到 ROB,在 ROB 中占一条微操作的存放位置(一个 entry)。当这条合并的微操作发送到保留站的时候,就会被重新拆开,以并行的方式发送到不同的微操作发射端口或者以连续的方式发送到同一个微操作发射端口。符合微融合的指令最常见的就是 load/store 类的指令。

宏融合技术和微融合技术都能提高解码电路的有效带宽和性能并节省存储晶体管,使处理器的性能/耗电比值提升。

酷睿前端的分支预测单元是基于 Pentium 4 的,Intel 宣称 Pentium 4 的分支预测器命中率优于所有其他已经公开发布的分支预测器。

(2)乱序执行单元

酷睿的乱序执行单元提供了更多的指令端口及增强的向量处理能力。X86 指令解码后以长度固定的微操作的形式存放到指令 ROB,酷睿的 ROB 可以存放 96 条微操作,即最高同时提供给乱序执行单元可供选择的微操作指令达到了 96 条。不过 ROB 只是代表在同一时间点内有多少条指令完成了寄存器重命名(Rename)和重新排序(Reorder),在酷睿的整个流水线上(包括指令拾取和解码),实际上最多可以有 56 条指令(每一级流水线上有 4 条指令在运作,因此是 14 级流水线工位×4 条指令)处于运作状态。酷睿每个周期能够向乱序执行单元发射出 6 条微操作(三条算术/逻辑和三条内存操作)。

(3)整数执行单元

酷睿拥有三个整数算术/逻辑单元,在最理想的情况下每一个都能在一个周期内完成一条简单的 64 位整数指令(如整数加法),但是只有一个单元能执行整数乘法运算。此外,这三个单元中的一个具备 JEU(跳转执行单元),用于执行分支操作,如果酷睿的前端有宏操作融合的指令转换出来,那么那条被转换出来的宏融合微操作也是在这个 JEU 执行。

(4)浮点执行单元

酷睿拥有两个浮点算术单元,均能执行向量和标量浮点算术操作。其中一个浮点算术单元能执行加法操作以及一些简单操作,数据格式如下:

标量(Scalar):单精度(SSE)、双精度(SSE2)和加长双精度(X87);

向量(Vector):4D 单精度(SSE)和 2D 双精度(SSE2)。

另一浮点算术单元能执行浮点乘法(以及除法)操作,数据格式也如上所示,包括 32 bit 单精度标量和 2×64 bit 双精度标量。

(5)内存相关性预测

在乱序执行过程中,MOB(Memory Ordering Buffer,内存重排序缓存)起着关键作用,可以使多个 load 和 store 操作同时处于运行状态。要实现乱序执行,需要消除内存地址重叠引发的冲突,即所谓的内存相关性预测(Memory Disambiguation)。该机制可以对内存读取顺序做出分析,智能地预测和装载下一条指令所需要的数据,这样能够减少处理器的等待时间,减少闲置,并降低内存读取延迟。

(6)高速缓存和预拾取

酷睿的 2 个核心共享 4 MB 或 2 MB 的二级缓存。其内核采用高效的 14 级有效流水线设计。每个核心都内建 32 KB 一级指令缓存与 32 KB 一级数据缓存,而且 2 个核心的一级数据缓存之间可以直接传输数据。

酷睿的每个内核都有三个独立的预取器(Pre-fetcher),分别位于指令拾取、load 单元和 store 单元,此外在共享的二级缓存上也有两个预取器。预取器的作用是在处理器发出请求之前,提前把数据装进更高一级的内存中。

## 2.5.4　微处理器的主要性能指标

### 1. 主频、倍频和外频

一般来说 CPU 的频率可分为主频、倍频和外频。主频也称为 CPU 的时钟频率,简单地说也就是 CPU 运算时的工作频率。一般,CPU 的主频越高,一个时钟周期内完成的指令数也就越多,CPU 执行的速度也就越快。不过,由于不同类型 CPU 的内部结构不尽相同,所以并非所有的时钟频率相同的 CPU 所表现的性能都一样。外频指的是 CPU 提供的外部时钟频率,即系统总线的工作频率。倍频则是指 CPU 外频与主频相差的倍数。三者有十分密切的关系:主频＝外频×倍频。

### 2. 前端总线(FSB)频率

前端总线(FSB)频率(即总线频率)直接影响 CPU 与内存之间数据交换的速度。数据传输率最大值取决于所有同时传输的数据的宽度和传输频率,即数据传输率＝(总线频率×数据带宽)/8。例如,有一个 64 位的 CPU,其前端总线频率是 800 MHz,按照公式计算,它的数据传输率最大值是 6.4 GB/s。需要注意的是:外频与前端总线(FSB)频率是不同的,前端总线频率指的是数据传输的速度,外频是 CPU 与主板之间同步运行的速度。也就是说,外频为 100 MHz 指的是数字脉冲信号在每秒钟震荡一千万次;而前端总线频率为 100 MHz 则指的是每秒钟 CPU 可接收的数据传输量是 100 MHz×64 bit÷8 bit/Byte＝800 MB。

### 3. CPU 的字长

通常我们把 CPU 在单位时间内(同一时间)能一次处理的二进制数的位数称为字长。所以,能处理字长为 8 位数据的 CPU 通常就称为 8 位的 CPU。同理 32 位的 CPU 就能在单位时间内处理字长为 32 位的二进制数据。由于常用的英文字符用 8 位二进制就可以表示,所以通常就将 8 位二进制数称为一个字节。字长的长度是不固定的,对于不同的 CPU 字长的长度也不一样。8 位的 CPU 一次只能处理一个字节,而 32 位的 CPU 一次就能处理 4 个字节,依此类推,字长为 64 位的 CPU 一次可以处理 8 个字节。

### 4. 工作电压

CPU 工作电压指的是 CPU 正常工作所需要的供电电压。早期的 CPU(Intel 80286～Intel 80486)工作电压一般为 5 V。由于 CPU 制造工艺相对落后,CPU 工作时发热量太大,以至于大大缩短了其使用寿命。随着 CPU 的制造工艺与主频的提高,为了解决发热过高的问题,目前 CPU 的工作电压有逐步下降的趋势。

### 5. 总线宽度

总线宽度主要包括地址总线宽度和数据总线宽度。地址总线宽度决定了 CPU 可以访问的物理内存地址空间,简单地说就是 CPU 到底能够使用多大容量的内存。对于 386 以上的微机系统,地址线的宽度为 32 位,所以最多可以直接访问 $2^{32}$＝4096 MB(4 GB)的物理空间。数据总线负责整个系统的数据流量的大小,而数据总线宽度则决定了 CPU 与二级高速缓存、内存以及输入/输出设备之间一次数据传输的信息量。

**6. 超标量**

在 Intel 486 以下的 CPU 内执行一条指令至少需要一个或一个以上的时钟周期。但是，Pentium 及其以上的 CPU 在一个时钟周期内可以执行一条以上的指令，这种结构叫作超标量结构。我们将在本章后面的内容对超标量做具体描述。

**7. 高速缓存（Cache）**

高速缓冲存储器一般由静态 RAM 组成，其结构较复杂，Cache 的容量一般比较小。但存取数据的速度接近于 CPU 的速度，在 CPU 中内置高速缓存可以大大提高 CPU 的运行效率。这是因为计算机工作时，Cache 中保存着的部分数据是主存中数据的副本，当 CPU 存取数据时，首先检查 Cache，如果要存取的数据已经在 Cache 中，CPU 就可以很快地完成访问，我们把这种情况称为命中。

**8. 制造工艺**

CPU 的制造工艺是指 IC（集成电路）内电路与电路之间的距离，其趋势是向密集度愈高的方向发展。密度愈高的 IC 电路设计，意味着在同样大小面积的 IC 中，可以拥有密度更高、功能更复杂的电路设计，也就是包含更多的器件。现在主要的制造工艺有 65 nm、45 nm、32 nm 和 22 nm，15 nm 将是下一代 CPU 的发展目标。

# 2.6　IA-32 微处理器相关技术术语

在了解 IA-32 架构的微处理器时我们会接触许多相关技术术语，下面对其中的常见部分做简单说明。

**1. CISC 与 RISC**

CPU 依靠指令来计算和控制系统。CPU 在设计时就规定了一系列与其硬件电路相配合的指令系统，指令功能的强弱是 CPU 的重要指标之一。目前就主流的 CPU 体系结构而言，指令集可分为复杂指令集（CISC）和精简指令集（RISC）两种类型。

CISC 是 Complex Instruction Set Computer 的缩写。在 CISC 微处理器中，程序的各条指令是按顺序串行执行的，每条指令中的各个操作也是按顺序串行执行的。RISC 是 Reduced Instruction Set Computer 的缩写。RISC 的基本思想是：根据 CISC 的指令种类太多、指令格式不规范以及寻址方式太多的缺点，可以通过减少指令种类、规范指令格式和简化寻址方式，方便处理器内部的并行处理，提高 VLSI 器件的使用效率，从而大幅度地提高处理器的性能。有关 CISC 和 RISC 的内容我们将在第 3 章进一步介绍。

**2. 流水线**

流水线是 Intel 首次在 486 芯片中开始使用的。流水线（Pipeline）方式是把一个重复的过程分解为若干子过程，每个子过程可以与其他子过程并行进行的工作方式。采用流水线技术设计的微处理器，把每条指令分为若干个顺序的操作（如取指、译码和执行等），每个操作分别由不同的处理部件（如取指部件、译码部件和执行部件等）来完成。用这种方式构成的微处理器，可以同时处理多条指令。对于每个处理部件来说，每条指令的同类操作（如取指令）就像流水一样连续被加工处理。这种指令重叠、处理部件连续工作的计算机（或处理器）称为流水线计算机（或处理器）。采用流水线技术，可以加快计算机执行程序的速度并提高处理部件的使用效率。如图 2-42 所示的流水线中,指令划分为 5 个操作步骤,由 5 个处理器部件分别处理,在 7 个时间单位内,3 条指令可以全部执行完。如果以完全串行的方式执行,则 3 条指令需 3×5=15 个时间单位才能完成。

图 2-42　流水线工作示意图

### 3. 超流水线和超标量

超标量是通过内置多条流水线来同时执行多个处理器,其实质是以空间换取时间。而超流水线是通过细化流水和提高主频,使得在一个机器周期内完成一个甚至多个操作,其实质是以时间换取空间。例如,Pentium 4 的流水线就长达 20 级。将流水线设计的步(级)越长,其完成一条指令的速度越快,因此才能适应工作主频更高的 CPU。但是流水线过长也带来了一定副作用,如很可能会出现主频较高的 CPU 实际运算速度较低的现象,Intel 的 Pentium 4 就出现了这种情况,虽然它的主频可以高达 1.4 GHz 以上,但其运算性能却远远比不上 AMD 1.2 G 的速龙甚至 Pentium Ⅲ。

Pentium 处理器的流水线由分别称为"U 流水"和"V 流水"的两条指令流水线构成(双流水线结构)。每条流水线都拥有自己的地址生成逻辑、ALU 及数据 Cache 接口。

Pentium 处理器可以在一个时钟周期内同时发送两条指令进入流水线,比相同频率的单条流水线结构(如 80486)性能提高了一倍。通常称这种具有两条或两条以上能够并行工作的流水线结构为超标量(Superscalar)结构。与图 2-42 所示的情形相同,Pentium 的每一条流水线也分为五个阶段(5 级流水),即"指令预取""指令译码""地址生成""指令执行"和"回写"。另外,还可以将流水线的若干流水级进一步细分为更多的阶段(流水小级),并通过一定的流水线调度和控制,使每个细分后的"流水小级"可以与其他指令的不同的"流水小级"并行执行,从而进一步提高微处理器的性能,这种技术称为"超流水线"(Superpipeline)。

超流水线与上面介绍的超标量结构有所不同:超标量结构是通过重复设置多个"取指"部件,设置多个"译码""地址生成""执行"和"写结果"部件,并让这些功能部件同时工作来加快程序的执行,实际上是以增加硬件资源为代价来换取处理器性能的;而超流水线处理器则不同,它只需增加少量硬件,是通过各部分硬件的充分重叠工作来提高处理器性能的。

(1)从流水线的时空角度上看

①超标量处理器采用的是空间并行性;

②超流水线处理器采用的是时间并行性。

(2)从超大规模集成电路(VLSI)的实现工艺来看

①超标量处理器能够更好地适应 VLSI 工艺的要求。通常,超标量处理器要使用更多的晶体管。

②超流水线处理器则需要更快的晶体管及更精确的电路设计。

为了进一步提高处理器执行指令的并行度,可以把超标量技术与超流水线技术结合在一起,这就是"超标量超流水线"处理器。例如,Intel 的 P6 结构(Pentium Ⅱ/Ⅲ 处理器)就是采用这种技术的更高性能微处理器,其超标度为 3(即有 3 条流水线并行操作);流水线的级数为 12。

#### 4. 乱序执行

乱序执行(Out-Of-Order Execution)是指 CPU 允许将多条指令不按程序规定的顺序分别发送给相应的电路单元进行处理的技术。这种技术的基本思想是:首先对各电路单元的状态和各指令能否提前执行的具体情况进行分析,然后将能提前执行的指令立即发送给相应的电路单元执行,在此期间不按规定顺序执行指令,最后由重新排列单元将各执行单元结果按指令顺序重新排列。采用乱序执行的目的是使 CPU 内部电路满负荷运转,以此提高 CPU 运行程序的速度。

#### 5. 分支预测和推测执行

分支预测、推测执行和数据流量分析构成了动态处理技术,它们是应用在高性能奔腾处理器中的新技术,这三项技术专为提高处理器对数据的操作效率而设计。动态处理并不是简单执行一串指令,而是通过操作数据来提高处理器的工作效率。

(1)分支预测

通过几个分支对程序流向进行预测,采用多路分支预测算法后,处理器便可参与指令流向的跳转。它预测下一条指令在内存中位置的精确度可以达到惊人的 90% 以上。这是因为处理器在取指令时,还会在程序中寻找未来要执行的指令。这个技术可加速向处理器传送任务。

(2)推测执行

通过提前判读并执行有可能需要的程序指令提高执行速度,当处理器执行指令时(每次 5 条),采用的是"推测执行"的方法。这样可使处理器的超级处理能力得到充分的发挥,从而提升软件性能。被处理的软件指令是建立在猜测分支基础之上,因此结果也就作为"推测结果"保留起来。一旦其最终状态能被确定,指令便可返回到其正常顺序并保持永久的机器状态。

(3)数据流量分析

抛开原程序的顺序,分析并重排指令,优化执行顺序,处理器读取经过解码的软件指令,判断该指令能否处理或是否需要与其他指令一并处理。然后,处理器再决定如何优化执行顺序以便高效地处理和执行指令。

#### 6. Cache

缓存(Cache)的结构和大小对 CPU 速度的影响非常大。CPU 内缓存的运行频率一般和处理器的运行频率相同,也就是说其运行频率远远大于系统内存和硬盘。但是从 CPU 芯片面积和成本的因素来考虑,缓存都很小。缓存一般可分为 L1 Cache(一级缓存)、L2 Cache(二级缓存)和 L3 Cache(三级缓存)三种。

L1 Cache(一级缓存)是 CPU 的第一层高速缓存,分为数据缓存和指令缓存。内置的 L1 高速缓存的容量和结构对 CPU 的性能影响较大。由于高速缓冲存储器是由静态 RAM 组成的,结构较复杂,受 CPU 芯片面积的限制,L1 级高速缓存的容量不可能做得太大。一般 CPU 的 L1 缓存的容量为 32～256 KB。

L2 Cache(二级缓存)是 CPU 的第二层高速缓存,分内部和外部两种芯片。内部的芯片二级缓存运行速度与主频相同,而外部的二级缓存则只有主频的一半。

L3 Cache(三级缓存)分为两种,早期的是外置的,现在的都是内置的。L3 缓存的应用可以进一步降低内存延迟,同时提升大数据量计算时处理器的性能。增加 L3 缓存可以显著提升服务器的性能。

# 2.7   IA-32 微处理器的工作方式

IA-32 微处理器是由 16 位 CPU 发展而来的。为了使用户原有的 16 位软件能够在 IA-32 构架的 CPU 上继续使用,又能够充分发挥 32 位 CPU 的特有优势,IA-32 微处理器采用多种工作模式来解决这一矛盾,如图 2-43 所示。IA-32CPU 有四种工作方式,即实地址方式、保护方式、虚拟 8086 模式和系统管理方式。其中,实地址方式和保护方式是 IA-32 微处理器的两种基本工作方式。

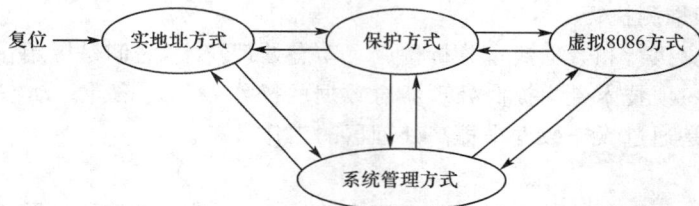

图 2-43   IA-32 微处理器的多种工作模式

**1. 实地址方式(Real Address Mode),简称实方式**

实地址方式是 80X86 系列 CPU 共有的存储器管理模式,8086/8088 CPU 只能工作在此方式下,在其他类型的 CPU 中实地址方式用来兼容 8086。在实地址方式中地址总线信号中只有低 20 位有效,其寻址空间和寻址方法与 8086 完全相同,即 8086 的应用程序可不加修改地移植到该方式下运行,但速度会更快。80286、80386、80486 以及 Pentium 的地址总线位数分别增加为 24、32、32 和 36,但在实方式下,都只能使用低 20 位地址线,所能寻址的存储空间与 8086/8088 一样,也只有 1 MB。

实地址模式具有以下特征:

(1)处理器复位后自动被初始化为实地址模式;

(2)内存不进行分页处理,指令寻址的地址就是内存中实际的物理地址;

(3)在实地址方式下,运行的程序不分特权等级;

(4)中断处理用中断向量表来定位中断服务程序,每个中断向量为 4 个字节;

(5)实地址方式的 32 位 CPU 相当于可以进行 32 位处理的高速 8086。

**2. 保护虚地址方式(Protected Virtual Address Mode),简称保护方式**

保护方式充分体现了 IA-32 架构 CPU 的特色。在这种工作方式下,地址总线信号全部有效,可寻址的物理内存大大增加;通过存储管理和保护机构,可为每个任务提供更多的虚拟存储空间,从而有力地支持多用户、多任务的操作。

保护方式具有以下特点:

(1)页式存储管理,支持虚拟存储器;

(2)支持多任务处理,每个程序各自分开,在自己的空间运行;

(3)提供了保护措施,如任务地址空间的分离;特权级的建立;特权指令的使用;段和页的访问权限等。

在保护方式下,一个存储单元的地址也是由段基地址和段内偏移量两部分组成。在保护方式下,段基地址是 32 位的,所以就不能由段寄存器的内容直接形成 32 位的段基地址,而是要经过转换得到。在内存中设置一个表,每一个内存段对应着表中的一项,此项中包含 32 位的段基地址。在 80X86 CPU 中,一个段用一个 8 字节的描述符来描述,多个描述符构成一个表,称为描述表。由描述符中所规定的段基地址加上 32 位的段内偏移量就可以寻址一个存储单元,如图 2-44 所示。

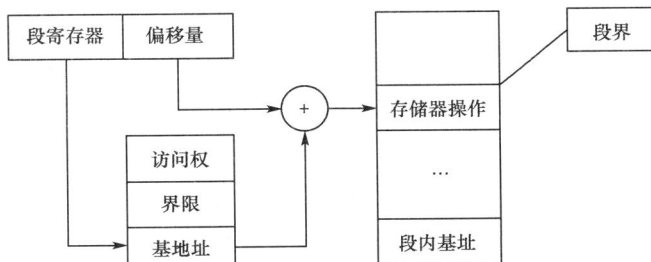

图 2-44　利用描述表寻址存储单元

### 3. 虚拟 8086 方式

这种工作方式是一种在保护方式下运行的类似实地址方式的运行环境,是一种既有保护功能又能执行 8086 代码的工作方式,可同时模拟多个 8086 处理器。

虚拟 8086 方式的特点如下:

(1)在保护方式下通过设置控制标志,使 32 位 CPU 可以转入虚拟 8086 方式,从而使得多个 DOS 程序可以同时运行,且相互独立;

(2)该方式是一种在保护方式下运行的类似实地址方式的工作环境;

(3)该方式下的程序都是运行在最低特权级下,而实地址方式的程序是运行在最高特权级下。

### 4. 系统管理方式

系统管理方式是一种透明机制,主要用于自动暂停和睡眠等省电模式。

系统管理方式的特点如下:

(1)当处理器接收到系统管理方式中断时,就会进入系统管理方式;

(2)该方式不是为应用软件访问而设计的,是由机器内的固件(装有程序的 ROM)来控制的。

# 2.8　ARM 微处理器的体系结构

## 2.8.1　ARM 微处理器概述

ARM(Advanced RISC Machines)既可以认为是一个公司的名字,也可以认为是对一类微处理器的统称,还可以认为是一种技术的名字。

### 1. ARM 简介

ARM 公司是 1990 年 11 月成立于英国剑桥的设计公司,主要设计 ARM 系列 RISC 处理器内核。ARM 公司不生产芯片,但授权 ARM 内核给生产和销售半导体的合作伙伴,另外也提供基于 ARM 架构的开发设计技术软件工具、评估板、调试工具、应用软件、总线架构和外围设备单元等。

　　世界各大半导体生产商从 ARM 公司购买其设计的 ARM 微处理器内核,根据各自不同的应用领域,加入适当的外围电路,从而形成自己的 ARM 微处理器芯片进入市场。全球的整个系统芯片中有 28%的芯片是基于 ARM 的产品,基于 ARM 技术的微处理器应用约占据了 32 位 RISC 微处理器 75%以上的市场份额。据统计,全球有 103 家巨型 IT 公司在采用 ARM 技术,20 家最大的半导体厂商中有 19 家是 ARM 的用户,包括德州仪器、意法半导体、Philips 和 Intel 等。ARM 系列芯片已经被广泛应用于移动电话、手持式计算机以及各种各样的嵌入式应用领域,ARM 技术正在逐步渗入到我们生活的各个方面。

**2. ARM 微处理器的应用领域**

　　ARM 微处理器及技术的应用已经广泛深入到各个领域。

　　(1)工业控制领域:作为 32 位的 RISC 架构,ARM 微控制器具有低功耗和高性价比的优势,基于 ARM 核的微控制器芯片不但占据了高端微控制器市场的大部分市场份额,同时也逐渐向低端 8 位/16 位微控制器应用领域扩展。

　　(2)网络应用:采用 ARM 技术的 ADSL 芯片正逐步获得宽带技术竞争优势。

　　(3)消费类电子产品:ARM 技术在目前流行的数字音频播放器、数字机顶盒和游戏机中得到广泛采用。

　　(4)成像和安全产品:现在流行的数码相机和打印机中绝大部分采用 ARM 技术。手机中的 32 位 SIM 智能卡也采用了 ARM 技术。

**3. ARM 微处理器的特点**

　　ARM 微处理器具有以下特点:

　　(1)采用 RISC 指令集,具有固定长度的指令格式,指令归整、简单,基本寻址方式有 2~3 种;使用单周期指令,便于流水线操作执行;大量使用寄存器,数据处理指令只对寄存器进行操作,只有加载/存储指令可以访问存储器,以提高指令的执行效率。

　　(2)低功耗、低成本、高性能。

　　(3)ARM 处理器共有 37 个寄存器,包括 31 个通用寄存器和 6 个状态寄存器,用以标识 CPU 的工作状态及程序的运行状态,均为 32 位。

　　(4)ARM 微处理器支持两种指令集,即 ARM 指令集和 Thumb 指令集。ARM 指令为 32 位的长度,Thumb 指令为 16 位长度。Thumb 指令集为 ARM 指令集的功能子集,但与等价的 ARM 代码相比较,可节省 30%~40%的存储空间,同时具备 32 位代码的所有优点。

　　(5)ARM 体系结构所支持的最大寻址空间为 4 GB(232 字节),ARM 体系结构将存储器看作是从零地址开始的字节的线性组合。从 0 字节到 3 字节放置第 1 个存储的字数据,从第 4 个字节到第 7 个字节放置第 2 个存储的字数据,依次排列。

　　(6)ARM 体系结构可以用两种方法存储字数据,称为大端格式和小端格式。不同的计算机存放多字节值的顺序不同,有些机器在起始地址存放低位字节(低位先存),即小端模式;有的机器在起始地址存放高位字节(高位先存),即大端模式。

　　除此以外,ARM 体系结构还采用了一些特别的技术,在保证高性能的前提下尽量缩小芯片的面积,并降低功耗。所有的指令都可根据前面的执行结果决定是否被执行,从而提高指令的执行效率。可用加载/存储指令批量传输数据,以提高数据的传输效率。可在一条数据处理指令中同时完成逻辑处理和移位处理。在循环处理中使用地址的自动增减来提高运行效率。

## 2.8.2　ARM 微处理器的工作状态和模式

**1. 工作状态**

从编程的角度来看,ARM 微处理器的工作状态一般有两种,并可在两种状态之间切换。

(1)ARM 状态,此时处理器执行 32 位的字对齐的 ARM 指令;

(2)Thumb 状态,此时处理器执行 16 位的半字对齐的 Thumb 指令。

**2. 工作模式**

CPU 的工作模式可以简单地理解为当前 CPU 的状态,例如,当前操作系统正在执行用户程序,那么当前 CPU 工作在用户模式,这时网卡上有数据到达,产生中断信号,CPU 自动切换到一般中断模式下处理网卡数据(普通应用程序没有权限直接访问硬件),处理完网卡数据,返回到用户模式下继续执行用户程序。ARM 微处理器的工作模式见表 2-3。

表 2-3　　　　　　　　　　　　　　　ARM 微处理器工作模式

| 处理器工作模式 | | 说　　明 |
|---|---|---|
| 用户(User)模式 | | 用户程序运行模式 |
| 系统(System)模式 | | 运行特权级的操作系统任务 |
| 一般中断(IRQ)模式 | 该组为异常模式,通常由系统异常状态切换进该组模式 | 普通中断模式 |
| 快速中断(FIQ)模式 | 该组为特权模式,该模式下可以任意访问系统资源 | 快速中断模式 |
| 管理(Supervisor)模式 | | 提供操作系统使用的一种保护模式,swi 命令状态 |
| 中止(Abort)模式 | | 虚拟内存管理和内存数据访问保护 |
| 未定义(undefined)模式 | | 支持通过软件仿真硬件的协处理 |

表中除用户模式外,其他模式均为特权模式(Privileged Modes)。ARM 内部寄存器和一些片内外设在硬件设计上只允许(或者可选为只允许)特权模式下访问。此外,特权模式可以自由地切换处理器模式,而用户模式不能直接切换到别的模式。特权模式中除系统(System)模式之外的其他五种模式又统称为异常模式。它们除了可以通过在特权模式下的程序切换进入外,也可以由特定的异常进入。例如,硬件产生中断信号进入中断异常模式,读取没有权限的数据进入中止异常模式,执行未定义指令时进入未定义指令中止异常模式。其中管理模式也称为超级用户模式,是为操作系统提供软中断的特有模式,正是由于有了软中断,用户程序才可以通过系统调用切换到管理模式。下面对各模式分别进行介绍。

(1)用户模式

用户模式是用户程序的工作模式,运行在操作系统的用户态,没有权限去操作其他硬件资源,只能执行处理自己的数据,也不能切换到其他模式下,要想访问硬件资源或切换到其他模式只能通过软中断或产生异常。

(2)系统模式

系统模式是特权模式,不受用户模式的限制。用户模式和系统模式共用一套寄存器,操作系统在该模式下可以方便地访问用户模式的寄存器,而且操作系统的一些特权任务可以使用该模式访问一些受控的资源。

(3)一般中断模式

一般中断模式也叫普通中断模式,用来处理一般的中断请求,通常在硬件产生中断信号之后自动进入该模式,该模式为特权模式,可以自由访问系统硬件资源。

(4)快速中断模式

快速中断模式是相对一般中断模式而言的,用来处理对时间要求比较紧急的中断请求,主要用于高速数据传输及通道处理。

(5)管理模式

管理模式是 CPU 上电后的默认模式,因此在该模式下主要用来做系统的初始化,软中断处理也在该模式下,当用户模式下的用户程序请求使用硬件资源时通过软件中断进入该模式。

(6)中止模式

中止模式用于支持虚拟内存或存储器保护,当用户程序访问非法地址(没有权限读取的内存地址)时,会进入该模式,Linux 下编程时经常出现的 Segment Fault 通常都是在该模式下抛出返回的。

(7)未定义模式

未定义模式用于支持硬件协处理器的软件仿真,CPU 在指令的译码阶段不能识别该指令操作时,会进入未定义模式。

以上几种模式通过 CPSR(状态寄存器)里的 M[4:0]位进行区分,如图 2-45 所示。

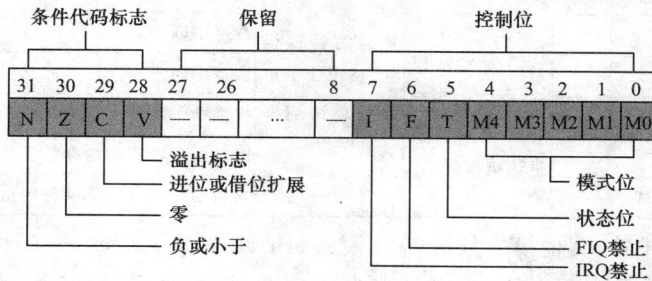

图 2-45　CPSR 控制位

通过向模式位 M[4:0]里写入相应的数据切换到不同的模式,见表 2-4。

表 2-4　　　　　　　　　ARM 微处理器工作模式模式位设置

| 模式名 | 用户 | 快中断 | 中断 | 管理 | 中止 | 未定义 | 系统 |
|---|---|---|---|---|---|---|---|
| M[4:0] | 10000 | 10001 | 10010 | 10011 | 10111 | 11011 | 11111 |

## 2.8.3　ARM 微处理器系列

ARM 已推出各种各样基于通用架构的高性能处理器,见表 2-5。

表 2-5　　　　　　　　　　　　ARM 微处理器系列

| 家　族 | 架　构 | 内　核 |
|---|---|---|
| ARM1 | ARMv1 | ARM1 |
| ARM2 | ARMv2 | ARM2 |
| | ARMv2a | ARM250 |
| ARM3 | ARMv2a | ARM2a |

（续表）

| 家　族 | 架　构 | 内　核 |
|--------|--------|--------|
| ARM6 | ARMv3 | ARM610 |
| ARM7 | ARMv3 | |
| ARM7TDMI | ARMv4T | ARM7TDMI(-S)、ARM710T、ARM720T、ARM740T |
| | ARMv5TEJ | ARM7EJ-S |
| StrongARM | ARMv4 | |
| ARM8 | ARMv4 | |
| ARM9TDMI | ARMv4T | ARM9TDMI、ARM920T、ARM922T、ARM940T |
| ARM9E | ARMv5TE | ARM946E-S、ARM966E-S、ARM968E-S |
| | ARMv5TEJ | ARM926EJ-S |
| | ARMv5TE | ARM996HS |
| ARM10E | ARMv5TE | ARM1020E、ARM1022E |
| | ARMv5TEJ | ARM1026EJ-S |
| XScale | ARMv5TE | 80200/IOP310/IOP315、80219、IOP321、IOP33x、IOP34x、PXA210/PXA250、PXA255、PXA26x、PXA27x、PXA800(E)F、Monahans、PXA900、IXC1100、IXP2400/IXP2800、IXP2850、IXP2325/IXP2350、IXP42x、IXP460/IXP465 |
| ARM11 | ARMv6 | ARM1136J(F)-S |
| | ARMv6T2 | ARM1156T2(F)-S |
| | ARMv6KZ | ARM1176JZ(F)-S |
| | ARMv6K | ARM11 MPCore |
| Cortex | ARMv7-A | Cortex-A8、Cortex-A9、Cortex-A9 MPCore |
| | ARMv7-R | Cortex-R4(F) |
| | ARMv7-M | Cortex-M3 |
| | ARMv6-M | Cortex-M0、Cortex-M1 |
| | ARMv7-ME | Cortex-M4 |

## 2.8.4　典型 ARM 微处理器

### 1. ARM7 微处理器

ARM7 系列是低功耗的 32 位 RISC 处理器，最适合用于对价位和功耗要求较高的消费类应用。

ARM7 系列有如下特点：

(1)具有嵌入式 ICE-RT(实时在线仿真)逻辑，调试开发方便；

(2)极低的功耗，适合对功耗要求较高的应用，如便携式产品；

(3)能够提供 0.9 MIPS/MHz 的三级流水线结构；

(4)代码密度高，并兼容 16 位的 Thumb 指令集；

(5)支持一些操作系统，如 μC OS、Linux 和 Palm OS 等；

(6)指令系统与 ARM9 系列、ARM9E 系列和 ARM10E 系列兼容，便于用户产品的升级；

(7)主频最高可达 130 M,高速的运算处理能力能胜任绝大多数的复杂应用,主要应用领域为工业控制、Internet 设备、网络和调制解调器设备以及移动电话等多种多媒体和嵌入式应用。

图 2-46 给出的是 ARM7 TDMI 处理器结构,该处理器中有 31 个通用 32 位寄存器和 6 个状态寄存器。它还特有整型 32×8 乘法器和 32 位桶形移位器,5 个独立的内部总线(PC 总线、增量器总线、ALU 总线、A 总线和 B 总线),这些总线可使指令执行具有高度并行性。

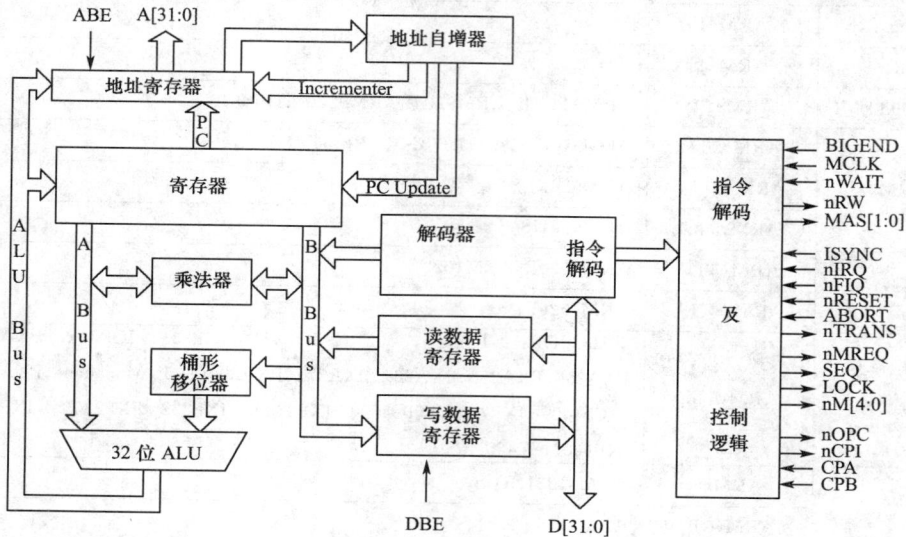

图 2-46　ARM7 TDMI 处理器结构

### 2. ARM9 系列微处理器

ARM9 系列微处理器主要应用于无线设备、仪器仪表、安全系统、机顶盒、高端打印机、数字照相机和数字摄像机等。ARM9 系列微处理器在高性能和低功耗特性方面提供最佳的表现。具有以下特点:

(1)5 级整数流水线,指令执行效率更高;

(2)提供 1.1 MIPS/MHz 的哈佛结构;

(3)支持 32 位 ARM 指令集和 16 位 Thumb 指令集;

(4)支持 32 位的高速 AMBA 总线接口;

(5)全性能的 MMU,支持 Windows CE、Linux 和 Palm OS 等多种主流嵌入式操作系统;

(6)MPU 支持实时操作系统;

(7)支持数据 Cache 和指令 Cache,具有更高的指令和数据处理能力。

### 3. ARM10 微处理器系列

ARM10 系列微处理器主要应用于下一代无线设备、数字消费品、成像设备、工业控制、通信和信息系统等领域。

ARM10 系列微处理器的主要特点如下:

(1)支持 DSP 指令集,适合于需要高速数字信号处理的场合;

(2)6 级整数流水线,指令执行效率更高;

(3)支持 32 位 ARM 指令集和 16 位 Thumb 指令集;

(4)支持 32 位的高速 AMBA 总线接口;

(5)支持 VFP10 浮点处理协处理器;

(6)全性能的 MMU,支持众多主流嵌入式操作系统;

(7)支持数据 Cache 和指令 Cache,具有更高的处理能力;

(8)主频最高可达 400 MHz;

(9)内嵌并行读/写操作部件。

**4. ARM11 处理器**

ARM11 系列微处理器是 ARM 公司近年推出的新一代 RISC 处理器,是 ARM 新指令架构 ARMv6 的第一代设计实现。ARMv6 处理器架构发布于 2001 年 10 月,建立在 ARM 以往许多成功的结构体系基础上。ARM11 的媒体处理能力和低功耗特点,特别适用于无线和消费类电子产品;其高数据吞吐量和高性能的结合非常适合网络处理应用;另外,在实时性能和浮点处理等方面,ARM11 可以满足汽车电子应用的需求。

ARM11 处理器的内核特点如下:

(1)跳转预测及管理

由于跳转指令通常都是条件执行的,而是否跳转的条件要在跳转指令被译码后的 3～4 个周期才能就绪,采用跳转预测就是为了解决这种延迟。ARM11 处理器提供动态预测和静态预测两种技术来对跳转做出预测。采用跳转预测使 ARM11 处理器能达到 85% 的预测正确性,对于每一个正确的预测,可以为指令执行减少 5 个时钟周期的等待时间。

(2)增强的存储器访问

在 ARM11 处理器中,指令和数据可以更长时间地被保存在 Cache 中。一方面是由于物理地址 Cache 的实现,使上下文切换避免了反复重载 Cache,另一方面是由于 ARM11 的 Cache 还有很多其他新颖的技术特点。

(3)流水线的并行机制

尽管 ARM11 是单指令发射处理器,但是在流水线的后半部分允许了极大程度的并行性。一旦指令被解码,将根据操作类型发射到不同的执行单元中。ARM11 的数据通路中包含多个处理单元,允许 ALU 操作、乘法操作和存储器访问操作同时进行。

(4)64 位的数据通道

ARM11 处理中,内核和 Cache 及协处理器之间的数据通路是 64 位的。这使处理器可以每周期读入两条指令或存放两个连续的数据,以大大提高数据访问和处理的速度。

(5)浮点运算

ARM11 处理器将浮点运算当成一个可供用户选择的设计。用户可以在向 ARM 要求授权时选择是否包括浮点处理器的内核。

此外,ARM 的合作伙伴可以从不同的方面(如功耗、性能或面积)优化和实现差异化的 ARM11 内核,也可以根据自己特定的工艺技术来开发不同的特性。

# 本章小结

本章介绍了微处理器及其工作的基本原理,CPU 具有运算和控制功能,是微机的核心部件,CPU 的性能决定了微机的主要性能。通过对 CPU 的发展历史、微处理器的编程结构、工作模式、工作过程和 80X86 的体系结构的学习,可以对微处理器这个重要功能部件有较详细的了解和认识。ARM 的体系结构,除了用户模式之外的其他六种处理器模式称为特权模式。特权模式下,程序可以访问所有的系统资源,也可以任意地进行处理器模式的切换。特权模式中,除系统模式外,其他五种模式又称为异常模式。

# 习　题

**1. 填空题**

(1)Intel 8086 包含两个功能部件,分别是＿＿＿＿和＿＿＿＿。

(2)80286 将 BIU(总线接口单元)分为＿＿＿＿、＿＿＿＿和＿＿＿＿。

(3)总线标准的四个特性是＿＿＿＿、＿＿＿＿、＿＿＿＿和＿＿＿＿。

(4)计算机指令执行的基本过程的步骤是:＿＿＿＿、＿＿＿＿、＿＿＿＿、＿＿＿＿和＿＿＿＿。

(5)完成一个总线操作周期,一般要分成四个阶段:＿＿＿＿、＿＿＿＿、＿＿＿＿和＿＿＿＿。

(6)从现阶段的主流体系结构讲,指令集可分为＿＿＿＿和＿＿＿＿两部分。

(7)80486 芯片内相对 80386 新添了三个新的部件,分别是＿＿＿＿、＿＿＿＿和＿＿＿＿。

(8)Pentium 芯片集成了 310 万个晶体管,有＿＿＿＿条数据线,＿＿＿＿条地址线。

(9)Pentium 内部有两个超高速缓冲存储器,一个为＿＿＿＿,另一个为＿＿＿＿。

(10)Pentium CPU 有 U 和 V 两条指令流水线,故称为＿＿＿＿。

(11)从编程的角度看,ARM 微处理器的工作状态一般有＿＿＿＿和＿＿＿＿两种。

**2. 选择题**

(1)80386 的内部可以分为(　　)个部件。

A. 8　　　　　　　　B. 6　　　　　　　　C. 4　　　　　　　　D. 2

(2)80486 配备有(　　)个 16 位的段寄存器。

A. 5　　　　　　　　B. 6　　　　　　　　C. 7　　　　　　　　D. 8

(3)数据传输率＝(总线频率×数据带宽)/8,假设有一个 64 位的 CPU,其前端总线频率是 400 MHz,按照公式计算,它的数据传输率最大值是(　　)。

A. 6.4 GB/s　　　　B. 3.2 GB/s　　　　C. 6.4 MB/s　　　　D. 3.2 MB/s

(4)构成动态处理技术的是(　　)。

A. 分支预测　　　　B. 推测执行　　　　C. 数据流量分析　　　D. 以上三个都是

(5)CPU 允许将多条指令不按程序规定的顺序分别发送给相应的电路单元进行处理的技术是(　　)。

A. 超流水线　　　　B. 超标量　　　　C. 乱序执行　　　　D. 指令预取

**3. 简答题**

(1)简单描述我国处理器发展的过程和现状。

(2)Intel 公司的第一个 4 位微处理器叫什么? 8 位微处理器叫什么? 16 位微处理器叫什么? 32 位微处理器叫什么?

(3)Intel 发布的 Core 2(酷睿 2),是一个跨平台的构架体系,支持 64 位指令集,包括哪几个领域?

(4)微处理器的基本功能部件有哪些?

(5)CPU 中有哪些寄存器? 标志寄存器有哪些标志位? 各位的含义是什么?

(6)解释下列术语:流水线、超流水线、超标量、乱序执行、分支预测和推测执行。

(7)什么是时钟周期、总线周期及指令周期?

(8)8086/8088 系统中,存储器的物理地址是如何生成的? 设 DS＝095FH,物理地址是 11820H,当 DS＝252FH 时,物理地址是多少?

(9)什么是同步传送、异步传送和半同步传送?

(10)简述 Cache 的作用。

(11)什么是实地址方式、保护虚地址方式、虚拟 86 模式和系统管理方式?

(12)微处理器的主要性能指标有哪些?

(13)Pentium CPU 内部的主要部件有哪些?

(14)ARM 微处理器的工作模式有哪几种?

# 第 3 章

# 微处理器指令系统简介

## 3.1  微处理器指令系统概述

CPU 依靠指令来计算和控制系统,每款 CPU 在设计时就规定了一个与其硬件电路相配合的指令系统。指令系统功能的强弱也是 CPU 的重要指标,指令集是提高微处理器效率的最有效工具之一。

### 3.1.1  指令系统分类

从现阶段的主流体系结构讲,指令集可分为复杂指令集和精简指令集两部分。

**1. 复杂指令系统计算机(Complex Instruction Set Computer,CISC)**

早期的 CPU 全部是 CISC 架构,其设计目的是要用最少的机器语言指令来完成所需的计算任务。例如,对于乘法运算,在 CISC 架构的 CPU 上,需要如下指令即可将 ADDRA 和 ADDRB 中的数相乘并将结果储存在 ADDRA 中。

```
MUL ADDRA,ADDRB
```

早期的计算机部件相当昂贵,而且速度很慢。为了提高速度,越来越多的复杂指令被加入指令系统中。但是这样很快又产生一个新的问题:一个指令系统的指令数是受指令操作码的位数所限制的,如果操作码为 8 位,那么指令数最多为 256 条($2^8$)。由于指令的宽度是很难增加的,设计师们想出了一种方案,即操作码扩展。操作码的后面是地址码,而有些指令是不需要地址码或只用少量的地址码的。那么,就可以把操作码扩展到这些位置。

举个简单的例子,如果一个指令系统的操作码为 2 位,那么可以有 00、01、10 和 11 四条不同的指令。现在把 11 作为保留,把操作码扩展到 4 位,那么就可以有 00、01、10、1100、1101、1110 和 1111 七条指令。其中 1100、1101、1110 和 1111 这四条指令的地址码必须少两位。然后,为了达到操作码扩展的先决条件即减少地址码,设计师们动足了脑筋,设计了各种各样的寻址方式,如基址寻址和相对寻址等,用以最大限度地压缩地址码长度,为操作码留出空间。逐渐地,CISC 指令系统就形成了大量的复杂指令,可变的指令长度和多种寻址方式是 CISC 的特点,也是 CISC 的缺点,因为这些都大大增加了译码的难度,而在现在硬件的高速发展下,复杂指令所带来的速度提升早已远远赶不上在译码上浪费的时间。因此,对于需要大量处理数据的服务器和大型的计算机系统都早已不用 CISC 了,而 PC 市场为了兼容目前广泛应用的 X86 平台上的软件,仍然在用 CISC 系统的 X86 指令集。

**2. 精简指令系统计算机(Reduced Instruction Set Computer, RISC)**

RISC 架构要求软件来指定各个操作步骤。这种架构可以降低 CPU 的复杂性以及允许在同样的工艺水平下生产出功能更强大的 CPU,但对于编译器的设计有更高的要求。

RISC 指令集有许多特征,其中最重要的有:

(1)指令种类少,指令格式规范。RISC 指令集通常只使用一种或少数几种格式。指令长度单一(一般为 4 个字节),并且在字边界上对齐,字段位置特别是操作码的位置是固定的。

(2)寻址方式简化。几乎所有指令都使用寄存器寻址方式,寻址方式总数一般不超过五种。其他更为复杂的寻址方式。如间接寻址则由软件利用简单的寻址方式来合成。

(3)大量利用寄存器间操作。RISC 指令集中大多数操作都是寄存器到寄存器操作,只以简单的 Load 和 Store 操作访问内存。因此,每条指令中访问的内存地址不会超过 1 个,访问内存的操作不会与算术操作混在一起。

(4)简化处理器结构。使用 RISC 指令集,可以大大简化处理器的控制器和其他功能单元的设计,不必使用大量专用寄存器,特别是允许以硬件线路来实现指令操作,而不必像 CISC 处理器那样使用微程序来实现指令操作。因此 RISC 处理器不必像 CISC 处理器那样设置微程序控制存储器,就能够快速地直接执行指令。

(5)便于使用 VLSI 技术。随着 LSI 和 VLSI 技术的发展,整个处理器(甚至多个处理器)都可以集成在一个芯片上。RISC 体系结构可以给设计单芯片处理器带来很多好处,有利于提高性能,简化 VLSI 芯片的设计和实现。基于 VLSI 技术,制造 RISC 处理器要比 CISC 处理器工作量小得多,成本也低得多。

(6)加强了处理器并行能力。RISC 指令集能够非常有效地适用于流水线、超流水线和超标量技术,从而实现指令级并行操作,提高处理器的性能。目前常用的处理器内部并行操作技术基本上是基于 RISC 体系结构发展和走向成熟的。

(7)选取使用频率高、功能强但不复杂的指令。

对于复杂指令集和精简指令集可以用一个公式加以比较,假定一个程序总的执行时间为

$$T = n \times c \times t$$

其中,$T$ 是程序总的执行时间;

$n$ 是要执行的指令的总条数;

$c$ 是每条指令的平均 CPU 周期数;

$t$ 是每个 CPU 周期的时间。

为缩短 $T$,CISC 技术主要依靠减少 $n$ 来实现,但同时要付出提高 $c$ 的代价,也可能还要增加 $t$;RISC 技术主要是依靠减少 $c$ 和 $t$ 来实现,但要付出增加 $n$ 的代价。

# 3.1.2　指令格式

计算机可以直接执行的机器语言是指二进制数形式的指令和数据,如"A0 31"。这就是机器语言,既不直观又不易理解和记忆。为了便于记忆理解,在指令中引入了助记符,如"MOV AL,31H",助记符使用便于记忆的英语单词来表示指令操作码。它反映了指令的功能和主要特征,便于人们理解和记忆。指令中的操作数部分可以是操作数本身,也可以是操作数地址,包括存储器地址或寄存器名等。程序中遇到转移指令或调用指令,也需要知道转移地址,若采用具体地址则很不方便,一旦有错,改动也很麻烦,于是人们采用标号或符号来代替地址,例如:

```
L1:MOV  BX,1021H
    ...
    LOOP  L1
```

对于早期的 Intel 8086 和 80286 来说，微处理器上运行的是 16 位指令系统，而后期的 Intel 80386 至 Pentium 等 IA-32 系列 CPU 上运行的是 32 位指令系统。由于 Intel 的指令系统是向下兼容的，即低档机上运行的软件可以在高档机上进行。因此，16 位指令在 IA-32 系列 CPU 上同样可以运行。在使用这些指令时，需要注意以下问题：

（1）对于大多数数据传送指令、算术运算指令、位操作指令和字符串操作指令，它们中的双操作数指令有相同的语句格式和操作规定。

这些双操作数指令格式为：

［标号：］操作符    目的操作数，源操作数［；注释］

相应的操作规定为：

①目的操作数和源操作数应为相同的类型，即必须同时为字节类型或同时为字类型。

②目的操作数不能是立即数。

③操作结束后，一般情况下其运算结果送入目的地址中，而源操作数不发生改变。

④目的操作数和源操作数不能同时为存储器操作数。

（2）算术运算指令和位操作指令中的某些单操作数指令也有相同的语句格式和操作规定。

这些单操作数指令格式为：

［标号：］操作符    目的操作数

相应的操作规定为：

①操作对象为目的地址中的操作数，操作结束后，其运算结果送入目的地址中。

②操作数不能是立即数。

## 3.1.3  寻址方式

寻址方式指的是在指令中寻找指令的操作数或操作数地址的方式。对于一个特定的 CPU，寻址方式越多，指令的功能就越强，使用起来也就越灵活。在 8086～80286 CPU 中，与数据有关的寻址方式主要有立即寻址、寄存器寻址、直接寻址、寄存器间接寻址、基址变址寻址、寄存器相对寻址和相对基址变址寻址等几种。在 80386 及更高级的微处理器中还包括带比例因子的变址寻址和带比例因子的基址变址寻址方式。与程序转移地址有关的寻址方式包括直接寻址和间接寻址。

**1. 与数据有关的寻址方式**

（1）立即寻址

操作数直接在指令中提供的寻址方式为立即寻址方式，指令中提供的操作数也称作立即数。比如"MOV AL,80H"指令的功能是将 16 进制数 80H 送入 AL 寄存器中。

例如：

```
    MOV AH,5              ;将 5 送入 AH 寄存器中
    MOV AX,2000H          ;将 2000H 送入 AX 寄存器中
    MOV AL,′B′            ;将字符 B 的 ASCII 码值送入 AL 寄存器中
```

立即数只能用于源操作数，因此"MOV 20H,AH"是条错误的指令；而且要求源操作数和目的操作数的字长一致。

（2）寄存器寻址

操作数放在微处理器内部的寄存器中，在指令中直接指出寄存器的名字。

例如：

```
INC CX            ;将 CX 的内容加 1
ROL AH,2          ;将 AH 中的内容循环左移两位
MOV AX,BX         ;将 BX 寄存器的内容送到 AX 寄存器中
```

（3）直接寻址

数据在存储器中，有效地址由指令直接给出。

例如：

```
MOV AX,[1060H]
```

其功能是将 DS 段的 1060H 和 1061H 两单元的内容取到 AX 中。假设（DS）＝2000H，那么存储单元的物理地址为 21060H，如图 3-1 所示，将该存储单元中的数据送到寄存器 AX 中。

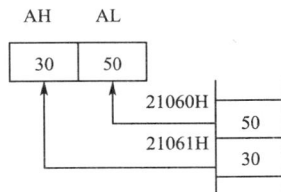

结果为：(AX)=3050H

图 3-1　直接寻址示例

（4）寄存器间接寻址

有效地址由指令中的基址寄存器（BX 或 BP）或变址寄存器（SI 或 DI）给出。

例如：

```
MOV AX,[BX]          ;物理地址 = 10H×(DS)+(BX)
MOV AX,ES:[BX]       ;物理地址 = 10H×(ES)+(BX)
MOV AX,[BP]          ;物理地址 = 10H×(SS)+(BP)
```

需要注意的是：

①只允许使用 BX、BP、SI 和 DI 存放有效地址，因此"MOV AX,[CX]"是一条错误的指令。

②源操作数和目的操作数的字长必须一致，下面的例子中源操作数的有效地址虽然都放在 BX 中，但其代表的存储单元大小是不一样的。

```
MOV  DL,[ BX ]    ;[BX]指示一个字节单元
MOV  DX,[ BX ]    ;[BX]指示一个字单元
```

③间接寻址时，若有效地址存放在 BX 中，则默认的段寄存器为 DS，由于 BX 称为基址寄存器，所以这种寻址方式也叫数据段基址寻址。

例如：

```
MOV AX,[BX]
```

设 DS＝6000H，BX＝3000H，则本指令在执行时，将 63000H 和 63001H 两单元的内容送至 AX。

如果要对其他段寄存器所指的区域进行寻址，则必须在指令前用前缀指出段寄存器名。

例如：

```
MOV AX,ES：[BX]
```

设 ES＝2000H，BX＝4000H，则该指令在执行时，将 24000H 和 24001H 两单元的内容送至 AX。

④间接寻址时，若有效地址存放在 BP 中，则默认的段寄存器为 SS，因为 BP 称为基址寄存器，所以这种寻址方式通常称为堆栈段基址寻址。

例如：

```
        MOV BX,[BP]
```

设 SS＝7000H，BP＝1000H，则该指令在执行时，将 71000H 和 71001H 两单元的内容送至 BX。

⑤SI 和 DI 寄存器分别称为源变址寄存器和目的变址寄存器，所以用这两个寄存器来进行间接寻址也叫变址寻址。变址寻址通常用于对数组元素进行操作。此外，一些串操作指令要求用固定的变址寄存器对操作数进行寻址，指令执行时会自动修改变址寄存器中的地址，以指向下一个操作数。

（5）寄存器相对寻址方式

采用寄存器间接寻址时，允许在指令中指定一个位移量，这样有效地址通过将一个基址或变址寄存器的内容加上一个位移量来得到。位移量可以为 8 位，也可以为 16 位。即：

$$有效地址=\begin{Bmatrix}(BX)\\(BP)\\(SI)\\(DI)\end{Bmatrix}+\begin{Bmatrix}8\text{ 位位移量}\\16\text{ 位位移量}\end{Bmatrix}$$

这种寻址方式可以将位移量看作是一个相对值，因此把带位移的寄存器间接寻址称为寄存器相对寻址。

指令格式：

```
        MOV    AX,COUNT[SI]
```

或

```
        MOV    AX,[COUNT + SI]
```

假设（DS）＝3000H，（SI）＝2000H，COUNT＝3000H，则该存储单元的物理地址为 35000H，假设（35000H）＝1234H，则（AX）＝1234H。

（6）基址变址寻址方式

将 BX、BP 和 SI、DI 寄存器组合起来进行的间接寻址称为基址变址寻址。通常将 BX 和 BP 称为基址寄存器，将 SI 和 DI 称为变址寄存器。8086 指令系统允许把基址寄存器和变址寄存器组合起来构成一种新的寻址方式，称为基址变址寻址。用这种寻址方式时，操作数的有效地址是一个基址寄存器（BX 或 BP）的内容加上一个变址寄存器（SI 或 DI）的内容。即：

$$有效地址=\begin{Bmatrix}(BX)\\(BP)\end{Bmatrix}+\begin{Bmatrix}(SI)\\(DI)\end{Bmatrix}$$

指令格式：

```
        MOV    AX,[BX][DI]
        MOV    AX,[BX + DI]
        MOV    AX,ES:[BX][SI]
```

例如：

```
        MOV    AX,[BX + SI]
```

设 DS＝2000H，BX＝4000H，SI＝2000H，则上面指令在执行时，有效地址为 6000H，本指令物理地址将 26000H 和 26001H 两单元的内容取到 AX 中。

（7）相对基址变址寻址方式

用基址变址的寻址方式时，允许带一个 8 位或 16 位的位移量。这种带位移量的基址变址

寻址,称为相对基址变址寻址方式。有效地址的计算如下:

$$有效地址 = \begin{Bmatrix} (BX) \\ (BP) \end{Bmatrix} + \begin{Bmatrix} (SI) \\ (DI) \end{Bmatrix} + \begin{Bmatrix} 8\ 位位移量 \\ 16\ 位位移量 \end{Bmatrix}$$

例如:

```
MOV  AX,[BX + SI + 50H]
```

将 BX 和 SI 中的内容与 50H 相加作为有效地址。

由于基址变址寻址方式中允许两个地址分量分别改变,而且对段寄存器的使用有一个约定规则,即如果基址寄存器用 BX,则默认的段寄存器为 DS;如果基址寄存器用 BP,则默认的段寄存器为 SS。这种寻址方式使用起来很灵活,特别是为堆栈中数组的访问提供了极大的方便。

(8)带有比例因子的变址寻址

在这种格式中,存储单元的有效地址采用如下形式:

存储单元的有效地址 = 比例因子 × 变址寄存器的内容 + 位移量

在指令格式中,将段寄存器考虑进去时,可以得到如下完整的地址表达式:

段寄存器:[比例因子 × 变址寄存器 + 位移量]

或者　段寄存器:位移量[比例因子 × 变址寄存器]

需要注意的是,访问约定的逻辑段,段超越前缀可以省略。其中,比例因子可以是 1、2、4、8 中的一个数,这是因为操作数的长度可以是 1、2、4、8 个字节;变址寄存器可以是 EBP 或者 EAX～EDX、ESI 和 EDI 寄存器。当使用的变址寄存器为 EBP 时,约定访问的是堆栈段;当使用 EAX～EDX、ESI 和 EDI 进行变址寻址时,约定访问的是数据段。

例如:

```
MOV EAX,X[EDI * 4]
```

设 X = 2000H,(DS) = 2000H,(EDI) = 2,则有效地址为:EA = 4 ∗ (EDI) + X = 4 ∗ 2 + 2000H = 2008H,故对应的操作是将起始物理地址为(22008H)存储单元共 4 个字节内容送入 EAX 中。

(9)带有比例因子的基址变址寻址

在这种格式中,存储单元的有效地址采用如下形式:

存储单元的有效地址 = 基址寄存器内容 + 比例因子 × 变址寄存器的内容 + 位移量

将段寄存器考虑进去时,可以得到完整的地址表达式,形式如下:

段寄存器:[基址寄存器 + 比例因子 × 变址寄存器 + 位移量]

或者　段寄存器:位移量[基址寄存器 + 比例因子 × 变址寄存器]

或者　段寄存器:位移量[基址寄存器][比例因子 × 变址寄存器]

例如:

```
MOV EAX,[EBX + ESI * 4]
```

设(EBX) = 1000H,(ESI) = 2,(DS) = 2000H,则 EA = 1000H + 2 × 4 = 1008H,操作是将物理地址为(21008H)存储单元 4 个字节内容送入 EAX 中。

需要特别指出的是,在这种寻址方式中基址寄存器和变址寄存器都必须是规定的 32 位寄存器,与带有比例因子的变址寻址一样,这种寻址方式中的比例因子可以是 1、2、4、8 中的一个数。

**2. 程序转移寻址方式**

(1)段内直接寻址

段内直接寻址是指转向的有效地址是当前 IP 寄存器的内容和指令中指定的 8 位或 16 位

位移量之和。

例如：

JMP SHORT PRGA    ;位移量为 8 位的短转移,PRGA 为符号地址

JMP NEAR PTR PRGB;位移量为 16 或 32 位的近转移,PRGB 为符号地址

其中,8 位位移量的跳转范围在-128～127。

16 位位移量的跳转范围为±32 K 之内。

32 位位移量的跳转范围为±2 G 之内。

(2)段内间接寻址

段内间接寻址是指转向的有效地址是一个寄存器或是一个存储单元的内容。这个寄存器或存储单元的内容可以用数据寻址方式中除立即数以外的任何一种寻址方式取得,所得到的转向的有效地址用来取代 IP 寄存器的内容。

例如：

①JMP BX

②JMP T1[BX]

③JMP [BX][SI]

假设(DS)＝2000H,(BX)＝1000H,(SI)＝3000H,T1 的值为 20A1H,(230A1H)＝5678H,(24000H)＝1234H。

结果为：

①JMP   BX       ;指令执行后(IP)＝1000H

②JMP   T1[BX]   ;指令执行后(IP)＝(16D×(DS)＋(BX)＋位移量)

＝(20000＋1000＋20A1)＝(230A1H)＝5678H

③JMP   [BX][SI] ;指令执行后(IP)＝(16D×(DS)＋(BX)＋(SI))

＝(20000＋1000＋3000)＝(24000H)＝1234H

(3)段间直接寻址

段间直接寻址是指在指令中直接提供了转向段地址和偏移地址,所以只要用指令中指定的偏移地址取代 IP 寄存器的内容,用指令中指定的段地址取代 CS 寄存器的内容就完成了一个段到另一个段的转移操作。

例如：

JMP   FAR PTR NEXTPRG        ;IP＝NEXTPRG 的偏移地址,CS＝NEXTPRG 的段地址

其中,NEXTPRG 为转向的符号地址,FAR PTR 则表示段间转移的操作符。

若 NEXTPRG 的偏移地址是 1200H,段基址是 2000H,执行完指令,则 IP＝1200H,CS＝2000H,即跳转到 NEXTPRG 指向的指令。

(4)段间间接寻址

段间间接寻址是指用存储器中的两个相继字的内容来取代 IP 和 CS 寄存器中的原始内容,以达到段间转移的目的。这里,存储单元的地址是由指令指定除立即数方式和寄存器方式以外的任何一种数据寻址方式取得。

例如：

JMP   DWORD PTR [4000H]

设(DS)＝2000H,(24000H)＝0020H,(24002H)＝1000H,执行后(CS)＝1000H,(IP)＝0020H。

# 3.2　IA-32 指令系统简介

Intel 8086/8088 使用的 X86 指令集是 IA-32 指令系统的基础,80X86～Pentium 系列微机的指令系统在基本指令集的基础上进行了扩充,表 3-1 给出的是不同类型的 Intel CPU 指令条数。

表 3-1　　　　　　　　　　Intel CPU 的指令条数

| Intel CPU 类型 | 新增指令条数 | 指令总数 |
| --- | --- | --- |
| 8086 | 89 条 | 89 条 |
| 8087 | 77 条 | 166 条 |
| 80286 | 24 条 | 190 条 |
| 80386 | 14 条 | 204 条 |
| 80387 | 7 条 | 211 条 |
| 80486 | 5 条 | 216 条 |
| Pentium | 6 条 | 222 条 |
| Pentium Pro | 8 条 | 230 条 |
| Pentium MMX | 57 条 | 287 条 |
| Pentium Ⅱ | 4 条 | 291 条 |
| Pentium Ⅲ | SSE1 指令 70 条 | 361 条 |
| Pentium 4 | SSE2 指令 144 条 | 505 条 |

## 3.2.1　基本通用指令

8086/8088 指令系统是 80X86 的基本指令集。指令的操作数长度是 8 位或 16 位,偏移地址长度是 16 位。8086/8088 微处理器的指令系统可以分为以下六类指令:

①数据传送指令;
②算术运算指令;
③位操作指令;
④字符串操作指令;
⑤控制转移指令;
⑥处理机控制指令。

在具体介绍指令之前,我们先将描述指令时会用到的一些符号的含义列出,见表 3-2。

表 3-2　　　　　　　　　　指令中的符号说明

| 指令中的符号 | 符号的含义 |
| --- | --- |
| OPRD | 操作数 |
| OPRD1,OPRD2 | 一般在多操作数指令中,OPRD1 为目的操作数,OPRD2 为源操作数 |
| reg | 通用寄存器,长度可以是 8 位或 16 位 |
| Sreg | 段寄存器 |

（续表）

| 指令中的符号 | 符号的含义 |
| --- | --- |
| reg8 | 8 位通用寄存器 |
| reg16 | 16 位通用寄存器 |
| mem | 存储器,长度可以是 8 位或 16 位 |
| mem8 | 8 位存储器 |
| mem16 | 16 位存储器 |
| imm | 立即数,长度可以是 8 位或 16 位 |
| imm8 | 8 位立即数 |
| imm16 | 16 位立即数 |

在对指令的介绍中,仅对其中最基础的数据传送指令做详细说明,其他指令做简单介绍以便于读者理解课程内容。具体编程应用时可查看相关的语言手册。

**1. 数据传送指令**

第一类指令为数据传送指令,具体见表 3-3。该类指令是指令系统中最基本、最重要和最常用的一类指令,主要完成计算机系统内不同数据空间之间的数据传送功能,可实现的数据传送包括:

①存储器与寄存器之间的数据传送;

②寄存器与寄存器之间的数据传送;

③累加器与 I/O 端口之间的数据传送;

④立即数到寄存器或存储器的数据传送。

表 3-3　　　　　　　　　　　　　　数据传送指令

| 指令类型 | 功　能 | 格　式 |
| --- | --- | --- |
| 通用数据传送 | 将源操作数中的字节或字传送到目的操作数 | MOV 目的操作数,源操作数 |
| | 将源操作数中的字压入堆栈 | PUSH 源操作数 |
| | 将堆栈中的字弹出并传送到目的操作数 | POP 目的操作数 |
| | 完成目的操作数和源操作数的字节或字交换 | XCHG 目的操作数,源操作数 |
| | 字节翻译 | XLAT |
| 地址传送 | 将源操作数的有效地址装入目的操作数 | LEA 目的操作数,源操作数 |
| | 将源操作数的有效地址装入目的操作数,段地址装入 DS 寄存器 | LDS 目的操作数,源操作数 |
| | 将源操作数的有效地址装入目的操作数,段地址装入 ES 寄存器 | LES 目的操作数,源操作数 |
| 标志位传送 | 将标志位寄存器 PSW 低字节装入 AH 寄存器 | LAHF |
| | 将 AH 内容装入 PSW 低字节 | SAHF |
| | 将 PSW 内容压入堆栈 | PUSHF |
| | 从堆栈弹出 PSW 内容 | POPF |
| I/O 数据传送 | 从 I/O 端口输入字节或字到累加器 | IN 累加器,端口 |
| | 从累加器输出字节或字到 I/O 端口 | OUT 端口,累加器 |

（1）通用数据传送指令

通用数据传送指令共五条,它们（除 XCHG 外）是指令系统中唯一允许以 Sreg 作为操作数的指令。

①MOV 指令

指令格式：MOV　OPRD1,OPRD2

功能：OPRD2→OPRD1,两个操作数可以是 8 位或 16 位,但必须等长。

MOV 指令(如图 3-2 所示)有以下几种形式：

```
MOV  reg/Sreg,reg
MOV  reg,Sreg
MOV  reg/Sreg,mem
MOV  mem,reg/Sreg
MOV  reg,imm
MOV  mem,imm
```

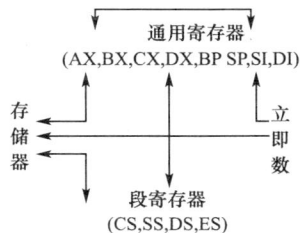

使用 MOV 指令传送数据时应该注意：

• 立即数和段寄存器 CS 不能作为目的操作数;

• 立即数不能直接传送到段寄存器(如"MOV DS,2000H",这将出现语法错误);

• 两个存储单元之间不能直接传送数据(可通过寄存器实现二者间的数据传送);

• 两个段寄存器之间不能直接传送数据(如"MOV DS,ES"语法错误,可改为"MOV AX,ES"和"MOV DS,AX")。

图 3-2　MOV 指令

②进栈/出栈指令

堆栈是一个"先进后出"的主存区域,80X86 规定堆栈使用堆栈段(SS)管理,用 SS 段寄存器记录堆栈段的段地址。堆栈只有一个出口,即当前堆栈的栈顶。栈顶是地址较小的一端(低端),用堆栈指针寄存器 SP 指定。堆栈用于在子程序调用或处理中断时,保存当前的断点地址(在 8086/8088 中为 CS 和 IP)和当前数据,以便子程序执行完毕后,正确返回到主程序。断点地址的保存由子程序调用指令或中断响应来完成(由系统完成);当前现场数据的保存可通过堆栈操作指令来实现。堆栈有进栈和出栈两种基本操作,对应有两条基本指令:进栈指令 PUSH 和出栈指令 POP。

a. 进栈指令

指令格式：PUSH OPRD2

功能：(SP)←(SP)−2,((SP+1),(SP))←OPRD2

b. 出栈指令

指令格式：POP OPRD1

功能：OPRD1←((SP+1),(SP)),(SP)←(SP)+2

需要注意的是：

• 堆栈操作是 16 位操作;

• 源操作数:通用 reg、Sreg 或 mem;

• 目标操作数:通用 reg、Sreg(CS 除外)或 mem。

③交换指令 XCHG

指令格式：XCHG OPRD1,OPRD2;

功能：OPRD1↔OPRD2;

例如：

```
XCHG AH,AL
XCHG [2123H],BX
```

需要注意的是：

• 两个操作数可以是 reg、mem;

- 两个存储器操作数之间不能实现直接交换;
- 段寄存器和立即数不能作为操作数。

④查表转换指令 XLAT(或称换码指令)

指令格式:XLAT

或　　　　XLAT OPRD

功能:AL ← [BX+AL]

该指令用于将 BX 指定的缓冲区中和 AL 指定的位移处的数据取出赋给 AL。此指令常用来将一种代码转换为另一种代码。使用方法为:将待转换的代码组成表格,首地址→BX,AL 存放查找对象在表中下标,指令执行后,[BX+AL]→AL,BX 内容不变。

需要注意的是:

- 代码表必须建立在数据段;
- 代码表长度不超过 256 字节;
- 执行指令前,BX←表首址,AL←查找对象在表中距首址的偏移量。
- XLAT 中的操作数通常为码表首地址的名称。

例如:

```
MOV   BX,OFFSET TBL1
MOV   AL,6
XLAT  TBL1
```

(2)地址传送指令

①有效地址传送指令 LEA

指令格式:LEA OPRD1,OPRD2

功能:取存储器操作数在当前段内的有效地址送至 16 位通用寄存器中。

例如:

```
LEA AX,[1234H]      ;AX = 1234H
LEA BX,[BP+DI]      ;BX = BP+DI 的值
LEA SP,[1219H]      ;SP = 1219H
```

需要注意的是:

- 指令中的源操作数必须是存储单元,目的操作数应为 16 位通用寄存器;
- MOV 指令与 LEA 不同,前者传送操作数的内容,后者传送操作数的地址。

②地址指针传送指令 LDS 和 LES

指令格式:LDS(LES) OPRD1,OPRD2

功能:reg16←mem,DS(ES)←mem+2

该指令将由源操作数偏移地址确定的双字单元中的第一个字的内容送入指令指定的 16 位通用寄存器,第二个字的内容传送给段寄存器 DS(对于 LDS)或 ES(对于 LES)。

例如:

```
LDS DI,[1000H]
```

假设指令执行前,DS=2000H,[21000H]=0121H,[21002H]=3C00H,则指令执行后,DI=0121H,DS=3C00H。

需要注意的是:

指令中的源操作数必须是存储单元,目的操作数应为 16 位通用寄存器;

(3)标志位传送指令

标志位传送指令专门用于对标志寄存器(PSW)的保护和更新操作。

①LAHF/SAHF(读/写标志寄存器)

指令 LAHF 用于将 PSW 的低 8 位(含 SF、ZF、AF、PF 和 CF)读出后传送到 AH 寄存器。这条指令本身不影响标志位。

SAHF 与 LAHF 的操作相反。将寄存器 AH 中的内容写入 PSW 的低 8 位,而高 8 位保持不变。该指令执行后,OF、DF、IF 和 TF 的值均不变,因为这 4 个标志位于标志寄存器的高 8 位。但 SF、ZF、AF、PF 和 CF 的值会发生变化,根据 AH 来设置,因为这 5 个标志位于标志寄存器的低 8 位。

②PUSHF/POPF(标志寄存器入栈/出栈)

PUSHF:将 EFLAGS 内容压入堆栈,同时修改堆栈指针。

POPF:将当前栈顶的一个字弹出 EFLAGS,同时修改堆栈指针。

在子程序调用或中断子程序中,常用这两条指令保护和恢复需要的标志位。此外,要改变标志寄存器中的某些位时,除了用有关的标志操作指令外,还有一种有效的方法是将标志的各位值设好后压入堆栈,再用 POPF 指令置入标志寄存器中,这种方式对于 TF 和 OF 标志位是唯一可行的置位方法。

例如,将 0FEBH 存入 EFLAGS,可用以下指令实现:

```
MOV AX,0FEBH        ;将常量 0FEBH 存入 AX 中
PUSH AX             ;AX 入栈
POPF                ;0FEBH 存入 EFLAGS
```

(4)输入/输出数据传送指令 IN/OUT

输入指令用来控制从外部设备向计算机传送信息,输出指令用来控制从计算机向外部设备传送信息。从信息流的角度来看,将外部设备寄存器中的数据送至累加器 AL/AX 的过程为输入过程,将 AL/AX 中的数据送至外部设备的过程为输出过程。8086 用于寻址的外设端口有 $2^{16}=65536$ 个(64 K),端口号为 0000H~FFFFH。每个端口用于传送外设的一个字节数据。寻址前 256 个端口时,输入/输出指令可以用直接寻址,操作数即为端口号,其范围为 00H~FFH。当寻址大于 256 的外设端口时,只能使用 DX 寄存器间接寻址,其范围为 0000H~FFFFH。输入/输出指令用 AL 进行字节传送,用 AX 进行字传送。

①输入指令

指令格式:IN 累加器,外设端口地址

功能:从外设端口读取数据并输入到累加器中。

输入指令有以下四种形式:

```
IN  AL,PORT    ;(PORT)→AL,PORT 为 8 位的端口地址
IN  AX,PORT    ;(PORT)→AX,PORT 为 8 位的端口地址
IN  AL,DX      ;([DX])→AL,DX 中为大于 8 位的端口地址
1N  AX,DX      ;([DX])→AX,DX 中为大于 8 位的端口地址
```

②输出指令

指令格式:OUT 外设端口地址,累加器

功能:将累加器中的数据输出到指定的外设端口。

输入指令有以下四种形式:

```
OUT  PORT,AL
OUT  PORT,AX
OUT  DX,AL
OUT  DX,AX
```

需要注意的是：
- I/O 指令只能使用累加器，不能使用其他寄存器；
- I/O 指令可以传送字和字节两种长度的数据，选用哪一种取决于外设端口宽度。

例如：

```
IN    AX,32H     ;从端口 32H 输入一个 16 位的数据到累加器 AX 中
MOV   DX,2B01H
IN    AL,DX      ;从端口 2B01H 输入一个 8 位的数据到 AL 中
OUT   20H,AL     ;将一个 8 位的数据从 AL 输出到端口 20H
OUT   DX,AX      ;将一个 16 位的数据从 AX 输出到 DX 所指定的端口
```

**2. 算术运算指令**

第二类指令是算术运算指令，该类指令分为二进制算术运算指令和 BCD 码算术运算调整指令。二进制算术运算指令见表 3-4，由于 BCD 码算术运算调整指令不常用，没有包括在表中，具体应用时可查阅相关资料。

表 3-4　　　　二进制算术运算指令

| 指令类型 | 名　称 | 说　明 |
| --- | --- | --- |
| 加法指令 | ADD | 不带进位的加法指令 |
|  | ADC | 带进位的加法指令 |
|  | INC | 加 1 指令 |
| 减法指令 | SUB | 不带借位的减法指令 |
|  | SBB | 带借位的减法指令 |
|  | DEC | 减 1 指令 |
|  | NEG | 求补指令 |
|  | CMP | 比较指令 |
| 乘法指令 | MUL | 不带符号数的乘法指令 |
|  | IMUL | 带符号数的乘法指令 |
| 除法指令 | DIV | 不带符号数的除法指令 |
|  | IDIV | 带符号数的除法指令 |

**3. 位操作指令**

第三类指令是位操作指令，见表 3-5。8086 微处理器的位操作指令分为逻辑运算指令和移位指令，它们都可以直接对寄存器或存储器进行位操作。

表 3-5　　　　　　位操作指令

| 类　　型 | 指令名称 | 说　明 |
| --- | --- | --- |
| 逻辑运算指令 | NOT | 非运算指令 |
|  | AND | 与运算指令 |
|  | TEST | 测试指令（两操作数做与运算，仅修改标志位，不回送结果） |
|  | OR | 或运算指令 |
|  | XOR | 异或运算指令 |

（续表）

| 类　　型 | | 指令名称 | 说　　明 |
|---|---|---|---|
| 移位指令 | 算术移位 | SAL | 算术左移指令 |
| | | SAR | 算术右移指令 |
| | 逻辑移位 | SHL | 逻辑左移指令 |
| | | SHR | 逻辑右移指令 |
| | 不带进位的循环移位 | ROL | 循环左移指令 |
| | | ROR | 循环右移指令 |
| | 带进位的循环移位 | RCL | 带进位的循环左移指令 |
| | | RCR | 带进位的循环右移指令 |

**4. 字符串操作指令**

第四类指令是字符串操作指令。串是地址连续的字节或字存储单元,通常用于存放同一类数据。串操作指令用于实现对串元素的传送、比较、检索、装入和存储等操作,并自动修改地址指针。可以处理的数据串长度最多为 64 K 字节。基本串操作指令有五条,即传送(MOVS)、比较(CMPS)、搜索(SCAS)、取(LODS)和存(STOS)。串操作重复前缀是加在基本串操作指令之前,根据不同条件判断是否重复执行串操作。可以实现对整个串的同一种操作,使得处理长数据串比用软件循环处理快。串操作重复前缀包括 REP、REPE、REPZ、REPNE和 REPNZ,用来控制后面紧随的串操作指令是否重复。运行时分下面两种情况:

(1)与 REP 相配合工作的为 MOVS、STOS 和 LODS 指令。

格式:REP MOVS/LODS/STOS

功能:重复串操作直到 CX=0 为止。

执行过程:

①若 CX=0,则结束 REP,执行 REP 的下一条指令;

②若 CX≠0,CX=CX−1;

③执行 REP 后的串操作指令;

④重复①～③。

(2)与 REPE/REPZ 和 REPNE/REPNZ 联合工作的为 CMPS 和 SCAS 指令。

格式:REPE/REPZ CMPS/SCAS
　　　REPNE/REPNZ CMPS/SCAS

功能:当相等/为零时重复串操作;当不相等/不为零时重复串操作。

REPE/REPZ CMPS/SCAS 的执行过程:

①若 CX=0(串结束)或 ZF=0(某次比较结果两个操作数不等),则结束 REPZ,执行 REPZ 的下一条指令;否则:

②CX=CX−1;

③执行 REPZ 后面的串操作指令;

④重复①～③。

REPNE/REPNZ CMPS/SCAS 的执行过程:

①若 CX=0(串结束)或 ZF=1(某次比较结果两个操作数相等),则结束 REPNZ,执行

REPNZ 的下一条指令;否则:

②CX＝CX－1;

③执行 REPNZ 后面的串操作指令;

④重复①～③。

**5. 控制转移指令**

第五类指令是控制转移指令,用于控制程序的执行流程。CS 和 IP 寄存器的内容决定了程序的流程。CS 和 IP 寄存器的值不能由用户修改,只能由 CPU 修改。这类指令包括无条件转移指令、条件转移指令、子程序调用和返回指令、循环指令以及中断和中断返回指令。

(1)无条件转移指令 JMP

指令格式:JMP OPRD

功能:按照不同的操作数给出方式,找出目标地址,用它代替原指令指针。可实现全部存储空间内的转移。

根据指令的寻址方式不同又可分为段内直接短转移、段内直接近转移、段内间接转移、段间直接转移和段间间接转移。

(2)条件转移指令

指令格式:指令助记符    目标地址

功能:根据当前各标志位状态进行判断,如果满足指令所指定的条件,则转移至目标地址处(IP←IP 当前值＋位移量);否则顺序执行(IP 不变)。条件转移指令见表 3-6、表 3-7 和表 3-8。

表 3-6                          简单条件转移指令表

| 指令名称 | 测试条件 | 操作说明 |
|---|---|---|
| JZ(或 JE) | ZF＝1 | 结果为零(或相等)则转移 |
| JNZ(或 JNE) | ZF＝0 | 结果不为零(或不相等)则转移 |
| JS | SF＝1 | 结果为负则转移 |
| JNS | SF＝0 | 结果为正则转移 |
| JO | OF＝1 | 结果溢出则转移 |
| JNO | OF＝0 | 结果无溢出则转移 |
| JP(或 JPE) | PF＝1 | 奇偶位为 1 则转移 |
| JNP(或 JPO) | PF＝0 | 奇偶位为 0 则转移 |
| JC(或 JNAE 或 JB) | CF＝1 | 有进位则转移 |
| JNC(或 JAE 或 JNB) | CF＝0 | 无进位则转移 |

表 3-7                        无符号数比较条件转移指令表

| 指令名称 | 测试条件 | 操作说明 |
|---|---|---|
| JB(或 JNAE 或 JC) | CF＝1 | 低于,或不高于等于则转移 |
| JNB(或 JAE 或 JNC) | CF＝0 | 不低于,或高于等于则转移 |
| JA(或 JNBE) | CF＝0 且 ZF＝0 | 高于,或不低于等于则转移 |
| JNA(或 JBE) | CF＝1 或 AF＝1 | 不高于,低于等于则转移 |

表 3-8　　　　　　　　　　　　　有符号数比较条件转移指令

| 指令名称 | 测试条件 | 操作说明 |
| --- | --- | --- |
| JL(或 JNGE) | SF!＝OF | 小于,或不大于等于则转移 |
| JNL(或 JGE) | SF＝OF | 不小于,或大于等于则转移 |
| JG(或 JNLE) | SF＝OF 且 ZF＝0 | 大于,或不小于等于则转移 |
| JNG(或 JLE) | SF!＝OF 或 ZF＝1 | 不大于,或小于等于则转移 |

（3）子程序调用和返回指令

子程序调用实质上是一种强制改变正常指令指针顺序的过程,调用之前的 IP 值称为"断点"。与无条件转移的不同之处在于 CALL 指令有对应的返回指令,必须保存断点,并执行堆栈有关的操作。CALL 调用指令有四种:段内直接调用、段间直接调用、段内间接调用和段间间接调用。RET 返回指令执行的操作见表 3-9。

表 3-9　　　　　　　　　　　　　　返回指令

| 返回指令 | 段内返回 | 段间返回 | 段内带立即数返回 | 段间带立即数返回 |
| --- | --- | --- | --- | --- |
| 汇编格式 | RET | RET | RET 表达式 | RET 表达式 |
| 执行操作 | (IP)←((SP)+1,(SP))<br>(SP)←(SP)+2 | (IP)←((SP)+1,(SP))<br>(SP)←(SP)+2<br>(CS)←((SP)+1,(SP))<br>(SP)←(SP)+2 | (IP)←((SP)+1,(SP))<br>(SP)←(SP)+2<br>(SP)←(SP)+16 位表达式 | (IP)←((SP)+1,(SP))<br>(SP)←(SP)+2<br>(CS)←((SP)+1,(SP))<br>(SP)←(SP)+2<br>(SP)←(SP)+16 位表达式 |

（4）循环指令

循环指令共有三条:LOOP、LOOPZ/LOOPE 和 LOOPNZ/LOOPNE,见表 3-10。

指令格式:指令名　循环入口的地址标号

指令的功能:

①(CX)←(CX)-1;

②判断测试条件,若条件成立,则(IP)←(IP)+8 位位移量。

表 3-10　　　　　　　　　循环指令测试条件

| 指令名 | 测试条件 | 功　能 |
| --- | --- | --- |
| LOOP | (CX)≠0 | 无条件循环 |
| LOOPZ/LOOPE | (CX)≠0 且 ZF＝1 | CX 不为零且相等时循环 |
| LOOPNZ/LOOPNE | (CX)≠0 且 ZF＝0 | CX 不为零且不相等时循环 |

（5）中断指令和中断返回指令

中断是当系统运行或程序运行期间遇到某些特殊情况时,需要计算机自动执行一组专门的例行程序来进行处理。所执行的这组例行程序称为中断子程序。

CPU 响应一次中断则自动完成三件事情:

①保护现场:将标志寄存器(EFLAGS)的各位压入堆栈;

②保留断点:将 CS 和 IP 的值保存入堆栈;

③执行中断子程序。

中断返回时,将堆栈中保存的断点信息弹出并赋值给 IP、CS 及标志寄存器(PSW)等。

中断指令和中断返回指令格式如下:

```
INT n    ;中断调用指令,n 是中断类型码,取值范围为 0～255
```

```
IRET    ;中断返回指令
```
指令功能:实现对 n 号中断的服务程序的调用及返回。

中断指令的基本操作见表 3-11。

**表 3-11　　　　　　　　　　　　　　中断指令**

| 指令格式 | INT n | INTO | IRET |
|---|---|---|---|
| 执行操作 | (SP)←(SP)−2<br>((SP)+1,(SP))←(PSW)<br>IF=0,TF=0<br>(SP)←(SP)−2<br>((SP)+1,(SP))←(CS)<br>(SP)←(SP)−2<br>((SP)+1,(SP))←(IP)<br>(IP)←(n×4)<br>(CS)←(n×4+2) | 若 OF=1 则:<br>(SP)←(SP)−2<br>((SP)+1,(SP))←(PSW)<br>IF=0,TF=0<br>(SP)←(SP)−2<br>((SP)+1,(SP))←(CS)<br>(SP)←(SP)−2<br>((SP)+1,(SP))←(IP)<br>(IP)←(0010H)<br>(CS)←(0012H) | ((IP)←((SP)+1,(SP))<br>((SP)←(SP)+2<br>((CS)←((SP)+1,(SP))<br>((SP)←(SP)+2<br>((EFLAGS)←((SP)+1,(SP))<br>((SP)←(SP)+2 |
| 说明 | 中断指令除把 IF 和 TF 位置 0 外,不影响其余的标志位 | 溢出中断指令除把 IF 和 TF 位置 0 外,不影响其余的标志位 | 中断返回指令 |

**6.处理器控制指令**

第六类指令是处理器控制指令,专门用于处理器的控制,指令格式上均不带操作数。

(1)标志设置指令

标志设置指令是设置和清除标志的指令,只影响指令指定的标志,见表 3-12。

**表 3-12　　　　　　　　标志设置指令**

| 指令格式 | 指令功能 | 执行的操作 |
|---|---|---|
| CLC | 进位位置 0 指令 | CF←0 |
| STC | 进位位置 1 指令 | CF←1 |
| CMC | 进位位求反指令 | CF←$\overline{CF}$ |
| CLD | 方向标志位置 0 指令 | DF←0 |
| STD | 方向标志位置 1 指令 | DF←1 |
| CLI | 中断标志位置 0 指令 | IF←0 |
| STI | 中断标志位置 1 指令 | IF←1 |

(2)其他处理器控制指令

①NOP　无操作指令;

②HLT　停机指令;

③WAIT　等待指令;

④LOCK　总线封锁指令;

⑤ESC　交权指令。

80X86~Pentium CPU 在基本指令的基础上进行了扩充和增加。由于篇幅所限,扩充和增加的指令这里不再详述。

## 3.2.2　X87FPU 指令

Intel 系列的算术协处理器包括 8087、80287、80387 和 80487 等,80486DX 之后的微处理器都有内置的算术协处理器。各种算术协处理器的指令系统和编程几乎完全相同,其主要的区别体现在如何与不同型号的微处理器协同工作。协处理器指令分成六组,即数据传送、非超越、比较、超越、常数和处理器控制。所有协处理器指令操作码都以字母 F 开始,以使它们同 CPU 指令区分开来。在下面的讨论中,堆栈指的是协处理器寄存器堆栈(包含 8 个寄存器,每个宽度为 80 位),而不是在存储器中的堆栈段。

### 1. 数据传送指令

数据传送指令有三种基本类型,即浮点数传送、带符号整数传送和 BCD 数传送。数据在内存中时才以带符号整数传送以及 BCD 数的形式出现,在协处理器内部总是以浮点数形式存储。

### 2. 非超越指令

非超越操作包括四个基本算数操作(加、减、乘和除)和一系列其他标准算数函数(如平方根、部分余数和绝对值等)。算数运算的寻址方式包括堆栈寻址、寄存器寻址、寄存器弹出寻址和存储器寻址。函数操作包括 FSQRT(平方根)、FPREM\FPREM1(求部分余数)、FSCALE(比例运算)、FRUNDINT(舍入为整数)、FXTRACT(提取阶码和有效数字)、FABC(绝对值)和 FCHS(改变符号)等。受篇幅所限,相应解释这里不再给出,具体应用时请读者自己查阅有关资料。

### 3. 比较指令

比较指令用来比较栈顶寄存器的数据与另一个寄存器单元的内容,并将比较结果返回到状态寄存器中。协处理器包括的比较指令有 FCOM(实数比较)、FCOMP(实数比较并出栈)、FCOMPP(实数比较并两次出栈)、FICOM(整数比较)、FICOMP(整数比较并出栈)、FSTS(测试)、FXAM(检查)、FUCOM(无序实数比较)、FUCOMP(无序实数比较并出栈)和 FUCOMPP(无序实数比较并出栈两次)等。

### 4. 超越指令

超越指令包括:FSIN(正弦)、FCOS(余弦)、FSINCOS(正弦和余弦)、FPTAN(部分正切)、FPATAN(部分反正切)、FYL2X(计算 $y \times \log_2 X$)、FYL2XP1(计算 $y \times \log_2(X+1)$)和 F2XM1(计算 $2^x - 1$)。

### 5. 常数指令和处理器控制指令

每一个常数指令将所表示的常数装入栈顶寄存器中。处理器控制指令是用来控制协处理器动作的指令。

# 3.3　微处理器指令系统的发展

## 3.3.1　IA-32 架构

IA-32(Intel Architecture-32,英特尔 32 位体系架构)的 X86 系列处理器是采用了 Intel X86 指令集的处理器,X86 指令集是 Intel 公司为其第一块 16 位处理器 Intel 8086 专门开发的。IBM 在 1981 年推出的第一台 PC 机上所使用的处理器 Intel 8088 也是使用的 X86 指令集,但是为了增加计算机的浮点运算能力,增加了 X87 数学协助处理器并加入了 X87 指令集,于是将采用了 X86 指令集和 X87 指令集的处理器统称为 X86 架构的处理器。到目前为止,

Intel 公司所生产的大部分处理器都是属于 X86 架构的处理器,包括 Intel 80386、Intel 80486 和 Pentium 系列处理器等。此外,AMD 和 Cyrix 等处理器厂商也生产集成了 X86 指令集的处理器产品,而这些处理器都能够与支持 Intel 处理器的软件和硬件相兼容。

Intel 和 AMD 的桌面级处理器在 X86 指令集的基础上,为了提升处理器各方面的性能,又各自开发和扩展了新的指令集。指令集中包含了处理器对多媒体和 3D 处理等方面的支持,这些指令集能够有效地提高处理器对这些方面的处理器能力。

**1. MMX 指令集**

MMX(Multi Media eXtension,多媒体扩展指令)指令集是 Intel 公司在 1996 年为 Pentium 系列处理器所开发的多媒体指令增强技术。MMX 指令集中包括了 57 条多媒体指令,通过这些指令可以一次性处理多个数据,在处理结果超过实际处理能力时仍能进行正常处理,如果在软件的配合下,可以得到更强的处理性能。

**2. SSE 指令集**

SSE 指令集是 Intel 在 Pentium Ⅲ 处理器平台上为提高处理器浮点性能而开发的扩展指令集,该指令集共有 70 条指令,其中包含提高 3D 图形运算效率的 50 条 SIMD 浮点运算指令、12 条 MMX 整数运算增强指令和 8 条优化内存中的连续数据块传输指令。这些指令对当时流行的图像处理、浮点运算、3D 运算和多媒体处理等众多多媒体的应用能力起到全面提升的作用。

**3. SSE2 指令集**

SSE2 指令集是 Intel 在 SSE 的基础上所推出的一组更先进的指令集。SSE2 包含了 144 条指令,由两个部分组成,即 SSE 和 MMX。SSE 部分主要负责处理浮点数,而 MMX 部分则专门用于整数计算。SSE2 的寄存器容量是 MMX 寄存器的两倍,寄存器存储数据也增加了两倍。在指令处理速度保持不变的情况下,通过 SSE2 优化后的程序和软件运行速度也能够提高两倍。

**4. SSE3 指令集**

SSE3 指令是目前规模最小的指令集,只有 13 条指令。基于 Prescott 核心的 Intel Pentium 4 支持该指令集。SSE3 共划分为五个应用层,分别为数据传输命令、数据处理命令、特殊处理命令、优化命令和超线程性能增强,其中超线程性能增强是一种全新的指令集,可以提升处理器的超线程处理能力,大大简化了超线程的数据处理过程,使处理器能够更加快速地进行并行数据处理。

**5. SSE4 指令集**

SSE4 指令集是 Intel 为 Core 2 架构处理器所引入的新指令集。SSE4 指令集共包括 16 条指令,支持高级解码,拥有预处理和增强型 3D 处理能力。在 SSE4 中另一个重要的改进就是提供完整 128 位宽的 SSE 执行单元,一个频率周期内可执行一个 128 位 SSE 指令。

## 3.3.2　X86-64 架构

X86-64 架构,也可简称为 X64,是 64 位微处理器架构及其相应指令集的一种,也是 Intel X86 架构的延伸产品。1999 年 AMD 首次公开其设计的 64 位集以扩充 IA-32,称为 X86-64(后来改名为 AMD 64)。其后该技术也被 Intel 所采用,目前 Intel 称之为 Intel 64,在之前曾使用过 Clackamas Technology(CT)、IA-32e 及 EM64T。外界多将其称之为 X86-64 或 X64。

AMD 64 架构支持 64 位通用暂存器、64 位整数及逻辑运算以及 64 位虚拟地址。该架构在 IA-32 上新增了 64 位暂存器,可兼容早期的 16 位和 32 位软件,使现有以 X86 为对象的编译器容易转为 AMD 64。此外,它的一个特色是拥有"禁止运行"(No-Execute,NX)的位,可以防止蠕虫病毒以缓冲器满溢的方式来进行攻击。

Intel 64 架构也加入了额外的暂存器,通过采用 64 位的存储器地址,使处理器可直接访问超过 4 GB 的存储器,容许运行更大的应用程序。Intel 64 所用的 X86-64 是 IA-32 指令集的延伸和改良。

# 3.4　汇编语言程序的基本结构

汇编语言是指令助记符、符号地址、标号和伪指令等语言元素的集合以及这些元素使用的规则。用汇编语言编写的程序称为汇编语言源程序。

## 3.4.1　汇编语言的语句成分

汇编语句中的操作数部分可以是常数,也可以是标号、变量或表达式,还可以是以某种寻址方式给出的存放操作数的地址。

**1. 常数**

常数是没有任何属性的纯数值。在汇编期间,它的值已能完全确定,且在程序运行中也不会发生变化。常数可以有以下几种类型:

(1)二进制数:以字母 B 结尾的,由 0 和 1 组成的数字序列,如 01011010B。

(2)八进制数:以字母 O 或 Q 结尾的 0~7 数字序列,如 423Q 和 65O。

(3)十进制数:0~9 数字序列,可以以字母 D 结尾,也可以没有结尾字母,如 687 和 325D。

(4)十六进制数:以字母 H 结尾,由数字 0~9 和字母 A~F(或 a~f)组成的序列,如 3A5BH 和 0FH。为了区别由 A~F 组成的是一个十六进制数还是一个标识符,凡以字母 A~F 为起始的一个十六进制数,必须在前面冠以数字"0",否则汇编程序认作标识符。

(5)实数:由整数、小数和指数三部分组成,这是计算机中的浮点表示法。实数一般用十进制数形式给出,实数的格式如下:

±整数部分 小数部分 E±指数部分

其中,整数和小数部分形成这个数的值,称作尾数,它可以是带符号的数。指数部分由指数标识符 E 开始,表示了值的大小,如 6.345E-4。

(6)字符串常数:用引号括起来的一个或多个字符。这些字符以 ASCII 码形式存储在内存中。如"AB"在内存中就是 41H,42H。

**2. 标号**

标号称为符号地址,用以指示此指令语句所在的地址。标号有三个属性,即段地址、偏移地址和类型。标号的段地址和偏移地址属性是指标号对应的指令首字节所在的段地址和段内的偏移地址。标号的类型属性有两种,即 NEAR 和 FAR。NEAR 类型代表标号只能在本段使用,FAR 类型代表标号可以在段间使用。

**3. 变量**

在汇编语言程序中的变量是存储单元的标识符,即数据存放地址的符号表示。变量具有三个属性:

（1）段地址：变量所在段的地址；

（2）偏移地址：变量段内的偏移地址；

（3）类型：变量的类型是所定义的每个变量所占据的字节数。

变量是通过伪指令来定义的，其格式如下：

变量名　DB　表达式　　　;定义字节变量

变量名　DW　表达式　　　;定义字变量

变量名　DD　表达式　　　;定义双字变量

变量名　DQ　表达式　　　;定义长字变量

变量名　DT　表达式　　　;定义一个十字节变量

**4. 表达式**

表达式由操作数和运算符组成。操作数既可以是一个数据，也可以是一个地址。汇编语言的运算符包括五种，即算术运算符、逻辑运算符、关系运算符、分析运算符和综合运算符。下面对运算符分别进行说明。

（1）算术运算符

算术运算符包括＋、－、*、/和 MOD（模除）。

（2）逻辑运算符

逻辑运算包括 NOT、AND、OR、XOR、SH 和 SHR。

（3）关系运算符

关系运算符包括 EQ（相等）、NE（不等）、LT（小于）、GT（大于）、LE（小于等于）和 GE（大于等于）。

（4）分析运算符

利用分析运算符可以把存储单元地址分为段地址和偏移地址两部分。分析运算符包括：

①SEG：取段地址运算符；

②OFFSET：取偏移地址运算符；

③TYPE：取类型运算符；

④SIZE：取变量大小运算符；

⑤LENGTH：取变量长度运算符。

（5）综合运算符

综合运算符可以用来设定存储单元的性质，包括 PTR 和 THIS 两个运算符。PTR（修改属性运算符）用来重新定义已定义过的变量或标号的类型。THIS（类型指定运算符）可以用来改变存储区的类型，THIS 运算符的运算对象是类型（BYTE、WORD 和 DWORD）或距离（NEAR 和 FAR），用于规定所指变量或标号的类型属性或距离属性。

## 3.4.2　汇编语言的语句类型

汇编语言的语句有两种：

（1）指令性语句：由 8086 指令助记符构成的语句。

（2）指示性语句：由伪指令构成的语句。

指令性语句由 CPU 执行，每一条指令性语句都有一条机器码指令与其对应，即汇编时生成机器码。

指示性语句由汇编程序执行。它指出汇编程序应如何对源程序进行汇编，如何定义变量、分配存储单元以及指示程序开始和结束等。指示性语句无机器码指令与其相对应,即汇编时不生成机器码。

## 3.4.3　汇编语言的语句结构

指令性语句的格式为:

标号:指令助记符　目的操作数,源操作数　　;注释

指示性语句的格式为:

名字　伪指令　操作数 1,操作数 2,…,操作数 n　　;注释

**1. 标号**

标号是给该指令所在地址取的名字,必须后跟冒号":",可以缺省,是可供选择的标识符。86 系列汇编语言中可使用的标识符必须遵循下列规则:

(1)标识符由字母(a~z,A~Z)、数字(0~9)或某些特殊字符(如@和? 等)组成。

(2)第一个字符必须是字母(a~z,A~Z)或某些特殊的符号(如@、? 等),但"?"不能单独作为标识符。

(3)标识符有效长度为 31 个字符,若超过该长度,则只保留前面的 31 个字符作为有效标识符。下面是有效的标识符:

START:、MY-CODE:、ALPHA:、NUM@-1:、LOOP1:、X:等。

**2. 指令助记符**

指令助记符是指令名称的代表符号,是指令语句中的关键字,不可缺省,表示本指令的操作类型,必要时可在指令助记符的前面加上一个或多个"前缀",从而实现某些附加操作。

**3. 操作数**

操作数是参加本指令运算的数据,有些指令不需要操作数,可以缺省;有些指令需要两个操作数,这时必须用逗号","将两个操作数分开;有些操作数可以用表达式来表示。

**4. 注释**

注释部分是可选项,允许缺省,如果带注释则必须用分号";"开头,注释本身只用来对指令功能加以说明,给阅读程序带来方便,汇编程序不对它做任何处理。

注:各部分之间至少要用一个空格作为分隔符。注释以分号开头,可放在指令后,也可单独一行。注意写注释时,要写指令(段)在程序中的作用,而不要写指令的操作。

例如,以下为同一条指令写的注释:

MOV CX,10　　;传送 10 到 CX

MOV CX,10　　;循环计数器置初值 10

显然,第二种写法要比第一种写法清晰得多。

## 3.4.4　汇编语言源程序的基本结构

Intel 80X86 系列微处理器都是采用分段存储器管理,其汇编语言都是以逻辑段为基础,并按段的概念来组织代码和数据的,因此作为用汇编语言编写的源程序,其结构上具有以下特点:

(1)由若干逻辑段组成,各逻辑段由伪指令语句定义和说明;

(2)整个源程序以 END 伪指令结束;

（3）每个逻辑段由语句序列组成,各语句可以是:

①宏指令语句。对应于 CPU 指令系列中的一条指令,因此为可执行语句。汇编时译成目标码。

②伪指令语句。CPU 不执行的语句,只是汇编时给汇编程序提供汇编语言,并不产生目标代码。

③指令语句。实际上是一个指令序列,汇编时产生对应的目标代码序列。

④注释语句。以分号";"开始的说明性语句,汇编程序不予处理,只起注释作用,使程序易于理解。

⑤空行语句。为保持程序书写清晰,仅包含回车换行符的语句行。

每个源程序在其他代码段中都必须含有返回到 DOS 操作系统的指令语句,以保证程序执行完后能自动返回 DOS 状态,可继续向计算机键入命令或程序。

**1. 段定义**

一个基本的汇编语言程序框架示例如下:

```
stack SEGMENT PARA ´stack´
        DB 100 DUP(´stack´)
StackENDS
DataSEGMENT
        <数据、变量在此定义>
dataENDS
codeSEGMENT
        ASSUME CS:code,DS:data,ES:data
start: MOV AX,data
        MOV DS,AX
        MOV ES,AX
        <此处加入自己编写的程序段>
        MOV AL,4CH
        INT 21H
code ENDS
        END start
<段名>SEGMENT
    ⋮
<段名>ENDS
  ASSUME <段寄存器名>:段名[,<段寄存器名>:段名,…]
  ASSUME <段寄存器名>:NOTHING
<段名> SEGMENT [定位类型][组合类型][使用类型][类别]
    ⋮
<段名> ENDS
```

该示例给出了完整的段定义程序结构,需要说明的是:

（1）定位类型

①PARA:指定段的起始地址必须从小段边界开始,即段起始地址最低位必须为 0。这样,偏移地址可以从 0 开始。

②BYTE:该段可以从任何地址开始。这样,起始偏移地址可能不是 0。

③WORD：该段必须从字的边界开始，即段起始地址必须为偶数。

④DWORD：该段必须从双字边界开始，即段起始地址的最低位必须为 4 的倍数。

⑤PAGE：该段必须从负的边界开始，即段起始地址的最低两个十六进制数位必须为 0（该地址能被 256 整除）。

定位类型的默认项是 PARA，即若未指定定位类型时，则汇编程序默认为 PARA。

（2）组合类型

组合类型的默认项是 PRIVATE。

（3）使用类型

①USE16：使用 16 位寻址方式。

②USE32：使用 32 位寻址方式。

使用类型的默认项是 USE16。

（4）类别名

在引号中给出连接时组成段组的类型名。类别说明并不能把相同类别的段合并起来，但在连接后形成的装入模块中，可以把它们的位置靠在一起。

一般的汇编语言程序设计可以分为以下七个基本步骤：

①根据实际问题抽象出数学模型，确定算法；

②画出程序框图（流程图）；

③分配内存工作单元和寄存器；

④根据框图编写源程序，保存为.ASM 文件；

⑤对源程序汇编，生成.OBJ 目标文件；

⑥把.OBJ 文件连接成.EXE 可执行文件；

⑦运行、调试。

**2.程序的基本结构**

程序的基本结构有四种，即顺序结构（如图 3-3 所示）、循环结构（如图 3-4 和图 3-5 所示）、分支结构（如图 3-6 所示）和子程序结构（如图 3-7 所示）。下面分别介绍这四种结构的设计方法。

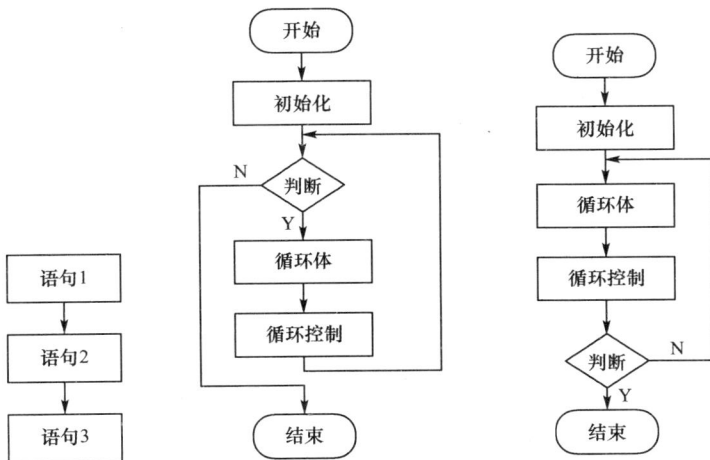

图 3-3 顺序结构　图 3-4 WHILE DO 循环结构　图 3-5 DO UNTIL 循环结构

图 3-4 和图 3-5 中有关部分的说明如下：

①初始化：设置循环的初始状态。

②循环体：循环的工作部分及修改部分。

③循环控制条件：计数控制、特征值控制及地址边界控制。

(1)顺序结构

顺序结构的程序是完全按指令书写的先后顺序逐条执行的。这种结构的汇编程序只会自上而下线性、顺序地运行。顺序程序是最简单的一种程序结构。在流程图中，一个接一个的处理框就是顺序结构的形式。在由高级语言编写的程序中，这种结构主要是通过一系列的赋值语句和过程语句实现；而在用汇编语言编写的程序中，顺序结构主要是由数据传送类指令、算术运算和逻辑运算指令组合而成。图 3-3 中给出了顺序结构的流程示意图。

(2)循环结构

在程序执行过程中，某些操作需要重复执行多次，遇到这种情况时程序可采用循环结构加以完成，循环结构包括"当"(WHILE DO)型循环(如图 3-4 所示)和"直到"(DO UNTIL)型循环(如图 3-5 所示)两种。WHILE DO 结构的主要设计思想是，当循环控制条件满足时，执行循环体程序，否则退出循环。DO UNTIL 结构的主要设计思想是，先执行循环体程序，再判断循环控制条件是否满足，满足条件则继续执行循环体程序，否则退出循环。

(3)分支结构

除了顺序和循环程序结构外，实际应用中往往需要根据程序运行的不同情况和条件做出不同的处理。要编制这样的程序，可以事先把各种可能出现的情况和处理方法写在程序中，然后由计算机自动做出判断，并转向相应的处理程序。由于按这种方法编制出来的程序会出现分支，所以通常把它称为分支程序。分支结构可以用如图 3-6 所示的两种形式表示。它们的结构分别相当于高级语言中的 IF-THEN-ELSE 语句和 CASE 语句，这种结构常用于根据不同的条件做出不同处理的情况。IF-THEN-ELSE 语句可以有两个分支，CASE 语句则可以有多个分支。但不论是哪一种形式，它们的共同特点是运行方向是向前的，在确定的条件下，只能执行多个分支中的一个分支。

(4)子程序

在应用程序中，有时某一程序段需要连续重复执行多次，而且这些程序段在程序中不连续，但有规则地重复出现，例如在一个计算公式中多次出现求正切三角函数运算，则将其可单独编制成一个独立的程序段。当需要使用该程序段时，控制指令就转向该独立的程序段，计算结束后，再返回原来的程序继续执行。这样的一段程序就叫子程序或过程，而调用它的程序被称为主程序或调用程序。主程序向子程序转移被称为子程序调用或过程调用，从子程序返回主程序则称为返回主程序。

一个子程序调用另一个子程序就称为子程序嵌套，如图 3-7 所示。嵌套子程序的设计并没有特殊要求，除了程序的调用和返回必须正确使用 CALL 和 RET 指令外，需要注意的只是调用点处寄存器的保护和恢复，以免各层子程序之间发生因寄存器冲突而出现的错误。

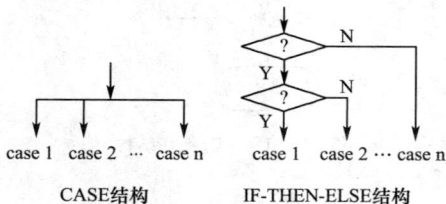

图 3-6　分支结构的流程示意图

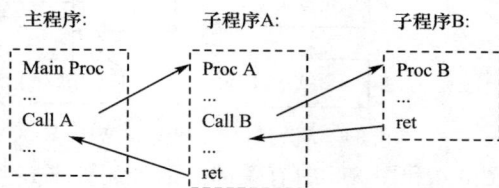

图 3-7　子程序的嵌套流程示意图

# 本章小结

　　本章的目的是使读者对微型计算机的指令系统和工作过程有一个基本的了解。虽然目前应用汇编语言编写程序越来越少,但是为了对微型计算机结构和工作原理有一个基本的了解,特别是在微机接口和嵌入式系统的应用中,了解和掌握计算机指令系统以及汇编语言程序开发还是十分必要的。

　　本章简要地讲述了指令系统分类、指令格式、寻址方式和 IA-32 指令系统,并对 IA-32 结构微处理器的指令系统和 64 位微处理器架构及其相应指令集做了介绍,同时又对汇编语言的语句成分、类型和结构做了说明。本章的目的是基本了解微处理器的指令系统,理解并逐步掌握汇编语言程序的基本设计步骤和方法,并在此基础上学会编写一些简单的程序,特别是顺序程序、分支程序和循环程序。

# 习　题

　　1. 解释下列名词。

　　(1)机器语言　(2)汇编语言　(3)汇编语言源程序　(4)CISC　(5)RISC

　　2. 汇编语言源程序的基本结构特点是什么?

　　3. 8086/8088 微处理器的指令系统可以分为哪几类指令?

　　4. 8086/8088 的主要寻址方式有哪几种? 8086/8088 指令系统中,程序转移地址的寻址方式有哪几种?

　　5. Intel 系列的算术协处理器的指令分为哪六组?

　　6. 数据传送指令一般分为哪几类?

　　7. 一个有 32 个字的数据区,其起始地址为 80A0:CDF6,算出该数据区首末字单元的物理地址。

　　8. 写出下列存储器地址的段地址、偏移地址和物理地址。

　　(1)6819:0047　(2)2DFE:00BA

　　9. 写出下列指令中的源操作数与目的操作数的寻址方式。

　　(1)MOV SI,1000　　　　　　　　　　　(2)MOV BP,AL

　　(3)MOV [SI],1000　　　　　　　　　　(4)MOV BP,[AX]

　　(5)LDI DI,[2130H]　　　　　　　　　　(6)AND DL,[BX+SI+20H]

　　(7)SUB AH,DH　　　　　　　　　　　(8)MOV AX,CX

　　(9)ADD SI,[CX]　　　　　　　　　　　(10)MOV [BX+100],Dl

　　10. 找出下列传送类指令中的非法指令。

　　(1)MOV DS,0100H　　　　　　　　　　(2)MOV BP,AL

　　(3)MOV BX,AL　　　　　　　　　　　(4)XCHG AH,AL

　　(5)OUT 21H,AL　　　　　　　　　　　(6)OUT 310H,AL

　　(7)MOV [BP+Dl],AX　　　　　　　　　(8)MOV [BX+CX],2130H

(9)MOV CS,AX　　　　　　　　　　　　(10)ADD AL,[BX+DX+10H]

(11)MOV [BX],[SI]　　　　　　　　　　　(12)MOV AH,BX

11. 设有关寄存器及有关存储单元的内容如下:

(DS)=2000H,(BX)=0100H,(SI)=0002H,(20100H)=12H

(20101H)=34H,(20102H)=56H,(20203H)=78H,

(20200H)=2AH,(21201H)=4CH,(21202H)=0B7H,

(21203H)=65H,试说明下列各条指令执行后 AX 寄存器的内容。

(1)MOV AX,1200H　　　　　　　　　　(2)MOV AX,BX

(3)MOV AX,[1200H]　　　　　　　　　(4)MOV AX,[BX]

(5)MOV AX,1100[BX]　　　　　　　　(6)MOV AX,[BX+SI]

12. 若(32000H)=5EH,(30021H)=A3H,在执行下列程序段后,寄存器 BX 的内容是多少?

MOV AX,3000H

MOV DS,AX

MOV BX,[0020H]

13. 完成下列操作,选用什么指令?

(1)把 5A00H 传送给 AX 寄存器。

(2)从 AX 寄存器中减去 7856H。

(3)把数组 DATAS 的段地址和偏移地址放在 DS 和 BX 中。

14. 分别填写执行下列各程序段后的结果。

(1)MOV DX,4E6AH

　　MOV AX,3F7BH

　　XCHG AX,DX

　　(AX)=　　　　(DX)=

(2)MOV DX,8F70H

　　MOV AX,54EAH

　　OR AX,DX

　　AND AX,DX

　　NOT AX

　　XOR AX,DX

　　TEST AX,DX

　　(AX)=　　　(DX)=　　　　SF=

　　OF=　　　　CF=　　　　PF=　　　ZF=

15. 分别指出下列各条指令的功能。

MOV　SI,OFFSET TABL1

LEA　SI,TABL1

MOV　AX,[SI]

LEA　AX,[SI]

LEA　DX,[SI]

16. 变量 DATAX 和变量 DATAY 的定义如下:

```
DATAX    DW 1357H
         DW 2468H
DATAY    DW 0123H
         DW 6789H
```

将 DATAX 和 DATAY 两个双字数据相加,结果存放在 DATAX 开始的字单元中,写出相应的程序。

17. 写出完成下述功能的程序段。

(1)传送 25H 到 AX 寄存器;

(2)将 AL 的内容乘以 2;

(3)传送 15H 到 BL 寄存器;

(4)将 AL 的内容与 BL 的内容互换。

最后结果 AX＝?

18. 比较 AX、BX 和 CX 中带符号数的大小,并将最大数放在 AX 中,试编写此程序段。

# 实战演练 1　汇编程序设计基础

## 实验 1　汇编工具的使用

### 一、实验目的

学习程序设计的基本方法和技能,熟练掌握用汇编语言设计、编写、调试和运行程序的方法。

### 二、实验要求

1. 实验前要做好预习工作,包括程序框图、源程序清单、调试步骤、测试方法以及对运行结果的分析等。

2. 熟悉与实验有关的系统软件(如编辑程序、汇编程序、连接程序和调试程序等)的使用方法及实验仪器。掌握相关软件的各种操作命令,掌握程序的调试方法及技巧。

### 三、实验内容

汇编语言实验可在 Windows 环境下进行编辑,使用命令行方式(DOS 环境)进行汇编和连接。使用的软件有文本编辑软件(如记事本和写字板等)、宏汇编软件 MASM.EXE、连接软件 LINK.EXE 和 DEBUG 软件,将这些文件复制到某个目录下即可。实验的基本过程如图 3-8 所示。实验过程中,任何一步出错,都要回到编辑阶段修改程序,然后重新进行这些过程,直至程序运行正确。

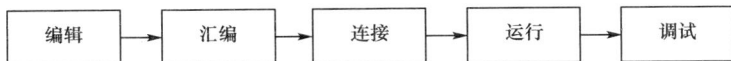

```
编辑 → 汇编 → 连接 → 运行 → 调试
```

图 3-8　汇编语言实验过程

**1. 编辑**

本阶段的主要工作是输入和修改源程序,既可用 DOS 环境下的 edit.exe,也可用 Windows 下的记事本等工具进行,要求保存的文件后缀名为.asm。

**2. 汇编**

本阶段的主要工作是将已输入的源程序转换为目标程序,可采用宏汇编软件 MASM 5.0 完成,目标程序的后缀名为.obj。

命令格式:masm 文件路径\源程序文件名

汇编命令输入后,汇编软件提示产生的文件,当回答完汇编程序的提示后,若无出错信息则显示:

```
0 Warning Errors      ;警告错误,代表一般性错误
0 Severe Errors       ;严重错误,代表语法错误
```

若有错误,可根据出错信息给出的程序出错行号和出错类型修改源程序,重新汇编,循环往复直至无错误,并生成目标程序。

**3. 连接**

本阶段的主要工作是将目标文件连接形成可执行文件(.exe 或.com 文件),连接软件为 LINK.EXE。

命令格式:link 文件路径\目标程序文件名[,可执行文件名]

若未直接给出可执行文件名称,则形成与目标文件名同名的可执行文件。若出现错误,根据错误信息修改源程序,重新汇编、连接,直至无错误,最后形成可执行文件。

需注意的是如果显示的错误信息为:

Warning:No STACK segment

该错误不影响可执行文件的形成。

当要对多个目标文件进行连接时,其格式为:

link path\file1.obj+path\file2.obj+…,[EXE 文件名,MAP 文件名,库文件]

**4. 执行文件**

在建立了可执行文件后,即可直接在 DOS 中运行程序。

命令格式:文件路径\可执行文件名

**5. 调试**

DEBUG 是为汇编语言设计的一种调试工具,通过单步调试和设置断点等方式可以对程序执行的过程进行跟踪,以便了解程序执行过程中寄存器和存储单元内容的变化情况,发现程序执行过程中的逻辑错误。具体格式为:

DEBUG 文件路径\可执行文件名

进入 DEBUG 后,出现提示符"-",在该提示符下,可以使用 DEBUG 命令的各种命令。

如要退出 DEBUG,在"-"提示符下输入"Q",按回车键即可。

**6. DEBUG 的常用命令**

在进行与存储单元的数据有关的操作时,如果不写段地址,则默认为数据段,所用段寄存器为 DS。在进行与程序有关的操作时,如果不写段地址,则默认为代码段,所用段寄存器为 CS。

DEBUG 只能看到指令语句,不能使用伪指令语句。

DEBUG 下的数据默认为十六进制。

DEBUG 下字母不区分大小写。

(1)显示存储单元命令 D

命令格式:-D[地址]  或 D[范围]

例如:
```
－D DS:0000 ↙    ;查看数据段内容
－D CS:100 110    ;查看代码段 100H～110H 范围内的内容
```
(2)修改存储单元内容命令 E(该命令有两种格式)

命令格式一:－E 地址 [列表]

功能:可以用给定的内容来替代指定范围的存储单元内容。

例如:
```
－E DS:100 ′a′
```
其功能为用′a′来替换 DS:0100 单元的内容。

命令格式二:－E 地址

功能:逐个单元进行修改。

例如:
```
－E 2000:100
```
其功能为修改 2000:100 单元及以后各单元的内容。用户可直接输入数据,修改该单元内容,按空格键可显示下一单元内容,用同样的方法进行修改。按回车键停止 E 命令并返回到 DEBUG 提示符下。

(3)检查和修改寄存器命令 R

命令格式:－R [寄存器名]

功能:显示 CPU 内所有或指定寄存器的内容和状态寄存器的值。

例如:
```
－R  AX
```
其功能为显示和修改寄存器 AX 的值。按回车键则放弃修改;如需修改,直接输入要修改的内容。
```
－R F
```
其功能为显示程序状态字,系统响应如下:
```
OV DN EI NG ZR AC PE CY －
```
各个标志名含义见表 3-13。

表 3-13　　　　　　　　　　　各个标志名含义

| 标志名 | 溢出 | 方向 | 中断 | 正负 | 零 | 辅助进位 | 奇偶校验 | 进位 |
|---|---|---|---|---|---|---|---|---|
| 设置 | OV | ON(减) | EI(启用) | NG(负) | MZR | AC | PE(偶) | CY |
| 清除 | NV | UP(增) | DI(禁用) | PL(正) | NI | NA | PO(奇) | NC |

按回车键则放弃修改;如需修改,直接输入要修改的内容,修改时顺序可任意,也可只修改某些标志。

(4)汇编命令 A

命令格式:－A [地址]

功能:输入汇编语言语句,并能将其汇编成机器代码,相继存放在指定地址开始的存储区中。

例如:
```
－A
MOV AX,21    ;将 21H 送入 AX
MOV BX,AX    ;将(AX)送入 BX
```

（5）追踪命令 T

命令格式一：－T［＝地址］

功能：逐条指令追踪该命令从指定地址起执行一条指令后停下来，显示寄存器内容和状态值。

命令格式二：－T［＝地址］［值］

功能：多条指令追踪，该命令从指定地址起执行 n 条命令后停下来，n 由［值］确定。

例如：

　　－T

若 CS：IP 指向的指令为 02B1：021A，则将显示相关寄存器的值和该指令内容。

（6）运行程序命令 G

命令格式：－G［＝起始地址］［断点地址 1［断点地址 2 …］］

功能：起始地址是指将要执行的程序的第一条指令的地址，如果不给出起始地址，则从当前 CS：IP 处开始执行程序。断点地址是程序执行时的中止地址，程序执行到断点时，中止执行并显示所有寄存器和程序状态字的当前值，再次键入 G 命令，将从断点后的指令开始执行。如果无断点地址，则程序执行到结束为止。

例如，下面的命令设置两个断点：

G CS：700,CS：800

## 四、参考程序

程序实例：将两个数相加的和存于 Sum 变量中。

### 1. 用编辑软件建立 sum. asm 源文件

常用编辑软件有 EDIT. EXE、记事本和 Word 等。要求生成的文件必须是纯文本文件，文件扩展名为.asm。

```
DATA    SEGMENT
    Buf   DB   12H,28H
    Sum   DB   ?
DATA   ENDS
CODE   SEGMENT
    ASSUME   CS:CODE,DS:DATA
START:MOV   AX,DATA
    MOV   DS,AX
    MOV   AL,Buf
    ADD   AL,Buf + 1
    MOV   Sum,AL
    MOV   AH,4CH
    INT   21H
CODEENDS
    END START
```

### 2. 汇编产生目标文件 sum. obj

用汇编程序 masm 对 sum. asm 源程序文件进行汇编，步骤如下（假设相关的软件和程序都放在 C:\MASM 目录中，"↙"代表回车）：

C:\MASM> masm  sum.asm ↙

Object filename［sum.obj］　；输入目标文件名，若采用括号［］中的名字，按↙

Source listing[NUL.LST]　　;若需要列表文件,输入文件名,按↙;否则直接按↙
Cross-reference[NUL.CRF]　　;若需要交叉索引文件,输入文件名;否则直接按↙

**3. 用连接程序 link 产生执行文件 exe**

C:\MASM> link sum.obj ↙
Run File [sum.exe]　;输入可执行文件名,若采用括号[ ]中的名字,按↙
List File[NUL.MAP]　;若需要映像文件,输入文件名,按↙;否则按↙
Libraries[NUL.LIB]　;若需要库文件,输入文件名,按↙;否则按↙

**4. 学习掌握 Debug 的使用**

已知(AL)=12H,(BL)=28H,计算 AL+BL,并将其存入 DS:[2000H]中。输入指令后,运行调试,观察运行结果。步骤如下:

C:\MASM>debug↙
-A↙
输入指令:
MOV AL,12
MOV VL,28
ADD AL,BL
MOV [2000],AL
INT 3
-R AX　　　　;显示寄存器 AX 的值。
-D DS:2000　　;显示内存单元 DS:2000 的值。

# 实验 2　循环程序设计

## 一、实验目的
学习程序设计的基本方法和技能,熟练掌握用汇编语言设计、编写、调试和运行程序的方法;掌握循环程序的设计方法。

## 二、实验要求
1.实验前要做好预习工作,包括程序框图、源程序清单、调试步骤、测试方法以及对运行结果的分析等。
2.实验验证循环程序的设计方法。

## 三、实验内容
利用循环结构求 1+2+3+4+5+…+99+100,将结果显示出来。

## 四、参考程序
```
DATA SEGMENT
    MSG DB '1+2+3+4+5+…+ 99 +100 = $'　;显示信息
DATA ENDS
STACK SEGMENT PARA STACK 'STACK'
    DB 100 DUP(?)
STACK ENDS
CODE SEGMENT
ASSUME CS:CODE,DS:DATA,SS:STACK,ES:DATA
START:
push  ds
```

```
        mov    ax,0
        push   ax
        mov    ax,data
        mov    ds,ax
        mov    dx,offset msg
        mov    ah,9
        int    21h              ;DOS 功能调用显示字符串
        mov    cx,100           ;设置循环计时器 cx 值为 100
        mov    ax,0
        mov    bx,0             ;设置加数 bx 初始值为 0
lp:     inc    bx               ;每进行一次累加,对加数 bx 做加 1 操作
        adc    ax,bx            ;累加操作,和放在 ax 中
        dec    cx               ;每循环一次,循环计时器 cx 减 1
        jnz    lp               ;若循环计时器 cx 不为零,则跳转到 lp 处执行
        mov    bx,1000
        div    bx               ;累加和除以 1000,商是和的千位上的值
        push   dx               ;将除得的 dx 中的余数入栈保存
        add    al,30H           ;求千位上值的 ASCII 值
        mov    dl,al
        mov    ah,2
        int    21H              ;DOS 系统功能调用,显示输出,DL = 输出字符
        pop    dx               ;从栈中取出上次除得的余数,继续求下百位上的值
        mov    ax,dx
        mov    dx,0
        mov    bx,100
        div    bx               ;累加和除以 100,商是和的百位上的值
        push   dx               ;将除得的 dx 中的余数入栈保存
        add    al,30H           ;求百位上值的 ASCII 值
        mov    dl,al
        mov    ah,2
        int    21H              ;DOS 系统功能调用,显示输出,DL = 输出字符
        pop    dx               ;从栈中取出上次除得的余数,继续求下十位上的值
        mov    ax,dx
        mov    dx,0
        mov    bx,10
        div    bx               ;累加和除以 10,商是和的十位上的值
        push   dx               ;将除得的 dx 中的余数入栈保存
        add    al,30H           ;求十位上值的 ASCII 值
        mov    dl,al
        mov    ah,2
        int    21H              ;DOS 系统功能调用,显示输出,DL = 输出字符
        pop    dx               ;从栈中取出上次除得的余数,继续求下个位上的值
        mov    ax,dx
        add    ax,30H           ;求十位上值的 ASCII 值
```

```
        mov    dx,ax
        mov    ah,2
        int    21H              ;DOS 系统功能调用,显示输出,DL = 输出字符
        mov    ah,01h
        int    21h              ;DOS 系统功能调用,键盘输入并回显
        hlt
CODE    ENDS
        END START
```

# 实验 3  分支程序设计

## 一、实验目的

学习程序设计的基本方法和技能,熟练掌握用汇编语言设计、编写、调试和运行程序的方法;掌握分支程序设计方法。

## 二、实验要求

1.实验前要做好预习工作,包括程序框图、源程序清单、调试步骤、测试方法以及对运行结果的分析等。

2.实验验证分支程序设计方法。

## 三、实验内容

从键盘输入一个字符,判断该字符是小写字母、大写字母、数字或其他字符。若输入为小写字母,显示"Lowercase Letter!";若输入为大写字母,显示"Uppercase Letter!";若输入为数字,显示"Digit!";若输入为其他字符,显示"Other Letter!"。

编程思路:

数字 0～9 的 ASCII 码为 30H～39H;大写字母的 ASCII 码为 41H～5AH;小写字母的 ASCII 码为 61H～7AH。可根据键入字符的 ASCII 码值判断其所属类型,并显示相应的信息。字符串显示使用功能号为 09H 的 DOS 功能调用,接收键盘输入的单个字符使用功能号为 01H 的 DOS 功能调用。

流程图如图 3-9 所示。

## 四、参考程序

```
DATA       SEGMENT
           INF_INPUT  DB 0AH,0DH,"Please input a letter: $ "
           INF_LOWERCASE  DB 0AH,0DH," Lowercase Letter! $ "
           INF_UPPERCASE  DB 0AH,0DH," Uppercase Letter! $ "
           INF_DIGIT  DB 0AH,0DH," Digit! $ "
           INF_OTHER  DB 0AH,0DH," Other Letter! $ "
DATA       ENDS
CODE       SEGMENT
           ASSUME CS:CODE,DS:DATA
START:     MOV  AX,DATA
           MOV  DS,AX
           MOV  DX,OFFSET  INF_INPUT ;显示输入提示信息
           MOV  AH,09H
```

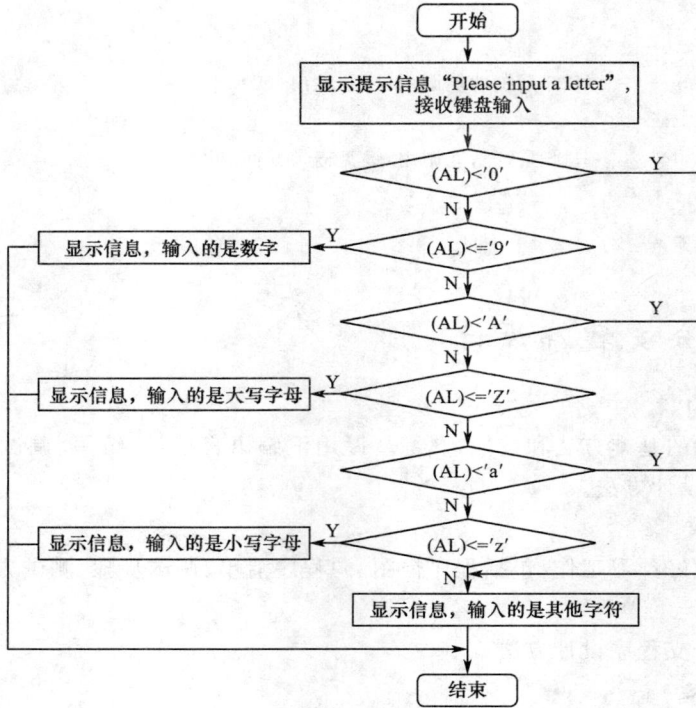

图 3-9　程序流程图

```
        INT  21H
        MOV  AH,01H              ;从键盘输入一个字符
        INT  21H
        CMP  AL,´0´
        JB   OTHER              ;输入的字符小于´0´,则跳转到 OTHER 处
        CMP  AL,´9´
        JBE  DIGIT             ;输入的字符小于等于´9´,则跳转到 DIGIT 处
        CMP  AL,´A´
        JB   OTHER             ;输入的字符小于´A´,则跳转到 OTHER 处
        CMP  AL,´Z´
        JBE  UPPER            ;输入的字符小于等于´Z´,则跳转到 UPPER 处
        CMP  AL,´a´
        JB   OTHER             ;输入的字符小于´a´,则跳转到 OTHER 处
        CMP  AL,´z´
        JBE  LOWER            ;输入的字符小于等于´z´,则跳转到 LOWER 处
        JMP  BREAK
LOWER:  MOV  DX,OFFSET  INF_LOWERCASE     ;显示提示信息
        MOV  AH,09H
        INT  21H
        JMP  BREAK                         ;每执行完一个分支后跳出
UPPER:  MOV  DX,OFFSET  INF_UPPERCASE     ;显示提示信息
        MOV  AH,09H
        INT  21H
```

```
              JMP    BREAK
DIGIT:        MOV    DX,OFFSET INF_DIGIT        ;显示提示信息
              MOV    AH,09H
              INT    21H
              JMP    BREAK
OTHER:        MOV    DX,OFFSET   INF_OTHER      ;显示提示信息
              MOV    AH,09H
              INT    21H
BREAK:        MOV    AH,4cH                     ;DOS 功能调用,带返回码终止
              INT    21H
              CODE ENDS
              END    START
```

# 第 4 章

# 存储器及其管理

## 4.1 存储器概述

### 4.1.1 存储器在计算机中的应用

前面已经介绍,计算机由运算器、控制器、存储器、输入设备和输出设备五大部件构成。存储器作为组成计算机的五大部件之一,是计算机的记忆部件。在计算机工作和运算过程中,存储器中存放着程序和数据,运算器根据需要对这些程序和数据进行处理。

根据冯·诺依曼的设计思想,现代电子计算机的程序和数据都存放在计算机中,计算机的工作过程就是按照一定的顺序逐条执行程序的过程。在计算机工作的时候,CPU 不断地访问存储器和程序指令、取出操作数,在 CPU 中进行处理,处理完毕后将运算结果送回存储器中,因此,程序指令的执行速度很大程度上取决于存储器的速度,即取决于采用什么样的存储介质、怎样组织存储系统以及怎样控制存储器的存取操作。

### 4.1.2 存储体系与分级结构

从应用角度来说,计算机用户希望计算机拥有容量尽可能大、速度足够快、价格最低的存储器,同时,这也是存储器设计追求的目标。但是直到目前,受存储介质和生产技术的限制,还没有任何一种存储器可以同时满足计算机在速度、容量和价格三方面的要求。速度高的存储器其价格必然就高,而容量大、价格低的存储器则速度就慢。

为了充分发挥计算机的性能,同时又要克服存储器在容量、速度和价格等方面的制约并对计算机的工作情况进行了分析并注意到:绝大部分内容并不经常使用,而频繁使用的内容往往数量不太大,而且这些内容又相互关联,在较短的时间内某一小段内容会被连续执行。

基于这种认识,是不是可以考虑"把好钢用在刀刃上",即用速度快(价格一般比较贵)、容量不太大的存储器来满足计算机的对速度的要求,主要解决与 CPU 的速度匹配;用容量大、价格低的存储器满足计算机对存储容量的要求;用速度、容量和价格适中的存储器,满足计算机的一般运行要求。由此,就形成了如图 4-1 所示的层次结构的存储体系。

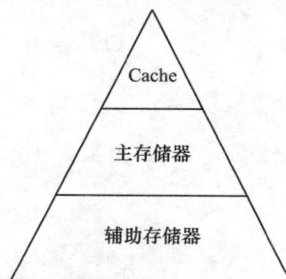

图 4-1 存储体系的层次结构

就计算机整体性能而言,具有这样层次结构的存储系统是一个有机的整体,可大致看作是一个既具有 Cache 的速度又具有辅助存储器容量的存储器,有效地解决了存储器容量、速度和价格之间存在的矛盾。

### 4.1.3　存储器的分类

目前人们根据存储器的应用特征,从存储器的介质、工作性质和作用等几个方面进行分类。

**1. 按存储介质分类**

用来存储信息的材料称为存储介质。目前常用的存储介质有半导体存储材料、磁存储材料和光存储材料三种类型。

用半导体材料制成的存储器称为半导体存储器,主要包括由不同规模的集成电路组成的存储器,如内存和闪存等。

由磁性材料实现信息存储的存储器称为磁存储器,主要包括磁盘存储器和磁带存储器。由于磁存储器是将磁性材料涂在金属或塑料等基材表面而制成的,通常也被称为磁表面存储器。

用光学原理制成的存储器称为光存储器。例如,光盘是靠其盘面上凹凸的形状不同来存储信息的,盘面上的平坦和凹坑分别代表着二进制的“0”和“1”。

**2. 按存取方法分类**

根据对存储器中存储内容的存取方法不同,存储器可分为随机存储器、只读存储器和顺序存取存储器。

如果存储器中任何存储单元的内容都能被随机存入或读取,而且存取时间与存储单元的物理位置无关,则称为随机存取存储器(Random Access Memory,RAM)。随机存取存储器的特点是存取速度快,容易与 CPU 的速度相匹配,一般用作计算机的内部存储器。根据工作特征,RAM 又可进一步分为静态 RAM(SRAM)和动态 RAM(DRAM)。不管是哪一种 RAM,所存储的信息在断电后都会立即消失。

如果存储器中的内容不能被随机改变,各存储单元的内容只能读不能写,则称为只读存储器(Read Only Memory,ROM)。ROM 中的信息是根据使用的需要预先写入的,断电后信息不会丢失,可以一直保存在存储器中。因此 ROM 通常用来存放固定不变的程序和数据。

若存储器只能按某种顺序存取,即存取时间与存储单元的物理位置有关,则称为顺序存储器(SAM),如磁带存储器。其特点是存储容量大,存取速度慢,但每个字节成本较低,一般只是用作计算机的辅助存储方式。

**3. 按所处位置及功能分类**

根据存储器所处的位置及功能,可以将其分为主存储器(通常被简称为主存)和辅助存储器(通常被简称为辅存)两类。主存与 CPU 紧密相连,可以被 CPU 直接访问,一般由 RAM 和 ROM 组成,能快速地进行读/写操作。早期的主存通常采用磁性存储器——磁芯[①],随着半导体材料和集成电路技术的发展,目前微型计算机的内存都是使用半导体存储器。目前微型计

---

　　[①]1948 年夏,美籍华人王安设计出一种计算机能迅速存取数据的方法和元件,这就是计算机的记忆系统。他发明的这个存储器磁芯,对当时以及以后 20 年的计算机发展,都起到了相当重要的作用。因此王安被人们公认为数码电子学专家以及计算机专家。

算机主存的容量在几百 MB 至几 GB 之间。

计算机中的主存储器通常由 RAM 和 ROM 组成。

CPU 不能直接访问的那些存储器被称为辅助存储器,用来存放当前暂不参与运行的程序和数据以及一些需要长期保存的信息。辅助存储器只与主存储器进行批量数据交换,计算机要处理辅助存储器中的内容时,需要先将它们调入主存,再由 CPU 处理。因此,要求辅助存储器的存储容量要大,但存取速度可以稍慢些。所以辅助存储器一般都是采用容量大、速度较慢、价格低的磁存储器和光存储器。

由于与 CPU 的关系密切,主存储器通常也被称为内部存储器(简称内存);由于不直接和CPU 发生联系,辅助存储器通常被称为外部存储器(简称为外存)。

存储器还可以根据制造工艺和应用等进行分类,有关的详细介绍读者可以查阅相关资料。

## 4.1.4　存储器的基本技术参数

### 1. 存储容量

通常我们把存储器能够容纳的二进制信息总量称为存储容量。对于主存储器来说,现在一般用可以直接访问的存储单元总数来标识存储容量。具有 16 位地址线的存储器,可以访问 $2^{16}=65536$ 个存储单元(即 64 KB 个存储单元),具有 32 位地址线的存储器,则可以访问 $2^{32}=4294967296$ 个存储单元(即 4 GB 个存储单元)。在微型计算机系统中,存储器通常都按字节编址,所以,可以直接说,具有 16 位地址线的存储器的存储容量为 64 KB,而具有 32 位地址线的存储器的存储容量为 4 GB。

存储容量越大,存储器的存储能力越强,可以存放的信息越多。当然实际应用时,还要综合考虑成本、软件需要以及计算机其他部件的搭配等方面的因素。

### 2. 存取速度

存取速度是评价存储器的另一个重要指标。存储器的存取速度通常是以存取时间和存储周期两个参数来进行衡量。

存储器的存取时间是指从给定存储器一个地址,发出读/写命令,到把数据读/写操作完成所需的时间。存取时间越少,则存取速度越快。目前实际使用的存储器的存取时间只有几纳秒。

存储周期是指连续启动两次独立的存储器(读/写)操作所需要的最小时间间隔。由于存储器完成读/写操作后需要有一段时间恢复状态,为保证存储器操作的正确性和可靠性,通常存储周期略大于存取时间。

# 4.2　主存储器的组成结构

## 4.2.1　存储体

在现代计算机中,各类信息(不论是程序和数据,还是文字、图像和声音)在存储器中都使用"0"和"1"两个基本的二进制信号存储。通常,我们把可以保持住信号的"0"或"1"一个状态、能在需要时按原状态提供信号"0"或"1"存储单位称作存储位,若干个存储位组成一个存储单元,而许许多多的存储单元就组成了计算机的存储体。

一个存储单元存放的信号可以被同时读/写。一个存储单元存放的信号(即"0"和"1"的)个数称为字长,目前微型计算机的字长最高可达 64 位。不过在实际使用中,微型计算机的信息都是按字节(8 个信号位)来组织的。一个内存地址对应一个存储单元,一个存储单元存储一个字节。计算机在进行信息的读/写操作时,可以根据需要一次读/写一个字节,也可以读/写一个字,即几个字节。如 64 位字长的计算机一次读/写操作可以同时读/写 8 个字节,其效率显然就比 8 位字长或 16 位字长的计算机高得多,后者一次只能读写 1 或 2 个字节。假如一个字有几个字节,每个字中的这几个字节都是存放在相邻的几个存储单元中的。

存储体中可以写入、保存数据,需要时又可以读出数据。地址接口电路、数据接口电路、读写控制线路与存储体四个部分构成主存储器。主存储器可以根据需要实现对存储体的随机操作。

(1)地址接口电路,把接收的地址信号译码后选择驱动指定的存储单元;

(2)数据接口电路,存放由存储体中读出的数据,以及写操作时将要写入的数据;

(3)读写控制线路,控制存储器具体的工作顺序和各部分之间的相互配合;

(4)主存储器通过地址总线、数据总线和控制总线与 CPU 交换数据。显然,地址总线的位数决定可以访问的主存的最大容量;数据总线的位数决定一次可以并行读/写的数据位数,即字长。控制总线用于传送 CPU 发出的控制命令和主存储器的状态信号。

在生产实际使用的存储芯片时,往往把上述几个部分集成到一个芯片中,通过相应的引脚实现操作控制。

## 4.2.2　地址接口电路

地址接口电路的作用是把 CPU 发送来的地址信号进行译码,产生地址编码,以便在存储体中选定指定的存储单元。

当 CPU 进行读写存储器的操作时,首先把地址码送入地址寄存器 MAR(Memory Address Register),MAR 中的地址码经地址译码器译码后选中相应的存储单元,此时如果控制信号有效,则被选中的存储单元中的内容就可以经数据接口电路送给 CPU。

根据存储体的地址组织方式不同,地址接口电路的具体形式有:

(1)一维编址方式(单译码方式);

(2)二维编址方式(双译码方式)。

**1. 一维编址方式(单译码方式)**

单译码方式也称现行译码方式,是指由译码器输出的选通线一次选通存储字的所有存储位,就是说一次选通一个存储字,如图 4-2 所示。这样,n 位地址信号经过译码后需要有 $2^n$ 根选择线以便连接一个驱动器来驱动存储单元。

例如,在图 4-2 中,当地址信号线 $A_0 \sim A_2$ 输入为 101 时便选中字线地址为 101 的存储单元进行读/写操作。

很显然这种译码方式只能用于微量的信息存储。如果需要的存储量稍大,这种结构所需要的译码器和驱动器的数量太多,连线复杂,成本太高。

**2. 双译码方式**

双译码方式比较适用于大容量的存储器。它是把地址译码器分成两个,每个译码器对地址的一部分进行译码,分别称为行译码和列译码,行、列译码共同作用,确定一个存储字,具体

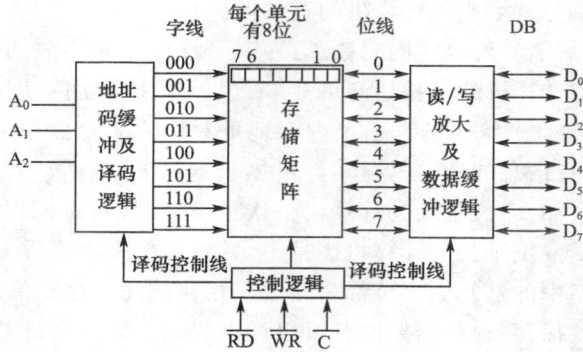

图 4-2  单译码电路原理

结构如图 4-3 所示。此时,行译码器和列译码器的选择线分别为 $2^{n/2}$ 根,总共仅有 $2 \times 2^{n/2}$ 根选择线。可见,与单译码方式相比,双译码方式结构简单、连线少、成本低。

在图 4-3 中,三态双向缓冲器是数据输入/输出的通道,数据传输的方向取决于控制逻辑对三态门的控制。控制电路用来接收 CPU 发来的相关控制信号,以控制数据的输入/输出。CPU 发往存储芯片的控制信号主要有读信号、写信号和片选信号等。而不同性质的半导体存储芯片其外围电路部分也各有不同,如在动态 RAM 中还要有预充和刷新等方面的控制电路,而对于 ROM 芯片,在正常工作状态下只有输出控制逻辑等。

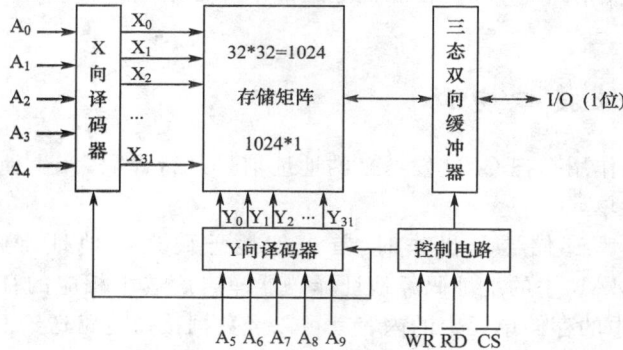

图 4-3  双译码电路原理

## 4.2.3  数据接口电路

数据接口电路的作用是在写入操作时缓冲写入数据,在写出数据时缓冲读出数据,并驱动读出操作。存储体的数据线均通过数据接口电路连接到计算机的数据总线,如图 4-4 所示。

数据接口电路具有收发数据的两种功能:对于从数据总线接收数据(写操作)部分,一般只需具有缓冲功能即可;对于向数据总线发数据(读操作)的部分,就应具有缓冲和驱动两种功能。具体电路利用三态缓冲器和驱动器实现。当对存储体进行写操作时,地址接口电路选定存储单元,控制电路发出写信号,数据从系统的数据总线经三态缓冲器传送至存储体中相应的存储单元;当对存储体进行读操作时,地址接口电路选定存储单元,控制电路

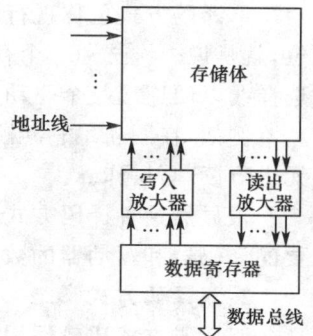

图 4-4  数据接口电路示意图

发出读信号,存储体中指定存储单元的数据经三态缓冲器传送至系统的数据总线。在没有读/写操作时,读/写控制信号无效,数据接口电路对系统数据总线呈现高阻状态,使存储器与系统数据总线完全隔离。

### 4.2.4　读写控制接口电路

读写控制接口电路通常指的是控制地址接口电路和数据接口电路,尤其是数据接口电路的数据读出部分。它通常与存储器的其他部件一起集成在存储芯片中,通过信号引脚接收来自 CPU 或其他电路的控制信号,经组合变换产生芯片内各部分的控制信号。

读写控制接口电路的控制信号引线端通常有片选信号和读/写控制。

存储芯片的片选一般用 CS(Chip Select)或 CE(Chip Enable)来表示。有效时可对存储芯片进行读写操作,无效时芯片的数据总线呈高阻状态,与数据总线隔离。

存储芯片的读/写控制一般用 OE(输出允许)和 WE(写允许)来表示,以 RAM 芯片的情况最为典型,通常具有两个控制端:

(1)OE 被用来控制读操作,有效时,允许芯片输出寻址单元内的数据。该控制端一般与系统的读控制线 MEMR(或 RD)相连;

(2)WE 被用来控制写操作,有效时芯片引脚上的数据将被允许进入芯片,写入被寻址的单元。该控制端一般与系统的写控制线 MEMW(或 WR)相连。

需要强调的是,一般 OE 和 WE 信号只有在芯片被选中后才有效。

在实际使用时,CS、CE、OE 和 WE 等都表示高电平有效,而 $\overline{CS}$、$\overline{CE}$、$\overline{OE}$ 和 $\overline{WE}$ 等表示低电平有效。各种芯片的控制引线在使用时要根据产品的规定来确定。

# 4.3　随机存取存储器(RAM)

随机存取存储器(Random Access Memory,简称 RAM)的存储单元的内容能够根据需要随时读出或写入,断电后内容消失。在微型计算机中,被用来暂时存放要输入/输出的数据、计算的中间结果以及断电后不需保留的信息。

根据使用的器件不同,RAM 可分为双极型和单极型(MOS)。双极型存储器采用 TTL、ECL 或 I2L 电路制成,其中 TTL 工作速度快、功耗不大,但集成度低,通常只用作计算机系统中的高速缓存;ECL 速度快,但功耗大;而 I2L 集成度高但抗干扰能力差。MOS 型存储器是采用金属氧化物半导体制成的,集成度高、功耗低、制造工艺简单且价格便宜,所以特别适用于制造大容量主存储器。随着半导体工艺技术的不断发展,目前 MOS 存储器的工作速度已经可以与双极型 TTL 存储器相媲美,因此目前微型计算机中广泛使用的是 MOS 型 RAM。下面主要介绍 MOS 型存储器的基本存储电路。

### 4.3.1　静态随机存取存储器

如图 4-5 所示是一种比较典型的六管静态 MOS 基本存储电路。电路中,MOS 管 $T_1$ 和 $T_2$ 为工作管,$T_3$ 和 $T_4$ 为负载管,它们的作用相当于两个高阻值的负载电阻。根据电路的原理,$T_1$、$T_2$、$T_3$ 和 $T_4$ 组成一个双稳态触发器。它的两个稳定状态,可以存储一位二进制信息:

$T_1$ 饱和导通和 $T_2$ 截止是一种稳定状态,用来表示"1"状态;$T_1$ 截止和 $T_2$ 饱和导通,是另一种稳定状态,用来表示"0"状态。$T_5$ 和 $T_6$ 为控制管,相当于两个开关,由行选择线 X 控制。

下面简单介绍 MOS 型六管静态存储电路的信息保持和读/写操作的原理。

(1)保持:行选择线 X 平时处于低电平,使控制管 $T_5$ 和 $T_6$ 截止,切断了触发器与数据线 $D_0$ 和 $\overline{D_0}$ 的联系,触发器保持原来状态不变,即 $T_1$ 饱和导通和 $T_2$ 截止为"0"状态;$T_1$ 截止和 $T_2$ 饱和导通,为"1"状态。

(2)写操作:被选中的存储单元的行选择线 X 加正脉冲,使控制管 $T_5$ 和 $T_6$ 导通。写"1"时,数据线 $D_0$ 上加低电压,数据线 $\overline{D_0}$ 上加高电位,迫使 $T_2$ 导通,B 点为低电位,$T_1$ 管截止,A 点为高电位,触发器处于"1"状态。写"0"则相反。

(3)读操作:被选中的存储单元的行选择线 X 加正脉冲,使控制管 $T_5$ 和 $T_6$ 导通。假定两边数据线的负载是平衡的,则 A 和 B 点电位就可通过 $T_5$ 和 $T_6$ 传送到数据线上,即被读出。

由此可见,静态存储器只要有电,信息就能保存,并且读操作不破坏触发器原有的状态,而且外部电路简单。但这种基本存储电路需要使用的管子数目比较多,器件的集成度不高,形成的存储器的容量也较小。另外,电路中两个交叉耦合的管子中必定有一个导通,致使存储器的功耗比较大,这是它的缺点。

## 4.3.2 动态随机存取存储器

动态 MOS 型基本存储电路常用的有四管、三管和单管等几种。

如图 4-6 所示的是单个 MOS 管构成的动态基本存储电路,也是目前高集成度存储芯片普遍采用的动态基本存储电路。它由一只 MOS 管和一个与源极相连的电容 C 组成。在这样的一个基本存储电路中,存放的信息到底是"1"还是"0",取决于电容中有无电荷。有电荷为"1",无电荷为"0"。

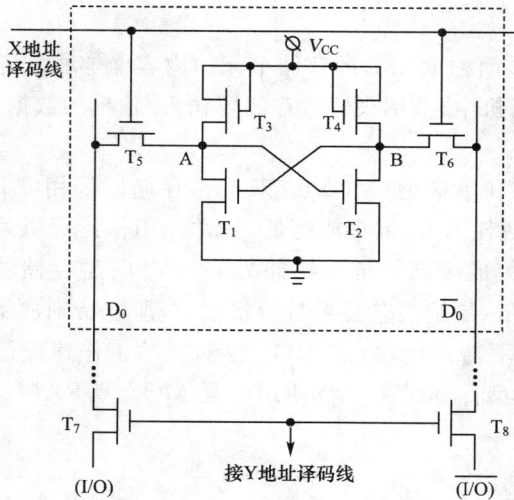

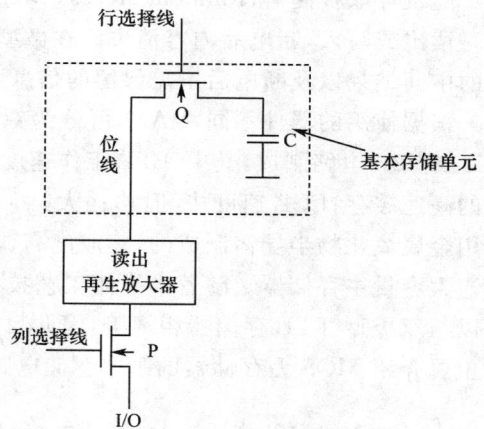

图 4-5  六管静态 MOS 基本存储电路          图 4-6  单管动态基本存储电路

平时,行选择线处于低电位,管子 Q 处于截止,电容 C 与外电路断开,既不能被充电,也不能被放电,保持原来电荷的状态不变。即存储了一位二进制信息。

（1）读操作：被选中单元的行选择线为高电平，使行选择管 Q 导通，如果原来存"1"，则 C 上的电荷经位线向读出再生放大器放电，产生"1"的输出信号。当列选择线也为高电平时，列选择管也导通，该存储元件读出的信息可达到数据线上。如果原来存"0"，C 上无电荷，不产生读出电流，即为"0"信号。

在上述读操作中，如果原来存"1"，则在读操作时，电容 C 会放电，从而使电容 C 上的电荷减少，所以为破坏性读出。为了使读出后电容 C 上的电荷保持不变，应适当延长读操作的时间，使其在读操作之后，进入写操作，由读出再生放大器对 C 充电，从而使 C 上的电荷恢复到原来的数值。这也就是所谓的"刷新"或"读出再生"。

（2）写操作：所选中单元的行、列选择线为高电位，使行、列选择管导通，数据线送来的信息若为"1"，则对电容 C 充电，C 上便有了电荷；若为"0"，则电容 C 向数据线放电，结果 C 上无电荷。

（3）刷新操作：由于 MOS 管的栅源极存在着一定的漏电阻 R，使得电容 C 通过 R 放电，放电时间常数为 T＝RC。而且由于源极电容非常微小，使得即使漏电阻很大，C 上的高电位也只能保持几毫秒，因此，必须周期性地给已充电的电容补充电荷，这就叫刷新。为了提高刷新的速度，刷新操作是一行一行地进行的，行选择线依次为高电位，使对应行上所连接的存储元件都进行一次读出再生操作。由于刷新时列选择线保持低电位，所以读出再生放大器读出的信息不会送到数据线上。刷新由专门的"刷新电路"自动进行，在一个刷新周期内，要对各行的所有存储单元全部刷新一次。

动态 RAM 由一个 MOS 管就可构成一个基本存储电路，因此集成度高。同时，平时只存在电容 C 的泄漏电流，功耗低，适合于构成大容量的存储器系统。但为了保存信息，外部需增加刷新电路。另外，在刷新电路工作时，不能进行存储信息的读/写操作，这样就影响了存储器的存取速度。

由上述介绍可见，所谓静态 RAM，就是信息写入后，只要不关掉电源就一直保持有效且不需要附加电路；而动态 RAM 为了维持电路中的信息，需要外部附加的刷新电路辅助基本存储电路的工作。

## 4.3.3　DRAM 的快速操作方式

在微型计算机的发展过程中，CPU 速度的不断提高，对内存的速度也提出了越来越高的要求。人们想尽办法，采用了很多技术来提高动态 RAM 存储器的工作速度。下面，我们就简单介绍一下提高动态 RAM 工作速度的一些技术。

### 1. 页方式

通过分析 DRAM 的基本读/写操作过程可以发现，由于 DRAM 基本存储电路是按行、列的二维矩阵形式组织的，所以，如果在相同行（不同列）上进行连续的读/写操作，实际上行地址是不变的，改变的仅是列地址，故此时并不需要重复地进行行地址的输入和译码操作。也就是说，首次访问之后的某些操作步骤是可以省略的，从而可以大大加快 DRAM 的访问速度。例如，在同一行内进行连续读/写操作时，行地址选通$\overline{RAS}$信号就可以维持为低电平而不用像通常操作方式那样反复进行高、低电平的变换，这样就可以省去$\overline{RAS}$的预充电时间，当同一行中的另一个列地址出现在地址线上时就立即将该列地址锁存，而行地址保持不变。换句话说，访问同一行的不同列时只需送一次行地址即可。这就是所谓"页方式"的 DRAM 操作，这里的一页，即 DRAM 基本存储电路阵列中的一行。

而在页方式下,正如前面所述,由于存储单元的访问是在同一行(即同一页)内进行,所以在完成第一次读操作以后并不使$\overline{RAS}$信号变为无效而是继续使其保持有效低电平。同时,列地址选通$\overline{CAS}$信号进入短时间的无效状态之后,接着又再次变为有效,用以通知 DRAM 已译码的行地址仍然有效,而列地址是最新提供的。这时,连接到选中字线上的全部 MOS 管仍保持导通状态,从各位线上读出的数据由刷新放大器来保存。当新的列地址经列译码器译码后,打开对应的 I/O 传输门,然后将新一列上的数据传送到数据输出缓冲器。

当然,页方式并不只限于读操作,也可以以页方式进行写操作,或者在一页内既进行读操作又进行写操作。

**2. EDO 方式**

扩展数据输出 EDO 方式也称超级页方式(Hyper Page Mode),通过改进 DRAM 的读出电路控制逻辑,在访问前一个地址单元的同时启动下一个连续地址单元的存取周期,并允许缓冲器保持开通状态到下一个地址单元的存取,从而可以获得更高的访问速度。在 EDO 方式下,第一次访问后,在前一个访问周期还未结束时,就已使$\overline{CAS}$信号产生负跳变,从而启动下一个访问周期,所以$\overline{CAS}$两次负跳变的时间间隔显然要比一般页方式短,$\overline{CAS}$的有效电平(低电平)持续时间也相应缩短(可压缩至页方式的 70%)。这样,列地址将更快地被传送,因而数据传输率将会更高。

另外,请注意,EDO 方式下,在每个新的列地址出现之前,$\overline{CAS}$信号必须提升到高电平,而在下面介绍的"列静止方式"中,$\overline{CAS}$将保持在低电平不变。

**3. 同步 DRAM(SDRAM)**

随着 CPU 主频的进一步提高以及多媒体技术的广泛使用,对内存的访问速度提出了更高的要求,于是同步 DRAM(SDRAM)应运而生。原来的 DRAM 芯片内的定时通常是由独立于 CPU 系统时钟的内部时钟提供的。而 SDRAM 的操作同步于 CPU 提供的时钟,存储器的许多内部操作均在该时钟信号的控制下完成,CPU 可以确定下一个动作的时间,因而可以在此期间去执行其他的任务。比如,CPU 在锁存行地址和列地址之后去执行其他任务。此时 DRAM 在与 CPU 同步的时钟信号控制下执行读/写操作。在连续存取时,SDRAM 用一个 CPU 时钟周期即可完成一次数据访问和刷新,因而可以大大提高数据传输率。

SDRAM 可以采用双存储体或四存储体结构,内含多个交叉的存储阵列,CPU 对一个存储阵列进行访问的同时,另一个存储阵列已准备好读/写数据,通过多个存储阵列的快速切换,成倍提高存取效率。所以,SDRAM 已成为目前微型计算机中随机存取存储器的主流类型。

# 4.4　X86 下的内存(DRAM)

## 4.4.1　内存条的特征及结构

最初的计算机系统通过单独的芯片安装内存,当时内存芯片都采用 DIP(Dual In-line Package,双列直插式封装)封装,而且当时还没有正式的内存插槽,DIP 芯片是通过安装在总线插槽里的内存卡与系统连接的,具体的结构形式如图 4-7 所示。

内存芯片也可直接焊接在主板上或扩展卡里,这样可以避免 DIP 芯片接触不良的问题,但却无法再对内存容量进行扩展,而且只要有一个芯片发生损坏,整个系统都将不能使用。

模块化条装内存的形式是为了简化安装和提高可靠性,即在一个条状的 PCB 板上集成了多块内存 IC,同时在主板上也设计相应的内存插槽,这样内存条就方便安装与拆卸了,如图 4-8 所示。

图 4-7　双列直插式封装　　　　　图 4-8　内存条与内存槽

DDR 内存条如图 4-9 所示,图中数字所指分别为 1:PCB 板;2:金手指;3:内存芯片;4:内存颗粒空位;5:电容;6:电阻;7:内存固定卡缺口;8:内存脚缺口;9:SPD。

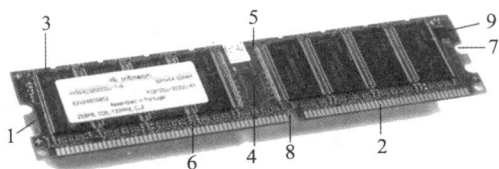

图 4-9　Infineon 256 DDR 内存条

## 4.4.2　30 pin/72 pin 单列直插内存条(SIMM)

SIMM(Single Inline Memory Module,单列直插内存模块)指的是早期的 FPM 和 EDO DRAM 内存。最初一次只能传输 8 bit 数据,后来逐渐发展出 16 bit 和 32 bit 的型号,其中 8 bit 和 16 bit 的 SIMM 使用 30 pin 接口,如图 4-10 所示。32 bit 的 SIMM 则使用 72 pin 接口,如图 4-11 所示。当内存发展到 SDRAM 时代后,SIMM 逐渐被 DIMM 技术取代。

图 4-10　30 pin SIMM 内存　　　　图 4-11　72 pin SIMM 内存

### 4.4.3 168 pin 双列直插内存条(DIMM)

DIMM(Dual Inline Memory Module,双列直插内存模块)在结构上与 SIMM 非常类似,不同的只是 DIMM 的金手指的两面不像 SIMM 那样互通,而是各自独立,因此可以同时传输更多的数据信号。

SDRAM(Synchronous Dynamic Random Access Memory)即同步动态随机存储器,采用168 pin DIMM,它的金手指的每一面为 84 pin,金手指上有两个卡口,用来避免在插入主板插槽时出现错误以致烧毁内存条。SDRAM 采用3.3 V 工作电压,168 pin 的 DIMM 接口,带宽为 64 位。SDRAM 的 64 bit 带宽,正好对应 CPU 的 64 bit 数据总线宽度,因此只需要一条内存条便可工作,提高了使用的便捷性。在性能方面,由于其输入/输出信号保持与系统外频同步,因此其工作速度明显超过 EDO 内存。

根据所能支持的工作速度的不同,SDRAM 内存又分为 PC66、PC100 和 PC133 等不同规格,而规格后面的数字就代表着该内存可以稳定工作的最大工作频率。例如 PC100,说明此内存条可以在系统总线为 100 MHz 的计算机中同步工作。如图 4-12 所示就是一种 PC100 内存条。

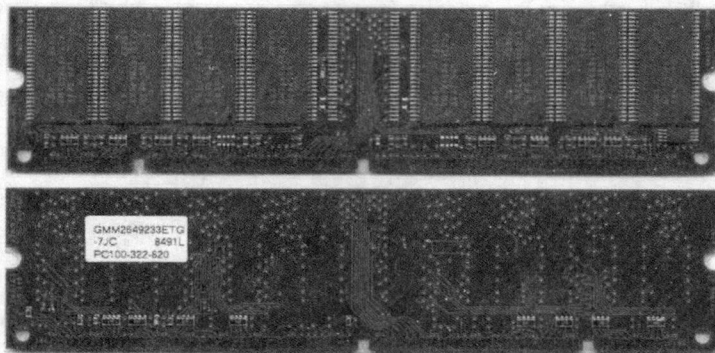

图 4-12　LG S64MB PC100 内存条(上图:正面,下图:背面)

### 4.4.4 184 pin DDR SDRAM 内存条

DDR(Double Data Rate) SDRAM,如图 4-13 所示,即双倍速率同步动态随机存储器,是在 SDRAM 内存基础上发展而来的一种技术。

图 4-13　PC3200 256 DDR 内存条(上图:正面,下图:背面)

　　根据工作原理,SDRAM 内存在一个时钟周期内只传输一次数据,在时钟的上升期进行数据传输;而 DDR 内存则在一个时钟周期内传输两次数据,能够在时钟的上升期和下降期各传输一次数据,因此称为双倍速率同步动态随机存储器。与 SDRAM 相比,DDR 运用了更先进的同步电路,使指定地址以及数据的输送和输出等主要步骤既独立执行,又保持与 CPU 完全同步。DDR 使用了 DLL(Delay Locked Loop,延时锁定回路)技术提供数据选通信号,对数据精确定位。因此在与 SDRAM 相同的总线频率下,DDR 内存可以达到更高的数据传输率。

　　DDR 内存的频率可以用工作频率和等效频率两种方式表示。工作频率是内存颗粒实际的工作频率,但是由于 DDR 内存可以在脉冲的上升和下降沿都传输数据,因此传输数据的等效频率是工作频率的两倍。表 4-1 中所列的是 DDR 内存的频率。

表 4-1　　　　　　　　　　　　　　DDR 内存的频率

| DDR 规格 | 传输标准 | 实际频率 | 等效传输频率 | 数据传输率 |
|---|---|---|---|---|
| DDR200 | PC1600 | 100 MHz | 200 MHz | 1600 MB/s |
| DDR266 | PC2100 | 133 MHz | 266 MHz | 2100 MB/s |
| DDR333 | PC2700 | 166 MHz | 333 MHz | 2700 MB/s |
| DDR400 | PC3200 | 200 MHz | 400 MHz | 3200 MB/s |
| DDR433 | PC3500 | 216 MHz | 433 MHz | 3500 MB/s |
| DDR533 | PC4300 | 266 MHz | 533 MHz | 4300 MB/s |

　　由表 4-1 可以看出,PC1600 的实际工作频率是 100 MHz,其等效工作频率是 200 MHz,那么它的数据传输率就等于“频率×每次传输的数据位数”,即 200 MHz×64 bit＝12800 Mbit/s,换算为字节就是 1600 MB/s,因此命名为 PC1600。

## 4.4.5　DDR 2 SDRAM 和 DDR 3 SDRAM

### 1. DDR2 内存

　　DDR2(Double Data Rate 2) SDRAM 是由 JEDEC(电子设备工程联合委员会)开发的新一代内存技术标准,可以看作 DDR 技术标准的一种升级和扩展。DDR 的核心频率与时钟频率相等,但数据频率为时钟频率的两倍,也就是说在一个时钟周期内必须传输两次数据;而 DDR2 采用“4 bit Prefetch(4 位预取)”机制,拥有两倍于上一代 DDR 的内存预读取能力。换句话说,DDR2 内存每个时钟能够以外部总线 4 倍的速度读/写数据,并且能够以内部控制总线 4 倍的速度运行。这样即使核心频率还在 200 MHz,DDR2 内存的数据频率也能达到 800 MHz,也就是所谓的 DDR 2800。表 4-2 中列出了各种 DDR2 内存的参数。

表 4-2　　　　　　　　　　　　　　DDR2 内存的频率

| DDR2 规格 | 传输标准 | 核心频率 | 总线频率 | 等效传输频率 | 数据传输率 |
|---|---|---|---|---|---|
| DDR2 400 | PC2 3200 | 100 MHz | 200 MHz | 400 MHz | 3200 MB/s |
| DDR2 533 | PC2 4300 | 133 MHz | 266 MHz | 533 MHz | 4300 MB/s |
| DDR2 667 | PC2 5300 | 166 MHz | 333 MHz | 667 MHz | 5300 MB/s |
| DDR2 800 | PC2 6400 | 200 MHz | 400 MHz | 800 MHz | 6400 MB/s |

　　DDR 内存通常采用 TSOP 芯片封装形式,这种封装形式可以很好地工作在 200 MHz 上,当频率更高时,其过长的管脚就会产生很高的阻抗和寄生电容,这会影响它的稳定性和频率提升的难度。而 DDR2 标准规定所有 DDR2 内存均采用 FBGA 封装形式(如图 4-14 所示),这

种封装可以提供更为良好的电气性能与散热性；DDR2 内存采用 1.8 V 电压，相对于 DDR 标准的2.5 V，DDR2 内存具有更低的功耗与更小的发热量。

图 4-14　DDR2 内存采用的 FBGA 封装形式

除了上述区别外，DDR2 还引入了三项新技术：OCD（Off-Chip Driver）离线驱动调整，DDR2 通过 OCD 可以提高信号的完整性；ODT 内建核心的内部中断电阻 DDR2 可以根据自己的特点内建合适的中断电阻，这样可以保证最佳的信号波形；Post CAS 为了提高 DDR2 内存的利用效率而设定。

**2. DDR3 内存**

DDR3（Double Data Rate 3）SDRAM，即三代双倍速率同步动态随机存储器，如图 4-15 所示。它提供了相较于 DDR2 SDRAM 更高的运行效能与更低的电压。DDR3 SDRAM 的 I/O电压是 1.5 V，采用 CSP 和 FBGA 封装方式包装，除了延续 DDR2 SDRAM 的 ODT、OCD 和 Posted CAS 等技术外，另外新增了更为精进的 CWD、Reset、ZQ、SRT 和 PASR 功能。

图 4-15　DDR3 内存条

写入延迟（CWD）是 DDR3 新增加的一个时序参数，该参数将根据具体的工作频率而定。重置（Reset）是 DDR3 新增的一项重要功能，提供了超省电功能命令，可以使 DDR3 SDRAM 内存颗粒电路停止运作，进入超省电待命模式。ZQ 则是一个新增的终端电阻校准功能，提供了片内校准引擎（On Die Calibration Engine，简称 ODCE），用来校准内部中断电阻（On Die Termination，简称 ODT）。新增了 SRT（Self-Reflash Temperature）可编程化温度控制内存时脉功能，通过该技术使内存颗粒在温度、时脉和电源管理上进行优化，并大大提高内存颗粒的工作稳定性。DDR3 SDRAM 还加入 PASR（Partial Array Self-Refresh）局部 Bank 刷新的功能，通过对整个内存 Bank 做更有效的读写达到省电功效。DDR1、DDR2 和 DDR3 的各指标对照情况见表 4-3。

表 4-3　　　　　　DDR1、DDR2 和 DDR3 的各指标对照情况

| 指标 | DDR1 | DDR2 | DDR3 |
|---|---|---|---|
| 电压 $V_{DD}/V_{DDQ}$ | 2.5 V/2.5 V | 1.8 V/1.8 V （+/−0.1） | 1.5 V/1.5 V （+/−0.075） |
| I/O 接口 | SSTL_25 | SSTL_18 | SSTL_15 |

（续表）

| 指标 | DDR1 | DDR2 | DDR3 |
|---|---|---|---|
| 数据传输率（Mbps） | 200～400 | 400～800 | 800～2000 |
| 容量标准 | 64 M～1 G | 256 M～4 G | 512 M～8 G |
| 内存延迟值（ns） | 15～20 | 10～20 | 10～15 |
| CL（CAS Latency）值 | 1.5/2/2.5/3 | 3/4/5/6 | 5/6/7/8 |
| 预取设计（bit） | 2 | 4 | 8 |
| 逻辑 Bank 数量 | 2/4 | 4/8 | 8/16 |
| 突发长度 | 2/4/8 | 4/8 | 8 |
| 封装 | TSOP | FBGA | FBGA |
| 引脚标准 | 184 Pin SODIMM | 240 Pin SODIMM | 240 Pin SODIMM |

## 4.4.6　GDDR

GDDR（Graphics Double Data Rate）是显存的一种，如图 4-16 所示。它是为高端显卡特别设计的高性能 DDR 存储器，有专门的工作频率、时钟频率和电压，与普通 DDR 内存不同且不能共用。一般 GDDR 比主内存中使用的普通 DDR 存储器时钟频率更高，发热量更小，所以更适合搭配高端显示芯片。到目前为止，该显存先后经历了 GDDR、GDDR2、GDDR3、GDDR4 和 GDDR5 五代，见表 4-4。

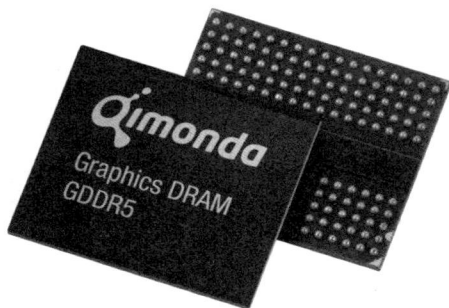

图 4-16　GDDR 5 显存芯片

表 4-4　　　　　　　　**GDDR1 至 GDDR5 各代显存的各指标对照**

| 版本 | GDDR1 | GDDR2 | GDDR3 | GDDR4 | GDDR5 |
|---|---|---|---|---|---|
| 数据预取（bit） | 2 | 4 | 4 | 8 | 8 |
| 对应内存 | DDR1 | DDR2 | DDR2 | DDR3 | DDR3 |
| 单颗位宽（bit） | 16/32 | 32 | 32 | 32 | 16/32 |
| 单颗容量（MB） | 16/32 | 32 | 32/64/128 | 64/128 | 64/128 |
| 逻辑 Bank 数量 | 2/4 | 4/8 | 4/8 | 8/16 | 8/16 |
| 突发长度（bit） | 2/4/8 | 4/8 | 4/8 | 4/8 | 8 |
| 引脚标准（Pin） | 144/66 | 144 | 144/136 | 136 | 170 |
| 额定电压 | 2.5 V | 2.5 V | 1.8 V | 1.5 V | 1.5 V |
| 等效频率 | 300～900 | 800～1000 | 1000～2600 | 2000～3000 | 3600～6000 |

## 4.4.7　双通道内存技术

双通道内存技术是一种内存控制和管理技术，依赖于芯片组的内存控制器发生作用，在理论上能够使两条同等规格内存所提供的带宽增加一倍。双通道内存技术是普遍应用于服务器和工作站系统中的一项成熟的技术。目前这种技术被应用到微型计算机中，以解决日益窘迫的内存带宽瓶颈问题。

　　对于微型计算机,双通道内存技术是解决 CPU 总线带宽与内存带宽的矛盾的低价、高性能的方案。现在 CPU 的 FSB(前端总线频率)越来越高,Intel Pentium 4 处理器与北桥芯片的数据传输采用 QDR(Quad Data Rate,四次数据传输)技术,其 FSB 是外频的 4 倍。Intel Pentium 4 的 FSB 分别是 400 MHz、533 MHz 和 800 MHz,总线带宽分别是 3.2 GB/s、4.2 GB/s 和 6.4 GB/s,而 DDR 266、DDR 333 和 DDR 400 所能提供的内存带宽分别是2.1 GB/s、2.7 GB/s 和 3.2 GB/s。在单通道内存模式下,DDR 内存无法提供 CPU 所需要的数据带宽从而成为系统的性能瓶颈。而在双通道内存模式下,双通道 DDR 266、DDR 333 和 DDR 400 所能提供的内存带宽分别是 4.2 GB/s、5.4 GB/s 和 6.4 GB/s,因此,双通道 DDR 400 内存可以满足 800 MHz 的 FSB Pentium 4 处理器的带宽需求。

　　内存的双通道方式一般要求按主板上内存插槽的颜色成对使用,如图 4-17 所示,有些主板还要在 BIOS 中做一些设置。通常两条 256 MB 的内存构成双通道的效果会比一条 512 MB 的内存效果好,因为一条内存无法构成双通道。

图 4-17　支持双通道内存的主板插槽

# 4.5　只读存储器(ROM)

## 4.5.1　只读存储器的特点和分类

　　只读存储器(Read Only Memory,ROM)是一种已经存储好数据的固态半导体存储器。ROM 存储的数据一般是在安装前通过一定的方式预先写入的,工作过程中只能读出,而不像随机存储器那样在使用过程中能快速、方便地随意改写。ROM 中的数据存储状态稳定,断电后所存数据也不会丢失,因而在系统中常用于存储各种固定的程序和数据。大部分只读存储器用金属-氧化物-半导体(MOS)场效应管制成。

　　根据功能和特征,ROM 可以细分为以下几类:

　　(1)ROM(Read-Only Memory)只读存储器;

　　(2)PROM(Programmable Read-Only Memory)可编程只读存储器;

　　(3)EPROM(Erasable Programmable Read-Only Memory)可擦除可编程只读存储器;

　　(4)EEPROM(Electrically Erasable Programmable Read-Only Memory)电可擦除可编程只读存储器;

　　(5)Flash Memory 闪存；
　　(6)FRAM 铁电存储器。

## 4.5.2　掩模只读存储器(ROM)

　　ROM(Read-Only Memory)简单地称为只读存储器,是一种使用最简单的半导体电路,通过掩膜工艺一次性制造。ROM 中存放的代码和数据只能用于永久保存,不能进行修改。ROM 一般用于大批量生产,成本很低。

　　掩模型 ROM 由厂家根据系统的使用要求在生产时制成。具体的实现电路虽然有二极管、三极管和 MOS 管等多种形式,但其工作原理是类似的,都是以每个位记忆单元中是否连接一个晶体管来表示存储的信息是"1"还是"0",如图 4-18 所示为三极管构成的 $4 \times 4$ 位的存储矩阵。

　　图 4-18 中所示的基本原理是通过对所选定的某字线置成低电平来选择读取的字。当地址译码器选中某一个单元时,位于矩阵交叉点并与位线和被选字线相连的三极管导通,使该位线上输出电位为低电平,结果输出为"0"。如果矩阵交叉点上没有三极管(或三极管断路),该位线上将输出"1"。当然也可以根据系统要求采用相反的逻辑,用高电平表示"0",低电平表示"1"。

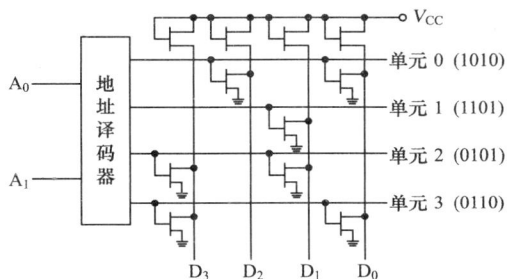

图 4-18　掩模型 ROM 位记忆原理

　　所谓"掩膜型 ROM",是指 ROM 的电路连接是采用二次光刻版的图形(掩膜)制作的。掩模型 ROM 集成度高,工作可靠。由于用户不能修改 ROM 存储的内容,所以只适于在系统开发已经成熟的情况下存放固定的程序和数据,这样可批量生产,降低成本。

## 4.5.3　可编程只读存储器(PROM)

　　PROM(Programmable Read-Only Memory)是一种可编程的只读存储器,因为这类存储器一般只允许写入一次,所以也称一次可编程只读存储器(One Time Programming ROM 或 OTP ROM)。在出厂时,未存储内容的芯片全为 1 或 0,使用前用户可以根据需要将其中的某些单元写入数据 0 或 1,以实现对其编程的目的。写入内容后,PROM 的内容再也不能改变,只能读出芯片中存储的内容。

　　PROM 有击穿式和熔丝型两种类型。

　　击穿型的每一个位记忆单元由两个反向串联的二极管组成,未进行编程写入前两个二极管处于反向截止状态,所有存储单元都不导通;编程写入时,利用大电流把反向的二极管永久性击穿,使存储单元变成单向导通的电路,从而达到编程的目的,如图 4-19 所示。

图 4-19　击穿型 PROM 原理

　　PROM 的另一种类型是"双极性熔丝结构"。其原理是在每个记忆单元处都放置一个二极管[①],在连接二极管的电路中串接一个熔断丝。未进行编程写入前所有熔丝都处于导通的

――――――――――

　　[①]也可以是三极管,实现的原理基本相同。

状态,用户在编程时,可用大电流把指定单元的熔断丝烧断,使其连接的电路不通,表示存"0";保留熔丝者表示存"1"。如图 4-20 所示。

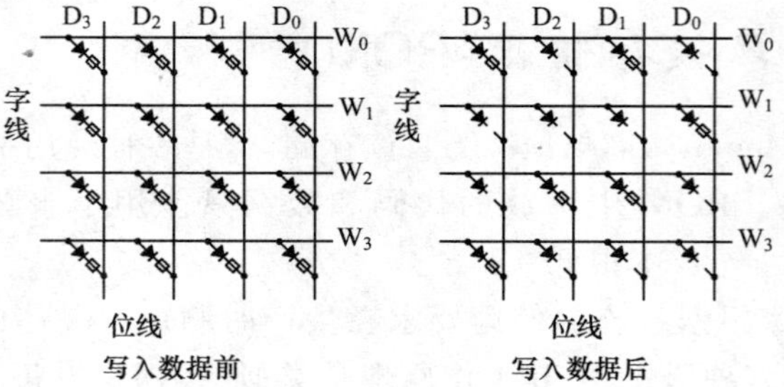

图 4-20  熔丝型 PROM 原理

在图4-28中包含 4 个字单元 $W_0$、$W_1$、$W_2$ 和 $W_3$,每个字单元存放 4 位二进制数。用户对 PROM 编程前,这四个字的内容全是 1111;变成写入后,各字的内容见表 4-5。

表 4-5  熔丝型 PROM 中的内容

| 字 \\ 位 | $D_3$ | $D_2$ | $D_1$ | $D_0$ |
|---|---|---|---|---|
| $W_0$ | 1 | 0 | 1 | 0 |
| $W_1$ | 0 | 0 | 0 | 1 |
| $W_2$ | 0 | 1 | 1 | 0 |
| $W_3$ | 1 | 0 | 0 | 0 |

通过上面的介绍可以看出,编程时要将存储单元的记忆部分烧断,造成永久的破坏。因此 PROM 只能写入一次,这也是"一次可编程只读存储器"(One Time Programming ROM, OTP-ROM)名称的由来。

## 4.5.4  紫外线擦除可编程只读存储器(EPROM)

EPROM(Erasable Programmable Read-Only Memory)是一种最早的可擦除可编程的只读存储器,特点是具有可擦除功能,擦除后可再编程写入信息。擦除的方法是使用紫外线对芯片照射一定时间,因此这种可擦除的 PROM 又叫 UV EPROM(Ultraviolet EPROM)。为了擦除数据,这类芯片上部有一个接收紫外线照射以擦除数据的石英玻璃窗,编程后一般要用黑色不干胶纸将其石英玻璃窗盖住,以防止阳光直射造成数据丢失,如图 4-21 所示。

目前的 EPROM 大多是采用浮动栅雪崩注入型 MOS 管构成(结构如图 4-22 所示)。平时,浮动栅上不带电荷,源极和漏极之间不导通,表示存"0",这种浮动栅管子的栅极是一个被绝缘体隔绝的悬空电极。开始时,栅上没有电荷,MOS 管不导通,位存储单元都是存"0";编程时,通过专门的装置,利用较高电压(如 25 V)向栅极注入电荷,在栅极下面感应导电沟道,使该管子导通,表示该位存"1"。由于绝缘栅上的电荷很难流失,所以 MOS 管能够长期保持导通或截止,从而保存有关信息。在擦除时,紫外线通过芯片表面的石英玻璃窗口照射浮动栅,使栅上电荷通过光电流释放掉,恢复为所有单元都存"0"。

为了彻底擦除数据,EPROM 每次用紫外线照射擦除时需要的时间比较长,约 15 分钟。写入信息时要用专用的编程器,并且编程时芯片所加的电源电压也比正常使用时要高。芯片内容擦除是整体进行的,即使只擦除一个字节的数据也要对整个芯片进行处理。鉴于上述原因,EPROM 擦除和编程并不方便,所以通常将 EPROM 作为仅需要偶然修改内部数据的只读存储器使用。

图 4-21　EPROM 芯片外观　　　　图 4-22　EPROM 元件结构原理(N 沟道)

## 4.5.5　电擦除可编程只读存储器(EEPROM)

EEPROM(Electrically Erasable Programmable Read-Only Memory)电可擦除可编程只读存储器,一般缩写为 $E^2PROM$,也是一种断电后数据不丢失的存储芯片。这类存储器的优点是可直接用电信号进行擦除和写入,不需要特殊的擦除方法。

$E^2PROM$ 的结构如图 4-23 所示。

早期的 $E^2PROM$ 的工作原理与 EPROM 类似:当浮动栅上没有电荷时,MOS 管的源极和漏极之间不导电;如果使浮动栅带有电荷,则 MOS 管导通。但 $E^2PROM$ 的控制机理与 EPROM 不同:$E^2PROM$

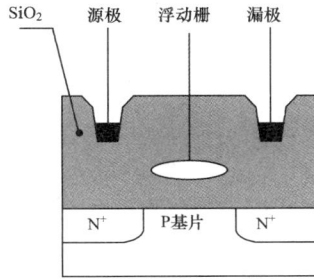

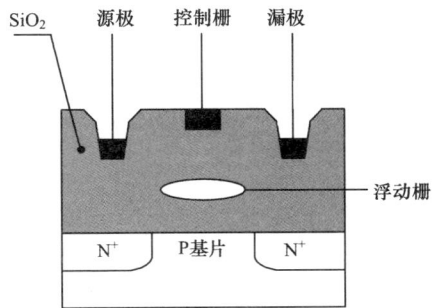

图 4-23　$E^2PROM$ 元件结构原理(N 沟道)

在浮动栅上面又增加了一个控制栅极,通过加在控制栅极与漏极之间的电压产生电场,使电荷流动。擦除数据时,利用较高的编程电压(如 21 V)加在源极上,控制栅极接地,在电场作用下浮动栅上的电子击穿氧化层进入源区,被外加电源吸收,擦除有关单元,使之处于"0"状态;当电压呈反向时,电子在电场的作用下流向浮动栅,使之处于"1"状态。

$E^2PROM$ 在编程和擦除时所需要的电流很小,用原设备上的电源即可驱动。$E^2PROM$ 的擦除和编程均可按字节分别进行,也可以全片操作。另外,它可以在设备上在线擦除已有信息,重新编程,不需要从板卡上拔下 EPROM 芯片,也不需要紫外线照射等特殊操作。这些优点给一些需要修改少量数据的应用带来了极大的方便。

## 4.5.6　Flash 只读存储器

Flash 是一种在 $E^2PROM$ 基础上发展起来的新型电可擦除可编程的非易失性存储器件,代表快速读写的意思,俗称闪存。它的结构与 $E^2PROM$ 类似,区别是栅极二氧化硅绝缘层较薄,所以擦除更快,使用电压更低。由于可以随时改写存储的信息,从功能上讲,闪速存储器在一定程度上具有随机存储器的特征;传统概念上 ROM 与 RAM 的界限在闪速存储器上已不明显。

与 EPROM 相比,闪速存储器具有明显的优势,即仅用系统电源即可对芯片进行擦除和重复编程,不需要特殊的紫光线照射或高电压(某些第一代闪速存储器也要求高电压来完成操作)。与 $E^2PROM$ 相比,闪速存储器具有成本低、密度大的特点,既有 ROM 的优点,又有很高的存取速度,而且易于擦除和重写,功耗很小。但是闪速存储器必须按块(Block)擦除(每个块的大小取决于生产厂家及产品的规格),而 $E^2PROM$ 则可以一次只擦除一个字节(Byte)。

闪速存储器的单元结构和 EPROM 基本特性使其制造经济,且闪速存储器可以被擦除和重复编程几十万次而不会失效。从功能上讲,这几方面综合起来的优势是目前其他半导体存储器技术所无法比拟的。

闪速存储器展示出了一种全新的个人计算机存储器技术。作为一种高密度、非易失的半导体存储技术,由于具有抗震、速度快、无噪声、耗电低并且没有机械运动部件的优点,特别适合于固态磁盘驱动器。另外,闪速存储器还能以低成本和高可靠性替代电池支持的静态RAM。对于既要求低功耗、小尺寸和耐久性,又要保持高性能和完整功能的便携式系统,闪速存储器的技术优势明显。

闪速存储器的独特性能使其广泛地运用于各个领域,如 PC 及外设、电信交换机、蜂窝申活、网络互联设备、仪器仪表和汽车器件等传统的领域,同时还包括新兴的语音、图像和数据存储类产品,如数字相机、数字录音机和个人数字助理(PDA)的应用。目前,在 PC 机的主板上就广泛采用闪速存储器来保存 BIOS 程序,便于对系统进行升级。

## 4.5.7　FRAM 铁电存储器

铁电存储器 FRAM(Ferroelectric RAM)是近几年研制的新型存储器,其核心是铁电晶体材料。相对于其他类型的半导体技术而言,铁电存储器具有一些独一无二的特性。FRAM 既可以像 ROM 一样进行非易失性数据存储,又可以像 RAM 一样操作。

FRAM 是利用铁电晶体的铁电效应实现数据存储的。工作原理是:当把电场加到铁电晶体材料上时,晶阵中的中心原子会沿着电场方向运动,在原子移动时,通过一个能量壁垒,从而引起电荷击穿并到达稳定状态,移去电场后,晶阵中的中心原子保持不动,存储器的状态也得以保存。这时,每个自由浮动的中心原子只有两个稳定状态,一个用来记忆逻辑中的"0",另一个记忆"1",如图 4-24 所示。

铁电存储器不但能兼容 RAM 的一切功能,并且又具备和 ROM 一样的技术特征,是一种非易失性的存储器。铁电存储器在这两类存储类型间达到了良好的技术交融,形成了一种非易失性的 RAM。

图 4-24　铁电效应存储原理图和 FRAM 实物

FRAM 存储器工作时不需要定时刷新,而且掉电后数据立即保存,并具有写入速度快、电压低、耗能小、擦写耐久性高和抗辐照性能好等特点,因而特别适合于对数据采集和写入时间要求很高,且数据储存时间长的场合,已被广泛应用于仪器仪表、航空航天、工业控制系统、网络设备、RF/ID 和 GPS 定位系统等领域。

# 4.6　高速缓冲存储器 Cache

## 4.6.1　Cache 的意义及作用

随着半导体加工工艺的进步,CPU 的工作频率在不断大幅度地提高,这对系统存储器提出了要求:存取速度要高,并且存储容量要大。遗憾的是,尽管主存储器 DRAM 的存取速度有所提高,但是与 CPU 的要求仍然存在几倍乃至一个数量级的差距,这种情况影响了整个系统的性能。在 CPU 与主存储器之间加入高速缓冲存储器 Cache,是实现高速的 CPU 和低速的 DRAM 之间的平衡或匹配问题的解决方案之一。

高速缓冲存储器 Cache 是位于 CPU 与内存之间的临时存储器,其容量比内存小但读写速度快。在 Cache 中的数据是内存中的一小部分,但这一小部分往往是 CPU 即将要访问的,当CPU 在工作中需要调用数据时,就可以直接从 Cache 中调用,从而加快读取速度。

当 CPU 要读取数据时,首先在 Cache 中查找,如果找到,则立即读取并送给 CPU 进行处理;如果在 Cache 中没有找到,则从速度相对较慢的内存中读取并送给 CPU 进行处理,同时把这个数据所在的数据块调入 Cache 中,此后 CPU 对整块数据的读取都从 Cache 中进行,不必再重新访问内存。

这种机制使得 CPU 读取 Cache 的命中率非常高,大多可达90%,也就是说90%的情况下CPU 要读取的数据都在 Cache 中,这大大减少了 CPU 直接读取内存的次数,也使 CPU 在读取数据时基本不需要等待。

既然提高存储器的速度可以使内存的工作速度能够与 CPU 匹配,从而提高计算机的性能,那么为什么我们不制造与 CPU 速度一样的主存储器呢? 这个问题实际上前面简单分析过,评价存储系统的三要素是存储器容量、存取时间和单位容量价格,而三者的关系却是互相制约的:存取时间越短,每位的价格越高;容量越大,每位的价格越低;一般存储器的容量越大,存取时间就越长。

综上所述,在 CPU 与内存之间加入 Cache 是一种高速度、低成本的解决方案。通过把Cache 与主存储器构成一个主存储器系统,使主存储器系统(Cache＋主存储器)可以具有与CPU 一致的高速度,又可以兼顾较大的容量,从而满足速度越来越快的 CPU 对存储系统存取时间和存储容量的需要。

## 4.6.2　Cache 的工作原理及过程

### 1. 局部性原理

配备 Cache 的基础是程序访问的局部性原理,即在一个较短的时间间隔内,对局部范围的存储器地址频繁访问,而对此范围以外的地址则访问甚少的现象。

大量研究表明,指令地址的分布是连续的,除了分支指令和转移指令外,多数情况下指令是顺序执行的;再加上循环程序段要重复执行多次,因此对这些地址的访问自然具有时间上集中分布的倾向,往往下一次要执行的指令紧随刚刚执行的那一条指令。这类情况很多,如子程序调用及返回、迭代程序的执行过程等。另外在进行数组和顺序记录等之类的数据结构处理时,这类数据在存储器中也是连续存放的。

　　根据程序的局部性原理,在主存储器和 CPU 之间设置一个高速的、容量较小的存储器——高速缓冲存储器,即 Cache,把正在执行的指令地址附近的一部分指令或数据从主存储器调入 Cache 中,供 CPU 在一段时间内使用。这对提高程序的运行速度乃至整个计算机系统的性能具有很大的作用。系统正是依据这个原理,不断地将与当前指令集相关联的后续指令集从内存读到 Cache 中,然后向 CPU 高速传送,从而达到 CPU 与存储器之间的速度匹配。

　　CPU 对存储器进行数据请求时,通常先访问 Cache。由于局部性原理不能保证所请求的数据百分之百地在 Cache 中,这里便存在一个命中率的问题,即 CPU 在任一时刻从 Cache 中可靠地获取数据的概率。命中率越高,正确获取数据的可靠性就越大。一般来说,Cache 的存储容量比主存储器的容量小得过多会使命中率大大降低;如果过大会增加成本,而且当 Cache 的容量超过一定值后,命中率的增长并不明显。一般,只要 Cache 的空间与主存储器空间在一定范围内保持适当比例的映射关系,就可以使 Cache 的命中率处于相当高的水平。根据分析,在 Cache 与内存的空间比为 4∶1000 的情况下,命中率可达 90% 以上。按此比例推算,128 KB 的 Cache 可映射 32 MB 内存,256 KB 的 Cache 则可以映射 64 MB 内存。

**2. Cache 过程**

　　Cache 的功能主要通过硬件来实现,对程序员完全透明。一个含有 Cache 的主存储系统(Cache＋主存储器)主要由三个部分组成,即 Cache 模块、Cache 控制器和主存储器,结构框图如图 4-25 所示。

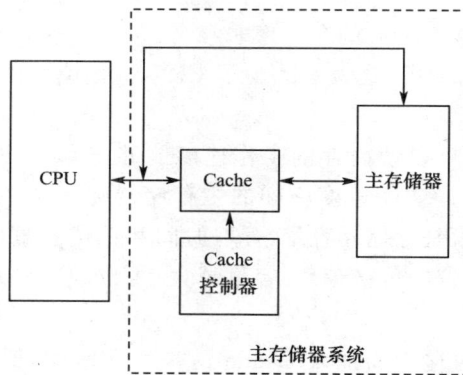

图 4-25　主存储器系统(Cache＋主存储器)

　　在 Cache 中存放主存储器中内容的副本,主存储器到 Cache 形成地址映射,即主存储器中的某几个数据块对应于 Cache 中的某个数据块。当 CPU 要从主存储器中读取数据时,首先查看 Cache 中是否包含此数据的数据块,如果有,则直接从 Cache 中读取;如果没有,则访问主存储器。在从主存储器中读取数据的同时,按照一定的替换算法,将包含此数据的数据块复制到 Cache 的相应区域中,以支持 CPU 下一次的快速访问。具体操作流程如图 4-26 所示。

　　根据工作的要求,Cache 中的内容是主存储器内容的一个副本,并且主存储器总是以区块为单位与 Cache 进行映象的。当 CPU 访问主存储器系统(Cache＋主存储器)时,如果含有数据的地址不在 Cache 中,Cache 控制器就会自动从主存储器指定地址的读取数据块,并同时把它复制到 Cache 中。

　　主存储器与 Cache 之间有多种不同的映象方式,如全相联映象方式、直接映象方式和组相联映象方式等。作为原理说明,这里简单介绍一下全相联映象方式和直接映象方式。

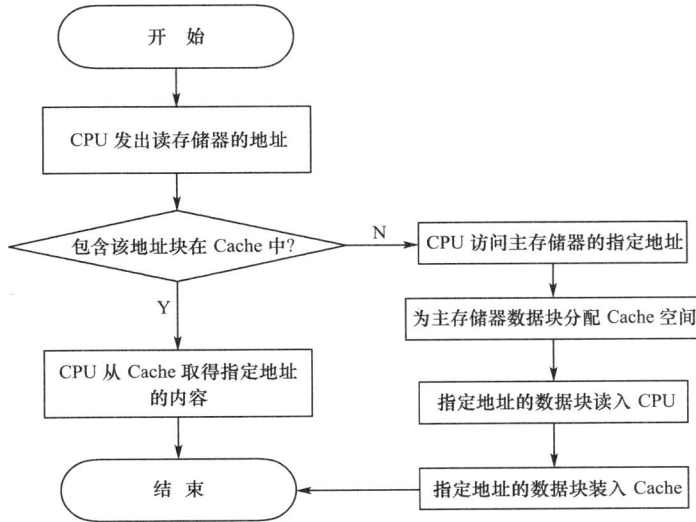

图 4-26　Cache 读操作流程

（1）全相联映象方式

在全相联映象方式中，主存储器的任何一块都能够映象到 Cache 中的任何一块位置上。当 CPU 请求数据时，Cache 控制器要把请求地址同所有地址加以比较并进行确认，其原理如图 4-27 所示。这种 Cache 结构的主要优点是能够在给定的时间内存储主存储器中的不同的块，而且命中率高；缺点是每一次请求数据时都要同 Cache 中的地址进行比较，查找符合要求的数据，相当费时，并且控制复杂，硬件实现比较困难。

（2）直接映象方式

直接映象方式是根据 Cache 的大小把主存储器划分成若干个区，规定主存储器的每个区的块与 Cache 内的块一一对应，匹配的主存储器的偏移量可以直接映象为 Cache 的偏移量，其原理如图 4-28 所示。由于每个块在 Cache 中仅存在一个位置，所以地址的比较次数可以减少为一次，能进行快速查找。但是这种方式中，由于主存储器中多个数据块在 Cache 中的映射地址是相同的，如果这些数据块都是当前的常用块时就会产生冲突。在这种情况下，只能把 Cache 中这个地址的内容不断地调入调出，即便 Cache 中的其他块是空闲的也无法利用。这使得 Cache 的空间利用率降低，Cache 的命中率也会受影响。而全相联映象方式恰恰在这一点具有优势。

当 CPU 所需信息不在 Cache 中时，就需要从主存储器调出所需信息并写入 Cache。如果 Cache 中所有存储单元已经被填满，就必须去除旧的数据，让出可用的存储单元。这个过程要求 Cache 的调度部件遵循一定的算法，尽量替换下一段时间内用到的可能性最小的单元中的内容。这些算法被称为替换策略或替换方法。最常用的替换策略有以下两种：

（1）先进先出 FIFO

FIFO（First In First Out）策略总是把最先调入 Cache 的字块替换出去。该策略不需要随时记录各个字块的使用情况，实现容易。缺点是对于那些即便是经常使用的块，如一个包含程序循环的块，也可能由于它是最早调入的块而被替换掉。

（2）最近最少使用 LRU

LRU（Least Recently Used）策略是把当前 Cache 中最近一段时间最少使用的字块替换出

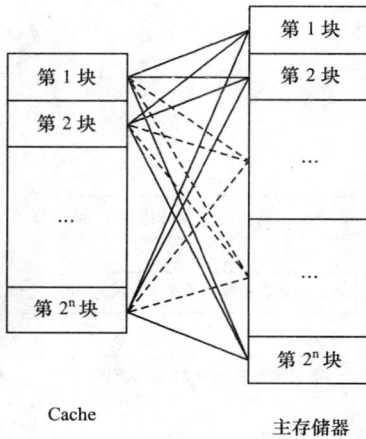

图 4-27  全相联映象          图 4-28  直接映象

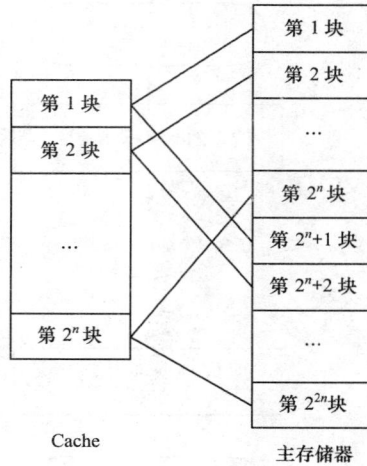

去。这种替换算法需不断记录 Cache 中各个字块的使用情况,以便确定哪个字块是最少被使用的字块。LRU 替换策略的平均命中率比 FIFO 要高,并且当分组容量加大时,能提高 LRU 替换策略的命中率,但实现起来比较复杂。

# 4.7  存储器的组织与管理

## 4.7.1  存储器在系统中的连接逻辑

半导体存储器主要用做微型计算机的内部存储器。在微型计算机系统中,内部存储器与系统的连接指的是存储器与 CPU 的连接。对于这些连接,一般是通过地址总线、数据总线和控制总线实现与外部的信息传输和操作控制的,因而存储器系统在微型计算机系统中的连接逻辑,实际就是存储器与三总线的连接与工作关系。

**1. 存储器与 CPU 连接时需考虑的问题**

(1)CPU 与存储器速度的匹配

CPU 对内部存储器进行读写操作时,首先由地址总线给出地址信号,然后发出进行读操作或者写操作的控制信号,最后才在数据总线上进行数据的读或写操作。由于 CPU 访问内部存储器的时序是固定的,在存储器与 CPU 连接时,要保证 CPU 对存储器正确、可靠地存取,必须考虑存储器的速度能否与 CPU 的速度匹配。

尽管随着半导体加工工艺的进步,存储器的工作速度有所提高,但是一般来说,与 CPU 的要求仍然存在较大的差距。在这种情况下,为了使 CPU 能与不同的存储器"协调"工作,比较常用的办法是在 CPU 的工作周期中加入适当的等待周期 $T_w$。如果与 CPU 连接的存储器速度较慢,CPU 不能在规定的工作周期内完成读/写操作,就自动地插入一个或几个 $T_w$,使 CPU 能够完整、可靠地完成与较慢的存储器之间的读/写操作,然后 CPU 进入下一个工作周期。在这种情况下,存储器的接口逻辑必须能够给 CPU 提供等待信号,而 CPU 负责监测这种信号的相应输入端,存储器与 CPU 之间相互配合,完成 $T_w$ 的插入与读/写操作。

（2）CPU 总线负载能力

在微型计算机系统中，CPU 通过总线与存储器和 I/O 接口芯片相连，这些芯片有的是 TTL 器件，有的是 MOS 器件。通常 CPU 总线的负载能力为一个 TTL 负载或 20 个 MOS 负载。因此，当总线上挂接的负载总数超过 CPU 的负载能力时，就需要在总线上加设缓冲器或驱动器，由缓冲器或驱动器来驱动工作负载。

（3）存储器的地址分配

微型计算机系统的内部存储器包括 ROM 和 RAM 两大部分。其中，ROM 用于存放系统监控程序等固化程序以及固定数值；RAM 分为系统区和用户区，系统区用于监控程序和操作系统占用的内存区域，用户区用于存放用户的程序和数据。由此可见，对于一个完整的微型计算机系统，合理安排内存区域十分重要。另外，由于单片存储芯片的容量有限，计算机的存储器系统通常是由多个存储芯片组合而成的。因此，这些存储器应怎样组合，在工作中各存储芯片怎样选择和控制，都是必须要考虑的问题。

**2. 存储器的地址控制**

目前微型计算机系统的存储系统通常是由多片存储芯片组成的。当用多片存储芯片组成存储器时，就出现了芯片的控制问题。

在实际应用中，一般利用地址总线的低位地址线直接控制存储芯片的地址引脚，由存储芯片的片内译码器实现芯片的片内寻址；而地址总线的高位地址线则进行译码后产生选择存储芯片的控制信号，实现片间寻址。根据对地址总线的高位地址译码方案的不同，实现片选控制的方式一般有三种，即线选方式、全译码方式和部分译码方式。

（1）线选方式

线选方式就是把地址总线的高位地址线不经过译码，直接作为片选信号与各存储芯片的片选信号端连接。只要该地址线有效，就选中该芯片，从而实现了片选控制。

如图 4-29 所示，用 4 片均为 4 K×8 位的存储芯片，组成 16 K×8 位的存储器系统，利用线选方式对 4 片 4 K×8 的存储芯片进行片选。地址总线的低 12 位 $A_0 \sim A_{11}$ 与各存储芯片的地址引脚相连，作为片内地址选择。$A_{12} \sim A_{15}$ 为片选地址，分别与 4 片存储芯片的片选端 $\overline{CS}$ 相连。当 $A_{12} \sim A_{15}$ 中的某一位为 0 时（同一时间只有一位高位地址线为 0），表示对应芯片的片选信号 $\overline{CS}$ 有效，此时就选中了该芯片。

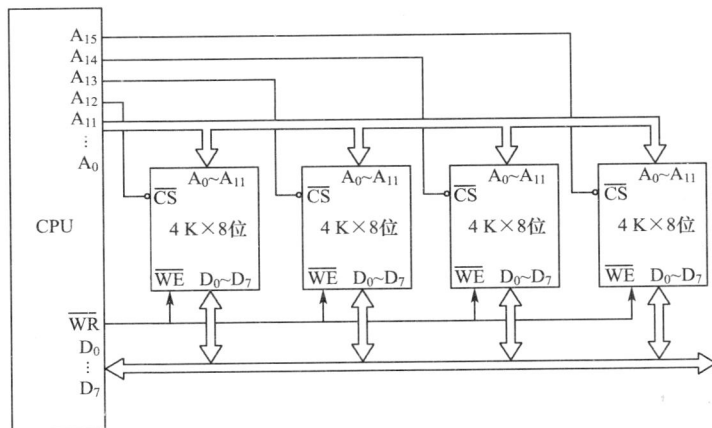

图 4-29　线选方式的片选控制

线选方式的电路连接简单、经济,不需要使用译码电路。但这种方式会使存储地址形成相互隔离的区段,地址空间利用率低,也给编程带来不便。

通常,这种片选方式只用于存储容量要求低且不会进行容量扩展的小型应用系统中。

(2)全译码方式

全译码方式就是除了把地址总线的低位地址线直接连到各存储芯片的地址线外,还要把地址总线的高位地址线全都用于译码。译码的输出信号作为各存储芯片的片选信号连到各存储芯片的片选端$\overline{CS}$。

如图 4-30 所示的是使用 4 个 16 K×8 位的存储芯片,采用全译码方式组成 64 K×8 位的存储器的连接逻辑。图中地址总线的低位地址 $A_0 \sim A_{13}$ 与各存储芯片的 14 位地址端连接,进行片内地址选择;利用剩余的两位高位地址线 $A_{14}$ 和 $A_{15}$ 经 2-4 译码器译码后分别与四个存储芯片的片选端$\overline{CS}$相连,实现了片间寻址。

全译码方式的优点是存储地址空间连续、不间断,地址利用率高,但需要使用译码器,电路复杂。

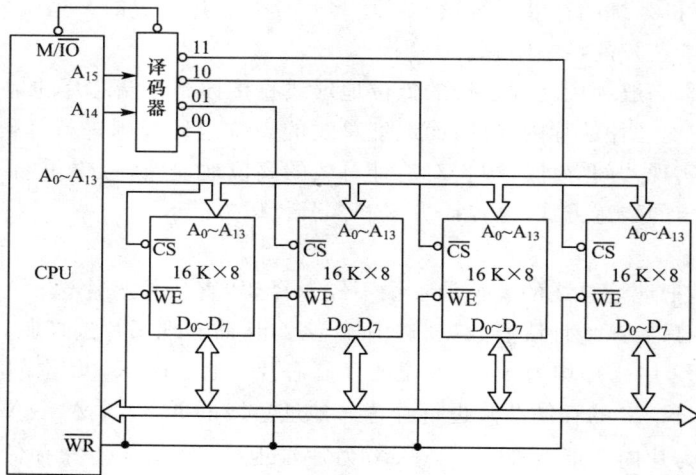

图 4-30 全译码方式的片选控制

(3)部分译码方式

部分译码方式是把地址总线的低位地址线直接连到各存储芯片的地址线,只是使用一部分地址总线的高位地址线进行译码,作为各存储芯片的片选控制。这种方法通常用于不需要使用全部地址空间,而且采用线选方式地址空间又不够用的情况。

采用这种片选方式时,由于未参加译码的高位地址可以随意取值,所以会出现地址重叠的问题。

**3. 存储器的扩展**

由于单个存储芯片容量有限,很难满足计算机存储容量和数据宽度的要求,所以整个存储器往往需要由多片存储芯片按一定的方式连接扩展才能组成。利用容量较小、位数较少的存储芯片组成计算机所需要的存储器,就是所谓的存储器扩展问题。存储器扩展的方法主要有位扩展、字扩展和字位扩展三种方法。

(1)位扩展法

位扩展是指存储单元的字的个数保持不变,加大字长(即位数的扩充)。采用这种方法构成存储器时,各存储芯片的地址线是并联的,读/写控制线也是并联的;而存储芯片的数据线则分别连接到数据总线的相应各位上。

如图 4-31 所示就是使用 8 片 16 K×1 位的存储芯片连接扩展成 16 K×8 位(16 KB)存储器的逻辑连接图。

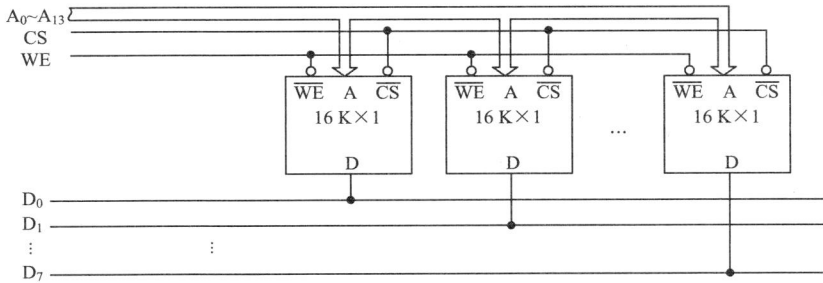

图 4-31　用位扩展法构成存储器的逻辑连接

在这种连接逻辑的电路中,各存储芯片同时进行相同的读写操作,每一片芯片对应数据的 1 位(只有一条数据线)。每一条地址总线接有 8 个负载(存储芯片的片数),每一条数据总线的负载是 1 个。

(2)字扩展法

字扩展法适用于每个存储芯片的位数与存储器的要求相同,但容量不足的情况。这时需要在字的数量上进行扩充,保持存储器的位数不变。

字扩展法把存储器的地址分成两部分:低位地址部分连接到各存储芯片作为芯片的片内地址,高位地址部分经过片选译码器译码后连接到各存储芯片的片选端,各存储芯片的数据线的对应位连接到数据总线的同一位上。如图 4-32 所示为利用字扩展法连接成 16 K×8 位存储器的逻辑结构图。

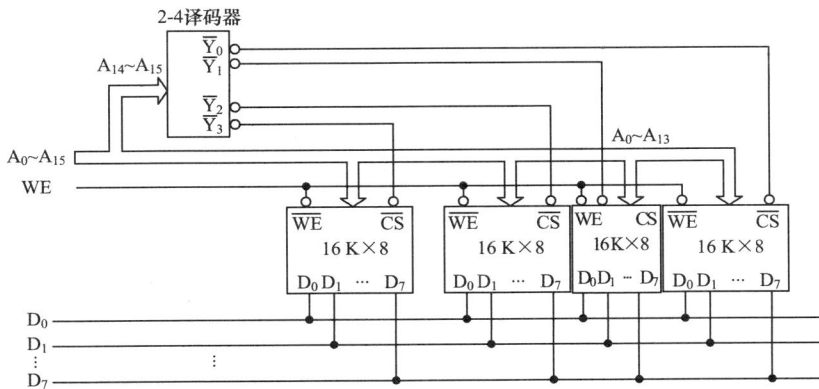

图 4-32　用字扩展法构成存储器的连接逻辑

在这种连接逻辑的电路中,由高位地址线译码生成的片选信号控制各存储芯片的片选输入端($\overline{CS}$),由于片选译码器的输出信号最多只能选择一个芯片,所以只有一个存储芯片处于工作状态,而其他未被选中的芯片不工作。

(3)字位扩展法

字位扩展法同时扩展位数和字数,也就是既在位方向上进行扩展,也在字方向上进行扩展。对于单个存储芯片来说,当位方向和字方向都不能满足需要时,就要利用这种方法进行扩展。例如,使用的存储芯片是 16 K×1 位,而存储器需要 64 K×8 位(64 KB),这就需要在位方向上扩展成 8 位,在字方向扩展成 64 K。具体扩展方法可以模仿位扩展方法,构成 16 K×8 位的存储组,再按照字扩展方式把 4 个这样的存储组构成 64 K×8 位的存储器,可用 2-4 译码器实现对存储组的组选控制。整个存储器一共使用了 32 片 16×1 位的存储芯片。具体电路逻辑读者可参照之前介绍的位扩展方法和字扩展方法练习画出来(注意,每一个存储组芯片的片选信号是相同的,实际上是本组的组选信号)。计算所需芯片数目的公式为:用 m×n 的芯片扩展成为 k×h,则需要芯片的数目是(k/m)×(h/n)。

## 4.7.2 PC 的存储管理

### 1. PC 机的内存空间分布

80X86 实模式下 PC 机的地址总线有 20 位,可寻址 1 MB 的地址空间。IBM PC/XT 存储器空间分布见表 4-6。IBM PC/XT 将 1 MB 的地址空间分为:地址 00000H~BFFFFH 共 168 KB 的 RAM 存储区,地址 C0000H~FFFFFH 共 256 KB 的 ROM 存储区。

RAM 存储区的前 640 KB 空间存放的是部分系统程序和用户程序,称为基本内存(或常规内存)。A0000H~BFFFFH 的 128 KB RAM 空间是显示器的显示缓冲区,存放单色或彩色显示器显示的字符或图形。

表 4-6                                    **IBM PC/XT 存储器空间分布**

| 地址范围 | 存储区 | 空间大小 |
|---|---|---|
| 00000H~003FFH | BIOS 中断向量表 | 1 KB |
| 00400H~004FFH | BIOS 数据区 | 0.5 KB |
| 00500H~9FFFFH | 用户程序区 | 638.5 KB |
| A0000H~BFFFFH | 显示缓冲区 | 128 KB |
| C0000H~F5FFFH | 附加 ROM 区 | 216 KB |
| F6000H~FFFFFH | 基本 ROM 区 | 40 KB |

ROM 存储区位于存储器高地址端。当系统仅有基本配置时,一般只安装 40 KB 的基本 ROM 区,存放 IBM PC/XT 的基本输入/输出系统(BIOS)和 BASIC 解释程序;当使用附加 216 KB ROM 时,ROM 存储区空间可扩充到 256 KB。附加 ROM 中可存放新的设备驱动程序和汉字库等。

80386 微机系统中地址总线有 32 位,可寻址 4 GB 的物理地址空间。80386 微机实际内存容量通常为 4 MB 或 8 MB。如图 4-33 所示是一个 80386 微机系统 4 MB 内存空间分布图,其中存储器低地址端 640 KB 为基本内存(常规内存),A0000H~FFFFFH 的 384 KB 是上位内存区,100000H~400000H 的 3 MB 是扩展内存(Extended Memory),扩展内存的第一个 64 KB 称为高端内存区(High Memory Area),此外还有 1 MB 的扩充内存(Expanded Memory)。

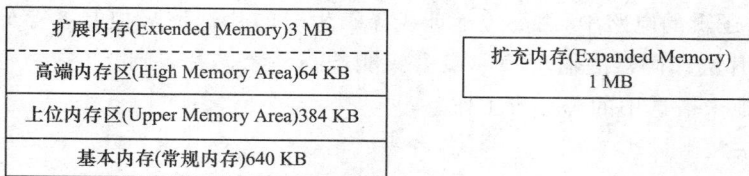

图 4-33  80386 微机系统 4 MB 内存空间分布

**2. 虚拟存储器的工作原理**

随着微处理器技术的不断进步,机器指令可寻址的地址空间越来越大,如果仅仅依靠增加实际内存容量的办法来满足程序设计中对存储空间的需求,成本较高而且利用率低。虚拟存储器技术提供了一个经济、有效的解决方案:通过存储管理部件(硬件)和操作系统(软件)将"主存—辅存"构成的存储层次组织成一个统一的整体,从而可以提供一个比实际内存大得多的存储空间即虚拟存储空间给编程者使用。

如果说"Cache—主存"存储层次解决了存储器访问速度与成本之间的矛盾,这种"主存—辅存"层次结构的虚拟存储器则解决了存储器大容量的要求和低成本之间的矛盾。通过软、硬件协作,由主存和辅存有机结合而形成的虚拟存储器系统,其速度接近于主存,而容量接近于辅存,每位平均价格接近于廉价的辅存的平均价格。虚拟存储器的示意图如图 4-34 所示。

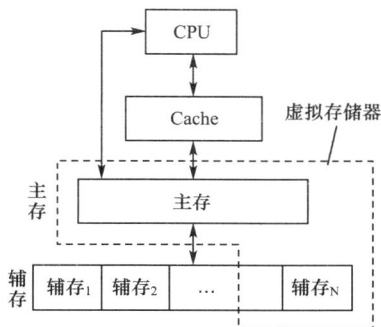

图 4-34　虚拟存储器示意图

从工作原理上看,尽管"主存—辅存"和"Cache—主存"是两个不同存储层次的存储体系,但在概念和方法上有不少相同之处:它们都是基于程序访问的局部性原理,把程序划分为一个个小的信息块,运行时都能自动地把信息块从低速的存储器向高速的存储器调度,这种调度所采用的地址变换、映象方法及替换策略从原理上看也是相同的。虚拟存储系统所采用的映象方式同样有直接映象、全相联映象及组相联映象等方式;替换策略也多采用 LRU 算法。然而,由"主存—辅存"构成的虚拟存储系统与"Cache—主存"存储系统也有很多不同之处:虽然两个不同存储层次均以信息块为基本信息传输单位,但 Cache 每块只有几个到几十字节(如82385 控制下的 Cache 传送块为 4 字节),而虚拟存储器每块长度通常在几百字节到几百 K 字节;CPU 访问 Cache 比访问主存快 5~10 倍,而虚拟存储器中主存的工作速度要比辅存快 100～1000 倍以上;另外,Cache 存储器的信息存取过程、地址变换和替换策略全部用硬件实现,且对程序员(包括应用程序员和系统程序员)是完全透明的,而虚拟存储器基本上是由操作系统的存储管理软件辅助一些硬件来实现的,对系统程序员(尤其是操作系统设计者)并不是透明的。

虚拟存储器的地址称为虚地址或逻辑地址,而实际主存的地址称为物理地址或实存地址。虚地址经过转换形成物理地址。虚地址向物理地址的转换由存储管理部件 MMU(Memory Management Unit)自动实现,编程人员在写程序时,可以访问比实际配置大得多的存储空间(虚拟地址空间),而不必考虑地址转换的具体过程。

在虚拟存储器中,通常只将虚拟地址空间中访问最频繁的一小部分映射到主存储器,虚拟地址空间的大部分映射到辅助存储器(如大容量的硬盘)上。当用虚地址访问虚拟存储器时,存储管理部件首先查看该虚拟地址所对应单元的内容是否已在主存中,如果已在主存中,则自动将虚地址转换为主存物理地址,对主存进行访问;如果不在主存中,则通过操作系统将程序或数据由辅存调入主存(同时,可能将一部分程序或数据从主存送回到辅存),然后进行访问。因此,每次访问虚拟存储器都必须进行虚地址向物理地址的转换。

为了便于虚地址向物理地址的转换以及主存和辅存之间信息的交换,虚拟存储器一般采用二维或三维的虚拟地址格式。在二维地址格式下,虚拟地址空间划分为若干段或页,每个段或页则由若干地址连续的存储单元组成。在三维地址格式下,虚拟地址空间划分为若干段,每个段划分为若干页,每个页再由若干地址连续的存储单元组成。根据虚拟地址格式的不同,虚拟存储器分为段式虚拟存储器、页式虚拟存储器和段页式虚拟存储器三种。这三种虚拟存储器的虚地址格式分别为：

　　段式虚拟存储器：段号　　段内地址

　　页式虚拟存储器：页号　　段内地址

　　段页式虚拟存储器：段号　　页号　　段内地址

　　另外，在虚拟存储器中采用了"按需调页"的存储管理方法。所谓"按需调页"就是程序中的各页仅在需要时才调入主存。这种管理方法的依据仍然是程序访问的局部性原理。一个程序本身可以很长，处理的数据也可能很多，产生的结果可能很庞杂，但在一个较短的时间间隔内，由程序产生的地址常常集中在一个较小的地址空间范围内。所以，在 CPU 执行程序时并不需要同时将程序的所有页均装入主存，只需装入 CPU 正在执行的指令所在的页及其附近几页即可，其余各页仍在辅存中。当程序执行到某一时刻需要转到没有调入主存中的页或者要处理的数据不在主存中的页上时，就发出"缺页"中断信号，由操作系统将所需的页从辅存调入主存。

　　采用这种"按需调页"的存储管理方法后，不仅可以在一个较小的主存空间中装入多个可供 CPU 执行的程序，还可以在程序长度超过主存容量的情况下照样执行程序。如果操作系统调度得当，就可以充分地利用程序访问的局部性原理，最大限度地减少"缺页"的发生，降低页面调入调出的开销，整个计算机系统的工作效率仍可很高。如果没有"按需调页"，程序员必须得亲自去考虑所编写的程序需要多大的运行空间，如果太大就要设法将程序分块，安排好何时装入哪些程序块去执行等。采用"按需调页"方法之后，上述工作就可以由操作系统自动完成。程序员不必考虑所编写的程序在运行时到底需要占用多大的存储空间，操作系统会自动地根据程序的运行情况按需在适当的时候将程序页调入主存。这就给程序员造成了一种感觉：他能使用的主存是一个容量比实际主存容量大得多的存储器，而这个很大的存储器正是虚拟存储器(Virtual Memory)。

**3. 80X86 微机系统中的虚拟存储技术**

　　80X86 系列微机的内存管理共有三种工作模式，即实地址模式(简称实模式)、虚地址保护模式(简称保护模式)和虚拟 8086 模式(简称 V86 模式)。8086/8088 CPU 只支持实地址模式；80286 CPU 支持实地址模式和虚地址保护模式；80386 以上的微机系统则支持实地址模式、虚地址保护模式以及虚拟 8086 模式。

　　实地址方式下，使用低 20 位地址线($A_0 \sim A_{19}$)，寻址空间 1 MB。任何一个存储单元的地址由"段地址"和"段内偏移量"两部分组成。段地址是由某个段寄存器的值(16 位)左移 4 位而形成的 20 位的段基地址，然后 20 位段基地址与 16 位段内偏移量相加形成某一存储单元的实际地址。在实地址方式下，系统有两个保留存储区域：FFFF0H～FFFFFH 保留的是系统初始化区，在此存放一条段间无条件转移指令，这样，每次系统复位时，自动转移到系统初始化程序入口处执行上电自检和自举程序；00000H～003FFH 保留的是中断向量表，内部存放的是 256 个中断服务程序的入口地址。

　　虚地址保护方式下，80286～80486 可实现虚拟存储和保护功能。80286 采用的是段式虚拟存储技术。在 80286 中，程序中可能用到的各种段(如代码段、数据段、堆栈段和附加段等)的段基地址和其他的段属性信息集中在一起，成为驻留在存储器中的"段描述符表"。80286 段寄存器中存储的不再是段基地址，而是段描述符的选择符(也称选择字)。由段寄存器中的选择符从"段描述符表"中取出相应的段描述符，得到 24 位段基地址，再与 16 位偏移量相加形成寻址单元的物理地址。80286 虚地址保护方式下存储器寻址如图 4-35 所示。

　　80386 和 80486 CPU 采用的是段页式虚拟存储技术，虚拟地址到物理地址的转换过程如图 4-36 所示。首先使用分段机制，由段寄存器中存储的段描述符选择符从"段描述符表"中得

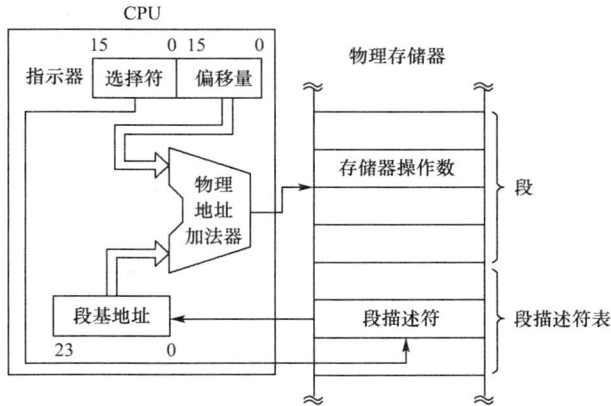

图 4-35　80286 虚地址保护方式下存储器寻址

到段基地址，再与 32 位的偏移量相加形成一个中间地址，称为"线性地址"。当分页机制被禁止时，线性地址就是物理地址；否则，由分页机制把线性地址转换为物理地址。

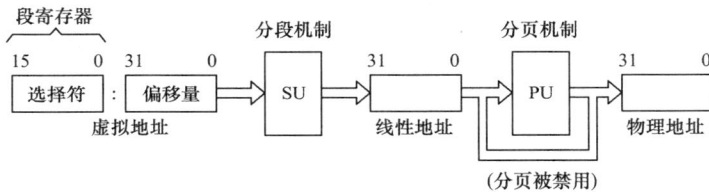

图 4-36　80386、80486 虚地址保护方式下的地址转换

　　80286～80486 的保护功能包括两个方面：一是任务间的保护，即给每一个任务分配不同的虚地址空间，使不同的任务彼此隔离；二是任务内的保护，即通过设置特权级别，保护操作系统不被应用程序所破坏。

　　虚拟 8086 方式是 80386 和 80486 的一种新的工作方式，这种工作方式可以在有存储管理机制保护和多任务的环境下，创建一个虚拟的 8086 工作环境，从而可以运行 8086 的各种软件。在虚拟 8086 方式下，各种 8086 的任务可以与 80386 和 80486 的其他任务同时运行，相互隔离并受到保护。

# 本章小结

　　存储器是组成计算机的五大部件之一，是计算机的记忆部件。

　　本章首先介绍了存储器在计算机体系中的重要作用、存储体系与结构和存储器的分类。然后进一步介绍了主存储器的组成、各类主存储器的基本原理、结构与控制。最后通过对高速缓冲存储器和存储器的组织与管理的介绍，说明了具体 PC 类微型计算机的存储系统和技术应用。

　　针对近几年存储技术发展变化较大的特点，本章还介绍了较新的存储器技术和具体应用，如 DDR、Flash 只读存储器和 FRAM 铁电存储器等。

　　通过这些内容，可以帮助读者掌握微型计算机存储系统的基本原理、体系结构、存储器的分类以及目前常用的存储器技术。

# 习　题

**1. 选择题**

(1)(　　)的含义是双倍速率同步动态随机存储器。

A. SIMM　　　　　B. DDR　　　　　C. DIMM　　　　　D. RIMM

(2)某 RAM 芯片,其容量为 512×8 位,除电源端和接地端外,该芯片引出线的最小数应为(　　)。

A. 25　　　　　　B. 23　　　　　　C. 21　　　　　　D. 19

(3)某微型计算机系统,其操作系统保存在软磁盘上,其内存储器应该采用(　　)。

A. RAM　　　　　B. ROM　　　　　C. RAM 和 ROM　　D. CDROM

(4)EPROM 是指(　　)。

A. 随机读写存储器　　　　　　　　B. 只读存储器

C. 可编程的只读存储器　　　　　　D. 可擦除可编程的只读存储器

**2. 填空题**

(1)根据使用的器件不同,RAM 可分为_____和_____两种。

(2)只读存储器按功能可分为_____种,EEPROM 指的是_____存储器。

(3)存储器是计算机系统中的记忆设备,主要用来_____。

(4)与外存储器相比,内存储器的特点是_____。

(5)GDDR(Graphics Double Data Rate)是_____的一种,是为高端显卡特别设计的高性能_____存储器。

**3. 简答题**

(1)ROM、PROM、EPROM 和 EEPROM 各有何特点? 适用于何种场合?

(2)RAM 分为哪两种? 各有何特点?

(3)已知存储系统的 RAM 芯片的存储容量为 16 K,ROM 芯片的存储容量为 4 K×8 位,每种存储芯片的地址线和数据线分别是多少?

(4)内存储器的主要性能指标是哪几个?

(5)某 SRAM 的一单元中存放有一个数据(如 6AH),CPU 将其取走后,该单元的内容是什么?

(6)EPROM 存储器芯片还没有写入信息时,各个单元的内容是什么?

(7)简要说明存储器的分类。我们常说的内存和外存是根据什么进行的分类?

(8)简述主存储器的结构及各部分作用。

(9)试对静态 RAM 和动态 RAM 做简单比较。

(10)什么是高速缓冲存储器? 在微机系统中使用高速缓冲存储器的作用是什么?

(11)从存储技术的角度来看,同档次的奔腾 CPU 与赛扬 CPU 之间有什么不同?

(12)你认为 PC 机内存的片选控制的方式是哪一种? 为什么? 它的内存扩展又是采用的什么方法?

(13)什么是虚拟存储器? 它的作用是什么?

(14)线选译码、部分地址译码和全地址译码各有什么特性? 分别适用于什么情况?

(15)若某微机有 16 条地址线,现用 SRAM 2114(1 K×4)存储芯片条组成存储系统,采用线选译码时,系统的存储容量最大为多少? 此时需要多少个 2114 存储器芯片?

# 第 5 章

# 微机系统总线技术

## 5.1 微机系统总线概述

### 5.1.1 总线技术简介

总线是一种数据通道,是计算机中两个或两个以上的模块(部件或子系统)之间相互连接与通信的公共通路。总线不仅仅是一组传输线,还包括相关的控制、驱动电路及一整套管理数据传输的规则(协议)。在计算机系统中,总线可以看成一种具有独立功能的组成部件。

总线的特点在于为多种外设提供了公共、统一的接口。如果是某两个部件或设备之间专用的信号连线,就不能称为总线。总线的一个很重要的特征是传输媒质被总线上的所有部件共享,可以将计算机系统内的多种部件连接到总线上。

在计算机工业发展的早期,在计算机各个部件之间的关系是建立点到点的直接联系。这种方式虽然具有直接连接、独立使用和传送速度快的优点,但致命弱点是部件间相互关系太多,连接线繁杂。自从 1970 年美国 DEC 公司在其 PDP 11/20 小型计算机上采用 Unibus 以后,各种标准的、非标准的总线纷纷面世。由于能简化系统设计,便于生产厂商专业化大规模生产,降低产品成本,提高产品的性能和质量,便于产品更新换代,满足不同用户需求及提高可维修性等,总线技术得到迅速发展。采用标准的总线结构,是微型计算机体系结构的突出特点。可以简化系统硬软件的设计及调试过程,缩短了研制周期,从而降低了系统的成本。

微型计算机系统采用的总线结构主要有以下优点:

**1. 简化系统结构**

微型计算机系统中采用总线结构后,系统中各功能部件之间的相互关系变为面向总线的单一关系。采用总线还可使整个微型计算机系统的结构简单规整、清晰明了,大大减少各模块间的连线。各模块(插件)的同一引脚都是同一定义的总线信号,从而使各种插件间的连接便于用公共的总线插槽形式实现互联,提高可靠性,简化了微型计算机系统的设计和制造。

**2. 简化硬件和软件的设计**

总线结构不仅使微型计算机的设计和生产变得方便,而且为微型计算机产品的标准化、系列化和通用性提供了方便。就硬件设计而言,无论是主板还是接口板,设计者只要按照总线标准(规范)设计即可,而不必考虑如何适应主机特性以及与其他部件的关系等问题。只要设计是遵循总线标准的,在系统中所有产品都具有互换性和通用性,就软件设计而言,硬件的模块化(插件式)结构,也使得软件设计便于采用模块化的程序设计方法,缩短了软件开发周期。

**3.方便系统功能扩充或性能更新**

由于总线实行标准化,系统的扩充十分方便。若要扩充系统规模,只要选择符合总线标准的同类插件(或板、卡)直接插入系统扩充槽即可;若要进行功能扩充或更新,只要插入功能更强的插件或器件即可实现。

根据工作特征,总线通常由一组信号线组成,构成总线的主要信号线有:

(1)数据线:用于传送数据信息,其数目的多少决定了一次能够传送数据的位数。

(2)地址线:用于传送地址信息,其数目的多少决定了系统能够直接寻址的地址范围。

(3)控制、时序和中断信号线:这一类信号线决定了总线功能的强弱以及适应性的好坏。性能良好的总线应该具备控制功能强、时序简单和使用方便的特性。

(4)电源线和地线:这一类线决定了电源的种类及地线的分布和用法。

(5)备用线:这一类线是厂商和用户作为性能扩充或特殊要求预留或使用的。

总线信号的逻辑特性有所不同,有些总线信号输出通常的逻辑状态,即逻辑 0 和逻辑 1;也有些总线信号是三态输出的,即这些总线信号有三种可能的输出状态,即逻辑 0、逻辑 1 及高阻状态。当一个与总线相连的部件的输出信号处于"高阻态"时,该部件与总线之间呈现极高的阻抗,就如同该部件与总线的连接断开或将该部件从总线上拔掉一样。总线的这种三态逻辑特性使总线的管理和控制非常灵活、方便。

## 5.1.2　总线的分类

计算机系统内拥有多种总线,它们在计算机系统内的各个层次上为各部件之间的通信提供通路。按照使用范围和功能来分,总线可分为以下几种类型:

**1.片内总线**

片内总线是指位于集成电路芯片内部的总线。例如,位于微处理器内部,用来连接微处理器内部的各个逻辑部件(如 ALU 和寄存器等)。片内总线在制作 CPU 大规模集成电路时就已经制作好,对于一般计算机用户来说是接触不到的,因此与用户无关。

**2.片总线**

片总线也称元件级总线或局部总线,是各种板、卡上的芯片与芯片之间连接的总线,是为芯片提供的标准信息接口。通常主机板、显示卡和各种 I/O 接口板卡等也都采用总线方式构成。这些总线的表现形式是各芯片引脚的延伸与连接,一般与 CPU 密切相关,在将接口电路与 CPU 连接时就要与片总线打交道。

片总线是微型计算机系统中的重要总线之一,是接口设计的重要内容。由于一个主板或I/O 接口板相对于微型计算机系统是一个子系统,是一个局部,所以又将片总线称为局部总线。

**3.内总线**

内总线又称为系统总线或板级总线,即通常所说的微型计算机总线,是微型计算机内最重要的总线。由于该总线是用来连接微型计算机各功能部件(如存储器、I/O 接口板和卡等),进而构成一个完整微型计算机系统的,所以通常被称为系统总线。人们通常所说的微型计算机总线就是指系统总线,如 PC 总线、ISA 总线、EISA、PCI、AGP、PCI-E 总线等。

**4.外总线**

外总线也称为通信总线,用于系统间的连接与通信。外总线为微型计算机系统之间,微型计算机与仪器、仪表、控制装置或其他设备间提供标准连接,它也是计算机网络所设置的外部总线,其表现形式是微型计算机前、后面板上的某些通信插口,如 EIDE、SATA、RS-232 等。外总线不属于某个微型计算机特有,是微型计算机应用系统中才涉及的一种总线。

微型计算机中各类总线的位置与相互关系如图 5-1 所示。图 5-1 中的系统总线,即通常意义上所说的微型计算机总线,是连接 CPU、主存和 I/O 接口电路的信号线,并实现有关控制逻辑。

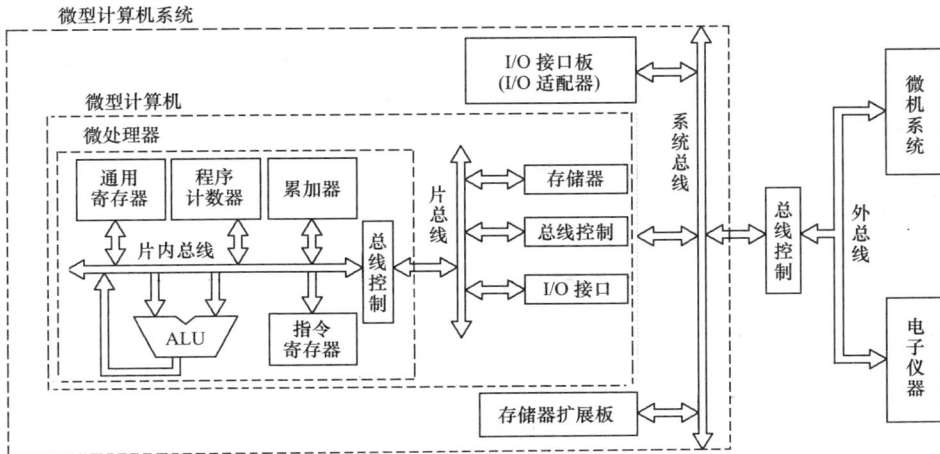

图 5-1　微型计算机系统中的各类总线关系

按照总线传递信息的类别,总线由以下三部分组成:

(1)数据总线:是一种三态控制的双向总线。通过它可以实现 CPU、主存和 I/O 接口电路之间的数据交换。例如,可将 CPU 输出的数据传送到相应的主存单元或 I/O 接口电路中去,或将主存单元或 I/O 接口电路中的数据输入到 CPU 中来。通常,数据总线的宽度与 CPU 处理数据的位数相同。

总线的三态控制对于高速数据传送方式,特别是直接存储器访问(DMA)方式是必要的。

(2)地址总线:是 CPU 输出地址信息所用的总线,用来确定所访问的内存单元或 I/O 端口的地址,一般是三态控制的单向总线。地址总线的位数决定了 CPU 可直接寻址空间的大小。另外,由于大规模集成电路封装的限制,芯片的引脚数有限,所以有些 CPU 对地址总线的一部分进行分时复用,即有时传送地址,有时传送数据,根据传送的信息由相应的控制信号来选通。这种总线分时复用技术的优点是可以节省芯片引脚的数目,缺点是增加了时序和控制逻辑的复杂性。

(3)控制总线:通过它传输控制信号,使微型计算机各个部件协同工作。这些控制信号中有从 CPU 向其他部件输出的,也有从其他部件输入到 CPU 的;有的用于系统读/写控制,也有的用于中断请求与中断响应、DMA 及复位等。根据需要一部分控制总线信号也是三态的。

## 5.1.3　总线的主要参数

总线技术在整个计算机系统中占有十分重要的位置。任何系统的研制和外围模块的开发,都必须服从一定的总线规范。总线的结构不同,性能差别很大。由于计算机总线的主要职能是负责计算机各模块间的信息传输,所以对总线性能的衡量也是围绕着这一职能而定义、测试和比较的。

总线的性能指标有如下几方面:

**1.总线宽度**

总线宽度指数据总线一次能同时传送的数据位数，用位(bit)表示。总线宽度一般以字节的倍数为单位，如 8 位、16 位、32 位和 64 位等。

**2.总线带宽(标准传输速率)**

总线带宽指在一定时间内，总线上可传送的数据总量，用每秒最大传输数据量来表示。总线的数据传输率的计算公式是：

总线的数据传输速率＝(总线宽度÷8 位)×总线频率，单位是 MB/s。

例如，PCI 总线的总线频率为 33.3 MHz，总线宽度为 32 位，其数据传输率为 133 MB/s。

**3.总线的工作时钟频率**

总线的工作时钟频率指总线的工作频率，以 MHz 为单位。总线工作频率越高，工作速度越快，总线带宽就越宽。

## 5.1.4　总线操作与通信协议

**1.总线操作**

微型计算机系统中的各种操作，包括从 CPU 把数据写入存储器、从存储器把数据读到CPU、从 CPU 把数据写入端口、从输入端口把数据读到 CPU 以及 CPU 中断操作等，其本质都是通过总线来实现的，这些通过总线进行的信息交换统称为总线操作。根据总线的工作特征，在同一时刻，总线上只能允许一对模块进行信息交换。当有多个模块都要使用总线进行信息传输时，只能采用分时方式，一个接一个地轮流交替使用总线，即将总线时间分成很多段，每段时间可以完成一次模块之间完整的信息交换，通常称之为一个数据传输周期或一个总线操作周期。

一个总线操作周期，一般分为以下四个阶段：

(1)总线请求和仲裁阶段——当系统有多个主控模块时，需要使用总线的主模块必须提出请求，由总线仲裁机构确定把下一个传输周期的总线使用权分配给哪一个请求源。若总线上只有一个主控模块，则无需此阶段。

(2)寻址阶段——取得总线使用权的主模块，通过总线发出本次要访问的从模块的存储器地址或 I/O 端口地址及有关命令，选中参与本次操作的从模块并使其开始启动。

(3)数据传输阶段——主模块控制主模块与从模块之间或从模块之间进行数据传送，数据由源模块发出，经过数据总线传送到目的模块。

数据的交换在源模块与目的模块之间进行，这并不是说只能在主模块和从模块之间进行数据交换。可以是主从模块之间，也可以是从模块之间(如由 DMA 控制器控制的 I/O 与内存之间的数据传送)的数据交换。主模块可以是源模块、目的模块或第三方控制模块。

(4)结束阶段——主从模块的有关信息均从总线上撤除，让出总线，以便其他模块能继续使用。通常这一阶段还包括对传输数据的错误检测过程。

为了确保这四个阶段正确推进，必须施加总线操作控制。当然，对于只有一个主模块的单处理器系统，实际上不存在总线的请求、分配和撤除问题，总线始终归它所有，所以数据传送只需要寻址和传送两个阶段。但对于包含 DAM 控制器和多处理器的系统，则必须有某种总线管理机构来控制总线的分配和撤除。

**2. 总线仲裁**

连接到总线上的模块按照对总线的控制能力可分为总线主设备和总线从设备。总线主设备是具有控制总线能力的模块,通常是 CPU 或者以 CPU 为中心的逻辑模块;总线从设备是能够对总线上的数据请求做出响应,但本身不具备总线控制能力的模块。在早期的计算机系统中,一条总线上只有一个主设备,总线一直由它占用,不需要仲裁进行总线资源的分配。当系统总线上挂接了多个总线主模块时,由于每个模块都可以控制总线,所以必然存在总线资源占用的问题。在同一个时刻有两个或者两个以上的主模块要求申请使用总线时,系统就必须有一个仲裁机构,或总线控制机构对总线的使用进行合理的分配和管理。这个总线的控制机构称为总线仲裁器。

对于一个具有多个主设备的系统,总线控制的方法通常有以下三种:

①在总线上设置令牌,以避免出现总线争用的情况。具体地说就是在各个主设备之间传送令牌,只有获得令牌的主设备才有权申请总线,这就避免了多个主设备同时申请总线的现象。这种方法的效率很低,其性能主要取决于令牌的传送策略。最容易实现的是按照事先安排的顺序在各个主设备之间传送令牌,即静态仲裁。

②采用 CSMA/CD(具有冲突检测的载波侦听多路访问)技术来解决总线争用问题,即允许出现总线冲突,每个主设备只要检测到总线空闲就可以使用总线进行数据传输。一旦检测到总线冲突,系统立即强制所有使用总线的主设备放弃总线,经过一段时间后再进行重试,这种方法的特点是简单,但只适合于共享总线的主设备数目比较少的场合,效率比较低。

③介于前两种方法之间,即允许出现总线争用,不允许总线冲突,也就是说同时申请总线的主设备可以多于一个,但获得总线使用权的主设备却只能有一个,这是应用最广泛的总线仲裁的方法。

总线仲裁系统的组成与总线控制的方式有关。一般,总线控制方式有集中控制方式和分布控制方式两种。集中控制方式是将总线仲裁逻辑集中在一起或者设置一个单独的控制器;分布式控制方式则将总线仲裁逻辑分散在各个连接于总线的主模块中。目前,系统总线多采用集中控制方式解决总线使用权的控制问题。

按照对各主模块优先权的仲裁确定方式不同,常用的总线仲裁方法有串行仲裁和并行仲裁。

**3. 总线通信协议**

为确保在源模块和目的模块之间传递数据能协调一致,应当由定时时针信号控制。

(1)同步总线协议

这是最简单易行的一种握手技术,其控制源只有一个时钟振荡器,时钟脉冲的前沿和后沿分别指明一个总线操作周期的开始和结束。总线上的所有模块都是在同一时钟源的控制下步调一致地工作,从而实现整个系统工作的同步。

在同步总线协议中,由于采用了公共时钟,每个模块什么时候发送或接收信息都有统一的时钟规定,通信时不需要附加时间标识或应答。所以,同步总线协议具有较高的传输速率。

由于同步方式对任何两个设备之间的通信都给予同样的时间安排,同步总线协议适用于总线上各模块之间的距离及各模块的速度比较接近的情况。就总线长度而言,必须根据距离最长的两个设备的传输延迟来设计公共时钟,以满足最长距离的要求;就模块速度而言,必须根据速度最慢的模块来设计公共时钟,以适应最慢模块的需要。如果总线上各模块之间的距离和设备速度相差较大,就会大大降低总线的效率。

（2）异步总线协议

异步总线协议允许总线上的模块有各自的时钟，在模块之间进行通信时没有公共的时间标准，而是靠发送信息时同时发出该部件的时间标识信号或由应答方式来进行。

异步总线协议多采用应用最广也最可靠的全互锁异步协议。所谓"全互锁"，就是总线上的主控器和受控器完全采用一问一答的方式工作。在这种方式中，发送模块将数据送到 DATA 总线上，延迟一定时间后发出有效的 READY 信号，即 READY＝"1"，通知对方数据已在总线上；接收部件以 READY 信号的"1"电平作为选通脉冲开始接收数据，在取走数据后发出有效的 ACK 信号（即 ACK＝"1"）作为回答，表示数据已接收，同时在收到 READY 信号下降沿后随即使 ACK 信号无效（即 ACK＝"0"）。发送模块收到 ACK 的有效信号后可以撤除数据，并使 READY 信号无效（即 READY＝"0"），以便进行下一次传送。具体过程如图 5-2 所示。

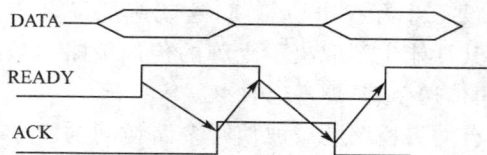

图 5-2　全互锁异步总线协议

在全互锁方式中，READY 信号和 ACK 信号的宽度是根据传输情况的不同而变化的，传输距离不同或者各模块速度快慢不一样，则信号的宽度也不同。

采用全互锁异步通信方式可靠性高，适用于速度不同的部件之间的通信，因而得到了广泛的应用。缺点是每完成一次传输，发送和接收模块之间的互锁控制信号都要经过四个步骤，即请求、响应、撤销请求和撤销响应。因此，异步方式比同步方式速度慢，总线的带宽窄，总线传输周期长。

## 5.1.5　总线的标准化

总线是计算机系统模块化的产物，为了获得广泛的法规支持和生产厂商的响应，对总线有如下一些要求：

①支持众多的性能不同的模块；

②支持批量生产，并要求质量稳定、价格低廉；

③要求可替换、可组合。

这就要求解决总线的标准化问题，使用标准总线。标准总线的种类很多，如在 PC 机中有 ISA 总线、EISA 总线、MCA 总线和 PCI 总线等。

目前，总线的标准形成了工业标准（也称事实上的标准）和法定标准两种标准体系。

无论是哪一种标准体系，为了充分发挥总线的作用，每个总线标准都必须有具体和明确的规范说明，最常见的有以下几个方面的技术规范或特性：

（1）物理特性

指总线物理连接的方式，包括总线的根数、总线的插头和插座的具体形状以及引脚的排列等。

（2）功能特性

指总线中每一根信号线的名称及功能定义。

（3）电气特性

规定总线信号的逻辑电平、传递方向、噪声容限以及负载能力等。一般规定送入到 CPU 的信号为输入信号，从 CPU 送出的信号为输出信号。例如，ISA 总线的地址线就是输出线，数据线是双向的。一般的信号线为高电平时有效，但如果信号名称上面有一横线或信号名称后面有 ♯，则表示该信号低电平有效。

（4）时间特性

对各总线信号的动作过程和时序关系进行说明，即每根线在什么时间有效，什么时间用户需要把信号送上总线，什么时间用户可以在总线上得到有效的信号等。

# 5.2 微机系统内部总线及接口标准

## 5.2.1 ISA 总线

最早在微型计算机 PC 机中应用的系统总线是于 1981 年 IBM 公司推出自己的第一台微型计算机——PC/XT 时定义的总线，称为 PC 总线或 PC/XT 总线。PC 总线是针对 Intel 8088 CPU 设计的，主要应用于早期的 PC/XT 微机。PC 总线在每个插槽配有 62 个引脚，分别用于传输不同的信号。

PC 总线的 62 个引脚包括：8 根数据线、20 根地址线、21 根控制线、2 根状态线和 11 根辅助线及电源线。

由于 PC 总线提供的数据线只有 8 位，1984 年 IBM 公司推出采用 80286 CPU 的 IBM PC/AT 机时，原有的 8 位数据总线已经不能满足具有 16 位数据线的 80286 CPU 的需要。所以，IBM 公司为 IBM PC/AT 微型计算机推出了具有 16 位数据线的 PC/AT 总线。

由于 IBM 公司从未公布过他们的 AT 总线规格，尽管各兼容机厂商根据其外部特征模仿出了 AT 总线，但还是存在某些模糊不清的地方。为了能够更好地合理开发外接插板，由 Intel 公司、IEEE 和 EISA 集团联合开发出与 IBM 的 PC/AT 总线意义相近的 ISA（Industry Standard Architecture，工业标准体系结构）总线。

为了充分地发挥 80286 CPU 的优良性能，同时又要最大限度地与 PC/AT 总线兼容，ISA 总线在原 XT 总线的基础上，将数据总线扩展为 16 位，地址总线扩展为 24 位，将中断的数目从 8 个扩充到 15 个，并提供了中断共享功能，DMA 通道也由 4 个扩充到 8 个。从此，这种 16 位的扩展总线一直是各制造厂商严格遵守的标准，至今仍在使用。

ISA 总线的插槽由两部分组成，以实现 8 位和 16 位兼容。一部分有 62 个引脚，其信号分布及名称与 PC/XT 总线的插槽基本相同；另一部分是扩展部分，由 36 个引脚组成，分成两列，分别称为 C 列和 D 列。这种结构的扩展插槽既可以支持 8 位的插接板，也可以支持 16 位的插接板，如图 5-3 所示。

图 5-3 微型计算机主板上的 ISA 插槽

ISA 总线的主要性能指标如下：

①工作频率 8 MHz；

②I/O 地址空间 0100H～03FFH；

③24 位地址线可直接寻址的空间为 16 MB；

④8/16 位数据线 62＋36 引脚。

## 5.2.2　EISA 总线

随着 CPU 性能的提高，ISA 总线在性能上的局限逐渐成为 PC 机性能提高的瓶颈，而且总线的物理结构又制约了总线的带宽(8 MHz)。由于 ISA 规定中断源为边沿触发，也使得中断的使用不够灵活。尤其是它的硬件配置技术性强，增加了与 PC 兼容功能模块开发的复杂性。

80386 CPU 推出后，为充分发挥其性能，IBM 重新设计了总线，即 MCA(Micro Channel Architecture，微通道结构)总线。MCA 总线技术较先进，支持多 CPU，多个总线主控；支持 16 位和 32 位数据以及 24 位和 32 位地址；数据传输速率达 40 MB/s，是一种高性能总线。但是，由于 MCA 总线与当时已广泛使用的 ISA 总线不兼容，而且不支持 ISA 外设，影响了在 PC 兼容机上的使用。另外，从技术保密的角度，IBM 公司也未向其他兼容机厂商开放 MCA 的技术标准。因此，尽管 MCA 总线是一个非常优秀的设计，但未得到推广。

为了与 MCA 总线技术抗衡，Compaq、HP、AST、Epson 和 NEC 等九家公司联合推出了一种与 ISA 兼容的总线标准，称为增强的工业标准体系结构 EISA(Extended Industry Standard Architecture)。

由于 EISA 是从 ISA 发展起来的，而且与 ISA 兼容，又在许多方面参考了 MCA 的设计，具有较好的性能，所以受到众多 PC 机厂商及用户的欢迎，成为一种与 MCA 相抗衡的总线标准。

EISA 总线的主要特点如下：

(1)总线时钟保持为 8 MHz，最大数据传输速率可达 33 MB/s(ISA 为 16 MHz)；

(2)支持新一代智能总线主控技术，使外设控制卡可以控制系统总线；

(3)可以实现 32 位内存寻址，实现对 CPU、DMA 和总线控制器的 32 位数据传送，支持猝发式传输访问；

(4)支持电子触发中断方式、多 CPU 和自动配置等。

由于 EISA 保持了与 ISA 总线的兼容性，从而保护了人们已在 ISA 总线微机硬件和软件上的巨大投资。EISA 适用于对总线使用要求较高的系统软件，如 Windows、UNIX 和 OS/2 等，也适用于要求数据传输速率高及数据传输量大的场合，如高速图形处理、LAN 管理和文件服务应用软件等。

EISA 总线与 ISA 总线保持向下兼容，其插槽与 ISA 插槽的物理尺寸完全一致，ISA 标准插卡能直接插入 EISA 总线插槽内。为了实现二者的兼容，EISA 在 ISA 的 98 个引脚基础上又增加了 100 个引脚，但其插槽做成两层，上面一层是 ISA 总线的引脚，下面一层是增加的引脚。在下面一层有特别设置的定位键来进行限位，使 ISA 扩展板不能深插到底，只能与上层触头接触；EISA 扩展板的相应位置上设有缺口，可以深插，从而使上下两排触片都能保持良好接触。

由于 EISA 总线是将 ISA 总线扩展成 32 位而形成的标准，所以 EISA 又被称为 ISA-32。

## 5.2.3　PCI 总线

**1. 概述**

微型计算机系统的总线从 PC/XT 开始,经过了 ISA、MCA 和 EISA 等结构的不断改进,在这些改进中首要的是增加寻址与数据传输能力,其次是增加仲裁系统与各类控制信号。随着 CPU 性能的提高,CPU 的处理速度越来越快,系统总线上原有的传输速度已渐渐不能满足要求,尤其是在 Windows 操作系统普及后,对图像传输的要求大增,新的系统总线如果不提高数据传输速度,就很难满足视频处理上的要求。尤其是在显示全动画视频时,显示器的速度会慢得让人难以忍受。解决这类问题的办法就是在 CPU 和任何高带宽设备之间的数据传输采用局部总线设计。为解决此类问题,先后出现了 VESA、PCI 和 AGP 等一系列局部总线产品。

PCI 总线(Peripheral Component Interconnect,外围部件互连总线)是于 1991 年由 Intel 公司首先提出,并由 PCI SIG(Special Interest Group,PCI 特殊兴趣工作小组)发展和推广的一种总线。PCI SIG 是一个包括 Intel、IBM、Compaq、Apple 和 EDC 等近千家业界领先公司在内的组织集团,拥有并管理开放式行业标准——PCI 规范,负责定义和实现新的行业标准 I/O(输入/输出)规范。该组织于 1992 年 6 月推出了 PCI 1.0 版;在 1993 年 5 月发布了 PCI 2.0;1995 年 6 月又发布了支持 64 位数据通道、66 MHz 工作频率的 PCI 2.1;1999 年发布了 PCI 2.2;2002 年发布了 PCI 2.3。

PCI 总线的即插即用功能使系统自动进行外围设备的设置,而不必再手动设置 IRQ 跳线、DMA 和 IO 地址。另外,PCI 总线还有自己的中断系统,并允许 IRQ 共享。所有这一切都使设备的使用更加简便。

PCI 总线的控制方式允许 PCI 总线上的设备取得总线的控制权,直接传输数据而不必再经过 CPU 的处理,这样降低了潜伏期和 CPU 的使用率。

伴随着 Pentium 的出现,PCI 总线由于在当时较之于竞争对手有着明确的优势,使其在 1994 年成为这场总线之争的胜利者并统一了标准。从此以后,PCI 总线被大多数现代的高性能 PC 机系统采用,甚至连 Apple 公司的 Macintosh 系统也开始转向 PCI 总线。

**2. PCI 总线的结构及特点**

从体系结构上来看,PCI 总线不与 CPU 直接相连,而是使用桥路(Bridge)把 PCI 与局部总线连接起来。因此,PCI 是位于 CPU 的局部总线与标准扩展总线之间的一种总线结构,其结构如图 5-4 所示。

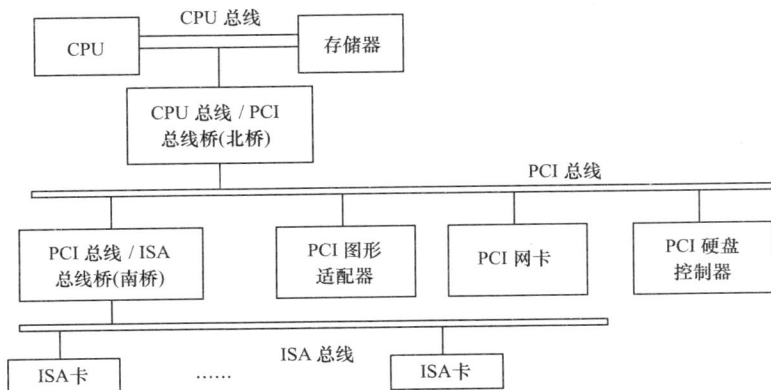

图 5-4　PCI 总线结构

图 5-4 是一个由 CPU 总线、PCI 总线及 ISA 总线组成的三层总线结构。CPU 总线也称CPU—主存总线或微处理器局部总线，CPU 是该总线的主控者。该总线实际上是 CPU 引脚信号的延伸。

由于 PCI 是从局部总线中隔离出来的，局部总线信号经过桥路及控制器后，已将 PCI 与局部总线隔开，因而不会出现类似 VL 总线造成的负载加重和 CPU 过热的问题。同样，由于PCI 没有局部总线的负载问题，允许主板有 10 个芯片组负载。

PCI 总线用于连接高速的 I/O 设备模块，如高速图形显示适配器（显卡）、网络接口控制器（网卡）和硬盘控制器等。通过桥接芯片（北桥和南桥），上边与高速的 CPU 总线相连，下边与ISA 总线相连。PCI 总线是一个 32 位/64 位总线，且其地址和数据是同一组线，分时复用。在现代 PC 机（如 Pentium 系列）主板上一般都有 2～3 个 PCI 总线扩充槽。

在上述 PCI 总线结构中，CPU 总线、PCI 总线及 ISA 总线通过两个桥芯片连成一个整体，桥接芯片起到信号缓冲、电平转换和控制协议转换的作用。人们通常将"CPU 总线/PCI 总线桥"称为"北桥"，将"PCI 总线/ISA 总线桥"称为"南桥"。这种以"桥"的方式将两类不同结构的总线"黏合"在一起的技术特别能够适应系统的升级换代。每当微处理器改变时只需改变CPU 总线和"北桥"芯片，这时全部原有外围设备及接口适配器仍可保留下来继续使用，从而较好地实现了总线结构的兼容性及可扩展性。

概括地说，PCI 总线有如下几方面的突出特点：

（1）高性能

PCI 总线的数据宽度为 32 位/64 位，时钟频率为 33 MHz/66 MHz，且独立于 CPU 时钟频率，其数据传输率可从 132 MB/s（33 MHz 时钟，32 位数据通路）升级至 528 MB/s（66 MHz时钟，64 位数据通路），可满足相当一段时期内 PC 机传输速率的要求。此外，PCI 总线还支持突发式传输模式（Burst Transfer Mode）。在这种模式下，如果被传送的数据在内存中是连续存放的，在访问这组数据时，只在传送第一个数据时需两个时钟周期（第一个时钟周期给出地址，第二时钟周期传送数据），而传送其后的连续数据时，传送一个数据只需一个时钟周期。因为其后的地址是隐含的，不必每次传送都给出地址。这种传送方式称为"突发式传输"或"成组传送"模式，可极大地提高数据传输率，并能实现与"CPU—存储器子系统"的完全并发工作。

（2）兼容性好且易于扩展

由于 PCI 总线是独立于处理器的，所以易于适应各种型号的 CPU。当 CPU 更新换代时，只需改变 CPU 总线及"CPU 总线/PCI 总线桥"（北桥）芯片设计，而无须改变 PCI 总线本身的结构及其设备接口，全部原有外围设备及接口适配器可继续工作。另外，PCI 总线可以从 32位数据宽度扩展到 64 位，工作电压有 5 V 和 3.3 V 两种规格。这些特点在一个较长时间内保证了 PCI 总线的通用性和适用性。

（3）支持即插即用

PCI 总线定义了三种地址空间，即存储地址空间、I/O 地址空间和配置地址空间。配置地址空间为 256 字节，用来存放 PCI 设备的设备标识、厂商标识、设备类型码、状态字、控制字及扩展 ROM 基地址等信息。当 PCI 卡插入扩展槽时，系统 BIOS 及操作系统软件便会根据配置空间的信息自动进行 PCI 卡的识别和配置工作，保证系统资源的合理分配，整个过程无需用户的干预，完全支持即插即用（Plug & Play，PnP）功能。这是 PCI 总线得以在现代 PC 机中广泛流行的重要原因之一。

（4）低成本

PCI 总线采用数据总线与地址总线多路复用技术，大大减少了引脚个数，降低了设备成本。

（5）规范严格

PCI 总线标准对协议、时序、负载、机械特性及电气特性等都做了严格规定，这是 ISA、EISA 和 VL-Bus 等总线所不及的。这也保证了它的可靠性及兼容性。

基于上述优点，PCI 总线得到了广泛应用，在各厂家的台式 PC 机、笔记本式 PC 机及服务器上纷纷采用 PCI 总线，甚至在高性能工作站上也开始采用。

**3. PCI 总线上的设备类型**

（1）主控（Initiator）

在 PCI 总线系统中，如果总线上的设备取得了总线的控制权就称其为"主控"或"主设备"或"总线主控设备"。只有具有总线管理控制功能的设备才能成为总线的主控设备，如 PCI 桥接器和具有主控功能的 PCI 接口等。PCI 总线的各种总线管理控制信号、地址线和总线命令等只能由总线主控设备发出，且总线上任一时刻只能有一个主控设备在工作。总线上具有主控能力的 PCI 设备若想占用总线，必须先向 PCI 总线提出总线请求，经响应允许后方能占用总线而成为主控设备。

（2）目标（Target）

在 PCI 总线上被主控设备选中（寻址）以进行通信的设备称为"目标"、"从设备"或"目标设备"。目标响应主控发出的地址信息并被寻址后，根据总线命令状态从总线上获取（输入）或输出接口信息，实现与主控之间的信息传输。

**4. PCI 总线信号**

完整的 PCI 总线标准共定义了 100 条信号线。PCI 总线的定义和分类如图 5-5 所示。

对于一般的应用，PCI 接口只需不到 50 条的信号线。根据应用特征，可将 PCI 总线的全部信号线分为必备和可选两大类，必备的信号线是一个 32 位 PCI 接口所必不可少的，通过这些信号线可实现完整的 PCI 接口功能，如信息传输、接口控制和总线仲裁等。在实际应用中，作为目标设备，必备的信号线为 47 条；作为主控设备，信号线则为 49 条。可选的信号线为高性能 PCI 接口进行功能和性能方面的扩展时使用，如 64 位地址/数据、中断和 66 MHz 主频等信号线。PCI 总线的各组引脚传输信号如下：

（1）系统信号

系统信号用于决定 PCI 总线的系统参数，包括决定 PCI 总线工作时序的时钟输入信号 CLK，以及用来复位 PCI 总线上的接口设备，使 PCI 专用寄存器和定序器相关的信号恢复到规定的初始状态的复位输入信号 $\overline{\text{RST}}$。

（2）地址和数据信号

该组信号是 PCI 总线信息的重要传输渠道。这些信息包括 32 位的地址、数据信号、总线命令以及传输信息控制信号。为了节省信号线，在地址和数据信号的传输中复用了一组 32 位的总线，由接口控制信号 $\overline{\text{FRAME}}$、$\overline{\text{IRDY}}$ 和 $\overline{\text{TRDY}}$ 指定总线上传送的是地址信号还是数据信号。

（3）接口控制信号

该组信号用于控制总线的操作以及反映总线上设备的状态，包括由当前主控驱动控制传输的 $\overline{\text{FRAME}}$ 信号、指示主控和目标设备准备好的 $\overline{\text{IRDY}}$ 和 $\overline{\text{TRDY}}$ 信号、从设备发出控制主控设备终止当前数据传输的 $\overline{\text{STOP}}$ 信号、由当前工作的主控设备发出用于独占总线控制的总线锁定 $\overline{\text{LOCK}}$ 信号以及主桥到 PCI 卡用于初始化设备选择的 IDSEL 信号。

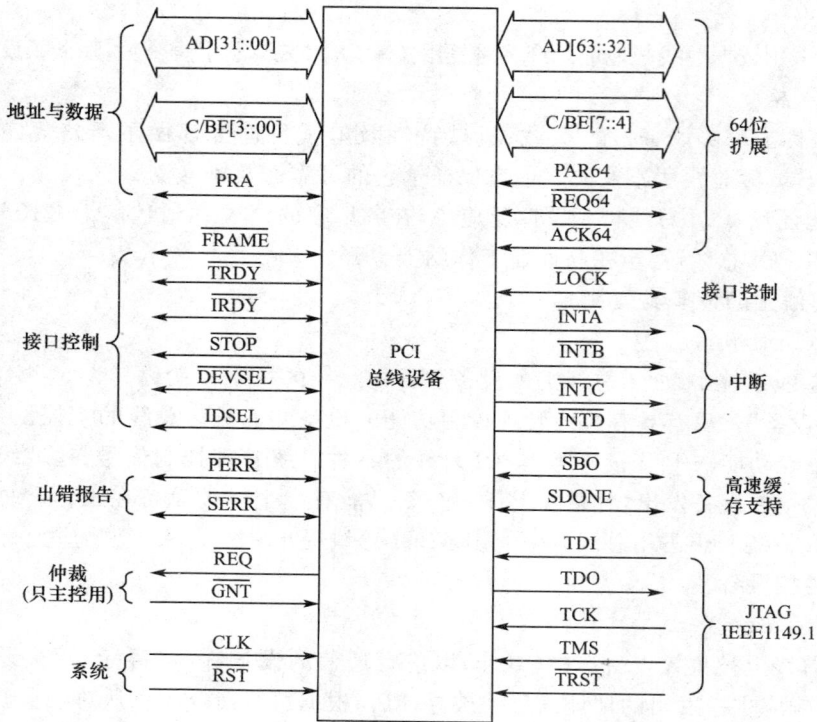

图 5-5  PCI 总线的定义和分类

（4）总线仲裁信号

该组信号是总线仲裁及控制所需的一组信号，包括总线上设备要求使用总线的总线占用请求信号$\overline{REQ}$，以及表示申请占用总线的设备提出的总线使用请求已获得批准，可以立刻使用总线的总线占用允许信号$\overline{GNT}$。

（5）错误报告信号

为使数据传输可靠、完整，PCI 局部总线标准要求所有挂于其上的设备都应具有报告错误的功能，以便系统能够及时做出响应。这些信号包括报告数据奇偶校验错误$\overline{PEEER}$信号和报告在特殊周期中的地址数据奇偶校验错误以及其他可能引起灾难性后果的系统错误的系统错误报告信号$\overline{SEER}$。

（6）中断信号

中断信号用于总线上的设备发出中断申请。根据设备的类型和发出中断的特征，PCI 总线一共提供了四条中断线，分别是$\overline{INTA}$、$\overline{INTB}$、$\overline{INTC}$和$\overline{INTD}$。根据 PCI 总线的定义，中断在 PCI 总线中是可选项，可根据系统的具体情况选用，不一定必须具有。

（7）其他可选信号

① 高速缓存支持信号

为了使具有缓存功能的 PCI 卡上的存储器能够与系统中的 Cache 配合工作，可缓存的 PCI 卡上的存储器还具有两条高速缓存（Cache）支持信号线，分别是试探返回信号$\overline{SBO}$和监听完成信号 SDONE。

② 64 位总线扩展信号

该组引脚是用于 PCI 总线 64 位扩展的信号线。这些信号线包括扩展后信号传输用的地址、数据和控制信息。

③JITAG/BOUNDARY 扫描扩展信号

该组信号是 IEEE 标准 1149.1 中的关于测试访问端口和边界扫描体系结构的接口。在 PCI 总线标准中提供的设备测试访问口（TAP）允许将边界扫描用在测试的设备和安装的板子上，以提供 PCI 接口设备的 I/O 缓冲并进行操作。

## 5.2.4　AGP 总线

### 1. AGP 的诞生

随着图形技术的发展，从 1996 起年人们对计算机的 3D 图形处理能力提出了更高的要求。由于计算机在处理 3D 图形时需要与 CPU 和系统内存进行大量的数据交换，PCI 总线的性能已经无法满足 3D 游戏引擎对图形的处理和数据传输的需要。例如，在处理 1024×768 分辨率的画面时，显示芯片与系统之间的数据传输率可达 533 MB/s，而实际上 PCI 总线只能保证 133 MB/s 的理论极限带宽，而且这 133 MB/s 的带宽还要分给网卡、PCI 声卡和 SCSI 设备等使用。

不仅如此，3D 图形处理中的 3D 建模物体还需要大量类型的纹理贴图或渲染，而且纹理的尺寸越大，图形就越逼真。这些纹理数据不仅需要传输，还需借助显存予以保存。为了解决 PCI 总线数据传输率低和显存容量不足的瓶颈，Intel 在 1996 年提出了 AGP 规范。1997 年随着 Intel 的 440LX 主板芯片组问世，AGP 开始了真正的商业应用。采用 AGP 总线的系统结构如图 5-6 所示。

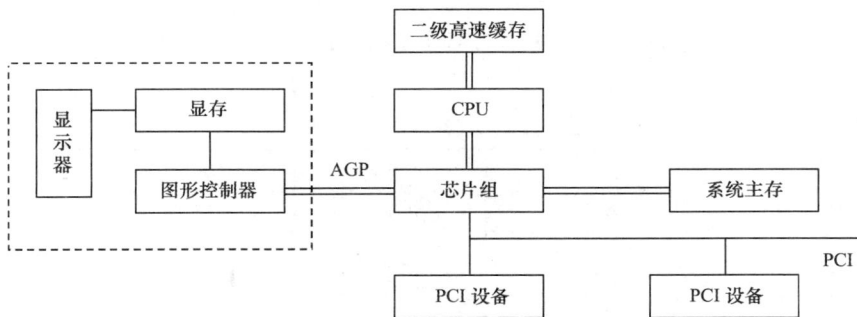

图 5-6　AGP 的连接方式

AGP 是 Accelerated Graphics Port（加速图形接口）的英文缩写，是在 PCI 2.1 的标准上建立起来的新型总线结构。与 PCI 总线不同，AGP 是点对点连接，即只连接控制芯片和 AGP 显卡，是一种局部总线。

AGP 规范为解决计算机图形处理瓶颈问题采取了多种技术措施，其中最主要的两点是：

①建立显示控制单元（显卡）与系统之间的专用信息高速传输通道；

②通过 DME①（Direct Memory Execution，直接内存映射操作）技术将系统内存虚拟为显

---

①DME 技术就是让图形芯片通过主板芯片组对系统内存进行直接操作，利用地址映射方法将系统内存模拟显存，以存储大量的数据。AGP 技术允许图形控制器占用高达 64 MB 甚至 128 MB 的内存，当然此时计算机必须具备较大内存容量，图形芯片占用的系统内存容量和时间是随机的，它可以在不需要时立即归还给系统。DME 技术在 AGP 技术出现的早期是很有诱惑力的，但随着显示技术的飞速发展，显卡上的显存容量越来越大，所以 DME 技术的重要性大大下降了。

存,以扩大显存容量。

因为 PCI 总线的时钟频率一般为 33 MHz,数据总线位数是 32 bit,因此通过 PCI 总线图形卡与系统之间数据交换的最高带宽不能超过 133 MB/s。如果考虑到并接在 PCI 总线上的其他外设占用传输通道,用于图形数据传输的带宽将更低。而 AGP 总线直接以 66 MHz 的系统外部时钟频率进行数据传输,所以在同样使用 32 bit 数据总线的条件下,AGP 1X 的总线数据传输速率为 266 MB/s。而 AGP 2X 虽然工作频率仍为 66 MHz,但使用了类似于 DDR 内存工作方式,即利用一个时钟周期的上升沿和下降沿各传送一次数据,使传输带宽加倍。在这种工作方式下,AGP 总线在一个时钟周期内被触发两次,而这种触发信号的频率为 133 MHz,于是 AGP 2X 的传输带宽就达到了 266 MB/s×2≈533 MB/s。此后的 AGP 4X 仍使用了这种信号触发方式,只是利用两个触发信号在每个时钟周期的下降沿分别引起两次触发,从而达到在一个时钟周期中触发 4 次的目的,这样理论上就可以达到 1066 MB/s 的带宽。同理,在 AGP 8X 规范中,触发信号的工作频率将变成 266 MHz,两个信号触发点也变成了时钟周期的上升沿和下降沿,单信号触发次数变为 4 次,这样在一个时钟周期所能传输的数据就比 AGP 1X 提高了 8 倍,理论上的传输带宽就达到2133 MB/s的速度。这么高速的数据通道对显卡上的图形控制芯片与 CPU 和系统内存之间的数据传输已经没有任何阻碍了。

另外在 AGP 规范中,对内存的读写操作实行流水线处理充分利用了等待的延时,大大增加了读取内存的速度,而且 AGP 规范中总线上的地址信号与数据信号分离。一方面充分利用了读写请求与数据传输之间的空闲,使总线效率达到最高;另一方面可有效地分配系统资源,避免了死锁的发生。由于 AGP 独立于 PCI,使用 AGP 视频卡将省出 PCI 总线用于传统的输入/输出,如 IDE/ATA 或 SCSI 控制器、USB 控制器以及声卡等。

AGP 标准分为 AGP 1.0(AGP 1X 和 AGP 2X)、AGP 2.0(AGP 4X)和 AGP 3.0(AGP 8X)等。各种标准的 AGP 接口参数见表 5-1。

表 5-1　　　　　　　　　　　　　　　AGP 标准

| AGP 标准 | AGP 1.0 | AGP 1.0 | AGP 2.0 | AGP 3.0 |
|---|---|---|---|---|
| 接口速率 | AGP 1X | AGP 2X | AGP 4X | AGP 8X |
| 工作频率 | 66 MHz | 66 MHz | 66 MHz | 66 MHz |
| 传输带宽 | 266 MB/s | 533 MB/s | 1066 MB/s | 2133 MB/s |
| 工作电压 | 3.3 V | 3.3 V | 1.5 V | 0.8 V |
| 单信号触发次数 | 1 | 2 | 4 | 4 |
| 数据传输位宽 | 32 bit | 32 bit | 32 bit | 32 bit |
| 触发信号频率 | 66 MHz | 66 MHz | 133 MHz | 266 MHz |

## 5.2.5　PCI Express(PCI-E)总线

### 1. PCI Express 总线的功能特征

PCI Express 是第三代标准输入/输出总线。与以 ISA 和 PCI 为代表的前两代总线相比,PCI Express 总线也属于通用的总线接口范畴。但它能提供更好的性能、更多的功能、更强的扩展性和更低的成本。PCI Express 的核心功能和功能特征见表 5-2。

表 5-2　　　　　　　　　　　　　　　　PCI Express 的核心功能

| 核心功能 | 描　述 |
|---|---|
| 性能可扩展性 | 可通过提升工作频率和增加数据通道（Lanes）来扩展数据吞吐量，可从每秒 500 M 扩展到每秒 64 KM |
| 统一的输入/输出 | PCI Express 可统一台式机、移动电脑/设备、服务器、通信平台、工作站、嵌入式系统等多种输入/输出总线标准 |
| 低管脚数 | PCI Express ×1 仅需 4 根管脚。低管脚数意味着低成本 |
| 支持电缆连接 | 即将出版的 PCI Express 标准将支持连接电缆，以统一内置式和外置式接口 |
| 硬件 form factor 兼容 | Express Card 卡将取代 Card Bus 和 PCMCIA 卡。Express Card 卡适合于可移动及台式机系统，支持 USB 2.0 和 PCI Express 应用，具有低的系统及卡复杂度 |
| 软件模式兼容 | 如不使用 PCI Express 的新功能，无须更换已有的 OS 和 BIOS |
| 低延迟 | 支持准同步（Isochronous）传输，面向质量服务（QoS），等级化服务（Differential Services） |
| 易使用 | 热插拔 |
| 多层耗电管理 | 多层电源管理导致低功能。例如，×1 的功能是 PCI 功能的 1/25 至 1/10，相当于 40 倍功耗性能比优势 |

**2. PCI Express 技术优势**

PCI Express 之所以能迅速得到业界的承认，是因为它具有鲜明的技术优势，可以全面解决 PCI 总线技术所面临的种种问题。PCI Express 的设计不只是要取代 PCI 及 AGP 的插槽，也将应用于计算机内部系统的连接接口，如处理器、绘图、网络及磁盘的 I/O 子系统芯片间的连接。

PCI Express 总线技术的关键技术优势在于：

（1）在两个设备之间点对点串行互联

如两个芯片之间使用接口连线；设备之间使用数据电缆；而 PCI Express 接口的扩展卡之间使用连接插槽进行连接。与 PCI 所有设备共享同一条总线不同，PCI Express 总线（架构原理如图 5-7 所示）采用点对点技术，其结构类似于标准的网络架构，能够为每一块设备分配独享的通道带宽，这样充分保障了各设备的带宽资源，提高了数据传输速率。

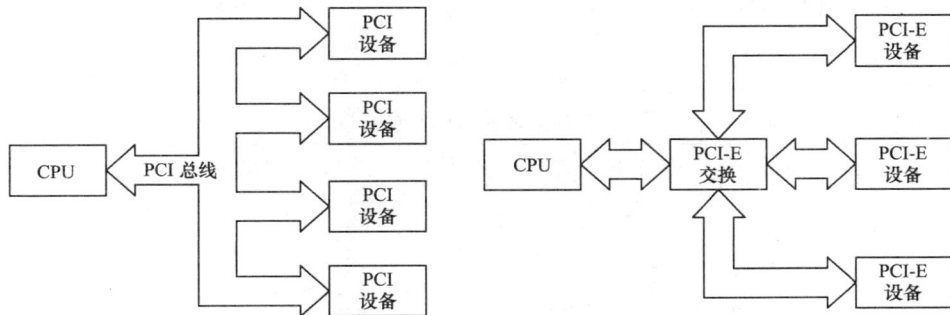

图 5-7　PCI 与 PCI-E 的架构原理

（2）双通道、高带宽、传输速度快

在数据传输模式上，PCI Express 总线采用独特的双通道传输模式。该模式可以在每一个连接上采用类似于全双工模式，大大提高了数据传输的速度。1.0 版本的 PCI Express 在

×1 连接模式下一个信道可达到 2.5 GHz 的传输速率,在此基础上增加一个连接信道就变为 ×2 连接,传输速率也成倍增加。具体连接原理如图 5-8 左图所示。根据定义,它在物理层上可提供×1、×2、×4、×8、×12、×16 和×32 等不同的信道连接,大大地增强了总线传输能力的扩展。目前 PCI Express 有 1.0、2.0 和 3.0 等版本,版本的提升使总线性能有很大提高,见表 5-3。

表 5-3                              各版本 PCI Express 总线性能

| 版　本 | 编码方式 | 单通道带宽<br>(单向) | 16 通道带宽<br>(双向) | 工作时脉 | 发布日期 |
|---|---|---|---|---|---|
| 1.0 | 8 B/10 B | 250 MB/s | 8 GB/s | 2.5 GHz | 2002 年 7 月 |
| 2.0 | 8 B/10 B | 500 MB/s | 16 GB/s | 5.0 GHz | 2006 年 12 月 |
| 3.0 | 128 B/130 B | 1 GB/s | 32 GB/s | 8.0 GHz | 2010 年 11 月 |

PCI-E 串行总线带宽计算公式为:

$$带宽(MB/s)=串行总线时钟频率(MHz)×串行总线位宽(8\ bit=1\ B)×串行总线通道×$$
$$编码方式×每时钟传输数据组数$$

其中,8 B/10 B 编码方式是指:10 位编码中用 8 位传输数据内容,2 位传输符号地址;128 B/130 B 编码方式是指:130 位编码中用 128 位传输数据内容,2 位传输符号地址。

例如:双工 PCI-E 1.0 ×1 带宽=2500×1/8×1×8/10×1×2=500 MB/s。

根据总线的信道宽度不同,PCI Express 总线使用的插槽也不同。如图 5-8 右图所示的是目前除×2 规格以外的 PCI-Express 插槽(×2 模式用于内部接口而非插槽模式)。这些插槽通过一个自身开关来控制数据的传输,每部分设备可以独享总线的带宽。相关通道的引脚等情况见表 5-4。

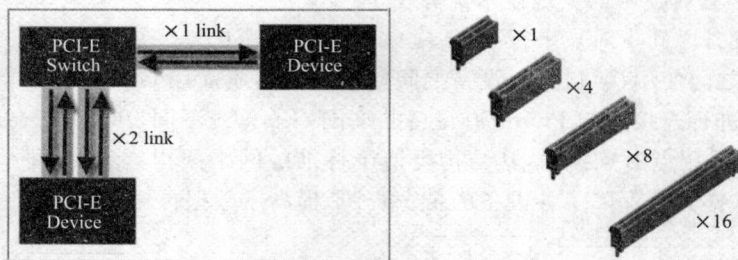

图 5-8　PCI-E 的×2 连接和 PCI-E 的插槽

表 5-4                              各种通道的引脚及长度

| 传输通道数 | 引脚总数 | 主接口区引脚数 | 主接口区 长度 | 总长度 |
|---|---|---|---|---|
| ×1 | 36 | 14 | 7.65 mm | 25 mm |
| ×4 | 64 | 42 | 21.65 mm | 39 mm |
| ×8 | 98 | 76 | 38.65 mm | 56 mm |
| ×16 | 164 | 142 | 71.65 mm | 89 mm |

另外,在不同位宽的插槽中,较短的 PCI Express 卡可以插入较长的 PCI Express 插槽中使用(也就是说低位宽的 PCI Express 卡能插入高位宽的插槽使用)保持了良好的兼容性。

(3)灵活扩展性

与 PCI 不同,PCI Express 总线不但能应用于系统内部,而且还能够延伸到系统之外。采用专用的线缆可将各种外设,如移动存储或通信设备,通过专用的连接器(如图 5-9 所示)直接与系统内的 PCI Express 总线连接在一起。

(4)主动功耗的电源管理功能

PCI-E 标准通过指定连接电源状态不同的电源消耗和恢复时间的方式为电源管理提供支持,其中:

①L0s(L0 Standby)电源状态允许在空闲状态自动发送关闭信号,并且通过一个快速的训练序列提供非常短的恢复时间。

②L1 连接电源状态是当设备需要支持根据不同处理返回不同状态的有限的事务处理时,应用于电源管理软件管理下的设备低功率状态。另外,PCI-E 也定义了允许 L1 级电源节能的主动状态电源管理(ASPM)能力,但此功能受控于特殊用途的机制。

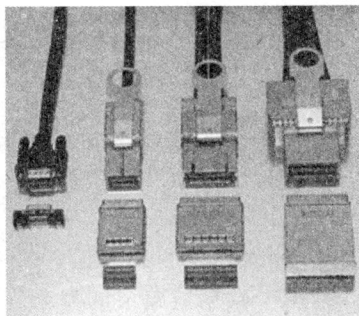

图 5-9　各种与外设连接的
PCI-E 连接器

③另一种电源管理技术是动态通道降耗。对于不需要全部带宽的不同连接通过对低端活跃连接的重新学习,实施主动功耗电源管理,关闭不用的连接以节省电源的消耗。

(5)支持设备热拔插和热交换

PCI Express 总线接口插槽中含有“热拔插检测信号”,所以可以像 USB 和 IEEE 1394 总线那样支持系统工作时的热插拔,缩短了系统更新和调试阶段的停机时间。

(6)支持同步数据传输

PCI Express 总线设备可以通过主机桥接器芯片进行基于主机的传输,也可以通过交换器进行点对点传输,传输的拓扑结构如图 5-10 所示。

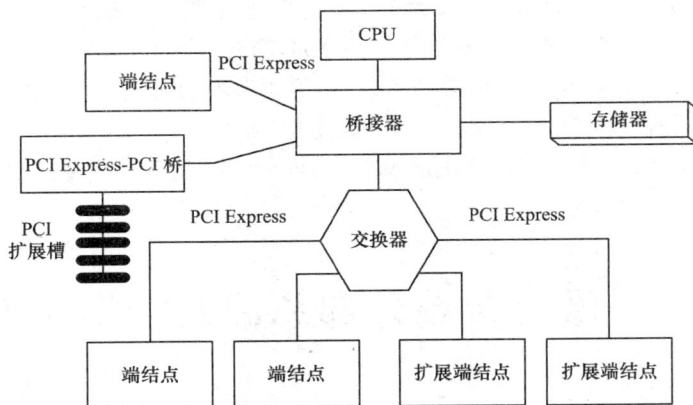

图 5-10　PCI Express 拓扑结构

(7)具有数据包和层协议架构

它采用类似于网络通信中的 OSI 分层模式,各层使用专门的协议架构,如图 5-11 所示。因此,可以很方便地在其他领域得到广泛应用。

(8)每个物理连接含有多点虚拟通道

类似于 InfiniBand,PCI Express 总线技术在每一个物理通道中也支持多点虚拟通道,从理论上来讲,每一个单物理通道中可以允许有 8 条虚拟通道进行独立通信控制,而且每个通信的数据包都定义不同的 QoS。正因如此,它与外设之间的连接就可以得到非常高的数据传输速率。

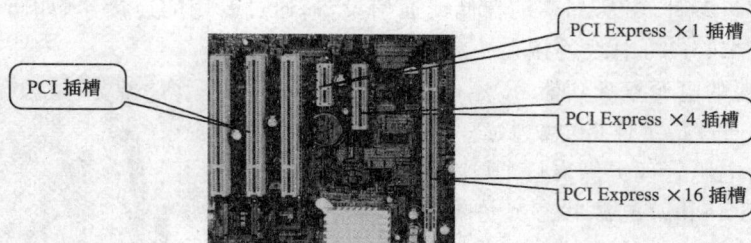

图 5-11  主板上的 PCI 和 PCI Express 插槽

(9)误码探测和纠正

由于数据链路层的循环冗余码校验(CRC)功能,PCI Express 能够更好地检查数据完整性,进行误码处理,提高总线操作的可靠性,增强数据恢复的能力。

(10)具有错误处理和先进的错误报告功能

这也是得益于 PCI Express 总线的分层架构,它具有软件层,软件层的主要功能就是进行错误处理和提供错误报告。

(11)使用小型连接节约空间、减少串扰

PCI Express 技术不需要像 PCI 总线那样在主板上布大量的数据线(PCI 使用 32 或 64 条平行线传输数据),与 PCI 相比,PCI Express 总线的导线数量减少了将近 75%,速度会更快而且数据不需要同步。由于主板上布线减少了,各走线之间的间隔就可以更宽,减少了相互之间的串扰,如图 5-11 所示。

(12)在软件层保持与 PCI 兼容

跨平台兼容是 PCI Express 总线非常重要的一个特点。目前被广泛采用的 PCI 2.2 设备可以在这一新标准提供的低带宽模式下运行,不会出现类似 PCI 插卡无法在 ISA 或者 VLB 插槽上使用的问题,从而为广大用户提供了一个平滑的升级平台。另外,由 IBM 创导的 PCI-X 接口标准在 PCI Express 标准中也得到了兼容,但不兼容目前的 AGP 接口。

鉴于如此众多的优势,PCI Express 被公认将成为今后 10 年内的主要内部总线连接标准,不但将被用在台式机、笔记本计算机以及服务器平台上,甚至会继续延伸到网络设备的内部连接设计中。

# 5.3  微机系统外部总线及接口标准

## 5.3.1  RS-232

RS-232C 标准(协议)的全称是 EIA-RS-232C 标准(Electronic Industry Association-Recommended Standard-232C),是由美国 EIA(电子工业联合会)与 BELL 等公司一起开发的通信协议,于 1969 年公布。RS-232C 标准适用于数据传输速率在 0～20000 b/s 范围内的通信。这个标准对串行通信接口的有关问题,如信号线功能、电气特性、机械特性、信号功能及传送过程都做了明确规定。由于通信设备厂商都生产与 RS-232C 制式兼容的通信设备,作为一种标准,RS-232C 目前已在微机通信接口中广泛采用,如 PC 机上的 COM1 和 COM2 接口,就是 RS-232C 接口。

另外,常用的串行总线标准还有 EIA RS-422-A、EIA RS-423A 和 EIA RS-485 等,但这些标准基本上都是在 RS-232 标准的基础上经过改进而形成的。因此,这里主要介绍 EIA RS-232C(简称 232 或 RS-232)。

要进一步了解 RS-232C 接口标准的内容,有两个问题要说明:

首先,RS-232C 标准最初是为了远程通信连接数据终端设备 DTE(Data Terminal Equipment)与数据通信设备 DCE(Data Communication Equipment)而制定的,当时制定该标准时,并未考虑计算机系统的应用要求;但目前它又广泛地被用于计算机(更准确地说,是计算机接口)与终端或外设之间近距离连接的标准。显然,该标准的有些规定与计算机系统是不一致的,甚至是相矛盾的。了解了这种背景,我们就容易理解 RS-232C 标准与计算机不兼容的情况了。

其次,RS-232C 标准中所提到的"发送"和"接收",都是站在 DTE 立场上,而不是站在 DCE 的立场来定义的。由于在计算机系统中,往往是 CPU 和 I/O 设备之间传送信息,两者都是 DTE,因此双方都能发送和接收。

### 1. RS-232C 的电气特性

EIA-RS-232C 对电器特性、逻辑电平和各种信号线的功能都做了规定。

在 TxD 和 RxD 上:

逻辑 1(MARK)＝－3～－15 V

逻辑 0(SPACE)＝＋3～＋15 V

在 RTS、CTS、DSR、DTR 和 DCD 等控制线上:

信号有效(接通,ON 状态,正电压)为 ＋3～＋15 V

信号无效(断开,OFF 状态,负电压)为－3～－15 V

以上规定说明了 RS-323C 标准对逻辑电平的定义。对于数据(信息码):逻辑"1"(传号)的电平低于－3 V,逻辑"0"(空号)的电平高于＋3 V;对于控制信号;接通状态(ON),即信号有效的电平高于＋3 V,断开状态(OFF),即信号无效的电平低于－3 V,也就是当传输电平的绝对值大于3 V时,电路可以有效地检查出来,介于－3～＋3 V 之间的电压无意义,低于－15 V 或高于＋15 V 的电压也认为无意义,因此,实际工作时,应保证电平在±(3～15) V 之间。

RS-232C 标准规定,若不使用 Modem,在码元畸变小于 4% 的情况下,DTE 和 DCE 之间的最大传输距离为 15 米(50 英尺)。为了保证码元畸变小于 4% 的要求,接口标准在电气特性中规定,驱动器的负载电容应小于 2500 pF。

由于 EIA-RS-232C 用正负电压来表示逻辑状态,与 TTL 以高低电平表示逻辑状态的规定不同,因此,为了能够同计算机接口或终端的 TTL 电平器件连接,必须在 EIA-RS-232C 与 TTL 电路之间进行电平和逻辑关系的变换。实现这种变换的方法可用分立元件,也可用集成电路芯片。

### 2. RS-232C 的连接器的机械特性

由于 RS-232C 并未定义连接器的物理特性,所以,出现了 DB-25、DB-15 和 DB-9 各种类型的连接器,而且引脚的定义也各不相同。

下面分别介绍两种微型计算机系统中常用的连接器。

(1)DB-25 连接器

DB-25 连接器是 IBM PC 和 IBM PC/XT 机采用的连接器。DB-25 连接器定义了 25 根信号线,分为 4 组:

①异步通信的 9 个电压信号(含信号地 SG):2、3、4、5、6、7、8、20 和 22;

②20 mA 电流环信号 9 个：12、13、14、15、16、17、19、23 和 24；

③空脚 6 个：9、10、11、18、21 和 25；

④保护地(PE)1 个，作为设备接地端：1。

DB-25 型连接器的外形及信号线分配如图 5-12(a)所示。但 20 mA 电流环信号仅在 IBM PC 和 IBM PC/XT 微型计算机中提供，从 IBM PC/AT 微型计算机开始已不支持。

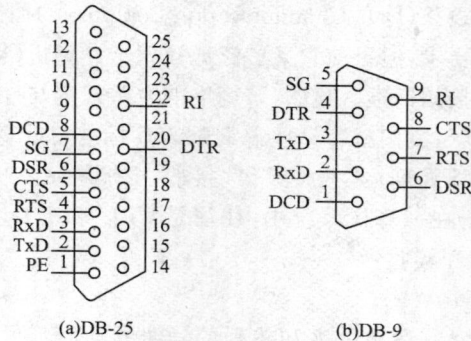

图 5-12  DB-25 型、DB-9 型连接器的外形及信号线分配

(2)DB-9 连接器

从 IBM PC/AT 微型计算机及以后，由于应用方向的不同，微型计算机系统已不再支持 20 mA 电流环接口，而使用 DB-9 连接器作为提供多功能 I/O 卡或主板上 COM1 和 COM2 两个串行接口的连接器。DB-9 连接器只提供异步通信的 9 个信号，DB-9 型连接器的外形及信号线分配如图 5-12(b)所示。

**3. RS-232C 的接口信号**

RS-232C 标准规定了在串行通信时，数据终端设备(DTE)和数据通信设备(DCE)之间的接口信号。标准接口有 25 条线，包括 4 条数据线、11 条控制线、3 条定时线以及 7 条备用和未定义线。在这些线中，常用的信号线只有 9 根，下面分别予以说明。

(1)联络控制信号线

①数据装置准备好(Data Set Ready，DSR)，即 ON 有效，表明 Modem 处于可以使用的状态。

②数据终端准备好(Data Set Ready，DTR)，即 ON 有效，表明数据终端可以使用。

为了简化控制，具体应用时上面这两个信号有时直接连到电源上，一上电就立即有效。在这种情况下的设备状态信号有效，只表示设备本身可用，并不说明通信链路可以开始进行通信了，能否开始进行通信要由下面的控制信号决定。

③请求发送(Request To Send，RTS)，用来表示 DTE 请求 DCE 发送数据，即当终端要发送数据时，使该信号有效(ON)，向 Modem 请求发送。它用来控制 Modem 是否要进入发送状态。

④允许发送(Clear To Send，CTS)，用来表示 DCE 准备好接收 DTE 发来的数据，是对请求发送信号 RTS 的响应信号。当 Modem 已准备好接收终端传来的数据并向前发送时，使该信号有效，通知终端开始沿发送数据线 TxD 发送数据。RTS/CTS 是请求应答联络的信号对，用于半双工 Modem 系统中发送方式和接收方式之间的切换。在全双工系统中，由于配置了双向通道，不需要 RTS/CTS 联络信号，使其保持高电平。

⑤接收线信号检出(Received Line Detection，RLSD)，表示 DCE 已接通通信链路，通知 DTE 准备接收数据。当本地的 Modem 收到由通信链路另一端(远地)的 Modem 送来的载波信号时，使 RLSD 信号有效，通知终端准备接收，并且由 Modem 将接收下来的载波信号解调

成数字型数据后,沿接收数据线 RxD 送到终端,也被称作数据载波检出(Data Carrier detection,DCD)线。

⑥振铃指示(Ringing,RI),当 Modem 收到交换台送来的振铃呼叫信号时,使该信号有效(ON 状态),通知终端,已被呼叫。

(2)数据发送与接收线

①发送数据(Transmitted Data,TxD),将串行数据发送到 Modem,DTE→DCE。

②接收数据(Received Data,RxD),接收从 Modem 发来的串行数据,DCE→DTE。

(3)地线

有两根线 SG 和 PG,即信号地和保护地信号线,无方向。

表 5-5 列出了 RS-232C 信号线的名称、功能以及用途等。

表 5-5　　　　　　　　　　　　　**RS-232C 接口信号及说明**

| 232 引脚 | CCITT | Modem | 名　称 | 说　明 | 用　途 | |
|---|---|---|---|---|---|---|
| | | | | | 异步 | 同步 |
| 1 | 101 | AA | 保护地 | 设备外壳接地 | PE | PE√ |
| 2 | 103 | BA | 发送数据 | 数据送 Modem | TxD | |
| 3 | 104 | BB | 接收数据 | 从 Modem 接收数据 | RxD | |
| 4 | 105 | CA | 请求发送 | 在半双工时控制发送器的开和关 | RTS | |
| 5 | 106 | CB | 允许发送 | Modem 允许发送 | CTS | |
| 6 | 107 | CC | 数据终端准备好 | Modem 准备好 | DSR | |
| 7 | 102 | AB | 信号地 | 信号公共地 | SG | SG√ |
| 8 | 109 | CF | 载波信号检测 | Modem 正在接收另一端送来的信号 | DCD | |
| 9 | | | 空 | | | |
| 10 | | | 空 | | | |
| 11 | | | 空 | | | |
| 12 | | | 接收信号检测(2) | 在第二通道检测到信号 | | √ |
| 13 | | | 允许发送(2) | 第二通道允许发送 | | √ |
| 14 | 118 | | 发送数据(2) | 第二通道发送数据 | | √ |
| 15 | 113 | DA | 发送器定时 | 为 Modem 提供发送器定时信号 | | √ |
| 16 | 119 | | 接收数据(2) | 第二通道接收数据 | | √ |
| 17 | 115 | DD | 接收器定时 | 为接口和终端提供定时 | | √ |
| 18 | | | 空 | | | |
| 19 | | | 请求发送(2) | 连接第二通道的发送器 | | √ |
| 20 | 108 | CD | 数据终端准备好 | 数据终端准备好 | DTR | |
| 21 | | | 空 | | | |
| 22 | 125 | | 振铃 | 振铃指示 | RI | |
| 23 | 111 | CH | 数据率选择 | 选择两个同步数据率 | | √ |
| 24 | 114 | DB | 发送器定时 | 为接口和终端提供定时 | | √ |
| 25 | | | 空 | | | |

**4. 信号线的连接**

在直接用电缆连接的情况下，RS-232C 的传输距离较短，一般小于 15 米，在进行超过 15 米以上的远距离通信时，一般要加调制解调器（Modem）。

最简单的情况，通信可以不用 RS-232C 的控制联络信号，只需三根线（发送线、接收线和信号地线）便可实现全双工异步串行通信。

（1）零 Modem 方式的最简连线（三线制）

如图 5-13 所示是零 Modem 方式的最简单连接（即三线连接），图中的 2 号线与 3 号线交叉连接是因为在直连方式时把通信双方都当作数据终端设备看，双方都可发送也可接收。在这种方式下，通信双方的任何一方，只要请求发送 RTS 有效和数据终端准备好 DTR 有效就能开始发送和接收。

双方的握手信号关系如下：

①RTS 与 CTS 互联：只要请求发送，立即得到允许。

②DTR 与 DSR 互联：只要本端准备好，则认为本端立即可以接收（DSR、数传机准备好）。

（2）零 Modem 方式的标准连接

如果想在直接连接时又考虑到 RS-232C 的联络控制信号，则采用零 Modem 方式的标准连接方法，其通信双方信号线安排如图 5-14 所示。

从图 5-14 中可以看出，RS-232C 接口标准定义的所有信号线都用到了，并且是按照 DTE 和 DCE 之间信息交换协议的要求进行连接的，只不过是把 DTE 自己发出的信号线送过来，当作对方 DCE 发来的信号，因此，又把这种连接称为双交叉环回接口。

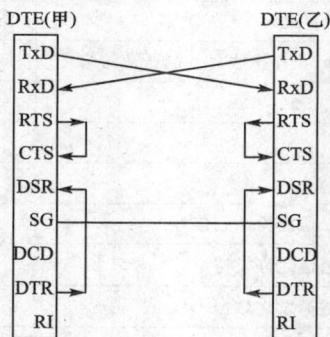

图 5-13　零 Modem 的最简单连接　　　　图 5-14　零 Modem 的标准信号连接

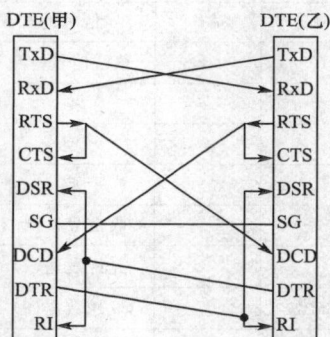

双方的握手信号关系如下：

①当甲方的 DTE 准备好后，发出 DTR 信号，该信号直接连到乙方的 RI（振铃信号）和 DSR（数传机准备好）。即只要甲方准备好，乙方立即产生呼叫（RI）有效，并同时准备好（DSR）。尽管此时乙方并不存在 DCE（数传机）。

②甲方的 RTS 和 CTS 相连，并与乙方的 DCD 互连。即一旦甲方请求发送（RTS），便立即得到允许（CTS），同时，使乙方的 DCD 有效，即检测到载波信号。

③甲方的 TxD 与乙方的 RxD 相连，一发一收。

## 5.3.2　通用串行总线 USB

USB 是快速、双向、同步、动态连接且价格低廉的串行通用接口。由于其卓越的性能，较好地满足了微型计算机现在和未来发展的需要。

**1. USB 概述**

（1）USB 的起源

最初促使开发通用串行总线 USB(Universal Serial Bus)的目的主要基于以下三方面：

①计算机与通信设备之间的连接

用计算机来进行通信将是下一代计算机的基本应用。因此,需要一个普通而又便宜的连通网络实现计算机和人的数据交互,USB 可以简单地实现这种目的。

②易用性

在微型计算机的 I/O 接口(如串行/并行端口、键盘、鼠标和操纵杆接口等)中简单地实现即插即用的效果。

③端口扩充

由于端口数量很有限,缺少一种连接外设的双向、价廉、易于扩展的中低速的外部总线,大大限制了外围设备(如电话、电传、调制解调适配器、扫描仪、键盘、鼠标和 PDA)的开发和应用。

采用 USB 的目的就是使不同厂家所生产的设备可以在一个开放的体系下方便地使用。它改进了便携式商务用计算机或家用微型计算机的现有体系结构,进而为系统生产商和外设开发商提供了足够的空间来创造多功能的产品和开发广阔的市场。

（2）USB 的设计目标

USB 的工业标准是对 PC 机的现有体系结构的扩展,其目标集中在商业和家庭应用的 PC 机的外围设备上。在定义 USB 的体系结构时主要遵循了以下几个准则：

①易于扩充多个外围设备；

②价格低廉,且支持 480 Mb/s 的数据传输速率；

③完全支持声音、音频和视频等实时数据；

④协议灵活,支持同步数据传输和异步通信的混合模式；

⑤兼容了不同设备的技术；

⑥综合了不同 PC 机的结构和体系特点；

⑦提供一个标准接口,广泛接纳各种设备；

⑧赋予 PC 机新的功能,使之可以接纳许多新设备；

⑨完全兼容以前的同类规范所构建的设备。

（3）USB 的变迁

1994 年,Intel、Digital、IBM、Microsoft、NEC 和 Northern Telecom 等几家世界著名的计算机和通信公司成立了 USB 论坛;1995 年 11 月正式制定了通用串行总线规范,并发布 USB 0.9,在其后的十几年中,先后发布了 USB 1.0、USB 1.1、USB 2.0 和 USB 3.0 等标准,见表 5-6。USB 支持者除了原有的成员外,又增加了惠普、朗讯和飞利浦三个新成员。

表 5-6　　　　　　　　　USB 1.0、USB 1.1、USB 2.0 和 USB 3.0

| 版　本 | 传输速率 | 性　能 | 发布时间 |
|---|---|---|---|
| USB 1.0 | 1.5 Mbps(192 KB/s) | 低速(Low-Speed) | 1996 年 1 月 |
| USB 1.1 | 12 Mbps(1.5 MB/s) | 全速(Full-Speed) | 1998 年 9 月 |
| USB 2.0 | 480 Mbps(60 MB/s) | 高速(High-Speed) | 2000 年 4 月 |
| USB 3.0 | 5 Gbps(640 MB/s) | 超速(Super-Speed) | 2008 年 11 月 |

与 USB 2.0 相比,最新的 USB 3.0 标准在原有 4 线结构(电源、地线和 2 条数据线)的基础上,又增加了 4 条线路(2 条数据输出,2 条数据输入)。由于 USB 3.0 采用了对偶单纯形四线制差分信号线,故而支持双向并发数据流传输(即支持全双工),这也是其速度猛增的关键原因。USB 3.0 暂定的供电标准为 900 mA,并采用了三级多层电源管理技术,可以为不同设备提供不同的电源管理方案。USB 3.0 的设计兼容 USB 2.0 与 USB 1.1 版本。

(4)应用范围的分类

表 5-7 按照数据传输率(USB 可以达到)进行了分类。可以看出,480 Mb/s 的总线包含了高速、全速和低速的数据范围。高速和全速的数据类型是同步的,而低速数据来自交互设备。

表 5-7                                  USB 应用范围分类

| 性　能 | 应　用 | 属　性 |
|---|---|---|
| 低速交互设备 10~100 Kb/s | 键盘、鼠标、游戏外设、输入笔、游戏外设、虚拟现实外设 | 低成本、简单易用、热插拔、多外设 |
| 全速电话、音频、压缩视频 500 Kb/s~10 Mb/s | 端口、宽带、音频、麦克风 | 低成本、简单易用、热插拔、多外设、保证带宽、保证延时 |
| 高速视频、存储设备 25~500 Mb/s | 视频、存储设备、图像、宽带 | 低成本、简单易用、热插拔、多外设、保证带宽、保证延时、高带宽 |
| 超速对带宽要求较高的设备最高可达 5 Gb/s | 高分辨率的网络摄像头、视频监视器、数码相机、大容量移动硬盘、蓝光光驱 | 低成本、简单易用、热插拔、多外设、超高带宽、良好的电源效能管理、良好的向后兼容性 |

(5)特性

USB 的规范针对不同的性能价格比要求提供不同的选择,以满足不同的系统和部件以及相应的不同功能要求,其主要特性可归结为以下几点:

①终端用户的易用性:为电缆和连接头提供了单一模型;电气特性与用户无关;自我检测外设,自动地进行设备驱动设置;外设动态连接,动态重置。

②广泛的应用性:适应不同设备,传输速率从几 Kb/s 到几百 Mb/s;在同一组线上支持同步和异步两种传输模式;支持对多个设备的同时操作,可同时操作 127 个物理设备,总线利用率高。

③同步传输带宽:为电话系统、音频和视频信号保证合适的带宽和低延时。

④灵活性:支持一系列的数据包规格,从而允许设备具有不同的设备缓冲选择;通过设置数据缓冲区大小和执行时间,支持各种数据传输率;通过协议对数据流进行缓冲处理。

⑤健壮性:协议中内置了出错处理和差错恢复机制;用户可以实时察觉到设备的动态插入和拔出。

⑥与 PC 机产业的一致性:协议的易实现性和完整性;与 PC 机即插即用的体系结构的一致;对现存操作系统接口的良好衔接。

⑦价廉物美:1.5 Mb/s 的低成本子通道、廉价的电缆与连接器;优化了外设和主机硬件的集成;促进了低价格外设的发展。

⑧升级途径:体系结构可升级,使一个系统中可以有多个 USB 主机控制器。

**2. USB 系统的描述**

USB 是一种电缆总线,支持在主机和各式各样的即插即用外围设备之间进行数据传输。各外部设备通过主机预定的、基于令牌的协议共享 USB 带宽。允许在主机和其他外围设备在运行状态中添加、设置、使用和拔出外围设备。

一个 USB 系统主要被定义为三个部分,即 USB 的互连、USB 的设备和 USB 的主机。

USB 的互连是指 USB 设备与主机之间进行连接和通信的操作。

USB 互联把 USB 设备和 USB 主机连接在一起,USB 的物理连接是一个分层的星型结构。集线器位于星型的中心。从主机到集线器或功能设备,或者从集线器到另一个集线器或功能设备,都是点对点连接。

USB 的拓扑结构如图 5-15 所示。

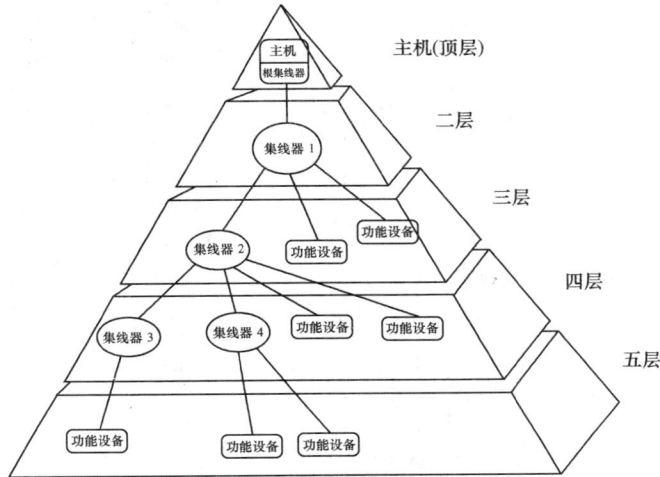

图 5-15　USB 总线拓扑

(1)USB 主机——硬件和软件

在任何 USB 系统中,都只有一个主机。USB 和主机系统的接口被称作主机控制器。主机控制器可由硬件、固件和软件组合实现。根集线器是由主机系统整合的,用以提供更多的连接点。

USB 主机通过主机控制器与 USB 设备进行相互作用。主机负责以下操作:

①检测 USB 设备的插入和拔出;

②管理在主机和 USB 设备之间的控制流;

③管理在主机和 USB 设备之间的数据流;

④收集状态和动作统计信息;

⑤为连接的 USB 设备提供电源。

主机上 USB 的系统软件管理 USB 设备与设备驱动程序之间的相互配合。USB 系统软件与设备驱动程序之间的相互作用包括五个方面,即设备编号和设置、同步数据传输、异步数据传输、电源管理以及设备和总线管理信息。

(2)USB 设备

USB 设备包括网络集线器和功能设备。网络集线器向 USB 提供了更多的连接点,功能设备为系统提供具体功能,如 ISDN 的连接、数字游戏杆或扬声器等。

①集线器

在即插即用的 USB 结构体系中,集线器是一种重要设备,是电缆的集中器,可让更多不同性质的设备连接在 USB 上。集线器上的连接点被称作端口,每个集线器的上行端口把集线器与主机连接起来,每个集线器的下行端口允许连接另外的集线器或功能设备。该体系结构支持多个集线器的串联,可以把一个连接点转换成多个连接点。集线器可检测每个下行端口设备的连接或拔出,而且还能向下行端口的设备分配电源。每个下行端口都具有独立的能力,可自动识别出连接的设备是高速设备还是低速设备。

从用户的观点出发,集线器极大地简化了 USB 互连的复杂性,并以相当低的成本和高易用性保证了设备的健壮性。如图 5-16 所示是一种典型的集线器模型,如图 5-17 所示是一个USB 集线器的实物照片。

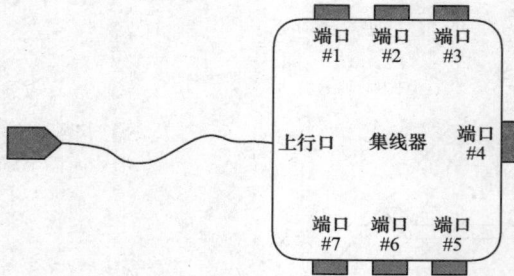

图 5-16　典型的集线器模型

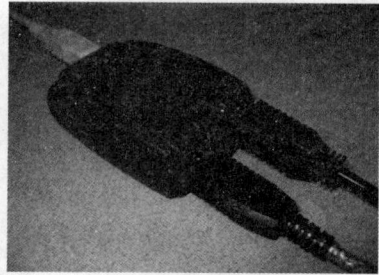

图 5-17　集线器的实物外形

USB 2.0 集线器包括三部分,即集线器控制器、集线器中继器和处理转换器。集线器控制器提供了接口寄存器用于与主机之间的通信,集线器允许主机对其特定状态和控制命令进行配置,并监视和控制其端口。集线器中继器是在上行端口和下行端口之间的协议控制开关,而且在硬件上支持复位、挂起和恢复信号。当主机与某个集线器之间的所有设备的数据都用高速传输时,处理转换器可以对连接在集线器端口上的全速/低速设备提供支持。

②功能设备

功能设备是能够通过总线发送、接收数据和控制信息的 USB 设备。典型的功能设备是一个独立的外部设备,通过电缆插到集线器的某个端口上。功能设备一般相互独立,但也有一种复合设备,具有多个功能设备和一个内置集线器,共同利用一根 USB 电缆。对于主机来说,复合设备就像一个集线器,不过这个集线器还连接着一个或多个不可拔出的 USB 设备。

每个功能设备都包含用来描述其性能和所需资源的配置信息。在功能设备使用前,主机要对它进行配置。配置信息包括 USB 带宽分配和功能设备的专用配置选项等。

下面列举一些功能设备:

人机接口设备:如鼠标、键盘、手写板以及游戏操纵杆等;

成像设备:如扫描仪、打印机和数码相机等;

大容量存储设备:如 CD-ROM 驱动器及软驱或移动硬盘等。

如图 5-18 所示描述了集线器和功能设备在典型的桌面计算机环境中的连接。

**3. 物理接口**

USB 的物理接口主要考虑电气特性和机械特性。

(1)电气特性

USB 2.0 通过一条四线的电缆提供电源,传送信号,如图 5-19 所示是 USB 2.0 的电缆示意图。图中的 D＋和 D－两根线用于传输信号。

USB 2.0 信号线支持三种数据传输率:

①高速信号的传输速率为 480 Mb/s;

②全速信号的传输速率为 12 Mb/s;

③低速信号传送的速率为 1.5 Mb/s。

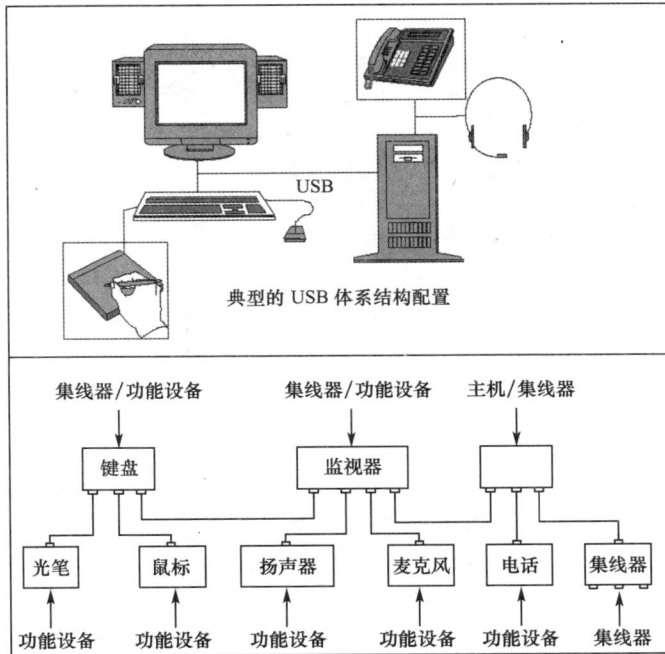

图 5-18　桌面计算机环境中的 USB 设备

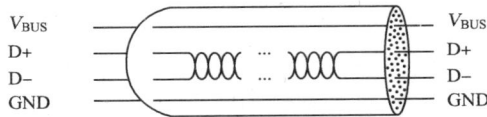

图 5-19　USB 的电缆

USB 2.0 电缆中包括 $V_{BUS}$ 和 GND 两条线,用来为设备提供电源,$V_{BUS}$ 提供＋5 V 电源。USB 电缆长度最长可达几米。

（2）高速/低速设备的识别

USB 的高速和低速设备是通过电缆下行端的上拉电阻的位置来进行区分的。如图 5-20 和图 5-21 所示,分别列出了高速和低速 USB 设备在集线器的终端位置及其所连的功能设备。

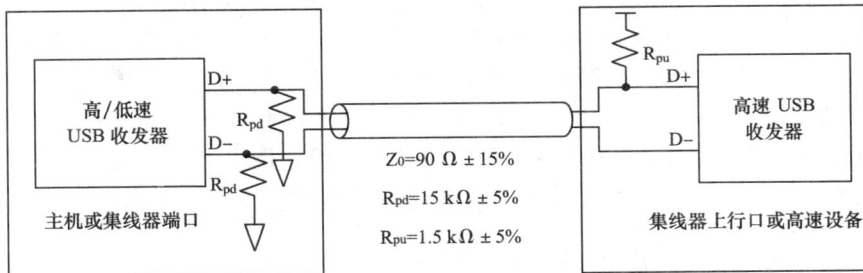

图 5-20　高速 USB 设备的电缆和上拉电阻的连接

从图中可以看出,不同的设备在电缆的下行端的上拉电阻 $R_{pu}$ 的连接位置是不同的。高速设备中的 $R_{pu}$ 电阻是接在 D＋线上的,低速设备中的 $R_{pu}$ 电阻是接在 D－线上的。上行端口处的电阻 $R_{pd}$ 是与地相连的,其电阻为 15 k$\Omega$±5％,以保证在端口没有设备连接时,两条数据线的电压值接近地。

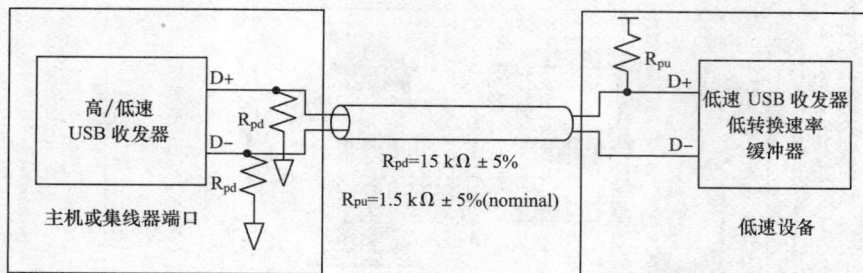

图 5-21   低速 USB 设备的电缆和上拉电阻的连接

（3）机械特性

　　所有 USB 设备都有一个上行的连接，而且上行连接器和下行连接器在结构上是不可互换的，以避免集线器间的非法环路连接。连接电缆中有四根导线：一对互相缠绕的标准规格线和一对符合标准的电源线。连接器有四个触点，而且带有屏蔽层以避免外界干扰，并有易拆装的特性，如图 5-22 所示为 USB 连接器的外形图。

　　**4. 总线协议**

　　USB 总线是一种轮询方式的总线，由主机控制器初始化所有的数据传输。

　　每一总线执行动作最多传送三个数据包。按照传输前制定好的规则，在每次传送开始时，主机

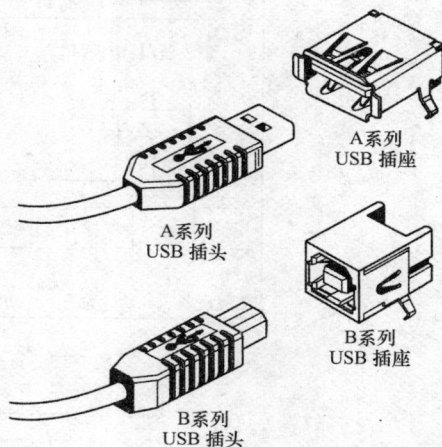

图 5-22   各类 USB 连接器

控制器发送一个描述传输动作的种类、方向、USB 设备地址和终端号的 USB 数据包，这个数据包通常称为"令牌包"。被寻址的 USB 设备从解码后的数据包的适当位置取出属于自己的数据。数据可以从主机传输到设备，也可以从设备传输到主机，数据的传输方向在令牌包中指定。然后发送端开始发送包含信息的数据包或表明没有数据传送，而接收端要发送一个握手的数据包响应，表明是否传送成功。

　　在主机与设备端口之间以及发送端和接收端之间的 USB 数据传输模型被称为管道。管道共有两种类型，即流管道和消息管道。消息管道的数据具有 USB 所定义的结构，而流管道的数据没有。另外，管道与数据带宽、传输服务类型和端口特性（如方向和缓冲区大小）有关。多数通道在 USB 设备设置完成后即存在。USB 中有一个特殊的通道，即缺省控制通道，属于消息通道，当设备一启动即存在，从而为设备的设置、查询状况和输入控制信息提供一个入口。

　　事务预处理允许对一些数据流的管道进行控制，从而在硬件级上避免了缓冲区出现欠载或过载。这种流控制机制允许灵活的任务安排，可使不同性质的流管道同时正常工作。

## 5.3.3   高性能串行总线 IEEE 1394

　　**1. IEEE 1394 概述**

　　IEEE 1394 最初由 Apple（苹果）公司提出，并以 FireWire 作为注册商标，允许连接多种高性能设备的高速串行总线标准。其目的是简化计算机的连线，并且为实时数字数据传输提供一个高速、统一的接口。在经过诸多厂家将近十年的研究之后，IEEE 协会在 1995 年正式将该总线采纳为标准，命名为 IEEE 1394-1995。如图 5-23 所示的扩展卡带有两种 1394 接口，如

图 5-24 左图所示是包含 4 条信号线和 2 条电源线的 6-PIN 接口;如图 5-24 右图所示是没有供电的 4-PIN 接口,这种接口常用在数码摄像机和笔记本上。

图 5-23　1394 接口类型

图 5-24　6-PIN 和 4-PIN 的 1394 接口

　　IEEE(电气和电子工程师协会)在 1995 年认可 FireWire 为 IEEE 1394-1995 规范后,针对 IEEE 1394-1995 中存在一些模糊的定义,随后又公布了一份补充文件来澄清,解决了 1394 接口及电缆的一些兼容性的问题,更正了错误并添加了一些功能。经过改进的规范被称为 1394a。

　　2001 年,IEEE 推出了更新的 1394 规范,即 1394b。它以 IEEE 1394-1995 和 1394a 为基础,目标是在新型应用中普及多媒体标准规格。其带宽、传输速度、距离和成本效率等都有了大幅度提高。1394b 共分为 beta 和 bilingual 两种模式,bilingual 模式具有与 1394a 及 IEEE 1394-1995 的设备向下兼容的特点。

　　IEEE 1394 的开发主要考虑了以下几点:

　　(1)支持高速传输;

　　(2)使用更加方便;

　　(3)可升级性;

　　(4)可以独立于主机,支持点到点的连接。

　　IEEE 1394 是一种高速串行总线,与并行总线相比,可以花费更少的费用来提供相同的传输服务。IEEE 1394 具有 64 位的寻址空间,控制寄存器和符合 IEEE 1212-1991 标准的读、写和锁定操作集。IEEE 1212-1991 也被称作“微型计算机总线的信息技术——微处理器系统——控制及状态寄存器体系结构”,或 CSR(微机总线控制和状态寄存器)体系结构,它简化了 IEEE 1394 总线和使用这种规范的其他总线的接口。IEEE 1394 正是以 IEEE 1394 规范和 CSR 体系结构为基础的。

　　**2. IEEE 1394 的主要特点**

　　IEEE 1394 有如下特点:

　　高速可升级:支持 100 Mb/s、200 Mb/s 和 400 Mb/s 的传输速率。

　　支持点到点传输:各个节点可以脱离主机自主执行传输。

　　即插即用:可以随时向 IEEE 1394 网络添加或拆除设备,既不用担心影响数据的传输,也不需要进行重新配置,总线会重新枚举,节点也可以自动配置,无需主机干预。

　　热插拔:无需将系统断电就可以加入和移除设备。

距离限制：节点之间的距离不能超过 4.5 米。如果加上中继器，两个端点之间的最大距离为 72 米。

支持两类传输：包括同步(Isochronous)和异步(Asynchronous)数据传输方式。同步传输应用于实时性的任务，而异步传输可将数据传送到特定的地址。

拓扑结构：设备间采用树形或菊花链拓扑结构，每条总线最多可以连接 63 台设备，考虑到两个节点之间 4.5 米的最大距离限制，IEEE 1394 并不适合在广域网中使用。

可提供电源：一些低功耗设备可以通过总线取得电源，而不必为每一台设备配置独立的供电系统。

公平仲裁：使同步传输具有较高优先级，同时异步传输也能获得对总线的公平访问。

提高系统性能：将资源看作寄存器和内存单元，可以按照 CPU 和内存的传输速率进行读/写操作，因此具有高速的传输能力。

1394b 主要对 1394a 在传输速率和传输距离方面做了一些改进：

(1)传输速率为 800 Mb/s～1.6 Gb/s。使用光纤时可以提高到 3.2 Gb/s。

(2)采用 CAT-5UTP5 线(5 类非屏蔽双绞线)时，可在保证传输速率为 100 Mb/s 的前提下将传输距离延长到 100 米以上；使用光纤时，在传输速率为 3.2 Gb/s 的同时可保证传输距离达到 50 米。

**3. IEEE 1394 与 USB 的比较**

IEEE 1394 和 USB 都是串行总线，因此它们有不少相似之处：都可以提供即插即用即热插拔的功能，安装十分简单；都提供统一的通用接口，都可提供总线供电方式；都采用了串接方式，可以连接多台设备。

它们之间的主要区别在于：

(1)IEEE 1394 是一种高速串行总线，是面向高速外设的，而 USB 是面向中低速外设的。1394 的传输速率很高，可达 100～400 Mb/s，因此可连接高速设备，如 DVD 播放机、数码相机和硬盘等；而 USB 受 12 Mb/s 传输速率的限制，只能连接低速设备，如键盘、麦克风、软驱和电话等。所以它们的应用领域不同。

(2)1394 的拓扑结构不需要集线器(HUB)就可连接 63 台设备，并且可以由网桥(Bridge)再将这些独立的子网连接起来，IEEE 1394 并不强制要用计算机控制这些设备，而在 USB 总线的拓扑结构中，必须通过 HUB 来实现多重连接，每个 HUB 最多有 7 个连接头，整个 USB 网络中最多可连接 127 台机器，而且一定要有主机的存在。

(3)IEEE 1394 的拓扑结构在其外部设备增减时会自动重设网络，其中包括网络短暂的等待状态；而 USB 以 HUB 来判明其连接设备的增减，因此可以减少 USB 网络动态重设的状况。

USB 2.0 的速度相比 USB 1.1 大大提高，最高可达 480 Mb/s，并且向下兼容 USB 1.1，它与 1394 在某些方面的性能进一步接近。但 1394 并不是专为计算机设计的，且被电子业接纳为下一代消费电子产品(CE)的连接方式。因为 IEEE 1394 是一个对等的接口，设备可以相互连接，仅用一条 IEEE 1394 线缆就可以使不同设备构成家庭影院系统，完全消除了设备背后的困扰。因此，一些 CE 厂商把 IEEE 1394 看作构筑"家庭 A/V 网络"的捷径，通过它可将丰富的内容传送到家庭的每个角落。因此，未来二者必将在这种合作和竞争的环境中长期并存下去。表 5-8 列出了两种总线的差别。

表 5-8　　　　　　　　　　　　1394 与 USB 串行总线的比较

| 比较的内容 | IEEE 1394 总线 | USB 总线 |
|---|---|---|
| 传输速率 | 100 Mb/s,200 Mb/s,400 Mb/s | 12 Mb/s,480 Mb/s,640 Mb/s |
| 可连接节点数 | 63 | 127 |
| 节点间距离 | 4.5 米 | 5 米 |
| 信号线 | 6 条(电源、地、2 对双绞线) | USB 2.0 为 4 条(电源、地、2 条信号线)/USB 3.0 为 8 条(电源、地、4 条信号线) |
| 编码方式 | D/SNRZI 编码 | NRZI(差分不归零编码) |

# 本章小结

总线和接口标准是微型计算机系统体系结构的重要组成部分,是微机系统与接口的设计者和使用者应当了解和熟悉的技术。

本章简要介绍了总线的概念、分类、基本特点和应用意义,并对总线的主要参数和协议及标准化做了说明。

本章对微机系统的内部总线和外部总线及其接口标准、发展沿革、工作原理和结构特点做了较全面地介绍。为了帮助读者把握总线的发展及使用新的总线技术,本章以较大篇幅介绍了 PCI Express 和 USB 等总线新技术。

通过这些内容学习,读者可以对目前微型计算机中使用的各种总线技术及应用情况有一个基本认识、并能把握微型计算机总线技术的发展方向。这有益于读者在微型计算机的开发和使用中主动地利用各种总线新技术。

# 习　题

1.什么是总线? 请简要说明总线的特征。

2.微型计算机采用总线有什么优点?

3.根据工作特征,总线是怎样组成的?

4.按照使用范围和功能,总线可分成哪几类?

5.系统总线即通常意义上所说的微型计算机总线由哪三部分构成?

6.总线的主要性能指标有哪些? 请简要说明。

7.总线规范一般包括哪些? 请简要说明。

8.请简要说明 ISA 总线的主要性能指标。

9.写出曾经使用的微机系统内部总线。现在的微机系统中通常使用哪些内部总线,为什么?

10.简述 AGP 总线与 PCI 总线的关系。

11.RS-232C 总线的逻辑电平是如何定义的? 它与 TTL 电平之间如何转换?

12.你知道有哪些应用 PCI Express 技术的产品。

13.何为 USB? USB 系统的构成。

14.你知道有哪些种类的 USB 设备?

15. USB 1.1 标准的设备可以在 USB 2.0 接口上正常使用吗？USB 2.0 标准的设备可以在 USB 1.1 接口上正常使用吗？微机系统是怎样解决这一问题的？

16. USB 2.0 标准的设备可以在 USB 3.0 接口上正常使用吗？USB 3.0 标准的设备可以在 USB 2.0 接口上正常使用吗？

17. 购买带有 USB 接口的产品时，你怎样鉴别设备上的 USB 接口是 1.1、2.0 还是 3.0 的？

18. 与 IEEE 1394 相比，USB 有哪些应用优势？

# 实战演练 2　外部总线通信

## 实验　RS-232 通信实验

### 1. 实验目的
学习 RS-232 通信编程方法，掌握双机通信的原理和编程方法。

### 2. 实验内容
本实验要求以中断方式进行收发。要完成本实验，需 2 台计算机，其中一台为串行发送，另一台为串行接收。先用串行数据线通过串口将 2 台 PC 连接起来，然后分别在 2 台 PC 中装上双机通信程序，经过连接和编译后生成可执行文件。运行可执行文件时，在 1 号机上键入的字符可显示在 2 号机的显示器上；同样的在 2 号机上键入的字符可显示在 1 号机的显示器上。实验原理图如图 5-25 所示。

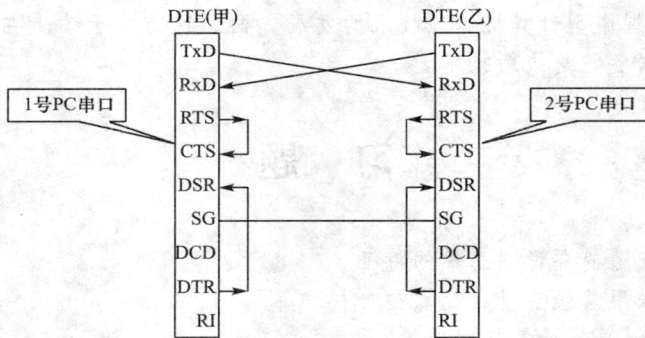

图 5-25　实验原理图

### 3. 源程序

```
CODE    SEGMENT
ASSUME  CS:CODE
NEW_INT:                        ;接收字符的中断处理程序
        STI                     ;CPU 开中断
        MOV DX,3F8H             ;接收字符
        IN AL,DX
        MOV DL,AL               ;显示接收字符
        MOV AH,2
        INT 21H
        CMP DL,0DH              ;判断是否为回车
        JNZ L2                  ;不是回车,转 L2 处
```

```
                MOV DL,0AH                  ;若是回车,加显示一个换行符
                MOV AH,2
                INT 21H
        L2:
                MOV AL,20H                  ;发中断结束命令(EOI)
                OUT  20H,AL
                IRET


        START:                              ;主程序部分
                MOV AH,35H
                MOV AL,0CH
                INT 21H                     ;读取原 0CH 号中断服务程序的地址
                PUSH BX
                PUSH ES                     ;以上地址入栈保存(以便在程序退出时恢复中断矢量表中的内
                                             容)
                MOV AX,CS
                MOV DS,AX
                MOV DX,OFFSET NEW_INT
                MOV AH,25H
                MOV AL,0CH
                INT 21H                     ;修改中断矢量表,将 NET_INT 位置登记为 0CH 号中断服务程序的
                                             地址
                                            ;以下初始化 8250
                MOV DX,3FBH                 ;指向线路控制寄存器
                MOV AL,80H                  ;位 7 置 1
                OUT DX,AL                   ;发送此字节
                MOV DX,3F9H                 ;指向波特率除数的高字节
                MOV AL,0                    ; 1200 BPS 对应的高字节
                OUT DX,AL                   ;发送此字节
                DEC DX                      ;指向波特率除数的低字节
                MOV AL,60H                  ; 1200 BPS 对应的低字节
                OUT DX,AL                   ;发送此字节
                MOV AL,1BH                  ;数据长度为 8 位,1 个奇偶校验位(偶校验),1 个停止位
                MOV DX,3FBH                 ;指向线路控制寄存器
                OUT DX,AL                   ;发送此字节
                MOV DX,3FCH                 ;设置 Modem 控制寄存器
                MOV AL,0BH                  ;允许 8250 发中断
                OUT DX,AL
                MOV DX,  3F9H               ;指向中断允许寄存器
                MOV AL,  1                  ;允许数据接收准备好中断
                OUT DX,AL                   ;发送此字节
                CLI                         ;关中断,以便对中断控制器 Intel 8259A 进行操作
                IN AL,21H                   ;读取中断屏蔽寄存器的内容
                AND AL,0EFH                 ;将 COM1 中断(即 IRQ₄ 引脚)的对应位置 0,允许中断
                OUT 21H,AL                  ;写入中断控制器 Intel 8259A 中
                STI                         ;开中断
        L1:                                 ;主程序循环,等待收到字符的中断发生
```

```
        MOV AH,0
        INT 16H                 ;读取键盘字符
        CMP AL,03               ;比较是否为 Ctrl + C 键
        JNZ L1                  ;若不是,继续循环
EXIT:                           ;退出处理
        MOV AH,25H
        MOV AL,0CH
        POP DS
        POP DX
        INT 21H                 ;恢复中断矢量表中 0CH 号中断服务程序的原地址
        MOV AH,4CH
        INT 21H                 ;返回 DOS
CODE    ENDS
END     START
```

# 第 6 章

# 8086/8088 微机系统的功能组件

## 6.1 8086/8088 微机系统概述

在微型计算机中,CPU 作为其核心部件担负着主要的控制工作。但是,要想完成复杂的处理功能除了构成系统的基本组件,如微处理器、存储器和输入/输出接口电路以及系统支持电路外,还要求许多其他部件构成可以协调工作的系统。这些部件所完成的功能有系统定时、中断与 DMA 控制、CMOS RAM 及时钟、键盘控制以及其他辅助实现上述的功能逻辑。在早期的微型计算机系统中,由于微电子技术和集成电路技术的限制,上述功能都是由单独的功能芯片来完成的。表 6-1 给出了 PC/XT 及 AT 微型计算机实现上述功能所使用的芯片。

表 6-1　PC/XT 及 AT 微型计算机所使用的主要芯片

| 芯片功能 | PC/XT | AT |
|---|---|---|
| 处理器 | 8088 | 80286 |
| 数字协处理器 | 8087 | 80287 |
| 时钟发生器 | 8284 | 82284 |
| 总线控制器 | 8288 | 82288 |
| 系统定时器 | 8253 | 8254 |
| 中断控制器 | 8259 | 8259 |
| DMA 控制器 | 8237 | 8237 |
| CMOS RAM 实时时钟 | — | MC146818 |
| 键盘控制器 | 8255 | 8042 |

根据微型计算机的结构特征和工作方式,所有构成系统的组件或部件都是通过系统总线相连。以 IBM PC/XT 为例,电路框图如图 6-1 所示。

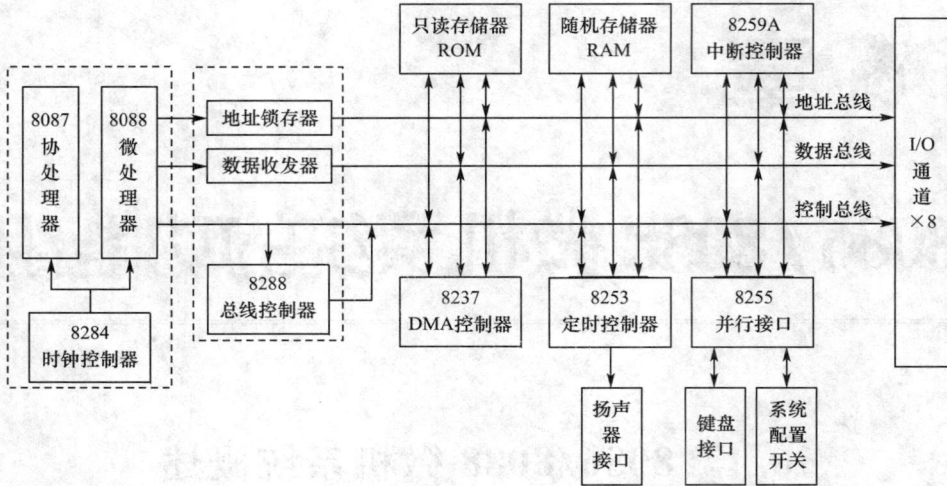

图 6-1　IBM PC/XT 系统板组成框图

在本章后面的内容中,将分别介绍构成微型计算机系统的几个主要部件。

# 6.2　可编程定时/计数器 Intel 8253/8254

## 6.2.1　Intel 8253/8254 概述

在微机系统中,为了实现系统的某些功能,需要为 CPU 和外部设备提供具有时间基准规律的控制信号以实现定时或延时的功能。例如,控制机内扬声器按一定频率发出声响,实现定时控制或中断,以及对外部事件进行计数并将结果输入到 CPU 中。

为了提高 CPU 的工作效率和提高定时的准确性,在微机系统中通常使用硬件的方法实现计数或计时的要求。实现的方法通常有以下两种:

(1)通过单一的数字逻辑方法由硬件电路实现。这种方法电路结构简单,工作时不占用 CPU 时间,但是由于电路逻辑完全由电路的物理结构确定,一旦设计完成后,定时特性及工作模式就基本确定并且难以改变。因此,这种方法在微机系统中的应用受到一定限制。

(2)使用可编程的定时/计数逻辑器件。这种器件可以通过软件的方法对其功能进行设定并具有和硬件一样的功能,使用灵活方便,又能长时间、多重复地定时,因此在微机系统中得到广泛的应用。

可编程计数器/定时器件是为方便微型计算机系统的设计和应用而研制的,很容易和系统总线连接。它的定时值及范围可以很容易地由软件来设定和修改,能够满足各种不同的定时和计数要求,因而在微型计算机系统的设计和应用中得到广泛的应用。

在 IBM PC/XT 微型计算机系统中,使用的可编程定时/计数芯片为 8253。它的改进型为 8254,应用在 AT 微型计算机系统中。下面以 8253 为例,介绍定时/计数芯片的结构和基本工作原理。

## 6.2.2　Intel 8253 的功能

Intel 8253 可编程计数器/定时器芯片是具有软件设定功能的、用以实现定时和计数控制的专用芯片。该芯片具有以下功能：

（1）内有 3 个独立的减法计数器，输入引脚每接收到一个计数脉冲，计数器内的数值自动减 1。

（2）每个计数器可以通过程序设置的方法选定不同的工作方式。

（3）计数器字长为 16 位，可以按十进制（BCD 码）或二进制模式计数。

（4）每个计数器最高计数速率可达 2.6 MHz。

（5）器件接口与 TTL 电平兼容，可以方便地与 CPU 相连。

## 6.2.3　Intel 8253 的外部引脚与内部结构

**1. Intel 8253 的引脚**

Intel 8253 芯片的引线以及引脚功能分类如图 6-2 所示。

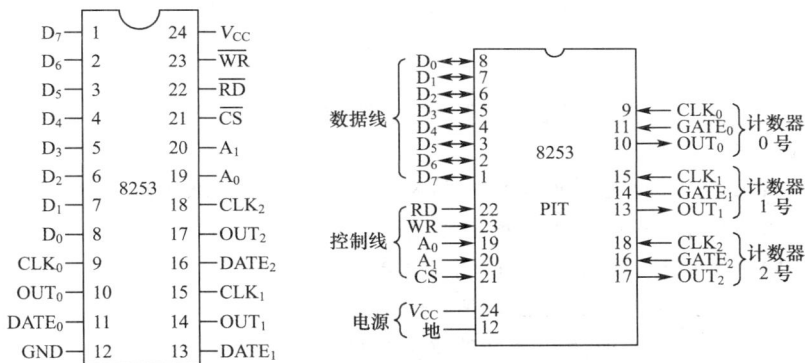

图 6-2　8253 芯片的引线以及引脚功能分类

根据接口属性和功能，除电源引脚外，Intel 8253 芯片的引脚可以分为三大类：

① 与 CPU 总线接口的双向三态数据线 $D_0 \sim D_7$；

② 读写和片选控制线 WR、RD 和 CS，以及片内寄存器的地址线 $A_1$ 和 $A_0$；

③ 用于计数/定时器的信号输入、信号输出和控制的 3 组引脚。

其中每个计数器通道的引脚有 3 个，具体功能如下：

$CLK_0 \sim CLK_2$：计数脉冲输入引脚，在每个计数通道中，计数器就是对这个脉冲计数。每输入一个脉冲，计数器的值按设定的计数模式自动减 1。如果该脉冲为周期精确的时钟脉冲，则该计数具有定时功能。

$GATE_0 \sim GATE_2$：门控信号输入引脚，通过此引脚，可以在外部控制计数器工作。其控制原理为：当该引脚上接低电平信号时，该通道计数器将被禁止工作。只有在 GATE 引脚上加高电平信号时，才允许计数器工作。

$OUT_0 \sim OUT_2$：输出引脚，当计数器减 1 计数到"0"时，OUT 引脚将有信号输出，用以表示计数到或计时到。

**2. Intel 8253 的内部结构**

8253 的内部结构逻辑如图 6-3 所示。它主要由 4 个基本单元组成,分别是数据总线缓冲器单元、读写控制逻辑单元、控制字寄存器单元和 3 个计数器逻辑单元。具体功能如下:

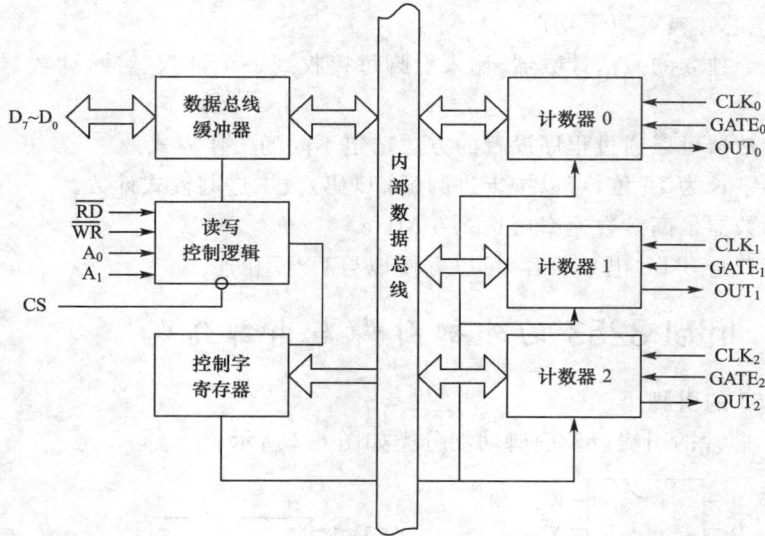

图 6-3　8253 内部结构图

(1)数据总线缓冲器单元

这是 8253 与 CPU 数据总线连接的 8 位双向三态缓冲器,通过这 8 条总线,CPU 通过输入/输出指令对 8253 内部的控制或计数单元进行读写。读写的信息包括:

①CPU 初始化编程时,写入 8253 控制寄存器的控制字;

②CPU 向某一通道写入的计数器初值;

③CPU 从某一个通道读取的计数器的当前计数值。

(2)读写控制逻辑单元

这是 8253 内部操作的控制部分,并受选片信号 $\overline{CS}$ 的控制。当片选信号 $\overline{CS}$ 为高电平(无效)时,数据总线缓冲器处在与系统的数据总线脱开的状态,故不能对芯片进行编程和读写操作。当片选信号为低电平(有效)时,数据总线开放。这时,CPU 通过读写控制逻辑对选择读写操作的端口(三个计数器及控制字寄存器),根据数据传送的方向对 8253 进行读写控制。

(3)控制字寄存器

在 8253 的初始化编程时,由 CPU 通过写入不同的控制字来决定某个通道的工作方式。此寄存器只能写入不能读出。

(4)计数器逻辑单元

在 8253 芯片中,由于内有三个计数器/定时器通道,所以有三个 16 位计数逻辑单元。在实际中,这三个单元功能基本相同,但是操作完全独立。

每个通道都是对输入脉冲按二进制或十进制(BCD)计数方法,从用户设置的初值开始进行减 1 计数。当计数器内的值减到零时,从 OUT 端口输出端输出一个信号。

为使计数器按预定的模式工作,计数器必须在开始计数之前由 CPU 通过输出指令向计数器写入预置的计数初值。另外,在计数过程中,CPU 随时可通过输入指令读取 8253 内部任何一个计数器的当前计数值。

## 6.2.4　Intel 8253 的工作方式

根据对工作方式寄存器中控制字 M2、M1 和 M0 的不同设置,8253 可以工作于六种不同的工作方式,见表 6-2。

表 6-2　　　　　　　　　　　　　　　　8253 不同工作模式下效果

| 工作方式 | 工作效果 | OUT 的输出 | 计数器初值装载特征 | GATE 的作用 | | |
|---|---|---|---|---|---|---|
| | | | | 低或变为低 | 上升沿 | 高电平 |
| 0 | 基数到终点时产生中断 | 一次性负方波 | 重装载 | 禁止计数 | — | 允许计数 |
| 1 | 可编程的单脉冲输出 | 一次性负方波 | 由 GATE 启动,可不装载 | — | ①启动计数<br>②下一个 CLK 脉冲使输出变低 | — |
| 2 | 比率发生器 | 周期性负脉冲 | 可不装载 | ①禁止计数<br>②立即使输出为高 | ①重新装入计数<br>②启动计数 | 允许计数 |
| 3 | 方波发生器 | 周期性负脉冲 | 可不装载 | ①禁止计数<br>②立即使输出为高 | 启动计数 | 允许计数 |
| 4 | 软件触发选通脉冲输出 | 一次性负脉冲 | 重装载 | 禁止计数 | — | 允许计数 |
| 5 | 硬件触发选通脉冲输出 | 一次性负脉冲 | 由 GATE 启动,可不装载 | — | 启动计数 | |

每种工作模式的具体特征如下:

方式 0:计数到终点时产生中断。在该方式下,当编程写入控制字后计数器的输出端(OUT)将变为低电平。在计数控制端(GATE)为有效电平(高电平)写入计数初值 N 后,计数器将自动启动计数。在计数过程中,输出端(OUT)一直维持低电平,一直到计数结束时 OUT 由低电平变为高电平。依此信号可以向 CPU 发出中断请求。通常,在用作计数时,8253 一般工作在方式 0。

方式 1:可编程的单脉冲输出。在该方式下,当编程写入控制字后计数器的输出端(OUT)将变为高电平。这时,计数器并不立即启动计数。只有在计数控制端(GATE)出现一个上升沿且在下一个计数脉冲(CLK)出现后才开始计数,将输出端(OUT)变为低电平并一直维持低电平直到计数结束。这时,OUT 由低电平变为高电平,形成一个单脉冲。单脉冲低电平维持的时间由计数器装入的初值决定。

方式 2:比率发生器。在该方式下,当编程写入控制字后计数器的输出端(OUT)立即变为高电平。这时,如果计数控制端(GATE)也为高电平,在写入计数初值后计数器开始对(CLK)计数,并将输出端(OUT)一直维持高电平不变。当计数器内的值减到 1 时,输出端(OUT)变为低电平,经过一个 CLK 周期后 OUT 重新变为高电平。然后重新初始化计数器继续计数。当控制端(GATE)为低电平时停止计数。这种方式可以实现在输入一定数量的计数脉冲后(由写入的计数初值定),输出端(OUT)输出一个脉冲。起到了分频器的作用。

方式 3:方波发生器。在该方式下,当编程写入控制字后计数器的输出端(OUT)立即变为高电平。这时,如果计数控制端(GATE)也为高电平,在写入计数初值后计数器开始对(CLK)计数,并将输出端(OUT)一直维持高电平不变。当计数器内的值减到初值的一半时,输出端(OUT)变为低电平,直到计数器的值为零。然后重新初始化计数器使 OUT 端重新变为高电平并继续计数。上述过程只有当控制端(GATE)为低电平时才停止计数。这种方式的工作原理与方式 2 类似,只不过是在一个计数周期内 OUT 端输出的是对称的方波。

方式 4:软件触发选通脉冲输出。在该方式下,当编程写入控制字后计数器的输出端(OUT)立即变为高电平。这时,如果计数控制端(GATE)也为高电平,在写入计数初值后计数器开始对(CLK)计数。当计数器内的值减到 0 时,输出端(OUT)变为低电平,经过一个 CLK 周期后 OUT 重新变为高电平,这时输出一个时钟周期的低电平脉冲,然后计数器停止计数。在这种方式下,控制端(GATE)为低电平时停止计数。可以用 GATE 端信号的上升沿重新初始化计数器并重新开始计数。在该方式下,每在 GATE 端输入一个触发脉冲,将触发计数器开始计数,并在计数结束后在 OUT 端输出一个脉冲。

方式 5:硬件触发选通脉冲输出。在该方式下,当编程写入控制字后计数器的输出端(OUT)输出高电平,在写入计数初值后不论 GATE 端的信号是否有效(低电平),计数器并不马上对(CLK)计数。只有当在计数控制端(GATE)输入脉冲的上升沿时,计数器才开始计数,这种方法称为硬件触发。当计数器内的值减到 0 时,在输出端(OUT)输出一个以时钟周期为宽度的低电平脉冲。在计数结束后,计数器并不再次开始计数。只有在控制端(GATE)重新检测到触发脉冲的上升沿时,才能再次开始计数。

## 6.2.5 Intel 8253 的控制逻辑

### 1. 8253 的寻址方式

为了对 8253 进行正确地设置,必须根据工作要求将来自 CPU 的设置信息正确地写入 8253 相应的寄存器。根据 8253 的读写控制逻辑信号,由控制和地址信号决定的 8253 内部逻辑单元的寻址见表 6-3。

表 6-3　　　　　　　　　　　Intel 8253 的寻址方式

| CS | $A_1$ | $A_0$ | RD | WR | 功　能 |
| --- | --- | --- | --- | --- | --- |
| 0 | 0 | 0 | 1 | 0 | 写计数器 0 |
| 0 | 0 | 1 | 1 | 0 | 写计数器 1 |
| 0 | 1 | 0 | 1 | 0 | 写计数器 2 |
| 0 | 1 | 1 | 1 | 0 | 写控制寄存器 |
| 0 | 0 | 0 | 0 | 1 | 读计数器 0 |
| 0 | 0 | 1 | 0 | 1 | 读计数器 1 |
| 0 | 1 | 0 | 0 | 1 | 读计数器 2 |
| 0 | 1 | 1 | 0 | 1 | 非法操作 |
| 0 | X | X | X | X | 无操作 |
| 1 | X | X | X | X | 无操作 |

### 2. 控制逻辑(工作方式控制字)

作为一个可编程逻辑芯片,为使 8253 按照预定的模式工作,在启动 8253 工作之前根据不同的用途对其进行设置,也就是初始化。初始化的方法就是向 8253 的控制字寄存器写入正确的控制字和向计数寄存器写入正确的计数初值。根据芯片的功能,控制字的作用包括选择工作的计数器、确定对选定计数器的读/写格式、选择计数器的工作方式以及确定计数时采用的数值等。

　　8253 的控制字由一个字节的二进制数构成,用字节中不同的位表示设定的内容,各位的意义如图 6-4 所示。

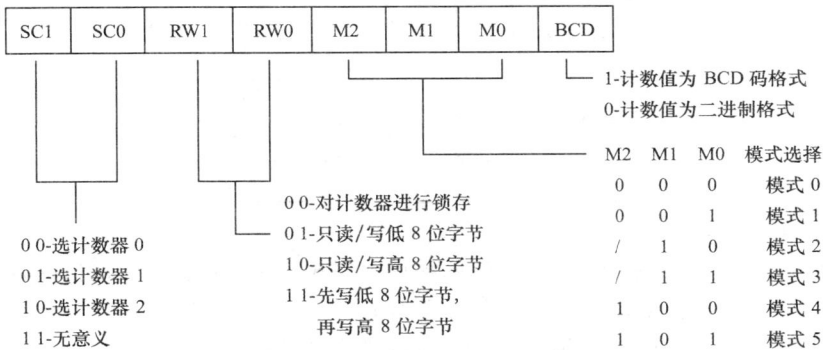

图 6-4　8253 可编程计数器/定时器芯片的控制字

　　在 8253 的控制字中,可划分为 4 个用于设置的位段,其划分和设置的意义如下:

　　(1)计数器选择位($D_7 D_6$)

　　该字段位于控制字的最高两位,用于决定该控制字是哪一个计数器的控制字,具体设置值的意义如下:

　　$D_7 D_6$＝00,选用计数器 0。

　　$D_7 D_6$＝01,选用计数器 1。

　　$D_7 D_6$＝10,选用计数器 2。

　　$D_7 D_6$＝11,无意义。

　　由于三个计数器的工作是完全独立的,所以需要有三个控制字寄存器分别规定相应计数器的工作方式,但它们的地址是同一个。所以,需要由这两位来决定这是哪一个计数器的控制字。因此,对一个计数器的编程需要向同一个地址(控制字寄存器地址)写入三个控制字,$D_7 D_6$ 位分别指定不同的计数器。在控制字中的计数器选样与计数器的地址是两回事,不能混淆,计数器的地址用作 CPU 向计数器写初值,或从计数器读取计数的地址值。

　　(2)数据读/写格式选择位($D_5 D_4$)

　　在 CPU 向计数器写入初值和读取它们的当前状态或数值时,有几种不同的数据格式(1 个或 2 个字节)。具体设置的意义如下:

　　$D_5 D_4$＝00,将计数器中的当前值锁存,以供 CPU 读取。

　　$D_5 D_4$＝01,为低位单字节数据读/写。在读/写数据时,只对数据的低 8 位操作。写入时,数据的高 8 位自动置 0。

　　$D_5 D_4$＝10,为高位单字节数据读/写。在读/写数据时,只对数据的高 8 位操作。写入时,数据的低 8 位自动为 0。

　　$D_5 D_4$＝11,双字节数据读/写。在读/写数据时,先对数据的低 8 位进行读/写,然后读/写数据的高 8 位。

　　(3)工作方式选择位($D_3 D_2 D_1$)

　　由前面的介绍可知,8253 的每个计数器有六种不同的工作方式。这些工作方式可以通过这三位不同的取值决定。具体设置值见表 6-4。

| D$_3$ | D$_2$ | D$_1$ | 工作方式 |
|---|---|---|---|
| 0 | 0 | 0 | 方式 0 |
| 0 | 0 | 1 | 方式 1 |
| × | 1 | 0 | 方式 2 |
| × | 1 | 1 | 方式 3 |
| 1 | 0 | 0 | 方式 4 |
| 1 | 0 | 1 | 方式 5 |

表 6-4　　　　　工作方式选择位

（4）数制选择位（D$_0$）

8253 的每个计数器有二进制和 BCD 码两种计数制式。实际计数制式的选择,由该位决定。

若该位取值为 0,计数器选定 16 位二进制计数方式。这时,写入数据的初值范围为 0000H～FFFFH。当选定的初值为 0000H 时,有最大计数值,等于 65536。

若该位取值为 1,计数器选定 BCD 码计数方式。这时,写入数据的初值范围为 0000H～9999H。当选定的初值为 0000H 时,有最大计数值,其值为 10000。

**例 6-1**　在 IBM PC/XT 中,使用 8253 计数器的通道 2 控制喇叭发声,作为机器的提示或报警信号。假设计数器的工作方式为 3,采用二进制计数制式和 16 位数据格式。试写出 8253 的控制字。

**解**　根据 8253 控制字的位段组织形式,各位段的设置如下：

计数器通道 2 的设置为：D$_7$D$_6$=10；

16 位数据读/写格式设置为：D$_5$D$_4$=11；

计数器的工作方式为 3 设置为：D$_3$D$_2$D$_1$=011；（第一位可以任意取值,这里取 0）

采用二进制计数设置为：D$_0$=0；

综合以上数据,8253 的控制字应为：10110110。写成 16 进制的数据格式为：0B6H。

## 6.2.6　Intel 8253 在 IBM PC/XT 中的应用

在 IBM PC/XT 中,为了实现时钟的计时、DRAM 的刷新以及控制扬声器发声等功能,系统使用了一片 Intel 8253 芯片。随着计算机技术的不断进步,在 IBM PC/AT 中使用了性能更高的计时/计数器芯片 8254。并在以后的计算机系统中用更先进的技术和集成度更高的芯片实现了上述功能。为了讲述微型计算机的基本原理,这里以 8253 为例讲述上述功能的实现。如图 6-5 所示给出了 IBM PC/XT 中 8253 的连接电路功能图。

**1.芯片的接口电路和地址**

在 IBM PC/XT 计算机中,为了实现对芯片进行控制和操作,为芯片设定了操作的 I/O 地址。其中,计数器三个通道端口的地址分别为 40H、41H 和 42H。该方式控制字的端口地址为 43H。

从图 6-5 中可以看出,三个计数器通道的时钟脉冲 CLK 均由系统的时钟发生器提供,经二分频后提供给三个通道,频率为 1.19318 MHz。

各通道的功能如下：

（1）通道 0：通过编程将该通道设定为定时器,其作用是为日历时钟提供一个恒定的时间基准。通过初始化,通道的输出端每秒产生 18.2 个中断脉冲,由 CPU 对其进行统计计数以得到系统运行的标准日历时间。

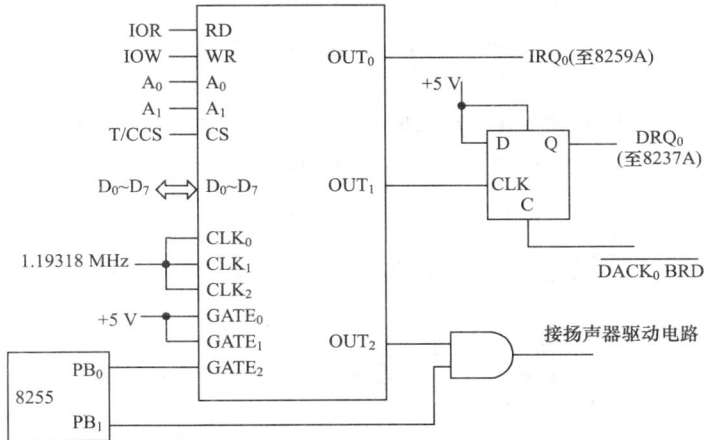

图 6-5　IBM PC/XT 微型计算机中的 8253 应用电路功能图

（2）通道 1：用于动态 RAM 的刷新定时。通过初始化设定，该通道每隔 15.12 s 产生一次 DMA 请求，使 DRAM 每个单元在规定的时间内刷新一次，以保证记忆的数据不丢失。

（3）通道 2：该通道的输出端（$OUT_3$）与扬声器连接，通过编程使其输出为方波，在程序的控制下可以得到不同形式的信号输出，作为系统的提示或报警信号。

**2.计数器设定的工作状态**

（1）通道 0：电子钟时间基准。

工作方式 3、二进制计数方式、16 位数据；

工作方式控制字：36H；

计数器初值：0000H（最大计数值 65536）；

输出频率：1.19318 MHz/$2^{16}$≈18.2 Hz。

（2）通道 1：RAM 刷新定时。

工作方式 2、二进制计数方式、低位单字节数据；

工作方式控制字：54H；

计数器初值：12H；

定时周期：$1/(1.19318\ \text{MHz}/18(12\text{H}))=1/(66.3×10^3)≈15.08\ \mu\text{s}$。

（3）通道 2：扬声器音频输出。

工作方式 3、二进制计数方式、16 位数据；

工作方式控制字：B6H；

计数器初值：根据扬声器输出频率设置。例如，当设置初值为 533H（1331D）时，输出频率为：1.19318 MHz/（533H）=896 Hz。

# 6.3　中断控制器 Intel 8259A

## 6.3.1　Intel 8259A 概述

中断是提高计算机工作效率的一种重要技术。最初，中断只是作为计算机与外设交换信息的一种同步控制方式而提出来的，但随着计算机技术的发展，为了实时处理计算机系统内的各种状态信息,特别是一些突发的故障信息,也采用中断技术,于是产生了 CPU 内部软件中断的概念。中断的概念和中断技术的应用被扩展和延伸了,在微机系统内的作用也越来越重要。

在微型计算机系统中,中断操作分为两类,即由指令启动的软件中断和由外界中断请求输入信号启动的硬件中断。在本节中主要介绍实现硬件中断的方法和功能组件,有关微型计算机的中断类型结构以及机制将在第 7 章中详细介绍。

## 6.3.2　Intel 8259A 的功能

Intel 8259A 是 80X86 系列计算机采用的可编程的中断控制器。通过该控制器管理中断,接收外部设备的中断请求,并能从多个中断请求信号中经优先级判决找出优先级最高的中断源,然后决定是否向 CPU 发出中断申请信号 INT,或者拒绝外设的中断申请给以中断屏蔽。

Intel 8259A 有多种工作模式,能适应各种系统要求,以便选取最佳的方案管理微机系统的中断。主要具有以下功能:

(1)它具有 8 级优先权控制,通过级联可扩展至 64 级优先权控制。

(2)每一级中断都可以屏蔽或允许。

(3)在中断响应周期,Intel 8259A 可提供相应的中断向量,从而能迅速地转至中断服务程序。

(4)Intel 8259A 具有多种工作方式,可以通过编程来进行选择,以适应不同的系统要求。

## 6.3.3　Intel 8259A 的外部引脚与内部结构

### 1. Intel 8259A 的引脚功能

Intel 8259A 是 28 条引线双列直插式封装的芯片,如图 6-6 所示,给出了 Intel 8259A 芯片的外形以及引脚配置和功能。

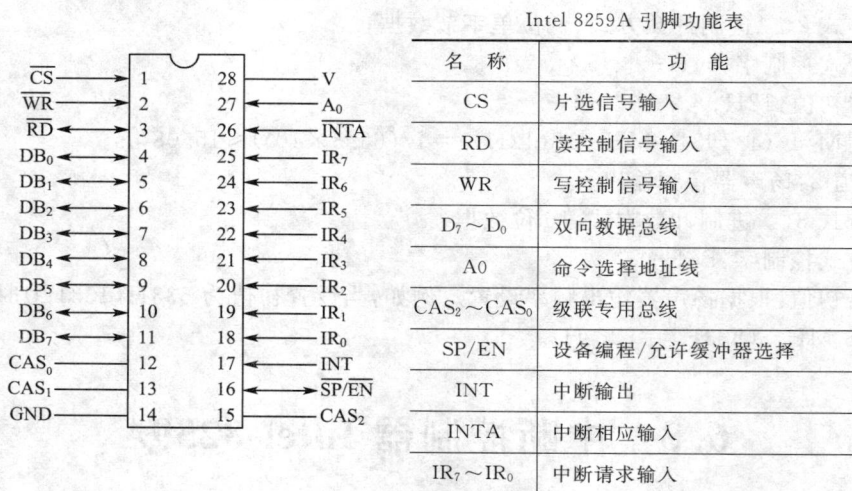

Intel 8259A 引脚功能表

| 名　称 | 功　能 |
| --- | --- |
| CS | 片选信号输入 |
| RD | 读控制信号输入 |
| WR | 写控制信号输入 |
| $D_7 \sim D_0$ | 双向数据总线 |
| A0 | 命令选择地址线 |
| $CAS_2 \sim CAS_0$ | 级联专用总线 |
| SP/EN | 设备编程/允许缓冲器选择 |
| INT | 中断输出 |
| INTA | 中断相应输入 |
| $IR_7 \sim IR_0$ | 中断请求输入 |

图 6-6　Intel 8259A 芯片的外形以及引脚配置

### 2. Intel 8259A 的内部结构

Intel 8259A 的内部结构如图 6-7 所示,下面介绍各模块的功能。

(1)中断请求寄存器(IRR)和中断服务寄存器(ISR)

每片 Intel 8259A 有 8 条外部中断请求线 $IR_0 \sim IR_7$,每一条请求线有一个相应的触发器

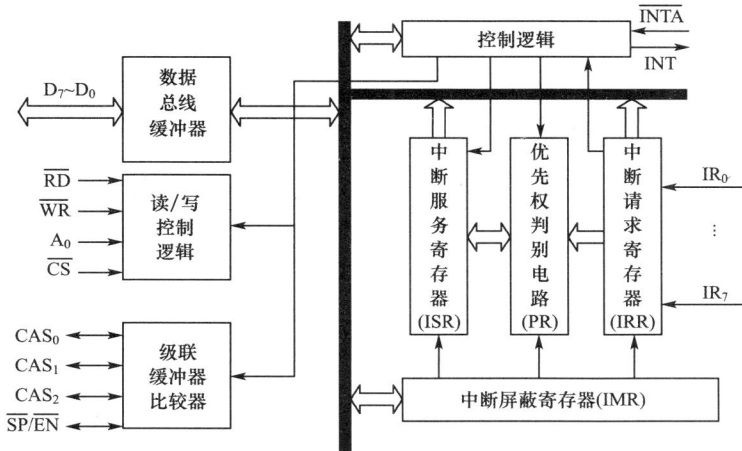

图 6-7　Intel 8259A 的内部结构图

来保存请求信号。在中断输入线上的中断请求,由两个相级联的寄存器即中断请求寄存器 IRR(Interrupt Request Register)和中断服务寄存器 ISR(Interrupt Service Register)来管理。

　　IRR 是一个 8 位寄存器,用来寄存正在请求服务的所有中断号。当某一个中断输入端 $IR_i$ 呈现高电平时,该寄存器的相应位置为"1"。显然该寄存器最多允许 8 个中断请求信号同时进入,这时 IRR 寄存器将全被置为"1"。

　　ISR 也是一个 8 位寄存器,用来寄存已响应的正在服务中的和被挂起的中断请求。当任何一级中断被响应,CPU 正在执行它的中断服务程序时,ISR 寄存器中相应位置为"1",该状态将一直保持到该级中断处理过程结束为止。多重中断情况下,ISR 寄存器中可有多位被同时置为"1"。

　　(2)优先级判别电路

　　优先级判别电路用来确定发出中断请求信号的优先级别。当几个中断请求信号同时出现时,优先级判别电路对保存在 IRR 中的各个中断请求经过判断确定各中断的优先级,选择出优先级最高的中断。并由 INTA 脉冲将其存入中断服务寄存器的对应位中。

　　$IR_7 \sim IR_0$ 的优先级,通常按 $IR_0 > IR_1 > \cdots > IR_7$ 的顺序,通过程序也可以设定为循环方式。

　　(3)中断屏蔽寄存器(IMR)

　　中断屏蔽寄存器 IMR(Interrupt Mask Register)是一个 8 位寄存器,通过对 IMR 寄存器中不同位的设置可实现对各级中断有选择地屏蔽。当该寄存器中某一位置"1"时,表示禁止这一级中断请求进入系统,这时被屏蔽了的位对应的中断请求就不能送入优先权判定电路,从而禁止来自该位所对应的中断。

　　(4)控制逻辑电路

　　控制逻辑电路的作用是根据 CPU 对 Intel 8259A 编程设定的工作方式产生内部控制信号,并在适当的时候通过 INT 中断输出端向 CPU 发出中断请求信号,请求 CPU 响应;当控制逻辑通过 INTA 输入端接收到来自 CPU 的中断响应信号时,将自动将中断类型码送到数据总线。因此,可以认为 Intel 8259A 芯片是在控制电路控制之下构成的一个有机的整体。

　　(5)数据总线缓冲器

　　数据总线缓冲器是三态、双向和 8 位的缓冲器,用来连接 Intel 8259A 和系统数据总线,完成控制字、状态信息以及中断类型码的传输。

（6）读/写控制逻辑

这个部件的功能是接收来自 CPU 输出的读/写命令。在进行写操作时，它把写入的数据送到相应的寄存器（包含有初始化命令字寄存器和控制命令字）；在读 Intel 8259A 时，它允许把反映 Intel 8259A 的状态的寄存器内容传送到数据总线上。

在操作过程中，$\overline{CS}$ 片选信号线为低电平，表示有效选中 Intel 8259A。$A_0$ 线配合 $\overline{RD}$、$\overline{WR}$ 向各个命令寄存器写入或读取该片中各个状态寄存器。

（7）级联缓冲/比较器

在由多个 Intel 8259A 构成的级联主从结构中，这个功能块寄存并比较在系统中所使用的各个 Intel 8259A 的级联地址。当 Intel 8259A 作为主片使用时，$CAS_2 \sim CAS_0$ 作为输出端使用，输出级联地址；而当 Intel 8259A 作为从片使用时，$CAS_2 \sim CAS_0$ 则作为输入端使用，输入级联地址。这三条线与 $\overline{SP}/\overline{EN}$（控制器程序控制/允许）相配合，实现 Intel 8259A 的级联，此时 $\overline{SP}/\overline{EN}$ 为输入线，用来区分主/从芯片。在带总线缓冲器的系统中，$\overline{SP}/\overline{EN}$ 为输出线，用于开启总线缓冲器。

## 6.3.4　Intel 8259A 芯片的工作方式

为了适应使用者不同的工作要求，Intel 8259A 通过编程可以设置各种不同的操作方式。下面对这些操作方式进行简单介绍。

**1. 中断触发方式**

Intel 8259A 可通过软件初始化的方法来定义两种不同的中断触发方式，即电平触发方式和边沿触发方式。

（1）当定义为电平触发方式时，从 $IR_7 \sim IR_0$ 输入的有效信号应为高电平，而且必须保持有效到响应它的第一个 $\overline{INTA}$ 信号的前沿，否则这个 $IR_i$ 信号有可能被丢失；但是也不允许 $IR_i$ 信号太长，如果在中断服务寄存器 ISR 相应位复位后该 $IR_i$ 信号还继续有效，则 Intel 8259A 就可能重新响应这一中断请求而出现重复中断的现象。为避免这种情况产生，在 ISR 某一位被复位时应将相应的 $IR_i$ 信号置成无效。

（2）当 Intel 8259A 被定义为边沿触发方式时，不会产生上述的丢失中断请求现象和重复中断现象。当 $IR_i$ 端上出现由低电平到高电平的正跳变时，表示中断请求信号有效。

**2. 中断优先权级别方式**

针对各种不同的要求，Intel 8259A 可以通过初始化将其设置为优先权级别固定分配和循环设置两种优先权级别方式。

（1）当设置为优先权级别固定方式时，中断的优先级别由系统按 $IR_0 \sim IR_7$ 的顺序由高到低固定。当系统中有多个中断源同时发出中断请求时，Intel 8259A 的优先权判别器将它们与当前正在处理的中断进行优先级别的比较，从中选出优先级最高的中断进行处理。

（2）在优先权级别循环设置方式下，中断 $IR_0 \sim IR_7$ 的优先级在中断的响应过程中不断变化。在一个中断请求服务结束后，该中断的优先级就自动降为最低。这时，紧跟其后的下一个中断请求的优先级变为最高。

各中断源的优先级确定后，一般处理原则只允许高级中断打断低级中断而被优先处理，禁止低级中断打断高级中断或同级中断相互打断。

**3. 中断优先权管理**

中断优先权管理是中断管理的核心问题。Intel 8259A 中对中断优先权的管理，可概括为三种方式，即完全嵌套方式、自动循环方式和中断屏蔽方式。

（1）完全嵌套方式

完全嵌套方式是 Intel 8259A 被初始化后自动进入的基本工作方式，在这种方式下，由各个 $IR_i$ 端引入的中断请求具有固定的中断级别。$IR_0$ 具有最高优先级，$IR_7$ 具有最低优先级，其他级顺序类推。

采用完全嵌套方式时，ISR 寄存器中某位置"1"表示 CPU 当前正在处理该级中断请求，Intel 8259A 将允许比该中断请求级别高的中断请求进入，打断当前的中断服务程序而被优先处理，但禁止与它同级或比它级别低的其他中断请求进入。

当任何一级中断处理完毕，CPU 应向 Intel 8259A 回送结束命令（EOI），以便 Intel 8259A 将 ISR 寄存器中相应位置"0"，标识该级中断处理过程完全结束。

Intel 8259A 在完全嵌套方式下，可采用以下三种中断结束方式：

①普通 EOI 方式：当任何一级中断服务程序结束时，CPU 只给 Intel 8259A 传送一个 EOI 结束命令，Intel 8259A 收到这个 EOI 命令后，自动将 ISR 寄存器中级别最高的置"1"位清"0"。这种结束方式最简单，但是只有当前结束的中断总是尚未处理完的级别最高的中断时，才能使用这种结束方式。这就是说，如果在中断服务程序中曾经修改过中断级别，则决不能采用这种方式，否则会造成严重后果。

②特殊 EOI 方式：在普通 EOI 方式的基础上，当中断服务程序结束后给 Intel 8259A 发出 EOI 命令的同时，将当前结束的中断级别也传送给 Intel 8259A，就被称作特殊 EOI 方式。这种情况下，Intel 8259A 将 ISR 寄存器中指定级别的相应位清"0"，显然这种结束方式可在任何情况下使用。

③自动 EOI 方式：任何一级中断被响应后，ISR 寄存器中相应位置"1"，CPU 将进入中断响应总线周期，在第 2 个中断响应信号（$\overline{INTA}$）结束时，自动将 ISR 寄存器中相应位清"0"，被称作自动 EOI 方式。采用这种结束方式，当中断服务程序结束时，CPU 不用向 Intel 8259A 回送任何信息，这显然是一种最简单的结束方式。但是存在一个明显的缺点，任何一级中断在执行中断服务程序期间有可能出现低级中断打断高级中断或同级中断相互打断的不合理现象，通常将这种情况称作"重复嵌套"，这种情况显然是不允许的。一般，对于一些以预定的速率发生的中断，在肯定不会产生重复嵌套的情况下，采用自动 EOI 方式是最理想的。

（2）自动循环方式

在完全嵌套方式中，中断请求 $IR_7 \sim IR_0$ 的优先级别是固定不变的，使得从 $IR_0$ 引入的中断总是具有最高的优先级。但是，在某些情况下往往希望它们的中断级别不是固定不变的，而是可以以某种策略改变它们的优先级别。因此，自动循环方式是改变中断请求优先级别的策略之一。

实现自动循环方式有下面三种不同的中断结束方式：

①普通 EOI 循环方式：当任何一级中断被处理完后，CPU 给 Intel 8259A 回送普通 EOI 命令，Intel 8259A 接收到这一命令后将 ISR 寄存器中优先级最高的置"1"位清"0"，并赋给它最低优先级，而将最高优先级赋给原来比它低一级的中断请求，其他中断请求的优先级别以循环方式类推。

②自动 EOI 循环方式：任何一级中断响应后，在中断响应总线周期中，由第 2 个中断响应

信号$\overline{INTA}$的后沿自动将 ISR 寄存器中相应位清"0",并立即改变各级中断的优先级别,改变方案与上述普通 EOI 循环方式相同。

采用这种自动 EOI 循环方式与前述的自动 EOI 方式一样,有可能出现"重复嵌套"现象,使用时要特别小心,否则有可能造成严重后果。

③特殊 EOI 循环方式:前述的普通 EOI 循环和自动 EOI 循环都是将最低优先权赋给刚刚处理完的中断请求。特殊 EOI 循环方式具有更大的灵活性,可根据用户要求将最低优先级赋给指定的中断源。用户可在主程序或中断服务程序中利用置位优先权命令把最低优先级赋给某一中断源 $IR_i$,于是最高优先级便赋给 $IR_i+1$,其他各级按循环方式类推。

例如,在某一时刻,Intel 8259A 中的 ISR 寄存器的第 2 位和第 6 位置"1",表示当前 CPU 正在处理第 2 级和第 6 级中断。它们以嵌套方式引入系统,如果当前 CPU 正在执行优先级高的第 2 级中断服务程序,用户在该中断服务程序中安排了一条优先权置位指令,将最低级优先权赋给 $IR_4$,那么待这条指令执行完毕,各中断源的优先级便发生变化,$IR_4$ 具有最低优先级,$IR_5$ 则具有最高优先级,但这时第 2 级中断服务程序并没有结束,因此,ISR 寄存器中仍保持第 2 位和第 6 位置"1",只是它们的优先级别已经分别被改变为第 5 级和第 1 级。

显然,使用了置位优先权指令后,正在处理的中断不一定在尚未处理完的中断中具有最高优先级。上例中,原来优先级高的第 2 级现在变成了第 5 级,而原来的第 6 级现在上升为第 1 级。这种情况下当第 2 级中断服务程序结束时,不能使用普通 EOI 方式,而必须使用特殊 EOI 方式,也就是说向 Intel 8259A 发送 $IR_2$ 结束命令的同时,还应将 $IR_2$ 的当前级别(第 5 级)传送给 Intel 8259A,Intel 8259A 才能正确地将 ISR 寄存器中的第 2 位清"0"。

(3)中断屏蔽方式

根据需要对中断优先级的管理还可采用中断屏蔽方式,CPU 在任何时候都可安排一条清除中断标志指令(CLI),将中断标志位清"0",从此以后,CPU 将禁止所有的由 INTR 端引入的可屏蔽中断请求。这是由 CPU 自己完成的中断屏蔽功能,只能对所有的可屏蔽中断一起进行屏蔽,而无法有选择地对某一级或几级中断进行屏蔽。这种屏蔽操作可由 Intel 8259A 通过中断屏蔽寄存器来实现,有两种实现方式:

①普通屏蔽方式:将中断屏蔽寄存器 IMR 中的某一位或某几位置"1",即可将相应级的中断请求屏蔽掉。

这种屏蔽方式可在两种情况下使用。其一是当 CPU 在执行主程序时,要求禁止响应某一级或某几级中断时,可在主程序中将 IMR 寄存器的相应位置"1";其二是 CPU 在处理某级中断过程中,要求禁止级别比它高的某一级或某几级中断时,可在中断服务程序中将 IMR 寄存器的相应位置"1",这样的方式称作普通屏蔽方式。

②特殊屏蔽方式:当 CPU 正在处理某级中断时,要求仅对本级中断进行屏蔽,而允许其他优先级比它高或低的中断进入系统,这被称作特殊屏蔽方式。对 Intel 8259A 进行初始化时,可利用控制寄存器的 SMM 位的置位使 Intel 8259A 进入这种特殊屏蔽方式。

例如,若当前正在执行 $IR_3$ 的中断服务程序,希望进入特殊屏蔽方式时,只需在 STI 指令后将 IMR 寄存器的第 3 位置"1",并将控制寄存器的 SMM 位置"1",标志 Intel 8259A 已进入特殊屏蔽方式。此后,除 $IR_3$ 之外,其他任何级的中断均可进入,待 $IR_3$ 的中断服务程序结束时,应将 IMR 寄存器的第 3 位复位,并将 SMM 位复位,标志退出特殊屏蔽方式,然后利用特殊 EOI 方式,由 Intel 8259A 将 ISR 寄存器的第 3 位清"0"。

## 6.3.5　Intel 8259A 在 IBM PC/XT 机外部中断系统中的应用

除内部中断外,IBM PC/XT 计算机 CPU 管理的外部中断有两类中断输入端口,即可屏蔽中断输入端口和不可屏蔽输入(NMI)端口,如图 6-8 所示。与 NMI 相接的不可屏蔽中断源有 3 个,主要与系统硬件工作相关,在功能上与 Intel 8259A 的扩展无关。

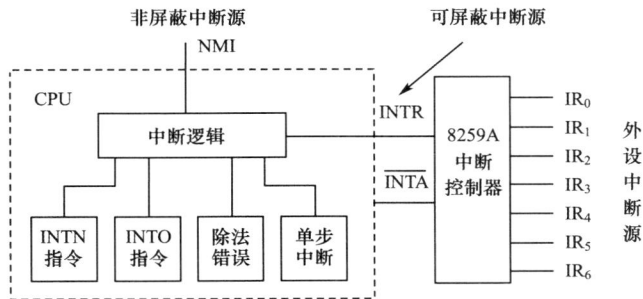

图 6-8　IBM PC/XT 计算机 CPU 管理的外部中断源

在 CPU 的可屏蔽中断端口上,IBM PC/XT 使用 Intel 8259A 中断控制器将该端口扩展为 8 个不同请求优先级的端口,在 IBM PC/AT 微机系统中使用两片 Intel 8259A。表 6-5 为 IBM PC/XT 各中断的类别以及使用情况。

表 6-5　　　　　　　　　　　　　　外部中断表

| 中断源 | 中断类型 | 中断入口 | 功　　能 |
|--------|----------|----------|----------|
| NMI | 02H | 0008H | 系统板内存奇偶错,I/O 通道 NMI 请求,8087 的 NMI 请求 |
| $IRQ_0$ | 08H | 0020H | 8253 通道 0 中断(时钟中断) |
| $IRQ_1$ | 09H | 0024H | 键盘中断 |
| $IRQ_2$ | 0AH | 0028H | 保留 |
| $IRQ_3$ | 0BH | 002CH | 保留(同步通信中断) |
| $IRQ_4$ | 0CH | 0030H | RS-232C 异步通信中断 |
| $IRQ_5$ | 0DH | 0034H | 硬盘驱动器中断 |
| $IRQ_6$ | 0EH | 0038H | 软盘驱动器中断 |
| $IRQ_7$ | 0FH | 003CH | 打印机中断 |

如图 6-9 所示为 IBM PC 微机中 Intel 8259A 的连接原理图,如图 6-10 所示为 IBM PC/AT 计算机使用两片 Intel 8259A 的级联连接图。

在 IBM PC/AT 以上,如 386、486 和 Pentium 等微机系统中,虽然不独立地使用中断控制芯片,但是在其外围控制芯片(如 82L206 等)中都集成有与 AT 机的两片 Intel 8259A 相当的中断控制器电路。

在 I/O 地址空间的分配中,IBM PC/TX 分配给 Intel 8259A 的 I/O 端口地址为 20H 和 21H,中断类型码为 08H~0FH。

在 IBM PC/AT 中,将原来保留的 $IRQ_2$ 中断请求端用于级联从片 Intel 8259A。这时系统扩展了 8 个中断请求端 $IRQ_8$~$IRQ_{15}$。扩展后从片的 I/O 端口地址为 A0H 和 A1H,中断类型码为 70H~77H。

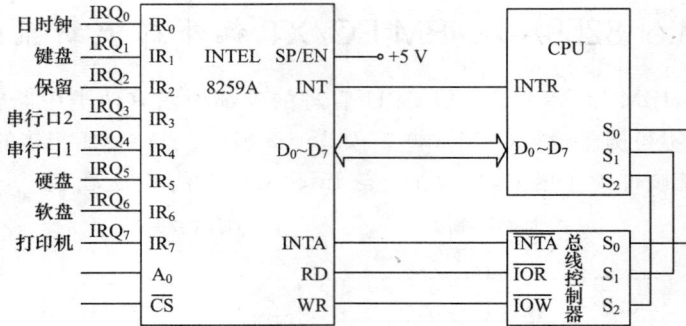

图 6-9　IBM PC 微机中 Intel 8259A 的连接原理图

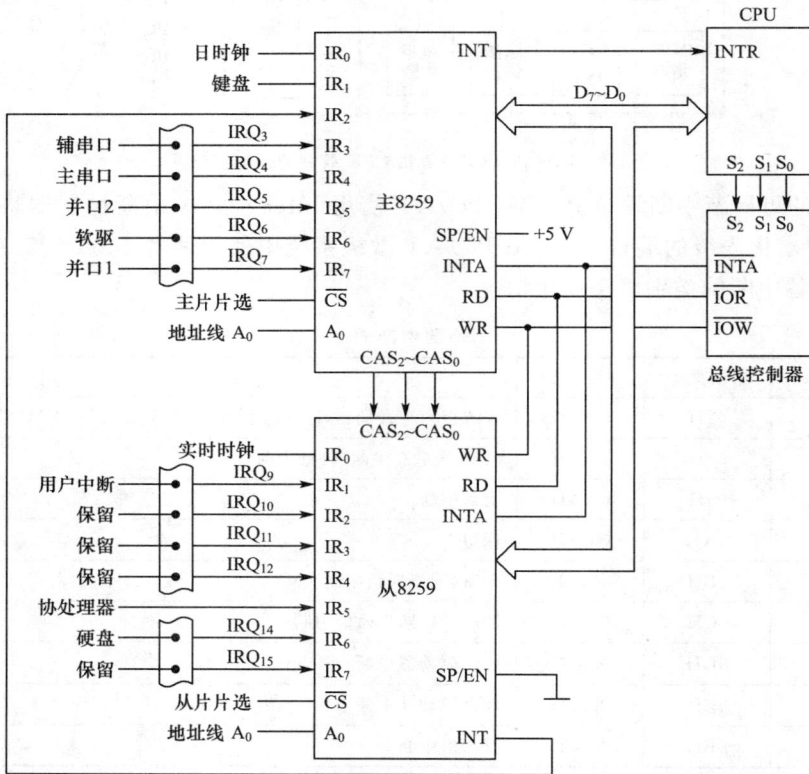

图 6-10　IBM PC/AT 计算机使用两片 Intel 8259A 的级联连接图

# 6.4　可编程 DMA 控制器 Intel 8237A

## 6.4.1　Intel 8237A 概述

在一般的程序控制传送方式下,虽然中断技术解决了高速 CPU 与低速外设之间速度不平衡之间的矛盾,但是对高速外部设备,数据从存储器传送到外设或从外设传送到存储器,都要经过 CPU 的累加器中转,再加上检查是否传送完毕以及修改内存地址等操作都由程序控制,要花费 CPU 不少时间。这对于访问当前微型计算机中一些数据传送速度非常高的外设(如硬盘等)而言,依靠 CPU 就难以完成它们之间的数据传送。采用 DMA(Direct Memory Access)传送方式的目的是使存储器与外设或外设与外设之间直接交换数据,不需经过累加器,减少了中间环节,DMA 控制数据输入传送的基本原理如图 6-11 所示。在这种传送模式下,内存地址的修改和传送完毕的结束报告等都由硬件直接来完成,大大提高了传输速度。因此,DMA 传送方式特别适合用于外部设备与存储器之间高速成批的数据传送。

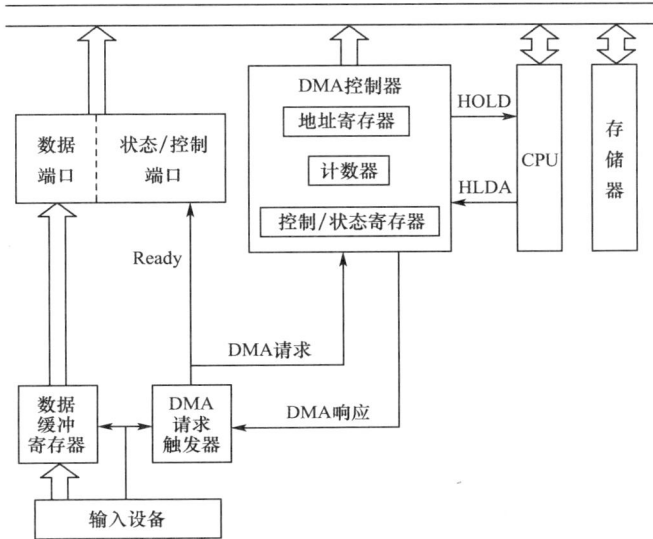

图 6-11　DMA 传送的基本原理图

　　DMA 传送虽然不需要 CPU 参与控制,但仍然需要对其传送过程进行控制和管理。从图 6-11 可以看出,微型计算机中通常采用 DMA 控制器来负责 DMA 传送的全过程控制。因此,DMA 控制器是控制存储器和外设之间高速传送数据的硬件电路,是一种控制数据直接传送的专用处理器,在 DMA 数据传送过程中直接取代 CPU 及控制软件,实现在传送中需要完成的各种功能。因此,DMA 控制器应具备 CPU 的寻址、数据传送和一定的控制能力,主要包括以下几点:

　　①DMA 控制器应具备向 CPU 发出 DMA 请求信号并接管和控制总线的功能;

　　②DMA 控制器应提供地址码以指明 I/O 设备变换数据的存储器起始地址;

　　③DMA 控制器应能发出存储器和外设的读/写控制信号,以规定数据在存储器与 I/O 设备之间的传输方向;

　　④在进行 DMA 传送过程中,DMA 控制器应具备修改内存地址指针并计算传送的字节数的功能,以判断什么时候传送结束。

　　根据功能分析,一个 DMA 控制器需要包括的功能单元如图 6-12 所示。

　　(1)用于 DMA 控制器工作的寄存器,包括:

　　①地址寄存器:用来存放地址码,始终指明下次需要传送的存储器的地址,每传送一个字节,它的内容就按事先的规定加 1 或减 1。

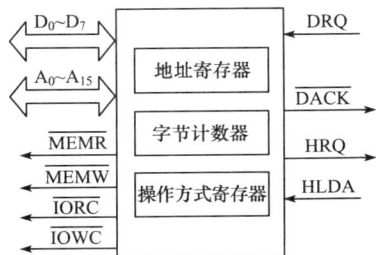

图 6-12　DMA 控制器的功能单元

②字节计数器:用来存放传送的字节数,每传送一个字节,计数器自动减1。

③操作方式寄存器:用来规定数据的传送方向,数据从 I/O 设备到存储器的传输称写操作,从存储器到 I/O 设备的传输称读操作。

(2)进行数据和命令传输的通道,即总线,包括:

①地址总线($A_0 \sim A_{15}$):在 DMA 方式下,通过地址总线对存储器进行地址选择;在 CPU 方式下可对 DMAC 进行选址。

②数据总线($D_0 \sim D_7$):在 DMA 方式下,用它进行数据传送;在 CPU 方式下,可对 DMAC 的有关寄存器进行编程。

(3)四个控制数据传送方式的信号,包括:

①存储器读信号 MEMR。

②存储器写信号 MEMW。

③I/O 设备读信号 IORC。

④I/O 设备写信号 IOWC。

当数据从 I/O 设备写入内存时,MEMW 和 IORC 同时有效;当数据从内存读入 I/O 设备时,MEMR 和 IOWC 同时有效。

(4)DMAC 与 I/O 设备之间的联络信号,包括:

①DMA 请求信号 DRQ(输入):这是 I/O 设备向 DMAC 提出要求 DMA 操作的申请信号。

②DMA 响应信号 DACK(输出):这是向 DMAC 提出 DMA 请求的 I/O 设备表示的应答信号。

(5)DMAC 与 CPU 之间的联络信号,包括:

①总线请求信号 HRQ(输出):这是 DMAC 向 CPU 要求让出总线的信号。

②总线响应信号 HLDA(输出):这是 CPU 向 DMAC 表示响应总线请求的信号。

目前在微型计算机中应用的 DMA 控制器是可编程的大规模集成芯片,类型很多,如 8257 和 8237 等。由于 DMA 控制器是实现 DMA 传送的核心器件,对其工作原理、外部特性以及编程使用方法等方面的学习,就成为掌握 DMA 技术和了解微型计算机原理的重要内容。

## 6.4.2　Intel 8237A 的功能

Intel 8237A 是 Intel 公司设计、生产,由大规模集成电路构成的高性能、可编程 DMA 控制器。8237 DMA 控制器有四个独立的 DMA 通道,每个 DMA 通道可以具有不同的优先权和四种不同的工作方式。每个 DMA 通道可以分别允许和禁止并可分别独立编程进行设置,完成存储器对存储器或存储器对 I/O 设备的数据交换。每个通道有 64 K 字节数据块传送能力,在工作时钟为 5 MHz 时,最高传送速率可达 1.6 MB/s。多个 Intel 8237A 芯片可以级联,扩展通道数。另外,Intel 8237A 除了能够使 I/O 接口能直接与存储器传送信息外,它还提供内存储器之间的传送能力。

## 6.4.3　Intel 8237A 的结构和引脚

Intel 8237A 的内部逻辑框图包括时序和控制逻辑、命令控制逻辑、优先权控制逻辑、寄存器组及地址/数据缓冲器等,内部结构如图 6-13 所示。

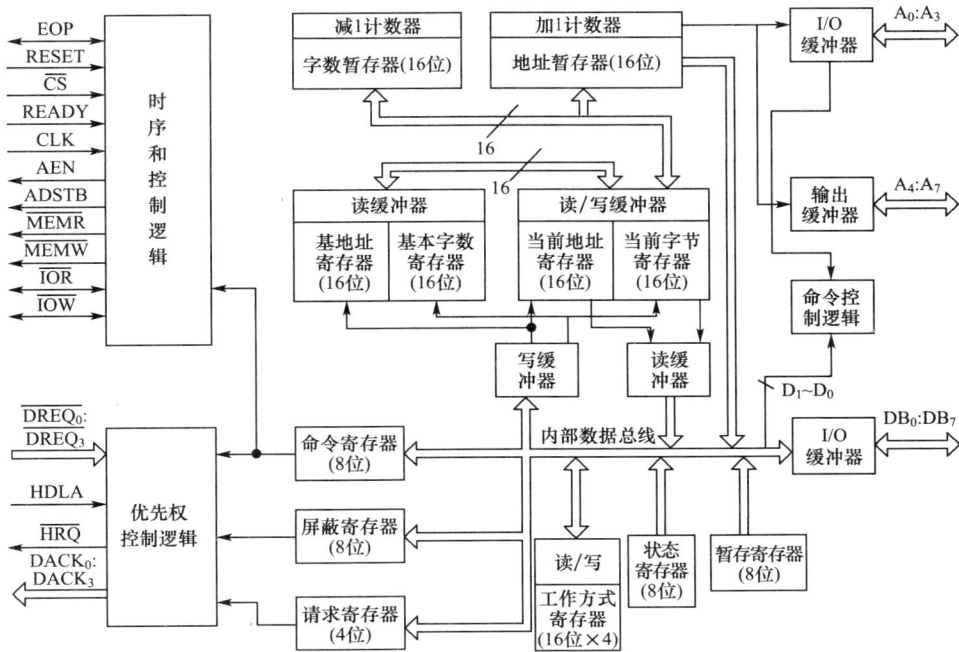

图 6-13　Intel 8237A 内部结构

Intel 8237A 内部电路由四个相同的 DMA 通道和三个基本控制逻辑单元组成,各单元的功能具体介绍如下:

①DMA 通道:Intel 8237A 内部包含有四个结构完全相同且相互独立的通道,分别是通道 0～通道 3。每个通道都有一个 16 位的基地址寄存器、一个 16 位的基字节数计数器、一个 16 位的当前地址寄存器、一个 16 位的当前字节数计数器及一个 8 位的方式寄存器,方式寄存器接收并保存来自 CPU 的方式控制字,使本通道能够工作于不同的方式下。

②时序和控制逻辑:在 DMA 请求服务之前,CPU 编程对给定的命令字和方式控制字进行译码,以确定 DMA 的工作方式,并控制产生所需要的外部控制信号和内部定时信号。

③优先权控制逻辑:响应 DMA 请求时,对通道进行优先级编码,确定在同时接收到不同通道的 DMA 请求时,能够确定相应的先后次序。通道的优先级可以通过编程确定为是固定的或者是循环的。

④共用寄存器:除了每个通道中的寄存器之外,整个芯片还有一些共用的寄存器。包括一个 16 位的地址暂存寄存器、一个 16 位的字节数暂存寄存器、一个 8 位的状态寄存器、一个 8 位的命令寄存器、一个 8 位的暂存寄存器、一个 4 位的屏蔽寄存器和一个 4 位的请求寄存器等。

通过对各通道专用和共用寄存器的编程,可实现 Intel 8237A 的不同 DMA 操作类型和操作方式、两种工作时序、两种优先级排队、自动预置传送地址和字节数以及实现存储器和存储器之间的传送等一系列功能。

Intel 8237A 为 40 个引脚的双列直插(DIP)式器件,其引脚排列和名称如图 6-14 所示。

Intel 8237A 引脚的功能简要介绍如下:

(1)CLK:时钟信号输入引脚,对于标准的 8237,输入时钟频率为 3 MHz,对于 8237-5,输入时钟频率可达 5 MHz。该信号用于控制 8237 内部操作和数据传送速率。

（2）$\overline{CS}$：芯片选择信号，输入引脚，该信号低电平有效。在空闲周期内，当该引脚输入信号有效时，系统选中 8237 作为 I/O 设备，通过数据总线与 CPU 通信。

（3）RESET：复位信号，输入引脚，高电平有效。该信号用来清除 8237 中的命令、状态、请求和暂存寄存器，且使字节指针触发器复位并置位屏蔽触发器的所有位（即使所有通道工作在屏蔽状态）。在复位之后，8237 工作于空闲周期 SI，必须重新初始化，Intel 8237A 才能工作。

（4）READY：外设向 8237 提供的高电平有效的"准备好"信号输入引脚，该信号用于扩展 8237 传送周期的读/写脉冲，以适应较慢的存储器或 I/O 端口需要延长传输时间的要求。若选择的存储器或 I/O 端口较慢时，使 READY 处于低电平，说明外设还未准备好下一次 DMA 操作，8237 就会自动在读写周期中插入等待周期，直到 READY 引脚出现高电平为止。这时，表示存储器或 I/O 设备准备就绪。

图 6-14　Intel 8237A 的引脚排列和名称

（5）$DREQ_0 \sim DREQ_3$：DMA 请求信号输入引脚，对应于四个独立的通道，这些引脚是外设为取得 DMA 服务而向各个通道发出的请求信号。DREQ 的有效电平可以通过编程来加以确定，优先级也可以设置为固定优先级或优先级循环方式。

（6）$DACK_0 \sim DACK_3$：对相应通道 DREQ 请求输入信号的应答信号输出引脚。引脚输出信号的有效电平可通过编程设定。在 8237 收到通道的请求时，向 CPU 发出 DMA 请求信号 HRQ，当 8237 获得 CPU 送来的总线允许信号 HLDA 后，便在该通道产生 DACK 信号送到相应的 I/O 端口，控制器进入 DMA 服务过程。

（7）HRQ：8237 向 CPU 提出 DMA 请求的输出信号引脚，高电平有效。当外设的 I/O 端口请求 DMA 传送数据时，该端口向 DMA 控制器发出 DREQ 信号。若 DMA 请求未被屏蔽，则 DMA 控制器的 HRQ 引脚输出有效的高电平，向 CPU 发出总线请求。

（8）HLDA：CPU 对 HRQ 请求信号应答的信号输入引脚，高电平有效。当 CPU 收到 HRQ 信号后，则在当前总线周期结束后让出总线，并使 HLDA 信号有效。

（9）$DB_0 \sim DB_7$：8 条双向三态数据总线引脚。在 CPU 控制系统总线时，通过 $DB_0 \sim DB_7$ 对 8237 的内部寄存器进行编程或读出 8237 的内部状态寄存器的内容；在 DMA 操作并控制系统总线期间，由 $DB_0 \sim DB_7$ 输出高 8 位地址信号 $A_8 \sim A_{15}$，并利用 ADSTB 信号锁存该地址信号，与低位地址总线 $A_7 \sim A_0$ 一起构成 16 位地址。

（10）$A_3 \sim A_0$：4 条双向三态的低位地址信号引脚。在空闲周期 CPU 控制总线时，该引脚接收来自于 CPU 的四位地址信号，用以寻址 8237 内部的不同的寄存器（组），完成对 DMA 控制器的编程；在 DMA 传送时 DMA 控制器控制总线，该引脚输出要访问的存储单元或者 I/O 端口地址的最低 4 位。

（11）$A_7 \sim A_4$：4 条三态地址信号输出引脚。仅在 DMA 传送时，输出要访问的存储单元或者 I/O 端口 8 位地址的中的高 4 位。

（12）$\overline{IOR}$：端口读信号引脚，双向三态，低电平有效。在空闲周期 CPU 控制总线时，它是一条输入控制信号，CPU 利用这个信号读取 8237 内部状态寄存器的内容；而在 DMA 传送、

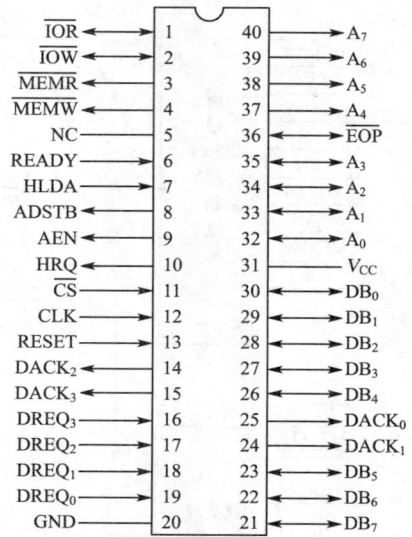

Intel 8237A 控制总线时,它是读端口控制信号的输出引脚,与$\overline{MEMW}$相配合,使数据由外设传送到存储器。

(13)$\overline{IOW}$:I/O 写信号引脚,双向三态,低电平有效。其功能与$\overline{IOR}$相对应,在空闲周期 CPU 控制总线时,CPU 利用这个信号将命令写入 Intel 8237A 内部状态寄存器(初始化);而在 DMA 传送、Intel 8237A 控制总线时,它是写端口控制信号的输出引脚,与$\overline{MEMR}$相配合,将数据从存储器传送到外设。

(14)$\overline{MEMR}$:存储器读信号输出引脚,双向三态,低电平有效。仅在 DMA 传送期间,用于控制存储器的读操作。

(15)$\overline{MEMW}$:存储器写信号输出引脚,双向三态,低电平有效。只用于 DMA 传送时,在 DMA 写周期期间控制存储器的写操作。

(16)AEN:地址允许输出信号引脚,高电平有效。该信号把锁存在外部锁存器中的高 8 位地址送入系统的地址总线,与芯片直接输出的低 8 位地址一同构成内存单元的 16 位地址。同时,它还禁止其他系统驱动器使用系统总线。

(17)ADSTB:地址选通信号输出引脚,高电平有效。此信号把 $DB_7 \sim DB_0$ 上输出的高 8 位地址信号锁存到外部地址锁存器中。

(18)$\overline{EOP}$:DMA 传送过程结束信号引脚,双向,低电平有效。当 DMA 控制器任一通道的字节数计数器减为 0 时(计数结束),在$\overline{EOP}$上输出一个有效的低电平脉冲,表明 DMA 传送结束;当外部向 DMA 控制器输入$\overline{EOP}$信号时,将会强行结束 Intel 8237A 的 DMA 操作。无论是外部强行终止还是由于内部结束引起的 DMA 过程终止,都会使 Intel 8237A 的内部寄存器复位。

除上述引脚外,Intel 8237A 还有电源($V_{cc}$)、地 GND 及无用的空(NC)引脚。

## 6.4.4　Intel 8237A 的工作方式

根据器件的功能,Intel 8237A 提供四种传输模式。每个通道可以设置为以下四种工作模式之一的形式工作:

(1)单字节传输模式:在该模式下,每次 DMA 操作只传送一个字节的数据。每传输一个字节后,当前字节计数器减 1,同时当前地址寄存器加 1 或减 1,接着 Intel 8237A 释放总线。在 Intel 8237A 释放总线后,立即对 DREQ 信号进行检测,若 DREQ 有效,又立即向 CPU 申请总线,以便传输下一字节。

(2)块传输模式:在该模式下一旦进入 DMA 操作,便连续传送数据直到整个数据块传送完毕(当前字节计数器减至 0)。这时,Intel 8237A 在 EOP 引脚上发出传送结束信号后,释放总线。另外,在块传输过程中若在 Intel 8237A 的 EOP 引脚上输入低电平信号,也可强行结束传输。

(3)请求传输模式(又称询问传输模式):该模式的操作与块传输模式类似,但在传输过程中,每传送一个字节 Intel 8237A 便要检测 DREQ 信号(查询外设)。当 DREQ 为低(无效)时,Intel 8237A 暂停传输(不释放总线),继续检测 DREQ 信号。当 DREQ 再次有效后,在原来的基础上继续进行传输,直到传输结束。

(4)级联传输模式:为了实现 DMA 系统的扩展,Intel 8237A 可以进行级联。如图 6-15 所示为多片 Intel 8237A 级联时构成的主从式 DMA 系统。级联的方式是把从片的请求线 HRQ 连至主片的 DREQ 引脚,主片的 DACK 连至从片的 HLDA 引脚,主片的 HRQ 连至 CPU 的

HOLD 引脚。这样，最多可用 5 片 Intel 8237A 构成 16 通道 DMA 系统。若主 Intel 8237A 的某通道（DREQ）连接从 Intel 8237A 的 HRQ，主 Intel 8237A 的该通道应设置为级联传输模式，但从 Intel 8237A 不设置级联传输模式，而是设置其他三种模式之一。

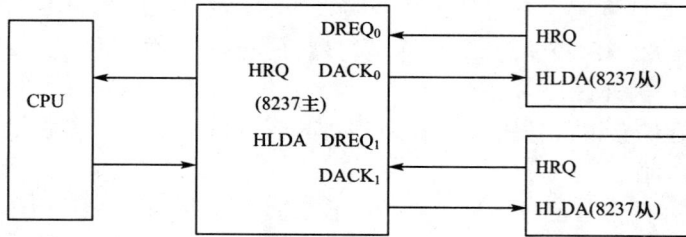

图 6-15   Intel 8237A 的级联连接图

## 6.4.5   Intel 8237A 数据的传送类型

根据不同的设置，Intel 8237A 可以以不同的方式传送数据，分别是：

（1）写传送：传送时 DMA 控制器将数据从 I/O 端口读出并写入存储单元。

（2）读传送：传送时 DMA 控制器将数据从存储单元读出并写入 I/O 端口。

（3）校验传送：校验传送是一种虚拟传输，Intel 8237A 本身并不真的进行数据传送。它只是类似 DMA 读传送或写传送那样产生时序和地址信号，但不产生存储器读/写或 I/O 读/写的控制信号。该类型一般用来对读传送和写传送功能进行校验或进行器件测试。

## 6.4.6   Intel 8237A DMA 控制器在 IBM PC 计算机中的应用

在 IBM PC 系列微机系统中，应用 DMA Intel 8237A 控制器的主要目的是解决 I/O 设备与主机内存之间的数据传输问题。

**1. Intel 8237A 在 IBM PC/XT 中的应用**

在 IBM PC/XT 微机系统中，控制电路由 DMA 控制器、页面寄存器和地址锁存器等电路组成，它们的连接逻辑如图 6-16 所示。

图 6-16 中给出了系统与 DMA 控制器连接的几个主要信号。$DREQ_0 \sim DREQ_3$ 为 I/O 设备向 DMA 控制器发出的 DMA 请求信号，DMA 输入，高电平有效；$DACK_0 \sim DACK_3$ 为 DMA 控制器向 I/O 设备发出的 DMA 响应信号，DMA 输出，低电平有效。由 $(DRQ_0, DACK_0) \sim (DRQ_3, DACK_3)$ 构成的 4 个信号对作为 DMA 控制器与 I/O 设备之间的联络信号，每一个 I/O 设备专用一对联络信号。HRQ 和 HLDA 是 DMA 控制器与 CPU 之间的联络信号。DMA 控制

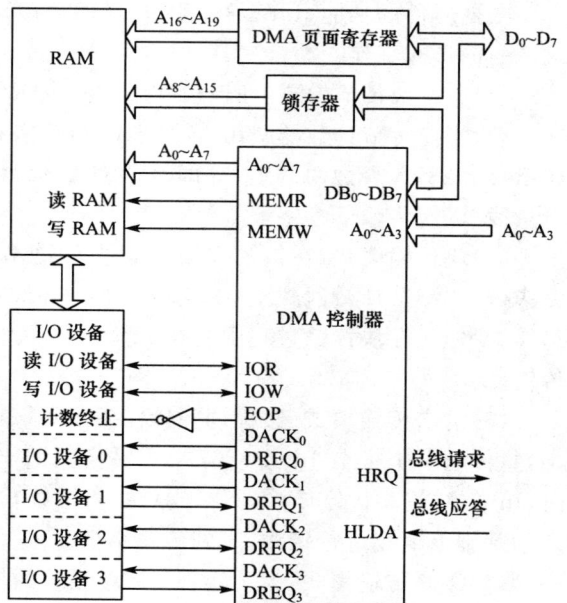

图 6-16   IBM PC/XT DMA 控制电路

器向 CPU 发出请求占用总线的信号 HRQ 以及 CPU 向 DMA 控制器发出允许占用总线的信号 HLD,都是高电平有效信号。

在 DMA Intel 8237A 与系统总线的连接中,DMA 控制器的地址总线低 4 位($A_3 \sim A_0$)直接与系统地址总线的低 4 位相连,并且由地址线的其他位全为 0 时作为对 Intel 8237A 的译码片选。由此可知,DMA Intel 8237A 的内部寄存器占用了系统端口地址的 00～0FH,Intel 8237A 内部各寄存器对应的端口地址见表 6-6。

表 6-6　　　　Intel 8237A 内部各寄存器对应的端口地址表

| 端口地址 | 写($\overline{IOW}$) | 读($\overline{IOR}$) |
| --- | --- | --- |
| 00 | 通道 0,基地址寄存器与当前地址寄存器 | 通道 0,当前地址寄存器 |
| 01 | 通道 0,基字节计数寄存器与当前字节寄存器 | 通道 0,当前字节寄存器 |
| 02 | 通道 1,基地址寄存器与当前地址寄存器 | 通道 1,当前地址寄存器 |
| 03 | 通道 1,基字节计数寄存器与当前字节寄存器 | 通道 1,当前字节寄存器 |
| 04 | 通道 2,基地址寄存器与当前地址寄存器 | 通道 2,当前地址寄存器 |
| 05 | 通道 2,基字节计数寄存器与当前字节寄存器 | 通道 2,当前字节寄存器 |
| 06 | 通道 3,基地址寄存器与当前地址寄存器 | 通道 3,当前地址寄存器 |
| 07 | 通道 3,基字节计数寄存器与当前字节寄存器 | 通道 3,当前字节寄存器 |
| 08 | 命令寄存器 | 状态寄存器 |
| 09 | 请求寄存器 | |
| 0A | 单个通道屏蔽字写寄存器 | |
| 0B | 工作方式寄存器 | |
| 0C | 清除先/后触发器 | |
| 0D | 清除指令 | 暂存寄存器 |
| 0E | 清屏蔽寄存器 | |
| 0F | 写屏蔽寄存器全部位 | |

由 Intel 8237A 芯片的结构可知,该系统共有 4 个用于与外设连接的 DMA 通道,即 CH0、CH1、CH2 和 CH3。其中,CH0 为系统专用,用于动态存储器的刷新,其余 3 个通道用于系统的扩展上,具体为:CH1 用于为用户保留的 DMA 通信;CH2 用于软磁盘驱动器;CH3 用于固定磁盘(硬盘)驱动器。

在 8237 工作时,输入到控制 Intel 8237A 内部操作定时和 DMA 数据传送率引脚(CLK)的信号由系统时钟 CLK88 产生。

由于 IBM PC/XT 的系统地址总线为 20 位,在控制电路中除了由 Intel 8237A 输出地址的低 8 位 $A_7 \sim A_0$ 和在 Intel 8237A 的 S1 状态中通过数据总线 $DB_7 \sim DB_0$ 在地址锁存信号的控制下通过地址锁存器产生高 8 位地址 $A_{15} \sim A_8$ 外,在 IBM PC/XT 微机中还使用了页面寄存器以存放 4 个 DMA 通道操作的高 4 位地址 $A_{19} \sim A_{16}$。这样,在系统控制 $\overline{DMAAEN}$ 信号有效时,选中的页面寄存器将送出工作通道的高 4 位地址,与 Intel 8237A 输出的 16 位地址组成 20 位的地址信息,可以寻址与 8088 CPU 连接的全部存储单元,如图 6-17 所示。

在 CPU 访问 DMA 控制器 Intel 8237A 时,系统总线的 $\overline{DMACS}$ 信号控制 Intel 8237A 的 $\overline{CS}$ 引脚有效,系统地址总线的 $A_3 \sim A_0$ 作为内部寄存器的选择信号。CPU 与 Intel 8237A 之间信息的读写由 $\overline{IOR}$ 和 $\overline{IOW}$ 信号控制,信息通过系统的数据总线传送。

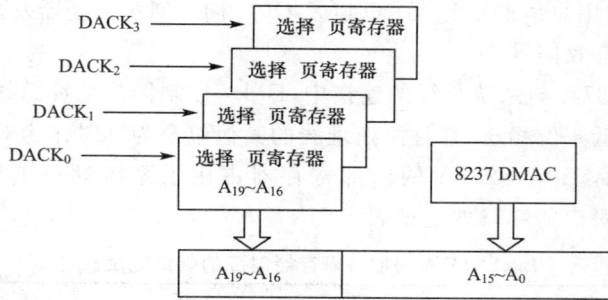

图 6-17　IBM PC/XT 总线的 20 位地址的构成

在 IBM PC/XT 中,Intel 8237A 的工作状态由 BIOS 在启动时进行初始化,用以设置 Intel 8237A 的工作状态。

(1)Intel 8237A 的初始化

在 IBM/XT 启动过程中,首先要对 Intel 8237A 的命令寄存器进行初始化。由表 6-6 可知,Intel 8237A 命令寄存器的端口地址为 08H。设置的方法是使用下面语句将寄存器的值全部写为 0:

```
MOV AL,0
OUT 08H,AL
```

在使用上面命令设置后,决定了 Intel 8237A 的下列工作状态:

①外设与存储器之间的传送;

②正常工作时序;

③固定优先级,通道 0 最高,通道 3 最低;

④DREQ 高电平有效;

⑤DACK 低电平有效。

(2)操作初始化

根据 DMA 控制器的工作要求,在进行 DMA 传输之前首先要根据传输要求对其进行操作性质初始化,以确定以下工作属性:

①选择是从存储器读还是写入存储器;

②传送方式是块传输方式还是字节方式;

③确定通道的优先级方式;

④DMA 传送存储器的起始地址;

⑤是否允许通道接收外设的 DMA 请求。

在对 Intel 8237A 初始化之前,首先要对其进行复位操作。复位后,Intel 8237A 内部的屏蔽寄存器被置位而其他所有寄存器被清 0,复位操作使 Intel 8237A 进入空闲状态,这时可以对 Intel 8237A 进行初始化操作。

例如,在 IBM PC/XT 微机中,DMA 通道 2 专用于软磁盘的读写操作。在进行 DMA 传输之前,首先调用 ROM-BIOS 中的初始化程序 DMA-SETUP(首地址为 0FEEC8H)对读/写数据的初始地址(20 位)和计数器初始值等参数进行初始化。该程序的入、出口参数为:

入口参数:

AL ◇ DMA 通道 2 的工作方式,数据写入 DMA Intel 8237A 的工作方式寄存器,具体为:

4AH－通道 2,DMA 读,单一传送(写软磁盘)

46H－通道 2,DMA 写,单一传送(读软磁盘)

42H－通道 2,DMA 校验,单一传送(软磁盘校验)

ES:BX ◇ DMA 传送的首地址(20 位)

DH ◇ DMA 传送的扇区数。

出口参数:

CY＝1 设置不成功

CY＝0 设置成功

**2. IBM PC/AT 的 DMA 接口**

在 PC/AT 微机系统中,除保留了上述 4 个 8 位 DMA 通道外,又增加了 4 个 16 位 DMA 通道,分别是 CH4、CH5、CH6 和 CH7。其中,CH4 用作级联,其余 3 个通道供用户使用。在以后高档微机系统中没有再扩充 DMA 通道,仍然只使用这 8 个 DMA 通道。

在 IBM PC/AT 微机系统中,DMA 控制器由 DMA1 和 DMA2 组成,除去一个用于级联的 DMA 通道外,共提供了 7 个可用的 DMA 通道。IBM PC/AT 系统的 DMA 结构简化图如图 6-18 所示。

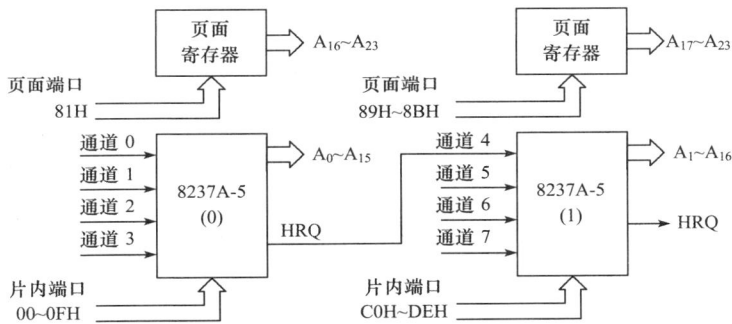

图 6-18　IBM PC/AT 系统的 DMA 结构简化图

图中,DMA1 和 DMA2 所使用的芯片均为 Intel 公司生产的 DMA 控制器 Intel 8237A 或其他兼容芯片。这两片 Intel 8237A 采用级联结构连接,其中,DMAI 的 4 个通道(DRQ$_0$～DRQ$_3$,即 CH0～CH3)与 PC/XT 兼容。

随着微机技术的飞速发展,在现代的微型计算机中出现了许多超大规模的集成多种外设控制器的芯片,如 82C206 和 82380 等。它们将原来的中断电路、DMA 电路、定时器电路及其辅助电路等都集成在一块芯片上,从而简化了微机电路的设计,提高了整体的性能。

# 6.5　功能组件在高档微机中的演变

## 6.5.1　芯片组概述

随着技术的进步和大规模集成电路技术的不断完善,人们逐渐将主板上许多小规模的芯片集成在了几个芯片上,逐渐出现了包括处理器接口、存储器控制器、总线控制器以及其他控制器在内的芯片组,这种整合的芯片组的引入简化了设计,降低了成本,同时也提高了系统可靠性。

目前,新的芯片组已包括了大多数必要的控制器,从最初用在 IBM PC/XT 系统中的六芯片组,以及后来在 IBM PC/AT 系统中的九芯片组,一直演变到现在的由各种超大规模集成电路构成的、功能更加完善、更加强大的各类主板芯片组。它们不但保存了分离芯片所完成的功能,更重要的是其作用也主要转向增加主板性能和扩充主板的功能上。例如,具有更强的系统总线接口能力,支持更高的图形显示功能以及更多的总线控制形式等。芯片组不但决定了能够支持哪些处理器及可使用什么内存,还决定微机系统的总线频率、CPU 读写模式、各种外设的工作模式、RAM 及 Cache 工作方式、电源管理以及当前微机的各种新技术,如 AGP 接口、USB、并发式 PCI、统一内存结构(UMA)、Ultra ATA 接口和 ACPI 等。

目前,控制芯片已演变成为与 CPU 和主存等类似的逻辑部件,它们的发展使得主板的设计和制作更趋于标准化。在当今的微机系统中,几乎毫无例外地采用了由超大规模集成电路制作的控制芯片组来完成微机系统的控制。

## 6.5.2 芯片组的体系结构

在早期的芯片组中采用的是多层体系,在该体系中主要部件是 North/South Bridge,这种结构称为南北桥体系结构。随着计算机技术的进步,芯片组正向更高级的加速集线结构(Accelerated Hub Architecture)发展。在这种结构中,除了将计算机中一些相关的子系统如 IDE 接口、音效、Modem 和 USB 控制芯片直接嵌入在主芯片中,使芯片组具有更强的功能外,还能够提供比 PCI 总线更宽的带宽,Intel 的 80X86 系列芯片组就是这类芯片组的代表。

**1. 芯片组的南北桥(North/South Bridge)体系结构**

南北桥的结构一般是由两块芯片组成的芯片组结构,按照它们在主板上排列位置的不同分为北桥芯片(North Bridge)和南桥芯片(South Bridge),如图 6-19 所示。

图 6-19　南北桥芯片及其在主板上的位置

简单地说,桥就是一个总线转换器和控制器,用以实现各类微处理器总线通过一个 PCI 总线来进行连接的标准。在桥的内部包含有兼容协议以及总线信号线和数据的缓冲电路,以便把一条总线映射到另一条总线上。北桥与南桥之间一般通过 PCI 总线完成通信,在系统中,北桥芯片起着主导性的作用,也称为主桥(Host Bridge),如图 6-20 所示为一南北桥结构芯片组结构图。各芯片作用如下:

(1)北桥芯片提供 CPU 与 PCI 设备、Cache 及内存控制器之间的桥路,连接着 CPU、内存和 AGP 总线,主要负责管理 CPU、内存与 AGP 接口间的数据传输,为 Cache、PCI、AGP 和 ECC 纠错提供工作平台。另外北桥芯片还集成了内存控制器,由它决定系统中 CPU 的类型和系统总线的频率、内存类型容量和性能、显卡插槽规格以及 ISA/PCI/AGP 插槽规格等参数。

(2)南桥芯片构建了 PCI 总线与慢速的 ISA 总线之间桥接的桥梁,内部集成了 DMA 控制器、数据缓冲器、PCI 与 ISA 判优、14 级中断控制和 BIOS 定时器等部件。提供对 KBC(键盘控制器)、RTC(实时时钟控制器)、USB(通用串行总线)、Ultra DMA/33(66)EIDE 数据传输方式和 ACPI(高级能源管理)等的支持。负责管理 IDE 和 I/O 设备接口,为高级电源管理和 USB 等提高性能。另外,为扩展系统的功能,有些南桥芯片还集成了 3D 加速显示(集成显示芯片)、AC'97 声音解码等多媒体功能,所以它还可能决定着计算机系统的显示性能和音频播放性能等。

为保证数据的传输,在南北桥之间建立了一条数据传输通道,称为南北桥总线。一般,南北桥总线越宽,数据传输的速率也就越高。为进一步提高性能,目前南桥和北桥之间的连接已经远远超越了 PCI 总线,在各厂商设计的芯片组中引入了自己专有的高速连接技术,在产品中使用了专用的名字。例如,Intel 的 Hublink、VIA 的 V-Link 和 SIS 的 MuTIOL 等。

**2. 加速集线结构(Accelerated Hub Architecture)**

为进一步提高计算机的性能,在优秀的南北桥体系结构的基础上,Intel 又提出了新一代的芯片组体系结构,即"加速集线结构"。这种结构的芯片组由图形与内存控制中心 GMCH (Graphics & Memory Controller Hub)、I/O 控制中心 ICH(I/O Controller Hub)和固件中心 FWH(Firmware Hub)三部分组成,一般由高度集成的三个芯片构成。在这种结构下,将以前的南北桥芯片改造为(Graphics & Memory Controller Hub,图形/存储器控制中心)和 ICH (I/O Controller Hub,I/O 控制中心),它们经由一个特定的 HUB 接口进行连接,而不是像标准 North/South Bridge 结构那样通过 PCI 总线来连接,这种结构有以下特征:

(1)芯片间使用能提供两倍于 PCI 总线带宽的专用总线进行连接,较之 PCI 总线的南、北桥结构要快得多。

(2)各种设备通过它直接与 CPU 和内存交换信息,从而大大地提高了整体性能。在传统芯片组的 PCI 总线型主板中,挂在南桥芯片上的 IDE、ISA、BIOS 和 USB 以及挂在 PCI 插槽上的显示卡、声卡和 Modem 等各种设备都需通过 PCI 总线和北桥芯片才能与 CPU 和内存交换信息,这在 CPU 和内存等各种外设速度日益提高的今天已经成为阻碍系统速度提高的瓶颈。在新的加速集线结构下,声卡、Modem、IDE、内存、AGP 和 PCI 等设备的布局呈星型结构,并直接通过集线器交换信息,不再像原来各设备共同占用总线带宽那样挤在一块,而是各设备各用其通道。因此,相互之间的干扰大大减小了,从而使整个系统的速度提高了很多。

如图 6-20 所示为采用加速集线结构(Accelerated Hub Architecture)体系的芯片组结构示意图。如图 6-21 所示为实际的芯片组。

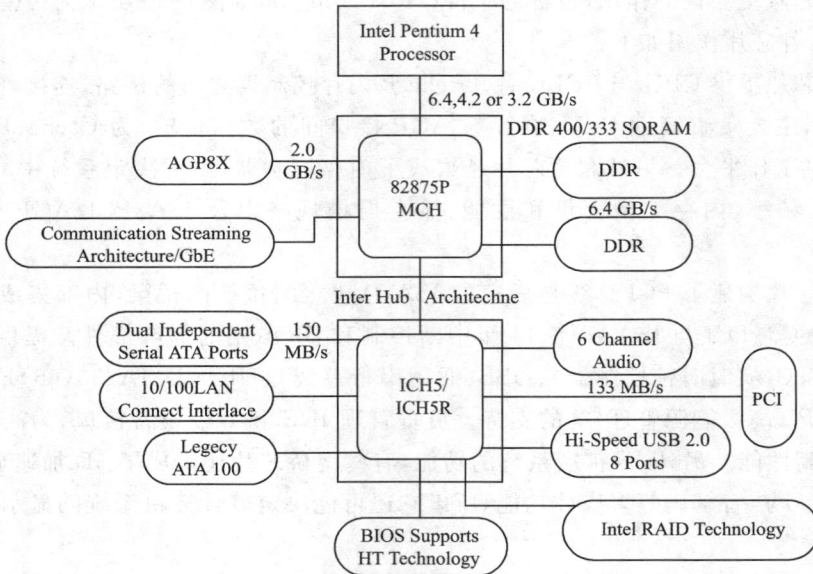

图 6-20　加速集线结构(Accelerated Hub Architecture)体系的 i815E 芯片组结构示意图

图 6-21　i815E 芯片组

## 6.5.3　芯片组支持的新技术

随着计算机技术的不断发展和性能的提高,芯片组的技术近几年来也是突飞猛进。虽然某些基本功能至今仍然在使用,但已从单一的功能芯片集成发展到新技术的引进和更多性能的提高。从 ISA、PCI、AGP 到 PCI-Express,从 ATA 到 SATA,Ultra DMA 技术,双通道内存技术,高速前端总线等,每一次新技术的进步都带来计算机性能的提高。另一方面,芯片组技术也在向着高整合性方向发展,现在的芯片组产品不但整合了音频和网络等常规的功能,而且在更专业的 SATA 和 RAID 等功能的整合方面取得了突破性的进展。所有这些技术的进步从根本上改变了个人计算机平台的架构,大大地提高了计算机的性能,降低了用户的成本。

目前,为适应一系列新的功能要求,新一代芯片组引入了不同的技术和架构。为了对芯片组技术的发展有一个概要的了解,下面介绍近年来关于芯片组采用的一些新技术。

### 1. 支持更高速的前端总线

前端总线的英文名字是 Front Side Bus,通常用 FSB 表示,是 CPU 与北桥芯片连接的总线。前端总线是 CPU 和外界交换数据的最主要通道,因此前端总线的数据传输能力对计算机整体性能影响很大,如果没有足够快的前端总线,再强的 CPU 也不能明显地提高计算机整体速度。随着 CPU 技术的不断发展,其运算速度也有很大的提高,所以需要足够带宽的前端总线以保障有足够的数据供给 CPU。较低的前端总线将无法供给足够的数据给 CPU,这样就限制了 CPU 性能的发挥,成为系统瓶颈。显然同等条件下,前端总线越快,系统性能越好。

**2. PCI Express 总线技术**

PCI Express 是于 2002 年 7 月问世的串行总线标准(标准的标识如图 6-22 所示),与传统 PCI 以及更早期的计算机总线的共享并行架构相比,PCI Express 最大的特点是在设备间采用点对点串行连接。"点对点"的工作方式意味着每一个 PCI Express 设备都拥有自己独立的数据连接,各个设备之间并发的数据传输互不影响,不需要向整个总线请求带宽,同时利用串行的连接特点将能轻松突破 PCI 设备只能共享 133 MB/s 的带宽束缚,将数据传输速度提到一个很高的频率。

图 6-22　PCI Express 总线标识

**3. 双通道内存技术**

双通道内存技术是一种内存控制和管理技术,依赖于芯片组的内存控制器发生作用。具体的实现方法是在北桥芯片组内嵌入两个可以相互独立工作的内存控制器,两个内存通道上 CPU 可以分别寻址和读取数据,从而可以使内存的带宽增加一倍,数据存取速度也相应增加一倍(理论情况)。

双通道技术是一种关系到主板芯片组的技术,与内存自身无关,只要厂商在芯片组内部整合两个内存控制器,就可以实现双通道内存技术。目前主流芯片组的双通道内存技术均是指双通道 DDR 内存技术,实现双通道内存技术的芯片组主要有 Intel 的 865/875 及以上系列、AMD 的 NVIDIA Nforce2 及以上系列等。

有了芯片组的支持,主板厂商只需要按照内存通道将 DIMM 分为 Channel 1 与 Channel 2,成双成对地插入内存,即可实现双通道内存技术。

**4. 高级直接内存访问(Ultra DMA)技术**

随着技术的发展,IDE 接口硬盘的数据传输模式经历过三个不同的技术变化,由最初的 PIO 模式到 DMA 模式,再到 Ultra DMA 模式。为了满足对应最新的硬盘传输模式 Ultra DMA 的应用,各厂商的芯片组都在最新的芯片组中整合了对它的支持。

Ultra DMA 的英文拼写为 Ultra Direct Memory Access,一般简写为 UDMA,含义是高级直接内存访问。UDMA 模式采用 16-bit Multi-Word DMA(16 位多字节 DMA)模式为基准,可以理解为 DMA 模式的增强版本,在包含了 DMA 模式优点的基础上,又增加了 CRC (Cyclic Redundancy Check 循环冗余码校验)技术,提高数据传输过程中的准确性,且安全性得到保障。在 UDMA 模式发展到 UDMA 133 之后,由于受限于 IDE 接口的技术规范,无论是连接器、连接电缆和信号协议都表现出了很大的技术瓶颈,而且其支持的最高数据传输率也有限。同时 IDE 接口传输率提高,也就是工作频率的提高,IDE 接口交叉干扰、地线增多和信号混乱等缺陷也给其发展带来了很大的制约,因此,新一代的磁盘接口标准 SATA 应运而生。

**5. 更强的磁盘功能(SATA 接口标准,Serial Advanced Technology Attachment)**

在过去,最为流行的桌面工作站硬盘标准就是 ATA 标准。ATA 标准一直以历史悠久且非常可靠著称,随着技术的进步,ATA 的峰值传输速率已经达到 100 Mbps,Ultra ATA 的传输速率可达 133 Mbps,它的接口形式如图 6-23 所示。

SATA 是一种完全不同于并行 ATA 的新型硬盘接口类型,Serial ATA 以连续串行的方式传送数据,连接电缆数目变少,效率也更高。另外,Serial ATA 的起点更高,发展潜力更大,Serial ATA 1.0 定义的数据传输率可达 150 MB/s。SATA 总线使用嵌入式时钟信号,具备了更强的纠错能力,与以往相比其最大的区别在于能对传输指令(不仅仅是数据)进行检查,如果

支持 Serial-ATA 技术的标志                    主板上的 SATA 接口

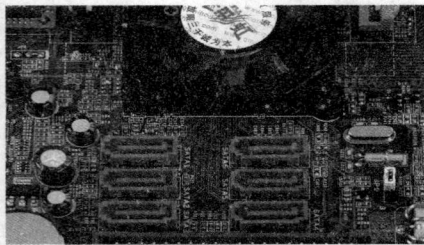

图 6-23   SATA 接口

发现错误会自动矫正,这在很大程度上提高了数据传输的可靠性。串行接口还具有结构简单和支持热插拔等优点。

SATA Ⅱ是在 SATA 的基础上发展起来的,其主要特征是外部传输率从 SATA 的 1.5 Gbps(150 MB/s)进一步提高到了 3 Gbps(300 MB/s),此外还包括 NCQ(Native Command Queuing,原生命令队列)、端口多路器(Port Multiplier)、交错启动(Staggered Spin-up)等一系列的技术特征。

近年来,新发布的芯片组加强了 SATA 设备的支持,逐渐淡化了对 ATA 的支持。例如,Intel 使用了 ICH5 作为南桥芯片,只提供两个 Serial ATA-150 通道的支持,这意味着可以连接 6 个 ATA 驱动器。预计在不远的将来,SATA 将全面取代 ATA 标准。

**6. RAID**

RAID 是英文 Redundant Array of Inexpensive Disks 的缩写,中文简称为廉价磁盘冗余阵列。RAID 就是一种由多块硬盘构成的冗余阵列。虽然 RAID 包含多块硬盘,但是在操作系统下是作为一个独立的大型存储设备使用。利用 RAID 技术对存储系统的好处主要包括以下几方面:

(1)通过把多个磁盘组织在一起作为一个逻辑卷提供磁盘跨越功能。

(2)通过把数据分成多个数据块(Block)并行写入/读出多个磁盘以提高访问磁盘的速度,实现远远超出任何一块单独硬盘的速度和吞吐量。

(3)通过镜像或校验操作提供容错能力,在任何一块硬盘出现问题的情况下都可以继续工作,不会受到损坏硬盘的影响。

由于 RAID 是一种用于数据备份和加速作用的储存系统解决方案,根据不同的工作速度、安全性和性价比,RAID 技术分为几种不同的等级。常用的 RAID 级别有:NRAID、JBOD、RAID 0、RAID 1、RAID 0+1、RAID 3 和 RAID 5 等。以前 RAID 技术主要被应用于高性能的工作站或服务器上,且都采用 SCSI RAID 结构,以 RAID 5 和 RAID 0+1 应用最为普遍。但是,因为适用范围的关系,目前 PC 机上常见的只有 RAID 0、RAID 1 和 RAID 0+1 这三种。

以前 RAID 功能主要依靠在主板上插接 RAID 控制卡,或使用 RAID 芯片实现。随着这种以往只出现在工作站和服务器上的用于数据备份和加速的储存系统解决方案越来越受到普通用户的青睐,新一代的主板芯片组开始具有直接支持 RAID 的功能。

**7. QPI**

Intel 的 QPI 技术是 Quick Path Interconnect 的缩写,译为快速通道互联。该技术也叫公共系统界面(Common System Interface,CSI),用来实现芯片之间的直接互联,而不必通过 FSB 连接到北桥。

QPI 是一种基于包传输的串行式高速点对点连接协议，采用差分信号与专门的时钟进行传输。在延迟方面，QPI 与 FSB 几乎相同，却可以提升更高的访问带宽。一组 QPI 具有 20 条数据传输线，以及发送(TX)和接收(RX)的时钟信号。

1 个 QPI 数据包包含 80 bit，需要 2 个时钟周期或 4 次传输完成传送工作(1 个时钟周期可以传输 2 次)。在每次传输的 20 bit 数据中，有 16 bit 是真实有效的数据，其余 4 bit 用于循环冗余校验，以提高系统的可靠性。由于 QPI 是双向的，即数据的发送和接收可同时进行，QPI 总线带宽计算公式如下：

$$带宽＝每秒传输次数(即 QPI 频率)×每次传输的有效数据位×2$$

由此可知，当 QPI 频率为 4.8 GT/s 时，其带宽为：4.8 GT/s×2 Byte×2＝19.2 GB/s；当 QPI 频率为 6.4 GT/s 时，其带宽为：6.4 GT/s×2 Byte×2＝25.6 GB/s。

QPI 技术具有以下特点：

(1)使通信更加方便，可实现多核处理器内部的直接互联

CPU 可直接通过内存控制器访问内存资源，而不是以前繁杂的"前端总线—北桥—内存控制器"模式。而且多核处理器上的每个处理器都能直接与物理内存相连，每个处理器之间也能彼此互联来充分利用不同的内存。

(2)处理器间峰值带宽可达 96 GB/s

在 Intel 高端的奔腾处理器系统中，QPI 高速互联方式使得 CPU 与 CPU 之间的峰值带宽可达 96 GB/s，峰值内存带宽可达 34 GB/s。这主要在于 QPI 采用了与 PCI-E 类似的点对点设计，包括用一对线路分别负责数据的发送和接收，每一条通路可传送 20 bit 数据。

(3)架构本身具有升级性

QPI 采用串联方式作为信号的传送方式，采用了 LVDS(低电压差分信号技术)，该信号技术主要用于高速数字信号互联，使信号能以几百 Mbps 以上的速率传输，且在高频率下仍能保持稳定性。

(4)具备高可靠性和性能

可靠性、实用性和适用性的特点为 QPI 的高可用性提供了保证。例如，连接级循环冗余码验证(CRC)，自愈型连接能避开错误区域重新进行自我配置来启用连接中好的部分。出现时钟密码故障时，时钟能自动改路发送到数据信道。QPI 还具备热插拔能力来支持诸如处理器卡这种节点的热插拔。深度改良的微架构、集成内存控制器设计以及 QPI 直联技术，令 Nehalem 拥有更为出色的执行效率，在单线程同频率条件下，Nehalem 的运算性能在相同功耗下比现行 Penryn 架构的效能同比提高 30%。

# 本章小结

了解和掌握微型计算机系统组件的结构和基本原理对掌握微型计算机系统的结构有非常重要的意义。从了解微型计算机的工作过程以及掌握微型计算机结构特征和应用的角度出发，本章着重介绍了微型计算机中常用的功能组件的功能结构和原理。这里不是从这些器件的实际使用为目的，而是从它们在微型计算机系统中的作用出发，以进一步掌握和了解计算机的工作原理为目的进行展开和讲解的。

虽然计算机系统的构成是以基本的功能组件为基础的,但是,随着计算机技术的不断进步和半导体工艺的不断改进,功能组件在微型计算机系统中的应用形式也发生了很大的变化。为了使读者在学习过程中不但了解微型计算机的基本构成原理,又对现代计算机的构成有一个清楚的认识,本章还从主板结构的演化和功能组件不断集成化的角度介绍了主板芯片组的起源、基本结构和技术的发展。这样,在学习了本章的内容以后,不但对微型计算机的基本构成组件及其工作原理有一个基本的了解,而且对现代微型计算机的构成和技术特征有一个较为全面的把握。

# 习　题

**1. 选择题**

(1)在中断级联系统中,若设定主片为特殊全嵌套方式,则从片支持的中断服务模式必做的工作是(　　)。

A. 检查 ISR 是否全 0　　　　　　B. 输出一个 EOI 命令

C. 输出两个 EOI 命令　　　　　　D. 清除 ISR

(2)通常,一个外中断服务程序的第一条指令是 SII,其目的是(　　)。

A. 开放所有屏蔽中断　　　　　　B. 允许低一级中断产生

C. 允许高一级中断产生　　　　　D. 允许同级中断产生

(3)设 Intel 8259A 当前最高优先级为 IR5,若想使该请求变为下一循环的最低优先级,则输出 OCW 的数据格式是(　　)。

A. 10100101　　　　　　　　　　B. 11100000

C. 01100101　　　　　　　　　　D. 10100000

(4)设 Intel 8259A 当前最高优先级为 IR5,若想使下一循环请求中最低优先级,$OCW_2$ 的数据格式是(　　)。

A. 10100010　　　　　　　　　　B. 01100010

C. 11000100　　　　　　　　　　D. 11000010

(5)在两片 Intel 8259A 级联的中断系统中,主片的第五级 IR5 作为从片时,$ICW_3$ 的数据格式分别是(　　)。

A. 05H 和 20H　　　　　　　　　B. 50H 和 02H

C. 02H 和 50H　　　　　　　　　D. 20H 和 05H

(6)在不改变任何硬件的条件下,欲使 PC 系列上电后 Intel 8259A 进入查询方式,应用程序入口的充分必要条件是(　　)。

A. 关中断　　　　　　　　　　　B. 重新执行初始化

C. 输出 OCW　　　　　　　　　　D. A、B、C 同时成立

(7)Intel 8259A 中断请求选择边沿触发,通常也要求有足够的脉冲宽度(　　)。

A. 能可靠锁存请求　　　　　　　B. 防止噪声尖峰产生中断

C. 芯片电气性能要求　　　　　　D. A、B、C 同时成立

(8)虽然某个 DMA 通道是开放的,但在 CPU 对其编程期间,Intel 8237A 芯片对 DREQ 的有效请求是(　　)。

A. 肯定会响应　　　　　　　　　　B. 可能会响应,取决于芯片状态

C. 肯定不会响应　　　　　　　　　D. 可能会响应,取决于优先级别

(9)若某个非自动预置通道为软盘服务,每次传输字节数都是固定的,则在连续 5 次软盘传输中,其通道的初始化为(　　)。

A.5 次　　　　　　　　　　　　　B. 若 ROM 地址固定,仅开始的一次

C. 仅开始的一次　　　　　　　　　D. 若所有操作都相同,仅开始的一次

(10)当 Intel 8237A-5 芯片设置为存储器—存储器传输操作时,通道 0 开始读存储器的启动条件是(　　)。

A. 源存储器提出 DREQ　　　　　　B. 通道 0 屏蔽位清除

C. 目标存储器提出 DREQ　　　　　D. 通道 0 清除位置位

(11)为实现某次 DMA 传输,对 DMA 通道的初始化通常是在(　　)完成的。

A. DMA 控制器取得总线之后　　　B. 上电启动过程中

C. DMA 控制器取得总线之前　　　D. CPU 访存操作完成之后

(12)PC/AT 机的 DMA 通道 5、6、7 均支持 16 位数据的 DMA 传输,对这些通道初始化编程后每传输一次双字节数据,其通道内部的当前字节计数器便(　　)。

A. 减 1　　　　　　　　　　　　　B. 减 2

C. 由初始化选 A 或选 B　　　　　D. 由初始化值决定

(13)PC/XT 机和 PC/AT 机完成软盘 DMA 传输前,若通道 2 的初始化过程 DMA _ SETUP 返回标志 CF＝1,则意味着(　　)。

A. Intel 8237A 芯片故障　　　　　B. 本次传输地址超过 64 KB 段界

C. 通道 2 被屏蔽　　　　　　　　　D. 本次传输量超过 64 KB

(14)在不改变任何硬件条件下,PC/XT 和 PC/AT 机想实现存储器到存储器传输,各自应做的事是(　　)。

A. 根本不可能　　　　　　　　　　B. PC/AT 机完成必要的编程

C. PC/XT 机完成必要的编程　　　D. B 或 C 都可以

(15)在每一次进行 DMA 传输前,必须要对通道实施初始化,其原因是(　　)。

A. 当前字节计数器初值不同　　　　B. 当前地址寄存器初值不同

C. 通道传输方式和类型不同　　　　D. 上次任务结果通道屏蔽

E. A、B、C 成立　　　　　　　　　F. A、C、D 成立

G. A、B、D 成立　　　　　　　　　H. A、B、C、D 成立

**2. 填空题**

(1)在 PC/XT 机中使用单片 Intel 8237A 芯片,所构成的 DMA 系统可支持_____个通道的 DMA 传输,而在 PC/AT 机中使用_____片 Intel 8237A 芯片,所构成的 DMA 系统可支持_____个通道的 DMA 传输。

(2)Intel 8237A 芯片有两种主要的操作周期:_____。

(3)每个操作周期有若干状态组成,Intel 8237A 有_____种状态,分别是_____;每种状态由一个完整的时钟周期组成。

**3. 简答题**

(1)Intel 8259A 内部的中断优先级判别器的逻辑功能是什么?

(2)简述 Intel 8253 定时计数器的功能。

(3)DMA 系统完成哪些功能? 简述 DMA 传输方式的特点。

# 实战演练 3　I/O 接口实验

## 实验 1　Intel 8253 计数器实验

### 一、实验目的
1. 掌握 8253 芯片和微机接口的原理和方法。
2. 掌握 8253 计数器的工作方式和编程原理。

### 二、实验要求
1. 实验前要做好准备工作,复习 8253 芯片和微机接口的原理和方法。
2. 实验中通过程序验证 8253 计数器的工作方式和编程原理。

### 三、实验内容[①]
本实验原理图如图 6-24 所示,参考流程图如图 6-25 所示。

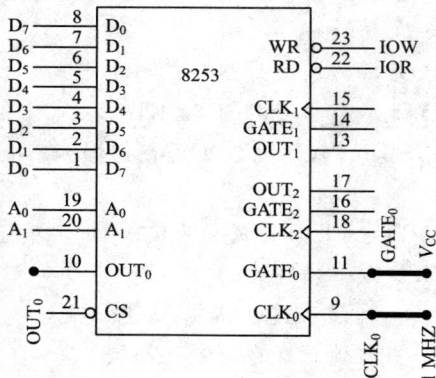

图 6-24　实验原理图　　　　　图 6-25　参考流程图

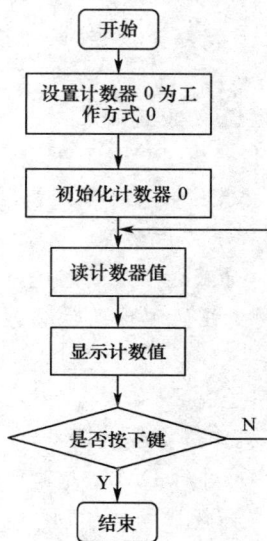

　　将 8253A 的计数器 0 设置为方式 0,计数器初值为 $N(N \leqslant 0FH)$,可通过手动方式逐个输入单脉冲,编程使计数值在屏幕上显示,并同时用逻辑笔(或示波器)观察 $OUT_0$ 电平变化(当输入 $N+1$ 个脉冲后 $OUT_0$ 变高电平)。8253 芯片的内部地址分别如下:控制寄存器地址为 283H,计数器 0 地址为 280H,计数器 1 地址为 281H。要求 $CLK_0$ 连接时钟为 1 MHz。

### 四、实验代码
实验代码如下:

```
CODE    SEGMENT              ;段定义开始(CODE 段)
ASSUME CS:CODE               ;规定 CODE 为代码段
START:MOV AL,10H             ;设置控制字 00010000(计数器 0,方式 0,写两个字节,二进制计数)
      MOV DX,283H            ;把控制寄存器地址放在 DX 寄存器中
```

---

① 由于不同实验箱存在一定差异,用户可根据实际情况选做该实验,所提供的实验内容和程序仅供参考。

```
            OUT DX,AL          ;将 AL 的值送入 DX 端口
            MOV DX,280H        ;把计数器 0 地址放在 DX 寄存器中
            MOV AL,0FH         ;将 0FH 存入 AL 寄存器
            OUT DX,AL          ;将此时 AL 的值送入 DX 端口
    LP1:    IN AL,DX           ;从 DX 端口读入 8 位,放在 AL 寄存器中
            CALL DISP          ;调用 DISP
            PUSH DX            ;将 DX 内容保存到堆栈段
            MOV AH,06H         ;将 06H 存入 AH,为了下句调用 21H 中断
            MOV DL,0FFH        ;将 0FFH 存入 DL
            INT 21H            ;调用 21H 中断
            POP DX             ;将 DX 的内容退出栈段
            JZ LP1             ;如果 DX 的内容是 0,就跳转到 LP1
            MOV AH,4CH         ;将 4CH 存入 AH,为了下句调用 21H 中断
            INT 21H            ;调用 21H 中断
DISP PROC NEAR                 ;定义一个名为 DISP 的子程序
            PUSH DX            ;把 DX 的内容保存到堆栈段中
            AND AL,0FH         ;将 AL 寄存器的内容与 0FH 进行"与"运算,再把结果存入 AL 中
            MOV DL,AL          ;将 AL 的值送入 DL 寄存器
            CMP DL,9           ;比较 DL 中的值与 9 的大小
            JLE NUM            ;如果 DL 的值小于或等于 9 时,则跳转到 NUM
            ADD DL,7           ;将 DL 的值与 7 进行相加后,再送入 DL 中
    NUM:    ADD DL,30H         ;将 DL 的值与 30H 进行相加后,再送入 DL 中
            MOV AH,02H         ;将 02H 存入 AH
            INT 21H            ;调用 21H 中断
            MOV DL,0DH         ;结合"MOV AH,02H",即输出 0DH
            INT 21H            ;调用中断指令
            MOV DL,0AH         ;结合"MOV AH,02H",即输出 0AH
            INT 21H            ;调用 21H 中断
            POP DX             ;将 DX 的内容退出栈段
            RET                ;子程序在功能完成后返回调用程序继续执行
        DISP ENDP              ;子程序结束
        CODE ENDS              ;代码段结束
        END START              ;程序结束
```

# 实验 2　使用 Intel 8259A 的单级中断控制实验

## 一、实验目的

1. 掌握中断控制器 Intel 8259A 与微机接口的原理和方法。

2. 掌握中断控制器 Intel 8259A 的应用编程。

## 二、实验要求

1. 实验前要做好准备工作,复习 Intel 8259A 和微机接口的原理和方法。

2. 实验中通过程序验证 Intel 8259A 的工作方式和编程原理。

## 三、Intel 8259A 编程及初始化

(1)写初始化命令字

①写初始化命令字 ICW$_1$(A$_0$=0),以确定中断请求信号类型,清除中断屏蔽寄存器,中断

优先级排队和确定系统用单片还是多片。

②写初始化命令字 $ICW_2$，以定义中断向量的高五位类型码。

③写初始化命令字 $ICW_3$，以定义主片 Intel 8259A 中断请求线上 $IR_0 \sim IR_7$ 有无级联的 Intel 8259A 从片。

④写初始化命令字 $ICW_4$，用来定义 Intel 8259A 工作时用 8085 模式还是 8088 模式，以及中断服务寄存器复位方式等。

（2）写控制命令字

①写操作命令字 $OCW_1$，用来设置或清除对中断源的屏蔽。

②操作命令字 $OCW_2$，设置优先级是否进行循环、循环方式及中断结束方式。

③操作命令字 $OCW_3$，设置查询方式、特殊屏蔽方式以及读取 8259 中断寄存器的当前状态。

（3）Intel 8259A 查询字

通过 $OCW_3$ 命令字的设置，可使 CPU 处于查询方式，随时查询 Intel 8259A 有否中断请求，有则转入相应的中断服务程序。

### 四、实验内容①

本实验中，采用一片 Intel 8259A 中断控制芯片工作于主片方式，8 个中断请求输入端 $IR_0 \sim IR_7$ 对应的中断型号和中断矢量见表 6-7。

表 6-7　　　　　　　　本实验中 Intel 8259A 的中断型号和中断矢量

| Intel 8259A 中断源 | 中断型号 | 中断矢量表地址 |
|---|---|---|
| $IR_0$ | 8 | 20H~23H |
| $IR_1$ | 9 | 24H~27H |
| $IR_2$ | A | 28H~2BH |
| $IR_3$ | B | 2CH~2FH |
| $IR_4$ | C | 30H~33H |
| $IR_5$ | D | 34H~37H |
| $IR_6$ | E | 38H~3BH |
| $IR_7$ | F | 3CH~3FH |

实验原理如图 6-26 所示，Intel 8259A 和 8088 系统总线直接相连，实验中采用的 2 个端口地址为 20H 和 21H。写初始化命令字时，20H 用来写 ICW1，21H 用来写 $ICW_2$、$ICW_3$ 和 $ICW_4$。写操作命令字时，$OCW_2$ 和 $OCW_3$ 用地址 20H，$OCW_1$ 用地址 21H。$IR_3$ 插孔和 SP 插孔相连，SP 插孔初始电平为低电平。中断方式为边沿触发方式，采用人工手动按键产生中断信号，每按一次 AN 按钮产生一次中断信号，向 Intel 8259A 发出中断请求信号。如果中断源电平信号不符规定要求则自动转到 7 号中断，并显示"Err"。CPU 响应中断后，在中断服务中，对中断次数进行计数并显示，计满 5 次结束，显示器显示"8259 Good"。

### 五、实验程序流程图和参考程序

程序流程图如图 6-27 所示。

实验参考程序：

①由于不同实验箱存在一定差异，用户可根据实际情况选做该实验，所提供的实验内容和程序仅供参考。

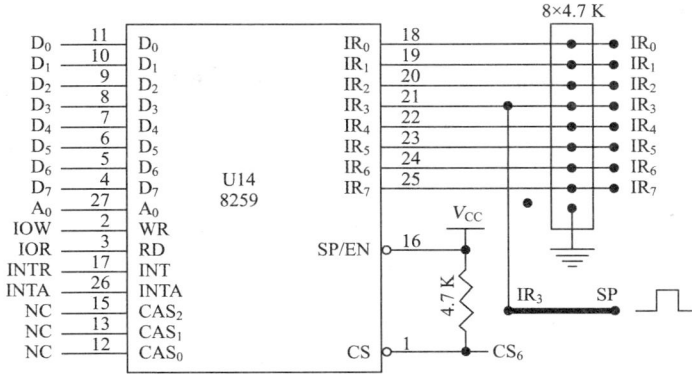

图 6-26  实验原理图

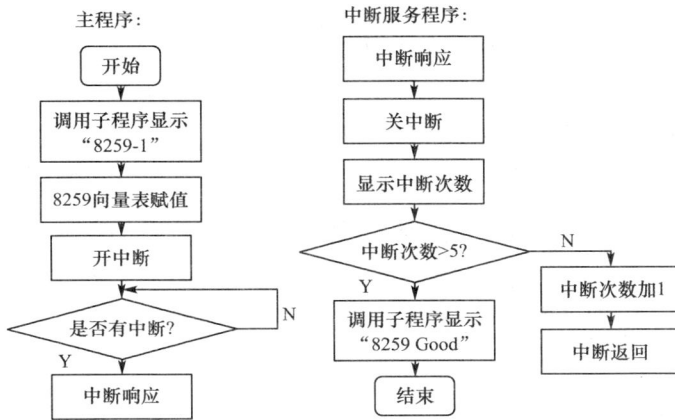

图 6-27  程序流程图

```
CODE SEGMENT
ASSUME CS:CODE
INTPORT1 EQU 0020H
INTPORT2 EQU 0021H
INTQ3   EQU INTREEUP3
INTQ7   EQU INTREEUP7
CONTPORT EQU 00DFH
DATAPORT EQU 00DEH
DATA0   EQU 0580H
DATA1   EQU 0500H
DATA2   EQU 0508H
DATA3   EQU 0518H
DATA4   EQU 0520H
        ORG 1800H
START: JMP Tint1
Tint1: CALL FORMAT
        CLD
        MOV DI,DATA0
        MOV CX,08H
        XOR AX,AX
```

```
            REP STOSW
            MOV SI,DATA3
            CALL   LEDDISP              ;调用子程序"LEDDISP"显示"8259-1"
            MOV AX,0H
            MOV DS,AX
            CALL WRINTVER               ;调用子程序"WRINTVER"
            MOV AL,13H
            MOV DX,INTPORT1
            OUT DX,AL
            MOV AL,08H
            MOV DX,INTPORT2
            OUT DX,AL
            MOV AL,09H
            OUT DX,AL
            MOV AL,0F7H
            OUT DX,AL
            MOV BYTE PTR DS:[0601H],01H   ;TIME=1
            STI
WATING:JMP WATING
WRINTVER:MOV AX,0H
            MOV   ES,AX
            MOV   DI,002CH
            LEA   AX,INTQ3
            STOSW
            MOV   AX,CS
            STOSW
            MOV   DI,003CH
            LEA   AX,INTQ7
            STOSW
            MOV AX,CS
            STOSW
            RET
INTREEUP3:CLI
            MOV AL,DS:[0601H]
            CALL CONVERS                ;调用子程序"CONVERS"
            MOV SI,DATA0
            CALL LEDDISPD               ;调用子程序"LEDDISP",显示中断次数
            MOV AL,20H
            MOV DX,INTPORT1
            OUT DX,AL
            ADD BYTE PTR DS:[0601H],01H
            CMP BYTE PTR DS:[0601H],06H
            JNA INTRE1
            MOV SI,DATA4
            CALL LEDDISP                ;调用子程序"LEDDISP",显示中断次数
INTRE3:JMP INTRE3
```

```
CONVERS:MOV BH,0H
        AND AL,0FH
        MOV BL,AL
        MOV AL,CS:[BX + DATA2]
        MOV BX,DATA0
        MOV DS:[BX],AL
        RET
INTRE1:MOV AL,20H
       MOV DX,INTPORT1
       OUT DX,AL
       STI
       IRET
INTREEUP7:CLI
          MOV SI,DATA1
          CALL LEDDISP        ;调用子程序"LEDDISP",显示中断次数
          MOV AL,20H
          MOV DX,INTPORT1
          OUT DX,AL
          IRET
LEDDISP:MOV AL,90H
        MOV DX,CONTPORT
        OUT DX,AL
        MOV BYTE PTR DS:[0600H],00
LED1:CMP BYTE PTR DS:[0600H],07H
     JA   LED2
     MOV BL,DS:[0600H]
     MOV BH,0H
     MOV AL,CS:[BX+SI]
     MOV DX,DATAPORT
     OUT DX,AL
     ADD BYTE PTR DS:[0600H],01H
     JNZ LED1
LED2:RET
LEDDISPD:MOV AL,90H
         MOV DX,CONTPORT
         OUT DX,AL
         MOV BYTE PTR DS:[0600H],00
LEDD1:CMP BYTE PTR DS:[0600H],07H
      JA LEDD2
      MOV BL,DS:[0600H]
      MOV BH,0H
      MOV AL,DS:[BX+SI]
      MOV DX,DATAPORT
      OUT DX,AL
      ADD BYTE PTR DS:[0600H],01H
      JNZ LEDD1
```

```
LEDD2:RET
FORMAT:MOV BX,0
        MOV WORD PTR DS:[BX+0500H],5050H
        ADD BX,2
        MOV WORD PTR DS:[BX+0500H],0079H
        ADD BX,2
        MOV WORD PTR DS:[BX+0500H],0000H
        ADD BX,2
        MOV WORD PTR DS:[BX+0500H],0000H
        ADD BX,2
        MOV WORD PTR DS:[BX+0500H],063FH
        ADD BX,2
        MOV WORD PTR DS:[BX+0500H],4F5BH
        ADD BX,2
        MOV WORD PTR DS:[BX+0500H],6D66H
        ADD BX,2
        MOV WORD PTR DS:[BX+0500H],077DH
        ADD BX,2
        MOV WORD PTR DS:[BX+0500H],6F7FH
        ADD BX,2
        MOV WORD PTR DS:[BX+0500H],7C77H
        ADD BX,2
        MOV WORD PTR DS:[BX+0500H],5E39H
        ADD BX,2
        MOV WORD PTR DS:[BX+0500H],7179H
        ADD BX,2
        MOV WORD PTR DS:[BX+0500H],4006H
        ADD BX,2
        MOV WORD PTR DS:[BX+0500H],4040H
        ADD BX,2
        MOV WORD PTR DS:[BX+0500H],6D6FH
        ADD BX,2
        MOV WORD PTR DS:[BX+0500H],7F5BH
        ADD BX,2
        MOV WORD PTR DS:[BX+0500H],3F5EH
        ADD BX,2
        MOV WORD PTR DS:[BX+0500H],5C3FH
        ADD BX,2
        MOV WORD PTR DS:[BX+0500H],6D6FH
        ADD BX,2
        MOV WORD PTR DS:[BX+0500H],7F5BH
        RET
        CODE  ENDS
        END  START
```

# 第 7 章

# 输入/输出系统

输入/输出是计算机与外界交流信息的重要手段,在微型计算机中有多种完成输入/输出功能的控制方式。为了全面介绍微型计算机的输入/输出系统,现将输入/输出控制方式中常用的中断机制进行介绍。

## 7.1　微型计算机中的中断机制

在微机系统工作中总要处理一些系统内部或外部随机出现的事件,如电源掉电、用户按键、移动鼠标和打印机缺纸等。由于事件出现的随机性,系统往往无法确切地预知这些事件出现的准确时间。对于这些事件,假如系统中没有中断机制,要想快速针对这些事件做出响应,系统就需要不断地对事件进行查询,以在特殊事件发生时立即做出响应。如此不断地查询必然会大大影响系统对正常任务的处理能力,而如果减少查询判断,则意味着无法快速对事件做出响应,计算机系统中的中断机制正是由此而产生的。

中断是现代计算机系统中提高计算机工作效率的一项重要技术。从最初的应用于控制计算机与外设交换信息的同步、克服对 I/O 接口采用程序查询所带来的处理机低效率的弊端开始,随着计算机系统结构的不断复杂和系统对计算机内部机制的要求的提高,中断的概念和应用领域也得到了很大的延伸,适用范围也随之扩大。除了传统的外部事件(硬件)引起的中断外,在微型计算机系统中又引进了 CPU 内部软件中断的概念,构成了一个完整的计算机中断系统。

### 7.1.1　中断的基本概念

中断是一种使 CPU 暂时中止正在执行的程序而转去处理一个临时发生的,或虽然由程序预先安排,但出现在现行程序的位置是事先不知道的特殊事件(执行中断服务子程序),待中断服务程序执行完毕,能够自动返回到被中断程序继续执行的操作[①]。

作为计算机中的一项重要功能,中断技术可以明显地提高计算机系统信息处理的并行性,

---

①定义中指出中断服务程序处理完毕能够自动返回到被中断程序继续执行,但这不是必然的。例如,IBM PC 计算机中对 Ctrl + C 中断的处理就不是严格意义上的返回原来被中断的用户程序。通常,该中断将终止当前的程序流程,强制退出运行中的用户程序,而把控制权返回到命令处理程序 command.Com。所以此处定义强调的是对异步事件的实时处理。

可实现处理器与外部设备、处理器与处理器以及外部设备与外部设备间的并行操作,解决了CPU与外部设备间的速度匹配问题。

**1. 中断技术的特点**

在微型计算机系统中,中断技术具有以下几个方面的特点:

(1)同步处理能力

从工作特征上来讲,CPU 的运行速度相对多数外设要快得多。因此,在 CPU 和外设交换数据的过程中,为了保证可靠的数据传输,CPU 需要花费大量的时间等待,以保持与外设通信的一致性,由此导致 CPU 的利用率降低。而通过中断技术,可以实现在数据传输过程中 CPU 与外设之间的同步。如果某个外设需要和 CPU 交换数据,则 CPU 可以在启动外设后,继续进行其他工作。这时,CPU 与外设同时从事各自的工作,这些工作可能彼此相关,也可能完全无关。当外设需要与 CPU 交换数据时,便可向 CPU 发出中断请求信号。CPU 响应中断后,转入中断服务程序完成数据的输入/输出工作。如此继续,中断功能使 CPU 可以与外设并行工作,且多个外设之间也可以同步工作,这大大地提高了 CPU 的利用率,进而提高了整个系统的效率。

(2)快速响应,实时处理

计算机的一个很重要的应用领域是实时控制。所谓"实时"是指计算机在工作时能够及时、快速地对事件做出响应,以便及时调节和处理,使被控制对象保持在最佳状态。在没有中断的系统中,为控制多个对象,需要 CPU 依次不断地查询各个对象的状态,如果刚刚查询完某个对象后该对象就出现需要处理的事件,则只有等到下一轮查询时才能对其进行处理。系统中控制的对象越多,相应地查询一轮的间隔也就越大。也就是说,随着系统规模的加大,系统的响应速度将越来越慢。

有了中断系统,只要中断服务程序设计得好,系统就可以对单独发生的事件迅速做出响应。可以说,自从有了中断系统,计算机才算真正具备了实时处理能力。

(3)故障处理

计算机运行过程中由于各种不可预测的原因,不可避免地会出现一些故障。例如,电源或硬件的异常、存储器读写的错误、数据运算的溢出以及非法指令等。一旦出现故障,如果得不到及时的处理,将会造成严重的后果。有了中断系统,CPU 就可以在发生故障时立即响应,转去执行预先设计的故障处理程序对故障进行处理,大大提高了系统工作的可靠性。

根据中断系统具有的一些特征可以看出,中断机制特别适合一些独特的应用场合。它可以使用户程序对事件的反应更加迅速,结构更加坚固,进一步提高了系统的实时性和可靠性。

中断的出现,对提高计算机系统的效率的贡献是革命性的,由于有了中断系统,用户程序不必再纠缠于应付某些极少出现的特殊事件,而可以集中精力处理主要的任务。

**2. 中断源**

能够引起计算机中断的内部或外部原因称为中断源。产生中断的外部因素一般是由于计算机的外设要求数据的输入/输出操作时请求 CPU 为之提供的服务或其他硬件产生的故障等;而内部因素一般是当 CPU 处理某些特殊的事件时所引起的,或通过内部 CPU 执行程序时遇到的特殊情况(如除法出错),或通过 CPU 执行中断指令产生。

在计算机系统中,根据中断的来源,可以将其分为由内部异常引起的中断、程序执行中断指令所引起的软件中断和外部设备请求引起的中断三大类。产生中断源的对象一般有以下几种:

(1)计算机外设：由于计算机外设 I/O 操作所引起的中断。如键盘和鼠标的操作，以及打印机准备就绪等。

(2)系统故障：由计算机内部自动检测装置发现的故障。如系统电源的故障、存储器读写出错、除法的除数为零以及运算溢出等意外事件。

(3)实时时钟：在需要定时的应用系统中，一般都有一个用于计时的时钟。当到达规定的时间后，该时钟就会向 CPU 发出中断请求，由 CPU 进行处理。

(4)软件设置中断：在用户进行程序设计时，使用系统提供的中断指令或调试软件的断点设置功能，并由此而产生的中断。其目的是调用系统管理程序，完成诸如软件调试、系统 I/O 设备输入/输出以及多任务系统的任务切换等功能。

**3. 中断处理过程**

在微型计算机系统中，一个中断的处理可以分为以下四个过程：

(1)中断请求：中断源向 CPU 发出请求中断的申请，称中断请求。中断请求可以来自中断指令或某些特定的条件，也可以是外部硬件电路引起 CPU 引脚电平的变化向 CPU 发出的硬件中断请求信号。

(2)中断响应：在 CPU 收到中断请求信号后，对中断请求做出的服务响应。在 CPU 工作时，能否对中断请求做出响应取决于中断的类型或 CPU 当前的状态。若为非屏蔽中断请求，CPU 在执行完当前指令后，无条件立即响应中断；若为可屏蔽中断请求，则只有在 CPU 内部该中断处于允许响应状态时，才在执行完当前指令后做出响应。

(3)中断服务：在 CPU 做出中断响应后，执行中断服务程序，完成对发生中断事件处理的过程称为中断服务。一般，产生中断的每个设备都有相应的中断处理程序。例如，在某微机系统中，由一中断服务程序专门处理来自系统时钟的中断，而另外一个中断服务程序专门处理由键盘产生的中断。

(4)中断返回：在执行完中断服务程序后，返回中断发生时原来程序运行的中断点继续执行的处理过程。中断返回由中断返回指令 IRET 完成，一般除了恢复返回环境的状态外，还要为下一次响应中断做好准备。

## 7.1.2　微型计算机中的中断系统及功能

中断系统是中断装置和中断处理程序的统称，是在计算机系统中为实现中断功能而设置的，由硬件实现的中断控制逻辑和管理相应中断的软件指令构成，是计算机的重要组成部分。由于不同的计算机的硬件结构和软件指令不完全相同，中断系统也不相同。无论如何，计算机的中断系统都是为提高 CPU 对多任务事件的处理能力而设计的。从中断管理和处理的角度来讲，微型计算机的中断系统应具有以下功能：

**1. 中断源识别**

通常，在一个微机系统中不只存在一个产生中断的因素。当 CPU 接收到中断请求信号时，必须正确判断发出中断申请的中断源，以便找出相应的中断服务程序入口地址。这样，才能为该中断申请提供正确的服务。因此，一个中断系统的首要任务就是对中断源进行识别。识别中断源一般有查询法和矢量法两种方法。

(1)查询法

这是通过程序查询的方法来判别是哪一个中断源提出的中断请求。通常，该方法需要必要的硬件支持，通过设置的输入端口读取系统中各个中断源的状态。在响应中断周期之后，对系统中所有存在的中断源,都要先进入这个查询流程。依次查看各中断源是否提出该请求,若是,转去执行相应的中断服务程序;否则继续查找,直到把所有中断源找完为止。整个查询过程如图 7-1 所示。

查询的顺序决定了中断的优先级,因为当按顺序找到一个提出中断请求的中断源后,查询程序就自动转去执行相应的服务程序而不再继续向下查找,而无论它们是否也提出了中断请求。由图 7-1 得知,中断源 1 的级别最高,中断源 2 的级别次之,中断源 $n$ 的级别最低。

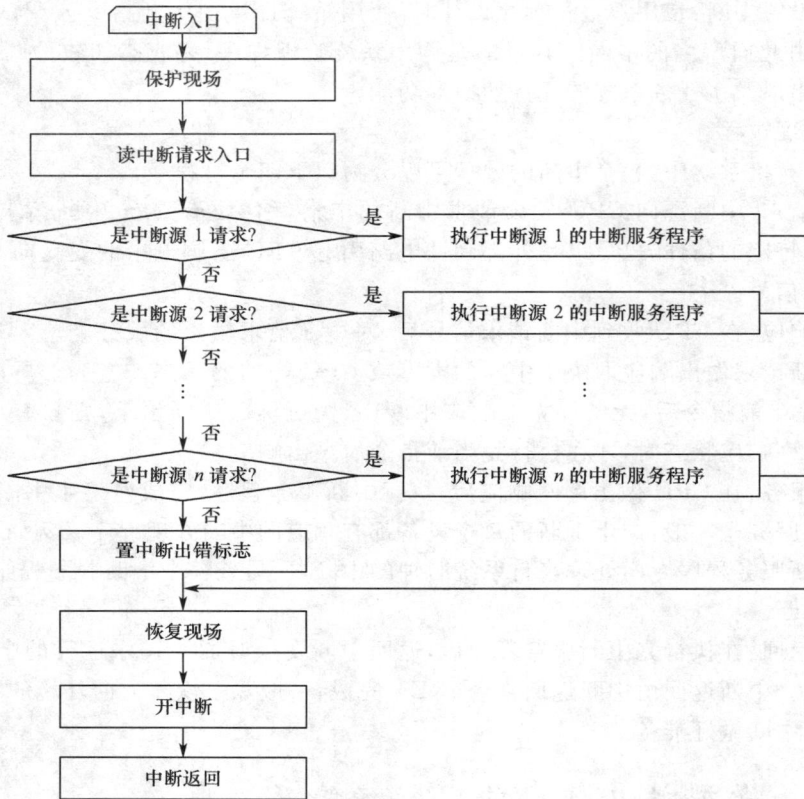

图 7-1　查询中断源的流程

查询法的优点是硬件简单、程序层次分明,只要改变程序中的查询次序即可改变中断源的中断优先级,而不必变更硬件连接;其缺点是从 CPU 响应中断到进入中断服务的时间较长,导致实时性差,特别是当中断源较多时尤为突出。此外,查询要占用 CPU 时间,降低了 CPU 的使用效率。

(2)向量法(矢量法)

该方法的基础是中断向量,也就是中断标识码。中断向量是为中断源预先指定的识别标志,可用来形成相应中断服务程序的入口地址或存放中断服务程序的首地址。当有中断源提出请求时,中断控制逻辑就将该中断源的中断识别码送入 CPU,在 CPU 响应该中断并发出中断响应信号的同时,CPU 将根据该中断的识别码(中断向量)自动转向该中断服务程序的入口地址,执行中断服务程序。

中断标识码在以 8086 CPU 为内核的 IBM-PC 系列微机中称为中断类型码。

用向量法识别中断源的过程在中断响应周期即可完成,不占用 CPU 额外的时间,所以得到广泛的应用。

**2. 实现中断响应和中断返回**

当 CPU 收到中断请求后,将根据具体情况决定是否响应中断。如果 CPU 当前执行程序的优先级低于申请中断的优先级,则在执行完当前指令后响应这一中断请求。CPU 中断响应过程如下:

(1)首先,为执行完中断服务程序后返回被中断的主程序做好准备,包括:将断点处的 PC 值(即下一条应执行指令的地址)压入堆栈保存,称为保护断点,该操作由硬件自动执行;将有关的寄存器内容和标志位状态压入堆栈保留下来,称为保护现场,该操作由用户自己编程完成。

(2)执行中断服务程序。

(3)CPU 从中断服务程序返回主程序,中断返回过程为:恢复原保留寄存器的内容和标志位的状态,称为恢复现场,该操作由用户编程完成;然后,执行中断返回指令 RETI,该指令的功能是恢复 PC 值,使 CPU 返回断点,称为恢复断点。恢复现场和断点后,CPU 将继续执行原来的主程序,中断响应过程到此结束。

**3. 实现优先权排队**

为最大限度地提高系统的性能,在微机系统中一般设有多个中断源。此时,当有一个以上的中断源同时发出中断请求时,CPU 必须能确定首先响应哪一个中断。为了有一个判别的标准,在计算机中断系统中为每个中断源设定了一个优先级别,称为优先权。这样,当多个中断源同时发出中断请求时,系统将根据每个中断的优先权级别进行排队。首先响应优先权高的中断,在优先权高的中断处理结束后才能响应优先权低的中断。计算机按中断源优先权高低逐次响应的过程称为优先权排队,这个过程可通过硬件电路来实现,亦可通过软件查询来实现。

**4. 实现中断嵌套**

根据中断的特征可知,中断是随机发生的。这样就有可能在中断处理程序运行的过程中再次发生中断,这就产生了中断嵌套的问题。产生中断嵌套的条件是,当 CPU 响应某一中断时,又有优先权更高的中断源发出中断请求。这时,CPU 将中断正在进行的中断服务程序,并保留这个程序的断点,转去响应优先权更高级的中断,并在高级中断处理结束以后,继续进行被中断的中断服务程序,这个过程称为中断嵌套(类似于子程序嵌套),中断嵌套的过程示意如图 7-2 所示。如果发出新中断请求的中断源的优先权级别与正在处理的中断源同级或更低时,CPU 不会响应这个中断请求,直至正在处理的中断服务程序执行完以后才能去处理新的中断请求,从而没有中断嵌套发生。

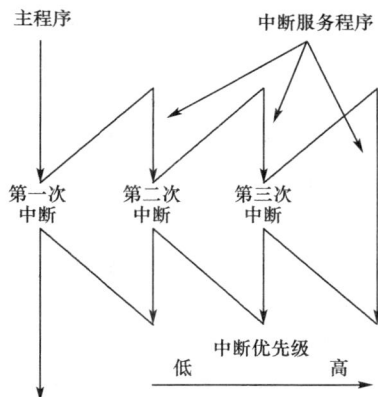

图 7-2　中断嵌套示意图

在不同的计算机系统中,由于系统结构的不同,系统能够提供的堆栈空间是不同的。这将使中断嵌套的深度(中断服务程序又被中断的层次)受到堆栈容量的限制。因此,在编写中断服务程序时,必须要考虑有足够的堆栈单元来保留多次中断的断点信息及有关寄存器的内容。

## 7.1.3　微机系统中的中断调用机制

根据程序的结构性质,中断处理的过程与子程序调用有些类似,但又有本质的不同。首先,子程序调用是由用户程序主动进行的,何时调用子程序是程序员在用户程序设计中预先确定的。而中断的产生通常是随机的,一般用户无法预知何时会发生中断。子程序调用的时候,用户程序可以通过约定使用寄存器或者堆栈向子程序传递参数,子程序调用完成后返回时,还可以取得子程序的出口参数。而对于中断,由于用户无法知道何时会产生中断调用,所以很难向中断处理程序传递参数,通常使用公共数据区的方法交换数据。

以键盘处理程序为例,PC 机的键盘中断处理程序在收到键盘发送来的按键扫描码后,并不是直接把按键的信息传递给用户程序,因为它并不知道应该把得到的扫描码传递给哪个程序,即使知道当前是哪个程序在运行,也不能确定正在运行的程序是否现在就需要处理按键数据。所以,按键中断处理程序只是简单地把得到的按键数据放到一个静态的循环队列中,由需要的用户程序在需要的时候自己去取。

另外,为保证在中断服务程序运行结束后能准确地返回至被中断的程序,中断调用需要保存现场信息。由于中断处理程序通常是独立于用户程序运行的,中断调用的时候不应该影响用户程序的正常运行,所以在中断处理程序中通常用到的系统资源除用于通信目的的公共数据区外,都不允许随意改变,包括寄存器、程序状态标志位、堆栈指针以及堆栈中的内容。

**1. 中断请求与中断屏蔽**

中断请求就是某个中断源发出的,需要 CPU 中断正在运行的程序而对自己的特定需求进行立即处理的信号。这个信号一般由微处理器输入中断信号引脚上的电平变化,或者是 CPU 内部由中断指令或发生某种状态变化而引起。

若要向 CPU 提出中断请求,需要满足以下条件:

(1)系统具有中断的要求;

(2)该要求的中断未被屏蔽,即系统允许该中断发出中断请求。

如果系统由于某种原因(如优先级别和运行时间等)不允许某个中断发送中断请求,此时即使系统本身要求发送中断请求,还是不能发出。这种情况称作中断被"禁止"或中断被"屏蔽"。

计算机中除了不可屏蔽中断 NMI 外,为了更灵活地运用中断,中断系统还具有中断屏蔽的功能。中断屏蔽,就是通过中断控制逻辑使某种中断不起作用。具体做法是,针对每一个中断源设置一个中断屏蔽位,约定该位为"0"表示开屏蔽状态(EI),为"1"表示处于屏蔽状态(DI)。一个中断源在对应的中断屏蔽位为屏蔽状态的情况下,其中断请求不能得到 CPU 的响应,或者根本不能向 CPU 提出中断请求。

**2. 中断响应**

所谓中断响应就是如何找到中断服务程序入口,转向执行中断服务程序的过程。这个过程是硬件与软件有机配合的过程。CPU 接收到中断请求信号后,首先要对中断的类型进行判断。若为非屏蔽中断请求,则 CPU 执行完当前指令后中止当前运行的程序,响应中断申请并转去执行中断服务程序;若为可屏蔽中断请求,能否响应中断还取决于以下的条件:

(1)中断未被屏蔽,只有未被屏蔽的中断源才有可能向 CPU 发出有效的中断申请。

(2)CPU 处于中断允许状态,在 CPU 内部设有一个中断允许触发器,当它的输出端为"1"时 CPU 才能响应中断,称为"开中断";若输出端为"0",即关中断,这时即使外部向 CPU 发出了中断请求,CPU 也不会响应。当 CPU 复位时,CPU 会自动关中断;当 CPU 响应任何中断时,也立即自动关中断(防止干扰现场的保护)。在程序中可以用开中断指令将其打开。

(3)CPU 执行完一条指令,由于中断的出现是随机的,它可能在计算机运行的任何时刻产生。但是 CPU 的中断扫描机构对中断的响应是以指令为单位的,即中断一个程序不会发生在执行该程序的某条指令的指令周期的中间时刻,而只能在这条指令的末尾。因此,从处理指令的意义上讲,中断时刻正好是刚执行完的指令与尚未执行的后继指令的"交接"时刻。只有当一条指令执行完毕后,CPU 的扫描机构才扫描(采样)中断输入线 INT。这时若发现有中断请求,并且 CPU 可以响应中断,CPU 则立即中止现行程序的执行,下一个机器周期不进入取指周期,而进入中断响应周期。

**3. 中断处理**

在 CPU 对中断源做出正确的识别并准备接收中断请求后,接下来的工作就是执行中断的过程(中断处理)。中断处理过程与微处理器的结构有密切关系,不同结构的微处理机,其中断处理的具体步骤也不完全一样。下面,以可屏蔽中断为例,介绍一下 IBM PC 系列微型计算机的中断过程。从过程上来说,整个过程可以分为四个环节,即中断准备、中断处理、现场恢复和中断返回。具体可以分为以下几步:

(1)关中断:CPU 响应中断之后发出中断响应信号并关闭中断,以防止 CPU 在完成本次中断的断点保存和现场保护之前再次响应中断而陷入混乱。

(2)保存断点:CPU 响应中断后,将当前程序指针压入堆栈,以便中断处理完成后返回被中断的程序。

以上两项工作一般由硬件自动完成。然后,根据发出中断请求的中断源的属性,获取中断服务程序入口地址并进入服务程序执行。

(3)保护现场:为了使中断服务程序不破坏被中断程序的运行状态,通常需要对断点处 CPU 的现场予以保护。保护内容一般包括程序状态寄存器以及中断服务程序中用到的通用寄存器。

保护现场的工作通常由软件完成,但不同处理器的具体情况也会有所不同。以 Intel 80X86 系列处理器为例,在发生中断时,中断系统的硬件除将程序指针 CS:IP 压入堆栈外,还会自动将堆栈指针 SS:SP 和程序状态字寄存器 PSW 的内容压入堆栈,而其他的寄存器需要用户软件自己保存。而对于 8051 系列处理器(Intel 公司的另一个系列,广泛应用于小型嵌入式系统的单片机),只是将程序断点处的程序指针(IP)自动压入堆栈,程序状态字寄存器 PSW 则需要用户软件保存。另外,8051 系列还设置多个寄存器组,用户可以简单地切换到其他寄存器组运行中断处理程序而不影响主程序的寄存器组。

(4)进行中断处理:执行中断服务程序,完成对相应中断的处理。在实际执行用户定义的中断服务程序之前,为了能够实现中断嵌套,对于进入中断服务程序后自动禁止中断的系统需要由用户程序重新开启中断允许。

(5)恢复现场:在完成中断服务程序后,如果要返回原来被中断的程序的断点处并按中断前的程序状态继续执行,就应恢复被中断程序处的现场信息。注意:由于现场信息一般由堆栈进行保护,根据堆栈的特征,在恢复现场时的操作顺序应与保存现场时的顺序相反,最后被保存的信息应该先被恢复。

(6)中断返回:在中断服务程序的最后必须安排一条中断返回指令,以便返回被中断的程序。中断返回指令的作用与子程序返回指令的作用极其类似,但也有不同。前面提到 Intel

8086 系列处理器在发生中断时会自动保存堆栈指针 SS:SP 以及程序状态字 PSW,相应的,Intel 8086 系列处理器的中断返回指令就会自动恢复这些寄存器。另外,对于响应中断后自动禁止而在中断服务程序中又没有恢复中断允许的系统,中断返回也将自动重新允许中断。

## 7.1.4  IBM-PC 微型计算机中断系统的结构

IBM-PC 系列微机的中断系统的功能非常强。它所使用的 Intel 8086 CPU 采用向量型的中断结构,共有 256 个中断向量号,可以处理 256 种不同的中断类型。这些中断可以由外部设备启动,也可以由软中断指令来启动,在某些情况下,还可以由 CPU 自身启动。

**1. 系统构成**

IBM-PC 微型计算机的中断系统构成如图 7-3 所示。其中,虚线框内的中断为内部中断,虚框外的中断为外部中断。

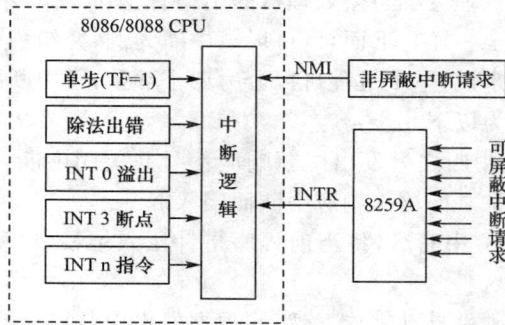

图 7-3　8086 CPU 的中断系统构成

(1)内部中断

内部中断又称软件中断,是由指令驱动或者是由指令通过 CPU 状态间接驱动的中断。它是在程序执行的过程中执行 INT 指令来调用,或者是由于程序除法溢出错误和执行单步操作而引起的中断。

内部中断的特点是:

①中断类型号是指令中指定的,或是隐含的。

②CPU 不执行中断响应总线周期 INTA。

③除单步中断外,其他内部中断的优先级都比外部中断的要高,都不能被屏蔽(禁止)。

④单步中断的优先级是所有中断中最低的,并可以用中断允许标志位 TF 置 0 来屏蔽。其他内部中断的优先级顺序依次为:除法出错中断、INT n 指令中断、INT 0 溢出中断和断点中断。

根据特点和功能,由 INT n 指令调用的软中断可以分为以下几种类型:

①BIOS 中断:BIOS 中断占用 05H、10H～1FH 以及未定义的自由软中断类型号 40H、41H 和 45H。它们的功能包括对 I/O 设备的控制、提供对系统的实用服务程序和满足某些特殊的中断服务要求等。

②DOS 中断:DOS 中断占用的软中断类型号为 20H～3FH。包括公开的 DOS 专用中断、未公开的 DOS 专用中断、DOS 可调用中断、系统功能调用中断以及 DOS 保留中断等。它们提供了 DOS 操作系统的主要功能。其中,系统功能调用中断是 DOS 的内核,以 INT 21H(内含 00H～6CH 子功能)供用户程序直接调用。

③未定义自由中断：在软中断中为了便于系统扩展或者根据需要做出新的定义，还保留了部分未定义的自由中断。它们的软中断类型号为 40H～0FFH，分别为：系统保留区、用户保留区、扩充外部硬中断区、BASIC 使用区和内部使用区。

④特殊中断：这些中断是由系统内部突发事件引起的。在系统执行指令的过程中，CPU 发现某种突发事件时就会启动内部逻辑转去执行预先规定的中断类型号所对应的中断服务程序。特殊中断也是不可屏蔽中断，中断处理过程具有软中断的特点，所以可以归到软中断一类。特殊中断包括：除数为零引发的 0 号中断、单步执行引发的 1 号中断、设置断点引发的 3 号中断和溢出引发的 4 号中断。

（2）外部硬件中断

顾名思义，外部硬件中断是由外部设备提出中断请求而产生的。在 IBM-PC 系列微型计算机系统中，硬件中断通过 CPU 的两条外部中断请求信号线以及 Intel 8259A 中断控制器引入（具体内容可参看第 6 章有关内容），分为不可屏蔽中断和可屏蔽中断两种。具体说明如下：

①不可屏蔽中断 NMI

8086 CPU 的不可屏蔽中断由 NMI 引脚输入，该中断不受中断允许标志位 IF 的影响，只要有中断请求就能被 CPU 接收，因此它是不能"屏蔽"的，是系统中具有最高优先权的硬件中断，拥有比屏蔽中断 INTR 更高的优先权。NMI 是边沿触发的输入信号，只要输入脉冲有效宽度（高电平持续时间）大于两个时钟周期，就能被 CPU 锁存。只要 NMI 信号有效，CPU 在现行指令执行结束后，便会立即响应非屏蔽中断请求。

在 CPU 芯片设计时，已经将 NMI 引起的中断预先定义为 2 号向量中断。所以，CPU 不需要执行中断响应的总线周期去读取向量代码。NMI 中断一般用来处理紧急事件。在 IBM PC/XT 机中，NMI 用来处理存储器奇偶校验出错和 I/O 通道 RAM 奇偶校验出错等事务。

②可屏蔽中断 INTR

从 8086 CPU 的 INTR 引脚引入的中断为可屏蔽中断。对于发生的可屏蔽中断，CPU 是否响应取决于中断允许标志位 IF 的状态。若 IF=1，则响应 INTR 的请求，暂停现行指令的执行，转去执行中断服务程序；若 IF=0，则不响应 INTR 的请求。中断标志位 IF 可用 STI 指令置 1，并可用 CLI 指令清 0。因此对 INTR 中断的响应，可以用软件来控制。当系统复位后，或当 CPU 响应中断请求后，都使 IF=0。此时，假如要允许 CPU 响应 INTR 的请求，就必须先用 INTR 指令来使 IF 置位，然后才能响应 INTR 的请求。

由于 8086 CPU 只有一个引脚接收外部的可屏蔽中断信号，为了使微机系统能够处理更多的外部中断，在系统中使用了 Intel 8259A 可编程中断控制器进行扩充。将 Intel 8259A 的中断请求输入端接到需要请求中断的外部设备，这些外部设备发出中断请求时，请求信号进入 Intel 8259A 的 IR 端。由 Intel 8259A 根据优先权和屏蔽状态决定是否发出 INT 信号到 CPU 的 INTR 引脚。

**2. 中断类型号和中断向量表**

在微型计算机中，系统对所有的中断源系统都分配了一个表示中断源的代号，称为中断类型号。由于 8086 CPU 可以处理 256 种向量中断，因此具有 256 个中断类型号代码，从 0～255。中断类型号在中断处理过程中起着非常重要的作用，因为 IBM PC 中断系统采用的是向量中断方式，CPU 需要通过它来获得中断服务程序的入口地址以实现程序的转移。

对于每一个中断类型号，通过定义可以与一个中断服务程序相对应。在微机系统中，为了管理方便，系统将中断服务程序的入口地址（中断向量）存在内存储器的特定位置，这个特定的空间称为中断向量表。

　　中断向量表确定了中断类型号和与它相关联中断服务程序入口地址之间的对应关系。在表中,每个中断向量占用 4 个字节单元,分别存放中断服务程序入口的段地址 CS 和从段地址到中断服务程序入口地址的偏移量 IP。所以,256 个中断的中断类型号要占用 $256 \times 4 = 1024$ 个字节(1 KB)的存储器单元。在 IBM PC 系列微型计算机中,中断向量表占用存储器的最低地址区,地址范围为主内存的 0000H~003FFH,其结构如图 7-4 所示。

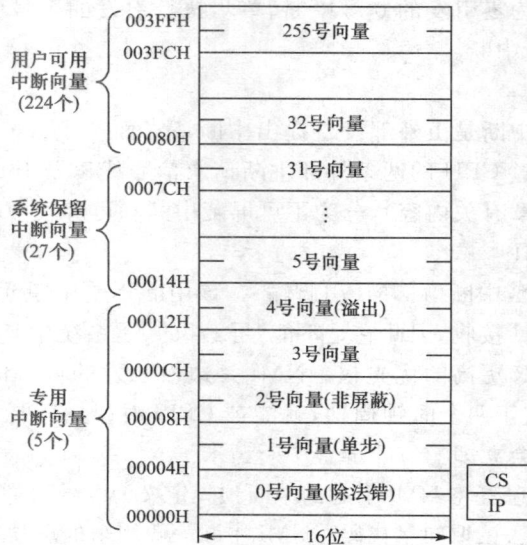

图 7-4　中断向量表的结构

　　CPU 获得中断类型号 n(n=0~255)后,通过简单的乘 4 操作(n×4)就可以取得中断向量在向量表中存放的起始地址 4n,然后把向量表 4n 地址开始的两个低字节单元的内容装入 IP 寄存器,即:

　　IP←(4n:4n+1)

　　再把两个高字节单元内容装入代码段寄存器 CS:

　　CS←(4n+2:4n+3)

　　当 CPU 处理中断时,即可转向中断服务程序。

　　例如,对于中断类型号为 09H 的键盘中断,其中断向量存放地址可以由中断类型号得出。其中,中断向量存放地址的起始单元为 09H×4=24H。由此可以从中断向量表中查出该中断的中断向量(CS:IP)为 0BA9H:0125H,如图 7-5 所示。

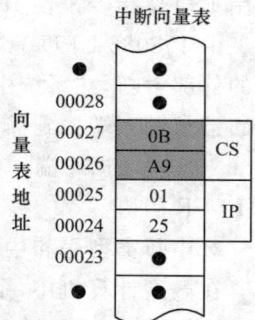

图 7-5　查找中断向量表举例

### 3. Pentium 处理器的中断特征

　　与 8086 CPU 类似,Pentium 处理器的中断系统也采用向量中断结构,可处理 256 种类型的中断。除了支持实地址方式和保护方式下的中断处理外,Pentium 处理器还支持多处理器的高级可编程中断技术,因而,中断处理功能比 16 位 CPU 要强大得多。

　　Pentium 处理器将引起程序中断的来源分为硬件中断、软件中断和异常三类。硬件中断由外部 I/O 设备引起;软件中断由程序员事先编写的指令产生;异常不是由用户定义,而是

CPU 在执行指令过程中检测到满足事先定义的条件而产生的同步事件,如除法错误、溢出错误和段不存在错误等。

(1)硬件中断

与 80X86 处理器相同,Pentium 处理器有两条引脚用来接收外部中断请求,分别是可屏蔽中断 INTR 和非屏蔽中断 NMI。

(2)软件中断

除了硬件中断以外,Pentium 处理器把用指令 INT n(n 为类型号)产生的中断称为软件中断。当这些指令在程序中触发执行时,由于类型号作为指令的操作数是事先确定的,因此不需要产生中断响应周期从外部获取,而是立即启动相应的中断服务程序。软件中断指令的功能如同子程序调用,但是比子程序调用具有更大的灵活性。PC 机 DOS 操作系统以及基本输入/输出系统(BIOS)都使用了许多 INT n 软件中断指令。

(3)异常

Pentium 处理器把在执行一条指令过程中产生的错误(如除数为 0、页故障和内部机器故障等)也纳入了中断处理的范畴,称为异常。在引发异常时,CPU 将暂停当前程序的执行,转入异常处理程序进行处理,一旦处理完毕,重新返回原来的程序继续执行。异常不受 IF 中断标志位的影响,并被自动检测,在检测出错误后可立即进行处理。

基于产生异常的指令是否可被重新执行的特性,可以将异常分为故障(Fault)、陷阱(Trap)和中止(Abort)三类。它们的差别表现在两方面:一是发生异常的报告方式,二是异常中断服务程序的返回方式。

①故障:故障异常在发生后一般能纠正过来,且一旦纠正过来,允许程序在保持连续性的情况下重新执行。当报告有故障时,系统产生异常中断,在中断服务完成后处理器将机器恢复到开始执行故障指令前的状态,重新启动该指令。故障处理程序的返回地址指向出现故障的指令,而不是故障指令后的指令。例如,在读虚拟存储器时,首先产生存储器页故障或段故障,这时异常中断服务程序立即按被访问的页或段将虚拟存储器的内容从磁盘上转移到物理内存中,然后再返回主程序中重新执行这条指令,于是可以正常执行下去。

②陷阱:陷阱是在陷阱指令执行后所报告的异常。陷阱允许程序或任务在保持连续性的情况下继续执行。陷阱处理程序的返回地址指向陷阱指令后面那条待执行的指令,用户自定义的中断指令 INT n 就属于此类型。

③中止:该类异常发生后无法确定造成异常指令的确切位置,也不允许重新执行导致异常的程序或任务。例如,硬件错误或系统表格中的错误值造成的异常。中止异常常用来报告严重错误,在此情况下原来的程序已无法继续执行,因此中断服务程序往往重新启动操作系统并重建系统表格。

除中止这一类异常之外,其他的中断和异常都能保证在处理完中断或异常之后重新启动程序或任务继续执行。

当中断产生时,处理器通过获取内部指令或外部的类型号来识别不同的中断。取得类型号之后,处理器依据类型号获得中断服务程序入口地址的途径。80386 以上高档微处理器在工作于实地址方式时,中断处理的方式与 8086 微处理器相同,但是其中断向量表的基地址放在中断描述符表寄存器中,基地址为 00000H,大小为 256 字节。但是在工作于保护方式时的中断情况则不同。

**4. Pentium 系列微型计算机保护方式下的中断特点**

保护方式的中断处理过程与实地址方式相比有三点不同：第一，CPU 根据中断类型号从中断描述符表而不是中断向量表获取中断服务程序入口地址的有关信息，中断描述符表的起始位置可由程序选择；第二，中断过程中要对被中断的程序代码进行保护，即要进行特权级检查；第三，如果有出错码，还要将出错码压入堆栈。

在保护方式下为了管理各种中断，80386、80486 及 Pentium 等高档微处理器都设立了一个中断描述符表 IDT(Interrupt Descriptor Table)。该表中最多可包含 256 个描述符项，以对应 256 个中断或异常。描述符项中包含了各个中断服务程序入口地址的信息。

当 80386 和 80486 等高档微处理器工作于实地址方式时，系统的 IDT 变为 8086 和 8088 系统中的中断向量表，存于系统物理存储器的最低地址区中，共 1 K 字节。每个中断向量占 4 字节，即 2 字节的 CS 值和 2 字节的 IP 值。

当它们工作于保护方式时，系统的 IDT 可以置于内存的任意区域，其起始地址存放在 CPU 内部的 IDT 基址寄存器中。有了这个起始地址，再根据中断或异常的类型码，即可获取相应的描述符项。每个描述符项占 8 字节，包括 2 字节的选择器和 4 字节的偏移量，这 6 个字节共同决定了中断服务程序的入口地址，其余 2 字节存放类型值等说明信息。得到中断服务程序的入口地址后便可进行相应的中断处理。

# 7.2　输入/输出接口

## 7.2.1　输入/输出概述

为了能使微型计算机工作，各种外部设备（简称外设）是必不可少的。这些设备包括微机系统操作需要的外设，如打印机和键盘、显示器等，以及为实现生产过程控制，检测外界物理信息的模数转换器（A/D）和数模转换器（DAC）以及其他一些专用设备。为了使外部设备能够完成所规定的工作，计算机系统需要与外设之间进行信息交换。

针对不同的使用功能，外设的种类有很多。但从它们与主机之间交换信息的角度来看，一般的外设具有以下特点：

(1)外设的工作速度远比主机慢，有时会相差几个数量级。

(2)外设所采用的数据格式与主机内部的数据格式不同，外设的数据一般为 8 位格式，而主机内部采用的数据宽度要大得多。目前，64 位的微型计算机已经广泛应用，甚至有向 128 位宽度发展的趋势。

(3)外设与主机通常使用各自独立的时序控制逻辑，两者之间表现为异步工作状态。

微型计算机的接口部件在与外设进行信息交换的过程中起着数据缓冲、隔离、数据格式变换、寻址、同步联络和定时控制等作用。各种方式的数据传送都是在接口的支持下实现的。输入/输出接口是计算机系统与外设交互信息的渠道，是计算机系统中用来协助完成传送数据和控制信息任务的部件，包括硬件接口电路和编制使这些电路按规定要求工作的驱动程序。

从功能上来讲，计算机系统的输入/输出接口可以分为通用接口与专用接口。通用接口是计算机提供的用于连接各种外部设备的标准接口，是保证计算机正常工作和为通用外设（如打印机和调制解调器等）提供的各种统一的标准接口；专用接口则是为某种用途或某类外设专门设计的接口电路,目的在于扩充微机系统的功能。专用接口通常以接口卡的形式连接于计算机的系统总线上,对于特定的接口仅适用于某些专用的外部设备。

## 7.2.2 输入/输出接口的构成与功能

### 1. 输入/输出接口的构成

输入/输出接口是指位于计算机系统的 CPU 与外设间通过系统总线进行信息传递的逻辑部件,是用来协助完成数据传送和控制任务的逻辑电路。在输入/输出接口的控制下,计算机系统可以从输入设备接收信息处理的原始数据或外部的现场信息,也可以向输出设备输出处理的结果或控制命令。

一个基本的计算机系统的输入/输出接口主要由三部分组成:与计算机总线连接的数据锁存与缓冲逻辑、接口内部的地址译码与控制逻辑以及与外设连接的端口。它们的功能都是通过一系列寄存器或其他逻辑电路来实现的,基本逻辑原理如图 7-6 所示。

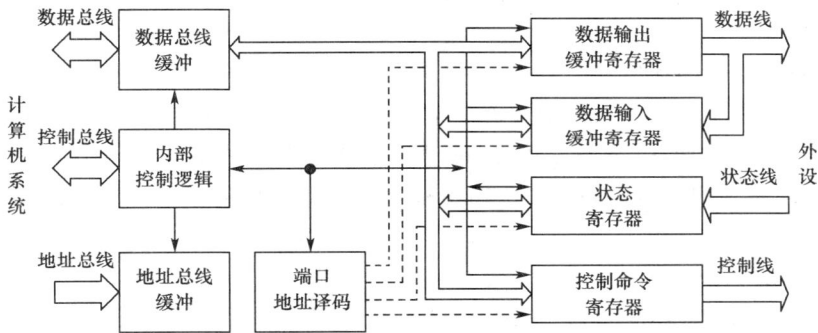

图 7-6　计算机接口逻辑

把地址译码、数据锁存与缓冲、状态寄存器和命令寄存器各个电路组合起来,就构成一个简单的输入/输出接口。它一方面与系统地址总线、数据总线和控制总线相连接,另一方面又与外部设备相连。其外部特性反映为:

①面向微处理器一侧的信号:与微处理器总线兼容;

②面向外设一侧的信号:与所连接的外设有关。

下面对输入/输出接口的基本组成进行简要的介绍。

(1)端口部分

接口部分通常设置有若干个寄存器,用来暂存与外设交换的数据、状态和控制命令,这些寄存器被称为端口。根据寄存器内暂存信息的种类,可以有数据端口、控制命令端口(也可简称为控制端口或命令端口)以及状态端口。为便于操作,每一个端口有一个独立的地址,以便 CPU 用地址代码来区别各个不同的端口,分别对其进行读、写操作。

微型计算机与外部设备之间的信息交换,可以归结为 CPU 与接口电路中相应的寄存器之间的数据传输。CPU 对状态端口进行一次读操作,就可以得到该端口暂存的状态代码,从而获得与这个接口相连接的外部设备的状态信息。CPU 对数据端口进行一次读或写操作,也就是与该外部设备进行一次数据传输。CPU 把若干位控制代码写入控制命令端口,则意味着对该外部设备发出一个控制命令,要求该设备按指令的要求进行工作。由此可见,CPU 与外部设备的输入/输出操作,都是通过相应端口的读/写操作来完成的。所谓外部设备的地址,实际上是该设备接口内各端口的地址,为了达到传输不同类型信息的目的,一台外部设备可以拥有几个通常是相邻的端口地址。

(2)地址译码电路

地址译码是接口的基本功能之一。CPU 在执行输入/输出指令时,向地址总线发送 16 位外部设备的端口地址。接口电路在接收到与本接口相关的地址后,译码电路将根据接收到的地址信息产生相应的选通信号,控制相关端口的寄存器/缓冲器进行数据、命令或状态的传输,完成一次 I/O 操作。

(3)数据锁存器与缓冲器

计算机的接口是通过系统总线与 CPU 交换信息的。由于在微机的系统数据总线上连接着许多需要与 CPU 进行信息交换的设备,如内存储器、外部设备的数据和状态输入接口等。因此,为了使系统数据总线能够正常地进行数据传送,要求所有连接到系统数据总线的设备具有三态输出的功能。也就是说,在 CPU 选中该设备时,它能向系统数据总线发送数据信号。在其他时间,该设备的输出端必须呈高阻状态以便系统使用其他接口通信时该接口与总线隔离。

**2. 输入/输出接口的功能**

输入/输出接口在计算机系统中起着与系统外部其他部件之间连接界面的作用。它的基本功能是在系统总线和 I/O 设备之间传输信号、提供数据缓冲,以满足接口两边的时序要求。根据接口性能和系统的要求不同,输入/输出接口的功能也略有差异。归结起来,可以有以下主要功能:

(1)设备寻址与选择功能

在具有多台外设的系统中,为了对设备进行有效的管理,系统为每一台设备设置了标识,也称为端口地址。CPU 通过这些地址代码来确定与之交换数据的外部设备。因此,接口必须能够对系统发出的设备选择信息进行译码并确定所选定设备的功能。在检测到需要进行信息交换设备的地址代码时,才产生相应的"选中"信号,并按 CPU 的要求进行信号传输。

(2)信息传输与缓冲功能

接口应能完成从 CPU 接收数据或控制信息,或者将外部设备的数据或状态信息发往数据总线的功能。在数据传输的过程中,通过外设接口中设置的若干个数据缓冲寄存器,在主机与外设交换数据时,先将数据暂存在该缓冲器中,然后输出到外部设备或输入到主机,以达到平衡外设与 CPU 之间在速度上差异的目的,同时也为主机与外设间进行批量数据交换创造了条件。

(3)信号电平与数据格式转换功能

由于外设工作状态的复杂性,有时输入或输出信号电平与计算机系统的工作电平有较大的差异。这时输入/输出接口将起到信号电平变换的功能。除此之外,外设信息的数据长度以及信号的格式(如串行信号与并行信号等)与计算机系统也不尽相同。因此,输入/输出接口要进行两种数据格式之间的相互转换。

(4)提供联络信号功能

接口在系统总线与外设之间转发信息时,能将它们所处的状态及时通知对方,以协调CPU 或外设的工作。例如,接口的某一方接收到一个需要转发的数据,能发出"数据准备好"的联络信号,通知外设或 CPU 取走数据;数据传输完成,又可向对方发出信号,准备进行下一次传输。除此之外,输入/输出接口还可以将设备的"忙"以及缓冲器的"满"和"空"等信息通知给对方。

(5)中断管理和通信控制功能

在要求外设与主机并行工作或实时性要求较高的场合,信息的传送一般使用中断的方式。另外,为了提高数据的传输速率,还要求接口具有配合同步控制和 DMA 工作的能力。为此,在接口中包含有控制逻辑电路以产生中断或 DMA 请求信号,并能对中断或 DMA 进行管理。

(6)可编程功能

为了满足特定的功能和简化设计,有的输入/输出接口电路由可编程的集成电路芯片作为核心。这样就可以在不改变硬件电路的情况下,通过指令来设定接口的工作方式、工作参数和信号的极性等参数,大大地提高了接口的灵活性和可扩充性,扩大了接口的适用范围。

## 7.2.3　输入/输出接口信息的种类

根据交互的要求,CPU 与输入/输出设备之间传送的信息通常包括数据信息、状态信息和控制信息三种类型。

(1)数据信息

数据信息是 CPU 与外部设备信息交互的基本信息。按照信号的物理形态,主要可分为以下几种:

①数字量:以二进制形式表述的数据、图形或文字信息。例如,由磁盘驱动器读出的程序代码和送往打印机的字符 ASCII 代码等。

②开关量:开关量是只有两种状态(0 和 1)的量,如开关的接通(ON)与断开(OFF)和电机的启动与停止等。由于开关量的两种状态用一位二进制数即可表示,所以在计算机系统中通常在一个字中可以一次处理多个开关量。例如,对于一个 8 位输入/输出接口,一次就可以完成 8 个开关量的传送。

③模拟量:在计算机控制的系统中经常需要处理一些来自现场的物理量(如温度、压力、流量和位移等)。一般,这些物理量需要通过传感器件,将其转换为大小与之对应的电压或电流信号。由于这些量呈连续变化的形态,所以称为模拟量(Analog)。在计算机系统中,模拟量必须经过模拟量/数字量转换(Analog/Digital Convert 简称 ADC)为数字信息才能送往 CPU 处理。反之,由 CPU 送出的数字量,只有经过数字量/模拟量转换(Digital/Analog Convert,简称 DAC)变换为大小与数字量对应的电压/电流模拟量,经放大器放大后才能通过执行元件(如电磁阀)来控制现场的设备。在数据交互过程中所需要的模拟量与数字量之间的转换,都是由专门的输入/输出接口电路来实现的。

(2)状态信息

在微型计算机系统与外部设备进行信息交互的过程中,状态信息用来描述外部设备当前的工作状态,用以协调 CPU 与外部设备之间的操作和 CPU 对外部设备的控制。例如,当输入设备完成一次输入操作之后,就发出就绪信号(READY),等待 CPU 接收和处理。输出设备在接收一批数据信息进行输出的过程中,发出忙信号(BUSY),表明目前不能接收新的数据信息。有的设备有指示出错状态的信号,如打印机的无纸(Paper Out)和出错故障(Fault)等。

根据信号的特征,状态信息总是从外部设备发往 CPU。不同的外设可以有不同的状态信号,设备越复杂,在数据的交互过程中所需要的状态信息也就越多。

(3)控制信息

控制信息是 CPU 通过接口发送给外设的命令或信息,用于指定外部设备的工作方式,控制外设工作。控制信息的格式因设备而异,包括"启动""中止""等待接收数据"和"数据准备好"等。

从广义上来讲,以上三种信息都属于数据信息,而且对于 CPU 而言,状态信号与控制信号实际上也是按照数据信息来处理的。它把状态信息看作是一种输入数据,控制信息则是一种输出数据,均通过系统的数据总线进行传输,但是对于外部设备而言,这三种信息是三种性质不同的信息,分别通过不同的接口进入输入/输出接口的不同寄存器:数据信息通常通过外设的数据缓冲器进行输入/输出,外设的状态通常放在外设的状态寄存器中。此外,CPU 发给外设的控制信息则送到外设接口的控制寄存器中。

### 7.2.4　输入/输出端口的编址方式

在微型计算机系统中,CPU 为了对输入/输出端口(寄存器)进行读写操作,为端口赋予了一个唯一的地址。CPU 就是通过这些地址与输入/输出接口电路中的寄存器交换信息的。一般,一个输入/输出接口的硬件电路可能含有一个或几个用于信息交换的寄存器,所以当 CPU 访问接口时,将由接口内部的控制逻辑根据程序指定的输入/输出端口和数据标志位选择相应的寄存器进行输入/输出操作。这样,从计算机系统的角度来说,通过接口进行的输入/输出操作实质上就转化成了 CPU 对输入/输出端口的操作。也就是说,CPU 真正访问的不是设备本身,而是与设备相关联的 I/O 端口。当今各类微型机中,CPU 对 I/O 端口的编址方式有外设端口地址与内存地址统一编址和外设端口地址与内存地址独立编址两大类。例如,以 IBM 公司的微处理器 6800 和 68000 CPU 组成的微机系统通常采用统一编址方式,而以 Intel 公司的 80X86 系列 CPU 组成的微机系统,通常采用独立的编址方式。

(1)外设端口地址与内存地址统一编址

这种编址方式又称为存储器映象编址方式。在这种编址方式中,把外设的每个端口视为一个存储器单元,并将外设端口地址和内部存储器地址统一安排在内存的地址空间中,即把内存的一部分地址空间分配给输入/输出设备的端口,在 CPU 与外设交流数据时使用。这样,CPU 在访问端口时就如同访问存储器,可以使用相同的指令,只是地址不同。这些分配给外设端口的地址,存储器不能再使用。

统一编址的主要特点如下:

①在输入/输出操作中,CPU 对 I/O 端口的操作与对存储器的操作完全相同,任何存储器操作指令都可用来操作 I/O 端口,而不必使用专用的 I/O 指令。但是,由于访问内存指令的长度要比专门的 I/O 指令长,执行的速度相对较慢。

②在系统的整个地址空间内,I/O 端口寄存器的数目几乎不受限制,从而大大增加了系统的吞吐率。但是由于外设端口占用存储器的部分地址空间,将导致内存空间的减少。

③存储器访问指令丰富,程序设计灵活性较高,但是由于端口地址是系统内存的一部分,为了寻址一个 I/O 端口,需要对全部地址线进行译码。

(2)外设与内存独立编址

输入/输出端口地址空间不占用内存的地址空间,不影响内存的空间大小。例如,在 8086 CPU 中,内存地址是连续的 1 M 字节,地址范围为 00000H～FFFFFH,而外设端口的地址范围是 0000H～FFFFH。它们相互独立,互不影响。为了实现对输入/输出端口的访问,CPU 需要有专门的 I/O 指令,使用与存储器不同的读写控制逻辑。因此,这种方式也称作专用 I/O 指令方式。

独立编址的主要特点有:

①使用了与存储器不同的地址空间,这样就不会影响对内存的使用。由于设置了专门的 I/O 指令,指令长度较短,运行速度快。但是,独立的输入/输出指令必须是为 CPU 专门设计的,由于结构的限制,这些指令的功能相对于范围存储器的指令功能较弱。但是,使用专用的 I/O 指令可以避免对端口的意外访问以及程序设计中的错误。

②相对于目前越来越大的存储器空间的地址线,I/O 端口的地址空间要小得多,这样,将限制输入/输出端口的数量,但另一方面,由于使用独立的读写控制逻辑访问 I/O 端口,可以使用较少的地址线。

③在系统中将 I/O 指令设计成特权指令,普通用户只能使用由操作系统提供的接口来访问端口,从而为实现设备驱动创造了条件,同样的功能在使用统一编址的系统中则要困难得多。

（3）I/O 端口地址的分配和选用原则

为了在系统中添加新的外设,必须了解系统 I/O 端口资源分配的情况,以便了解哪些地址已经分配给了已有的外设,以及哪些地址是用户可以使用的。

不同的微型计算机系统对输入/输出的地址分配是不同的。对于 IBM PC 系列微型计算机,根据 I/O 设备的配置情况,把 I/O 接口的硬件分为系统板上的 I/O 芯片和 I/O 扩展槽上的接口控制卡两大类。系统采用了 16 位地址码,主要使用其中的低 10 位地址,端口地址范围为 0000H～003FFH,共计 1024 个端口地址。在 IBM PC/XT 系统中把前 512 个地址分配给了主板,用于 I/O 芯片,后 512 个地址用于扩展槽上的常规外设。后来的 IBM PC/AT 中根据实际情况做了一些调整,缩小了系统板上的地址空间,将分配给扩展槽用于常规外设的地址空间扩大到了 768 个(100H～3FFH),其端口地址的分配情况见表 7-1 和表 7-2。

表 7-1　　　　　　　　　　　　主板上接口芯片的端口地址

| I/O 接口名称 | PC/XT | PC/AT | I/O 接口名称 | PC/XT | PC/AT |
|---|---|---|---|---|---|
| DMA 控制器 1 | 000～00FH | 000H～01FH | 并行接口芯片 | 060H～063H | |
| DMA 控制器 2 | — | 0C0H～0DFH | 键盘控制器 | | 060H～06FH |
| DMA 页面寄存器 | 080H～083H | 080H～09FH | RT/CMOS RAM | | 070H～07FH |
| 中断控制器 1 | 020H～021H | 020H～03FH | NMI 屏蔽控制器 | 0A0H | 0A0H～0BFH |
| 中断控制器 2 | — | 0A0H～0BFH | 协处理器 | | 0F0H～0FFH |
| 定时器 | 040H～043H | 040H～05FH | | | |

表 7-2　　　　　　　　　　　　扩展槽上接口控制卡的端口地址

| I/O 接口名称 | PC/XT | PC/AT | I/O 接口名称 | PC/XT | PC/AT |
|---|---|---|---|---|---|
| 硬盘驱动器控制卡 | 320H～32FH | IF0H～1FFH | 供用户使用 | 300H～31FH | 300H～31FH |
| 游戏控制卡 | 200H～20FH | 200H～20FH | 同步通信卡 1 | 3A0H～3AFH | 3A0H～2AFH |
| 扩展器/接收器 | 210H～21FH | | 同步通信卡 2 | 380H～38FH | 380H～38FH |
| 并行口控制卡 1 | 370H～37FH | 370H～37FH | 单显 MDA | 3B0H～3BFH | 3B0H～3BFH |
| 并行口控制卡 2 | 270H～27FH | 270H～27FH | 彩显 CGA | 3D0H～3DFH | 3D0H～3DFH |
| 串行口控制卡 1 | 3F8H～3FFH | 3F8H～3FFH | 彩显 EGA/VGA | 3C0H～3CFH | 3C0H～3CFH |
| 串行口控制卡 2 | 2F0H～2FFH | 2F0H～2FF | 软盘驱动器控制卡 | 3F0H～3F7H | 3F0H～3F7H |

在设计具有输入/输出接口的系统时,为了避免端口地址发生冲突,在选用端口地址时应

注意以下几个方面：

①不能使用被系统配置占用了的端口地址；

②尽量不使用计算机厂家申明保留的地址，以免造成系统的不兼容；

③在系统留给用户可用的 I/O 地址范围（300H～31FH）内，为了避免与其他用户开发的接口控制卡发生地址冲突和留有调节的余地，最好采用地址开关 DIP，以便发生冲突时有调节的余地。

## 7.2.5　输入/输出指令

由于 IBM PC 系列微机采用的是外设与内存独立的编址方式，所以系统中设置了用于访问端口的专门指令以实现对 I/O 的访问。一般，这些访问系统端口的操作指令可以由多种语言来实现，下面以指令使用最方便的汇编语言和应用较为广泛的 C 语言为例进行简要的介绍。

**1. 汇编语言指令**

汇编语言中的输入/输出语句实际上就是 80X86 指令系统中的输入/输出指令的助记符，是与指令系统中用于往端口输入的指令"IN"和用于从端口输出的指令"OUT"直接对应的，具体有以下几种形式：

（1）直接地址的 I/O 指令

直接地址的 I/O 指令在指令中直接给出端口的地址。指令采用单字节的地址，最多可访问 256 个端口。直接地址格式一般用于系统主板上 I/O 芯片的端口，指令的格式为：

```
输入指令:IN AX,PORT      ;将 PORT 地址端口的 16 位数据读入到 AX 寄存器中
        IN AL,PORT      ;将 PORT 地址端口的 8 位数据读入到 AL 寄存器中
输出指令:OUT PORT,AX     ;将寄存器 AX 中的 16 位数据送到 PORT 地址的端口
        OUT PORT,AL     ;将寄存器 AL 中的 8 位数据送到 PORT 地址的端口
```

这里，PORT 为 8 位的 I/O 端口地址。例如，1CH。

（2）间接地址的 I/O 指令

间接地址的 I/O 指令将端口的地址存放在 DX 寄存器中。端口的地址为 16 位，最多可访问 64 K 个端口。指令的间接地址格式用于访问 I/O 扩展槽上接口卡的端口，指令的格式为：

```
输入指令:MOV DX,XXXXH   ;将 16 位的端口地址传送到 DX 寄存器
        IN AX,DX       ;将(DX)地址端口的 16 位数据读入到 AX 寄存器中
        IN AL,DX       ;将(DX)地址端口的 8 位数据读入到 AL 寄存器中
输出指令:MOV DX,XXXXH   ;将 16 位的端口地址传送到 DX 寄存器
        OUT DX,AX      ;将寄存器 AX 中的 16 位数据送到(DX)地址的端口
        OUT DX,AL      ;将寄存器 AL 中的 8 位数据送到(DX)地址的端口
```

这里，XXXXH 为 16 位的地址数据。例如，2F0H。

**2. 实现输入/输出操作的 C 语言函数**

作为系统软件和应用软件开发的有力工具，在 IBM PC 上运行的多种 C 语言版本均支持端口的输入/输出操作。为了支持对端口的操作，C 语言为读写端口设计了专门的函数。这些函数的实现，就是调用了汇编语言中的 IN 和 OUT 指令。以 Turbo C 语言为例，在 dos.h 头文件中就定义了六个用于端口读写的函数：

```
int inp(int portid)
int inport(int portid)
```

```
int inportb(int portid)
void outp(int portid,int value)
void outport(int portid,int value)
void outportb(int portid,unsigned char value)
```

函数中,portid 为要操作的端口标识,也就是端口的地址;value 为向端口输出的数据。在上述给出的函数中,inp、inport 和 inportb 函数的返回值为从指定端口读入的值;outp、outport 和 outportb 为向端口输出的函数,无返回值。

下面以函数 inport 和 outportb 为例,简要介绍它们的功能。

函数名:inport

功　能:从硬件端口中输入一个字的数据

用　法:int inp(int portid);

程序示例:

```
# include <stdio.h>
# include <dos.h>
int main(void)
{
    int result;
    int port = 0x250;            / * 指定端口的地址 * /
    result = inport(port);       / * 从端口读入数据 * /
    printf("Word read from port % d = 0x% X\n", port, result);
    return 0;
}
```

函数名:outportb

功　能:输出一个字节数据到硬件端口中

用　法:void outportb(int port,char byte);

程序示例:

```
# include <stdio.h>
# include <dos.h>
int main(void)
{
    int value = 64;            / * 定义往端口写入的数据 * /
    int port = 0x250;          / * 指定端口的地址 * /
    outportb(port,value);
    printf("Value % d sent to port number % d\n",value,port);
    return 0;
}
```

## 7.2.6　输入 / 输出控制方式

随着计算机技术的飞速发展,扩充计算机功能的新型输入/输出设备也不断涌现。由于不同的使用要求和工作原理,作为与计算机交流信息的重要途径,它们的数据传送方式和速度也有较大的差异。例如,微机中硬盘的数据传输速度目前已达到数百 MB,而有些外设却由于电路、机械或其他因素导致工作速度相对较低,如用于将模拟量转为数字量的 A/D 转换器的速度一般也就只能达到数百 KB。这就要求微机系统根据外设性质的不同,对外设采取不同的控制方式。

概括起来,微型计算机在数据输入/输出过程中采取的控制方式通常有以下三种:程序控制传送方式、中断控制传送方式和存储器直接存取(DMA)控制传送方式。

**1. 程序控制传送方式**

程序控制方式是指在程序控制下进行信息传送,这种方式的特征是 CPU 在预先编制好的输入/输出程序控制下,通过输入/输出指令直接完成与外设间的数据传送,是一种最简单的传送方式。根据程序的不同控制方式,具体实现又可分为无条件传送和条件传送两种情况。

(1)无条件传送方式

无条件传送方式是一种极为简单的输入/输出控制方式,只需要很小的软件和硬件开销就可以完成输入/输出控制。在这种方式下,输入/输出的整个过程完全在 CPU 的控制之中。相对之下,外设则完全处于被动的状态。无论在何种情况下,外设总是被认为处于一种"就绪"状态,即当需要从外设输入数据时,认为该外设已经将数据准备好并时刻准备送出;当需要向外设输出数据时,则认为外设已经处于准备接收数据的状态并随时可以向其发送数据。

由上面的假定可知,无条件传送方式是在外部控制过程的各种动作时间是固定的或已知的条件下进行数据传送的方式,在传送数据的过程中不需要查询外设的状态。

对于一些简单的输入设备,如开关、温度或压力流量等由转换器(A/D)输出数据。由于这些信号变化缓慢,而且 CPU 读入数据的速度非常快,当采集这些数据时就可以认为外设已经将数据准备就绪且不再变化,CPU 对它们的输入操作可以随时进行,无须检查端口的状态。若外设是输出设备,如果外设的速度较慢,采用无条件传送方式时,CPU 送给外设的数据应该在接口中保持一段时间,以保证 CPU 送到接口的数据能保持到外设动作相适应的时间。在这种情况下,一般要求接口有数据锁存的能力。

这种传送方式虽然软、硬件结构都很简单,但前提是必须确保外设总是处于"准备好"状态,所以大多数的外设都难以使用这种传送方式。

(2)条件传送方式(查询方式)

在实际的输入/输出过程中,许多输入/输出设备的工作状态是很难预测的。例如,操作人员何时从键盘输入信息,打印机是否能够接收新的打印信息等。在这种情况下,为了保证数据传送的正确进行,就要求 CPU 随时了解输入/输出设备的工作状态。如果在数据的传送过程中输入/输出设备未处在"就绪"的状态,CPU 就必须针对输入/输出设备的情况做出适当的处理,直至设备做好传送数据的准备,CPU 才执行输入/输出指令进行数据传送,这就是程序查询方式。

CPU 在执行数据输入/输出操作前,为了能实现对外设的状态进行测试,确认外设是否处于"就绪"的状态,要求接口电路除了有传送数据的端口以外,还应有传送状态的端口。

程序查询方式的控制是由 CPU 执行专门编制的输入/输出程序实现的。进行一次数据传输的基本流程如下:

①在传送数据之前,CPU 先执行一条输入指令,从指定外设的状态端口读取外设当前的状态。假如外设没有处在可以与 CPU 进行交互操作的"准备好数据"或"准备接收数据"的状态,CPU 将反复地执行读取该设备的状态指令,直到外设达到满足数据传输的要求才进入数据传送状态。

②CPU 执行输入/输出指令传送数据。

　　条件传送方式下具体的输入/输出示例程序如下：

输入程序部分：

```
WATING：IN    AL,STATEPORT    ;从输入状态端口读取外设当前状态
        TEST  AL,80H          ;检测外设当前状态
        JE    WAITING         ;外设未"就绪",返回循环等待
        IN    AL,INPROT        ;外设"就绪",从端口输入数据
```

输出程序部分：

```
WAITING：IN    AL,STATEPORT    ;从输出状态端口读取外设当前状态
         TEST  AL,80H          ;检测外设当前状态
         JNE   WATING          ;外设"忙",返回循环等待
         MOV   AL,DATA         ;将输出数据传送到寄存器 AL
         OUT   OUTPORT,AL      ;从端口输出数据
```

　　程序中,STATEPORT 为输入或输出状态端口的地址,INPORT 和 OUTPORT 为数据的输入和输出端口地址。

　　这种方式的优点是 CPU 执行输入/输出操作时,可以保证输入/输出设备的工作状态满足 I/O 操作的要求且接口硬件比较简单。缺点是当 I/O 设备未"就绪"或"忙"时,程序将进入循环查询外设的状态。这样,CPU 每传送一个数据都需要花费很多时间来等待外设准备,不能处理其他任务。因此,这种方式下 CPU 的工作效率较低,一般在 CPU 不太忙且传送速度要求不高的情况下才使用。

　　综合考虑以上的问题,程序控制传送方式主要应用于主机速度不高、外设数量不多的嵌入式系统中。

### 2. 中断控制传送方式

　　在程序控制传送方式下的数据传送过程中,数据传输的可靠性是以 CPU 不断查询 I/O 外设的状态以及牺牲 CPU 大量的工作时间来保证的。在这种程序控制传送方式下,CPU 处于主动地位,外设处于消极等待查询的被动地位。由于在一个实际控制系统中,有时外设的数量和种类较多,而它们的工作速度不相同,要求 CPU 服务的时间带有随机性,而且有些设备工作的实时性要求比较强。这样,使用程序控制传送方式传送数据就很难使系统中每一个外设都能工作在最佳状态。

　　在数据传送过程中,为了解决既要提高 CPU 工作效率又能满足 CPU 与输入/输出设备协同工作这一矛盾,现代计算机系统引入了中断机制。在输入/输出过程中使用中断控制传送方式,可以实现计算机与外设并行工作,从而提高系统的效率,充分发挥了 CPU 高速工作的特点。

　　中断控制传送方式的主要特点是外设具有提出申请和配合 CPU 工作的功能。工作过程通常是主机启动外设开始某一操作,之后主机并不是等待查询外设的状态,而是继续执行其他程序。当外设准备好发送或接收数据后,通过硬件向主机发送"中断请求",主机收到中断请求信号后暂停正在进行的工作转而为外设执行中断服务,完成与外设的数据交换,数据交换完毕后主机返回被暂停的程序断点处继续执行。

　　采用中断控制传送方式,启动外设后不需要一直测试外设的状态,把 CPU 从反复查询外设状态的循环中解放出来,使 CPU 在外设工作的过程中一直保持工作状态,实现了与外设并行工作,提高了 CPU 的利用率。另外,使用中断传送方式,可以使计算机在同一时刻控制多

台外设进行数据传送工作,通过 CPU 的分时操作进而实现与多台外设之间的并行工作。从工作性质上来讲,中断控制传送方式的数据传送仍然是在程序的控制下执行,一般适应于中、慢速的外部设备数据传送。

**3. 存储器直接存取(DMA)控制传送方式**

虽然中断控制数据传送方式大大提高了 CPU 的工作效率,但是在数据传输方面仍然需要在程序的控制下由 CPU 来完成,CPU 与外设间每交换一次数据,都需要进行一次中断处理。这样,CPU 就需要花费大量的时间来处理中断的保存与恢复现场工作,而相对巨大的中断开销,其每次中断服务的核心内容可能只是简单地执行极少的几条 I/O 指令,使数据传送的速度仍然受到较大的局限。

在计算机系统中某些外部设备工作速度很高,如硬磁盘驱动器等。对于这些高速的外部设备的批量数据传送,使用程序中断方式和程序查询方式与 CPU 之间进行数据传输,在速度上将不能满足外部设备的工作速度要求。为了解决这些问题,在 CPU 与这些高速设备间进行数据传输时引入了直接存储器存取控制方式。

DMA 控制方式即直接存储器访问(Direct Memory Access,DMA)方式,是完全由硬件控制执行 I/O 交换的工作方式(其原理介绍详见第 6 章)。

数据传输在 DMA 控制传送方式下,数据交换不经过 CPU,直接在主存与 I/O 设备之间进行。所以,数据的输入/输出操作是在存储器与 I/O 设备之间开辟的"直接数据通道"中实现的,整个数据传输的过程不需要 CPU 干预也不需要软件介入。因此,DMA 方式的数据传送不是由 CPU 执行一段程序来完成的,而是由硬件来实现的。在数据传送过程中,由单独的DMA 控制器来控制存储器与设备间进行高速数据传送,如图 7-7 所示。

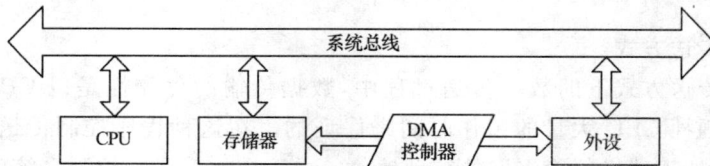

图 7-7    DMA 控制传送方式

在 DMA 传送方式中,CPU 通常只给出需要交换数据的描述信息,实际的传送工作由DMA 控制器负责。从外设访问的角度来看,DMA 控制器和 CPU 一样可以看成是一种特殊的处理机,能够直接访问内存,并在内存与外设之间交换数据。从 CPU 的角度来看 DMA 控制器也可以看成是一种特殊的外设,其工作受 CPU 的控制,可以通过直接程序控制方式与CPU 交换数据,或者通过中断方式在工作完成或出现问题时向 CPU 发送中断请求。在 CPU的控制下,一次 DMA 传送只需要执行一个 DMA 周期(相当于一个总线的读/写周期),因而能够达到较高的数据传输速度。

# 7.3   声   卡

声音作为一种模拟信息,是由沿空气和水等物质进行传播的声波组成。当声波传入我们的耳朵并引起鼓膜振动时,我们便听到了声音。由于计算机使用数字方式进行通信,声卡扮演着计算机数字信息和外部世界模拟信息之间的"翻译"角色。

## 7.3.1　声卡简介

声卡(Sound Card)又称音频卡,是多媒体计算机中实现声波和数字信号相互转换的一种硬件。声卡的基本功能是把来自话筒、磁带和光盘的声音信号加以转换,输出到耳机、扬声器、扩音机和录音机等声响设备,或通过音乐设备数字接口(MIDI)使乐器发出声音。

按照声卡的接口类型可将其分为 ISA 接口声卡和 PCI 接口声卡;按照声卡的组成结构可将其分为板卡式、集成式和外置式声卡;按照声卡的转换器位数可将其分为 8 位声卡、16 位声卡、32 位声卡和 64 位声卡;按照声卡的功能不同可将其分为单声道声卡、准立体声声卡和立体声声卡。

## 7.3.2　声卡的构成与功能

声卡的构成如图 7-8 所示。

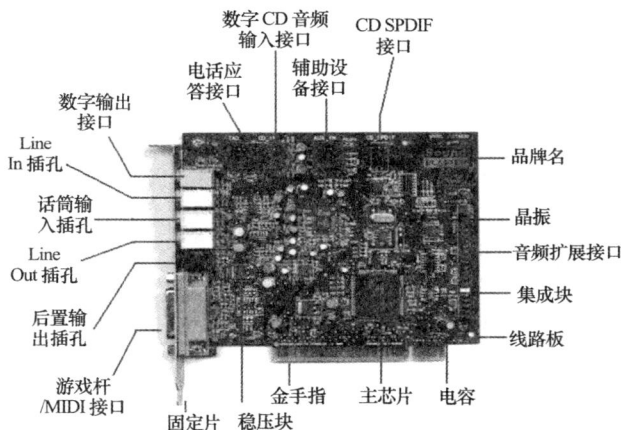

图 7-8　声卡的构成

**1. 电话应答接口(Telephone Answering Device,TAD)**

TAD 它与 Modem 卡上的相应端口相连接,配合软件可使计算机具备电话自动应答功能。

**2. CD 音频输入接口(CD In)**

CD In 是一个 3 针或 4 针的小插座,作用是将来自光驱的模拟音频信号接入声卡,并直接由声卡的输出端播放出。模拟音频线在声卡端的接头一般有两种排列方式,选用与该接口匹配的方式才能确保 CD 音频的正常接入。

**3. 数字输出接口**

该接口为黄色,用于输出数字音频信号。配合声卡上的 AC-3 解码功能,即可输出数字音效,使观赏 DVD 等影片时更加逼真。

**4. 线性输入插孔(Line In)**

该接口为蓝色,作用是将来自收音机、随身听或电视机等任何外部音频设备的声音信号输入计算机。可用于录制电视节目伴音和将磁带转成 MP3 等。

**5. 话筒输入插孔(MIC In)**

该接口为红色,可连接适合计算机使用的话筒作为声音输入设备,用于录音、娱乐及语音识别等。可用来拨打网络电话、语音聊天和唱卡拉 OK 等。

**6. 线性输出插孔(Line Out)**

该接口为绿色,负责将声卡处理好的声音信号输出到有源音箱、耳机或其他音频放大设备(如功放)。这是第一个输出孔,用于连接前端音箱,相当于普通 2.1 声卡的扬声器输出插孔(Speaker)。

**7. 后置输出插孔(DC SPDIF OUT)**

该接口为黑色,用于连接后端音箱。四声道以上的声卡都会有两个线形输出插孔,这是第二个线形输出插孔。

**8. 游戏/MIDI 插口**

用于连接游戏杆、手柄和方向盘等外接游戏控制器,也可连接外部 MIDI 乐器(如 MIDI 键盘和电子琴等),配以专用软件可将计算机作为桌面音乐制作系统使用。

**9. 数字 CD 音频输入接口(CD SPDIF)**

该接口的作用是接收来自光驱的数字音频信号,最大限度地减少声音失真。光驱的 Digital Out 接口与声卡上的 CD SPDIF 输入端连接,可以得到比模拟 CD 音频更纯净的音质。

**10. 辅助音频输入口(AUX IN)**

该接口负责把来自电视卡、DVD 解压卡和 MPEG 编/解码卡等设备的声音信号输入声卡。这样就可以使各种设备输出的声音信号都通过声卡送至音箱,避免了反复插拔信号线。

**11. 声音处理芯片**

该芯片是整块声卡的核心部分,相当于声卡的大脑。包括 Wave 波形的采样与合成、MIDI 音乐的合成以及混音器和效果器的功能都在此芯片内部实现。

**12. 扩展功能插针**

扩展功能插针通过数据线接出,主要用于扩展卡上的输入/输出接口,适合一些比较专业的设备。

此外,声卡通常会有 Line In/Line Out 和 MIC/Speaker Out 两组输入/输出插孔及一个 15 pin 的 MIDI 接头,而各厂家声卡在制作上都有其考虑,所以会有些差异。如果要输入 CD 或卡带的音乐时,可以连接 Line In;如果用麦克风来输入声音,就要连接在 MIC 接头。这两种输入的差别在于其信号的放大率不同。因为一般麦克风的信号较小,所以 MIC 端的放大率会设计得较大,并且会配合麦克风的特性来修正,所以一般音乐的输入和麦克风最好分别输往 Line In 及 MIC,不可混用,以免造成失真或放大率不足的情形。至于 Line Out 与 Speaker Out 的区别也大致相同,如果声卡输出的声音会透过具有功率扩大功能的喇叭来播出的话,使用 Line Out 就可以了,如果喇叭没有任何扩大功能而且也没有使用外部的扩大机,建议最好使用 Speaker Out 的输出,因为通常声卡会利用内部的功率扩大功能将声音从 Speaker Out 输出,一般声卡最大输出只有 4 W 左右。现在的集成声卡基本上都没有 Speaker Out 输出,只有一个 Line Out,音箱或耳机都是接在这个口上。

声卡的主要功能如下:

(1)录制和处理数字声音文件

通过声卡及相应驱动程序的控制,采集来自话筒和收录机等音源的信号,压缩后被存放在计算机系统的内存或硬盘中,对数字化的声音文件进行加工,以达到某种特定的音频效果。

(2)模拟声音信号输出

将数字声音文件还原成高质量的声音信号,放大后通过扬声器放出。

（3）音源的控制、合成和识别

控制音源的音量,对各种音源进行组合,实现混响器的功能;利用语言合成技术,通过声卡朗读文本信息;初步的音频识别功能,用语音指挥计算机工作。

（4）提供 MIDI 功能

使计算机可以控制多台具有 MIDI 接口的电子乐器。另外,在驱动程序的作用下,声卡可以将 MIDI 格式的文件输出到相应的电子乐器中,发出相应的声音。

## 7.3.3　声卡的工作原理

声卡输出模拟声音信号的基本流程为:数字声音信号首先通过声卡音频处理器进行解码和运算,随后被传输到 Codec 芯片进行 D/A 数模转换,转换后的模拟信号再经过放大器进行放大,最终通过多媒体音箱输出。而录音的过程则刚好相反:声音信号通过麦克风被声卡接收后,首先经过 Codec 芯片进行 A/D 模数转换,转换后来的数字信号通过音频处理器处理最终形成数字声音文件,或者直接通过 D/A 数模转换放大输出。

声卡由各种电子器件和连接器组成。电子器件用来完成各种特定的功能,连接器一般有插座和圆形插孔两种,用来连接输入/输出信号。声卡的内部结构示意图如图 7-9 所示。

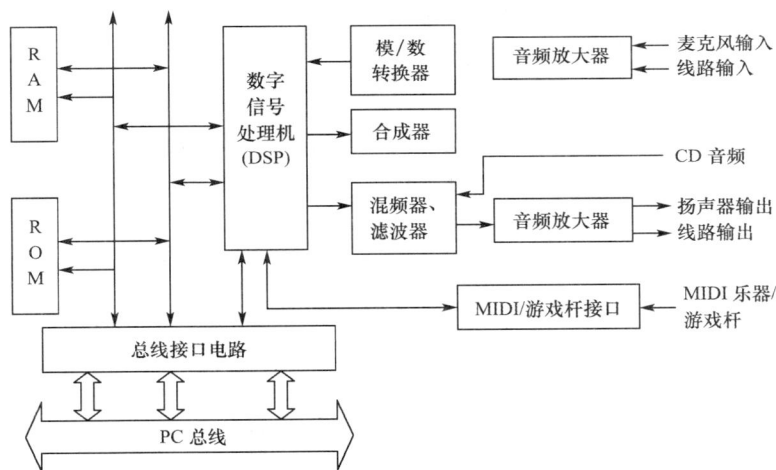

图 7-9　声卡的内部结构示意图

**1. 声音控制芯片（Codec 芯片）**

声音控制芯片从输入设备中获取声音模拟信号,通过模数转换器,将声波信号转换成一串数字信号,采样存储到计算机中。重放时,这些数字信号被送到一个数模转换器还原为模拟波形,放大后送到扬声器发声。

**2. 数字信号处理器（DSP）**

DSP 芯片通过编程实现各种功能,可以处理有关声音的命令、执行压缩和解压缩程序、增加特殊声效和传真 Modem 等,大大减轻了 CPU 的负担,加速了多媒体软件的执行。但是,低档声卡一般没有安装 DSP,高档声卡才配有 DSP 芯片。

**3. 合成器**

电子声音的合成方法分为两大类,即模拟合成法和数字合成法。其中,数字合成法包括频率调制合成（简称 FM 合成）和音乐样本合成（又称波表合成）。

（1）FM 合成

FM 合成是根据乐器的振荡发声原理，对声音进行合成，并模拟还原出各种乐器的声音。20 世纪 90 年代初期的计算机游戏，就大量采用 FM 合成，但效果一般。低档声卡一般采用 FM 合成声音，以降低成本。FM 合成芯片的基本工作原理为，由振荡器产生一个载波作为基音，再产生若干个调制波，并带着许多泛音加在载波之上，对这个组合可以进行任意调整，然后加上典型的声音包络线（ADSR）[①]，再通过数控滤波器和数控放大器送往数字/模拟转换器，从而形成最后的音响。

（2）波表合成

波表合成法是把真实乐器发出的声音以数字的形式记录下来，播放时再加以调整、修饰和放大，生成各种音阶的音符。乐音样本通常放在 ROM 芯片上，播放时以查表的方式给出，所以这种合成器又叫作波表（Wave Table）合成器。一般的中高档声卡都采用波表方式，可以获得十分逼真的使用效果。波表合成器芯片的功能是按照 MIDI 命令读取波表 ROM 中的样本声音合成，并转换成实际的乐音。

**4. 功放芯片**

从声音处理芯片出来的信号还不能直接推动音箱喇叭发出声音，绝大多数声卡都带有功率放大芯片（简称为功放芯片）以实现声音播放功能。

## 7.3.4  声卡标准 AC′97 介绍

AC′97（是 Area Codec 1997 的简写）不是具体的声卡型号，而是一种声卡标准。AC′97 规范的主要目的有两个：实现数模电路分离，保证音频质量；使声卡电路标准化、提高其兼容性能。

早期 ISA 声卡的集成度不高，声卡上散布了大量元器件，后来随着技术和工艺水平的发展，出现了单芯片的声卡，只用一块芯片就可以完成所有的声卡功能。如 YAMAHA719、ALS007 和 AD1816 等，由于数字部分和模拟部分同处在一块上，很难降低电磁串扰对模拟部分的影响，使 ISA 声卡信噪比并不理想，一般只能达到 60～75 分贝。符合 AC′97 标准的声卡，可把模拟部分的电路从声卡芯片中独立出来，组成一块称为 Audio Codec 的小型芯片，即 AC′97 芯片。

AC′97 最重要的三个规范是：
①使用独立的 Codec 芯片，将数字电路和模拟电路分离；
②固定 48 K 的采样率，其他频率的信号必须经过 SRC 转换处理；
③标准化的 Codec 引脚定义。
AC′97 声卡主要由以下几个部分组成：
①音频处理主芯片；
②MIDI 电路；
③Codec 数模转换芯片；
④功放输出芯片。
其中，前二者是主要的数字电路部分，功放输出部分则是纯模拟电路。

---

[①]我们把声音的发展过程分为四个阶段，分别是触发、衰减、保持和消失。这四个阶段我们统称为"包络"。

　　此外,很多主板上集成了 AC'97 声卡。自 VIA 和 Intel 相继在南桥芯片中加入声卡的功能,通过软件模拟声卡,完成一般声卡上主芯片的功能,音频输出就交由一块 AC'97 芯片完成,这类主板上面看不到较大的声卡芯片,只有一块小小的 AC'97 芯片,这类声卡通常称为软声卡。与直接集成的硬声卡相比,由于采用软件模拟,CPU 占用率比一般声卡高,如果 CPU 速度达不到要求或因为驱动软件问题,就会很容易产生爆音,影响音质。为解决类似问题和提高性能,有的主板采用了集成硬声卡的方式,较正规也符合 AC'97 标准,有一块较大的主流声卡芯片,还有一块较小的 AC'97 芯片。

# 7.4　网　卡

## 7.4.1　网卡简介

　　网卡(Network Interface Card,简称 NIC)也称网络适配器,是计算机与局域网相互连接的设备,如图 7-10 所示。无论是普通计算机还是高端服务器,只要连接到局域网,就都需要安装一块网卡。如果有必要,一台计算机也可以同时安装两块或多块网卡。

## 7.4.2　网卡的构成、分类与功能

　　如图 7-11 所示的是一块 PCI 接口的网卡。

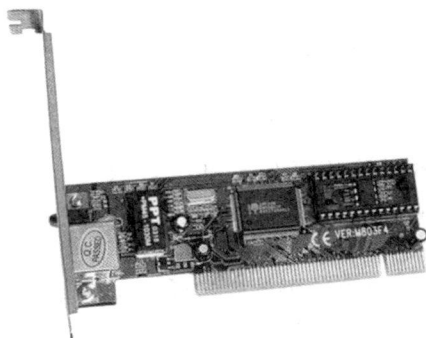

图 7-10　网卡

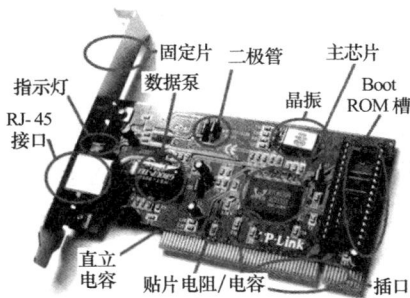

图 7-11　PCI 网卡的构成

　　网卡主要由 PCB 线路板、主芯片、数据泵、金手指(总线插槽接口)、BOOTROM、EEPROM、晶振、RJ-45 接口、指示灯和固定片等,以及一些二极管和电阻电容等组成。

**1. 网卡的构成**

下面分别介绍一下其中的主要部件。

(1)主芯片

　　网卡的主控制芯片是网卡的核心元件,一块网卡性能的好坏和功能的强弱主要就是看这块芯片的质量。需要说明的是,网卡芯片也有“软硬”之分,特别是对于主板板载(LOM)的网卡芯片来说更是如此。由于以太网接口可分为协议层和物理层:协议层是由一个称为 MAC (Media Access Layer,媒体访问层)控制器的单一模块实现;物理层由两部分组成,即 PHY (Physical Layer,物理层)和传输器。常见的网卡芯片都是把 MAC 和 PHY 集成在一个芯片

中,即为硬网卡。但目前很多主板的南桥芯片已包含了以太网 MAC 控制功能,只是未提供物理层接口,因此需外接 PHY 芯片以提供以太网的接入通道,这类 PHY 网络芯片就是俗称的"软网卡芯片"。"软网卡"一般将网络控制芯片的运算部分交由处理器或南桥芯片处理,以简化线路设计,从而降低成本,但其多少会占用系统资源。

(2)BOOTROM

BOOTROM 插座也就是常说的无盘启动 ROM 接口,用来通过远程启动服务构造无盘工作站。远程启动服务(Remote boot,通常也叫 RPL)使通过使用服务器硬盘上的软件来代替工作站硬盘引导一台网络上的工作站成为可能。网卡上必须装有一个 RPL(Remote Program Load,远程初始程序加载)ROM 芯片才能实现无盘启动,每一种 RPL ROM 芯片都是为一类特定的网络接口卡而制作的,它们之间不能互换。带有 RPL 的网络接口卡发出引导记录请求的广播(Broadcasts),服务器自动建立一个连接来响应它,并加载 MS-DOS 启动文件到工作站的内存中。

此外,在 BOOTROM 插槽中心一般还有一颗 93C46、93LC46 或 93C56 的 $E^2PROM$ 芯片(93C56 是 128×16 bit 的 $E^2PROM$,而 93LC46 是 64×16 bit 的 $E^2PROM$),相当于网卡的 BIOS,里面记录了网卡芯片的供应商 ID、子系统供应商 ID、网卡的 MAC 地址和网卡的一些配置,如总线上 PHY 的地址、BOOTROM 的容量以及是否启用 BOOTROM 引导系统等内容。主板集成网卡的 $E^2PROM$ 信息一般集成在主板 BIOS 中。

(3)LED 指示灯

一般来讲,每块网卡都具有 1 个以上的 LED(Light Emitting Diode,发光二极管)指示灯,用来表示网卡的不同工作状态,以方便我们查看网卡是否工作正常。典型的 LED 指示灯有 Link/Act、Full 和 Power 等。Link/Act 表示连接活动状态,Full 表示是否全双工(Full Duplex),而 Power 是电源指示(主要用在 USB 或 PCMCIA 网卡上)等。

(4)网络唤醒接口

早期网卡上还有一个专门的 3 芯插座网络唤醒(WOL)接口(PCI 2.1 标准网卡),Wake On LAN(网络唤醒)提供了远程唤醒计算机的功能,是 IBM 公司和 Intel 公司于 1996 年 10 月成立的先进管理性联盟(Advanced Manageability Alliance)的一项成果,可以让管理员在非工作时间远程唤醒计算机,并使它们自动完成一些管理服务,如软件的更新或者病毒扫描。WOL 也是 Wired for Management 基本规范中的一部分。网络唤醒的工作原理是先由一个管理软件包发出一个基于 Magic Packet 标准的唤醒帧,支持网络唤醒的网卡收到唤醒帧后,对该帧进行分析并确定其是否包含本网卡的 MAC 地址,如果包含本网卡的 MAC 地址,该计算机系统就会自动进入开机状态。目前主流的独立网卡或主板板载网卡都符合 PCI 2.2 及以上的规范,所以不再需要这个接口,如果要启动网络唤醒功能,只需到主板 BIOS 中启用"Wake on PCI Card"功能即可。

(5)数据泵

数据泵是普通 PCI 网卡上都具备的设备,也被称为网络变压器或网络隔离变压器。数据泵在一块网卡上所起的作用主要有两个,一是传输数据,把 PHY 芯片送出来的差分信号用差模耦合的线圈耦合滤波以增强信号,并且通过电磁场的转换耦合到不同电平的连接网线的另外一端;二是隔离网线连接的不同网络设备间的不同电平,以防止不同电压通过网线传输损坏设备。此外,数据泵还能对设备起到一定的防雷保护作用。

（6）晶振

晶振是石英振荡器的简称，英文名为 Crystal，是时钟电路中最重要的部件，其作用是向显卡、网卡和主板等配件提供基准频率。晶振就像个标尺，其工作频率不稳定将会造成相关设备工作频率不稳定，自然容易出现问题。由于制造工艺不断提高，现在晶振的频率偏差、温度稳定性、老化率和密封性等重要技术指标都很好，已不容易出现故障。

（7）网线接口

在桌面消费级网卡中常见的网卡接口有 BNC 接口和 RJ-45 接口（类似电话的接口），也有两种接口均有的双口网卡。接口的选择与网络布线形式有关，在小型共享式局域网中，BNC 口网卡通过同轴电缆直接与其他计算机和服务器相连；RJ-45 口网卡通过双绞线连接集线器（HUB）或交换机，再通过集线器或交换机连接其他计算机和服务器。

目前 BNC 接口类型的网卡已很少见，主要因为用细同轴电缆作为传输介质的网络比较少，此外也与组网方式问题较多有关。RJ-45 是 8 芯线，而电话线的接口是 4 芯的，通常只接 2 芯线（ISDN 的电话线接 4 芯线）。但大家可以仔细观察，其实 10 M 网卡的 RJ-45 插口也只用了 1、2、3、6 四根针，而 100 M 或 1000 M 网卡则是八根针，这也是区别 10 M 和 100 M 网卡的一种方法。

（8）总线接口

网卡要与计算机相连接才能正常使用，计算机上各种接口层出不穷，这也造成了网卡所采用的总线接口类型纷呈。此外，提到总线接口，需要说明的是人们一般将这类接口俗称为"金手指"。为什么叫金手指呢？是因为这类插卡的线脚采用的是镀钛金（或其他金属），保证了反复插拔时的可靠接触，既增大了自身的抗干扰能力又减少了对其他设备的干扰。

**2. 网卡的分类**

下面将分别介绍常见的各种接口类型的网卡。

（1）ISA 接口网卡

ISA 是早期网卡使用的一种总线接口。ISA 网卡采用程序请求 I/O 方式与 CPU 进行通信，这种方式的网络传输速率低，CPU 资源占用大，多为 10 M 网卡。

（2）PCI 接口网卡

PCI（Peripheral Component Interconnect）总线插槽仍是目前主板上最基本的接口。PCI 基于 32 位数据总线，可扩展为 64 位，工作频率为 33 MHz/66 MHz。数据传输率为每秒 132 MB（$32 \times 33$ MHz/8）。

（3）PCI-X 接口网卡

PCI-X 是 PCI 总线的一种扩展架构，与 PCI 总线不同的是，PCI 总线必须频繁地在目标设备和总线之间交换数据，而 PCI-X 则允许目标设备仅与单个 PCI-X 设备进行交换，同时，如果 PCI-X 设备没有任何数据传送，总线会自动将 PCI-X 设备移除，以减少 PCI 设备间的等待周期。所以，在相同的频率下，PCI-X 将能提供比 PCI 高 14%～35% 的性能。目前服务器经常采用此类接口的网卡。

（4）PCI-E 接口网卡

不同于并行传输，PCI Express 接口采用点对点的串行连接方式，PCI Express 接口根据总线接口对位宽的要求不同而有所差异，分为 PCI Express 1X、2X、4X、8X、16X 和 32X。采用 PCI-E 接口的网卡多为千兆网卡。

（5）USB 接口网卡

在目前的计算机中很难找到没有 USB 接口（Universal Serial Bus，通用串行总线）的，目前的 USB 有线网卡多为 USB 2.0 标准的。

（6）PCMCIA 接口网卡

PCMCIA 接口是笔记本电脑专用接口。PCMCIA 总线分为两类，一类为 16 位的 PCMCIA，另一类为 32 位的 CardBus。CardBus 网卡的最大吞吐量接近 90 Mbps。

（7）MiniPCI 接口网卡

MiniPCI 接口是在台式机 PCI 接口基础上扩展出的适用于笔记本计算机的接口标准，其速度和 PCI 标准相当，很多此类产品都是无线网卡[①]。

**3. 网卡的功能**

网卡是工作在物理层的组件，是网络中连接计算机和传输介质的接口，不仅能实现与局域网传输介质之间的物理连接和电信号匹配，还涉及帧的发送与接收、帧的封装与拆封、介质访问控制、数据的编码与解码以及数据缓存的功能等。其功能主要有以下几点：

（1）数据的封装与解封

发送时将上一层交下来的数据加上首部和尾部，成为网络帧。接收时将网络帧剥去首部和尾部，然后送交上一层进行处理。

（2）链路管理

最为常见的是 CSMA/CD（Carrier Sense Multiple Access with Collision Detection，带冲突检测的载波监听多路访问）协议的实现。

（3）代表固定的网络地址

每块网卡都有一个唯一的 MAC 地址（网卡的物理地址），由 48 位二进制数表示。其中前 24 位表示网络厂商标识符，后 24 位表示序号。数据从一台计算机传输到另外一台计算机时，也就是从一块网卡传输到另一块网卡，即从源网络地址传输到目的网络地址。

（4）编码与译码

即曼彻斯特编码与译码。网络上传输数据的方式与计算机内部处理数据的方式是不相同的，它必须遵从一定的数据格式（通信协议）。当计算机将数据传输到网卡上时，网卡会将数据转换为网络设备可处理的字节，那样才能将数据送到网线上，网络上其他的计算机才能处理这些数据，即编码。接收数据时则需进行译码。

（5）串并行转换

在网络中，一方面网卡将本地计算机上的数据转换格式后送入网络；另一方面网卡负责接收网络上传过来的数据包，对数据进行与发送数据时相反的转换，将数据通过主板上的总线传输给本地计算机。

## 7.4.3 网卡的工作原理

网卡的主要工作原理为：发送数据时，计算机把要传输的数据并行写到网卡的缓存，网卡对要传输的数据进编码（10 M 以太网使用曼彻斯特码，100 M 以太网使用差分曼彻斯特码，如

---

① 无线网卡是通过无线连接网络进行上网的无线终端设备，其功能与普通网卡一样，不过是采用无线信号进行连接的网卡。无线网卡根据接口不同，主要有 PCMCIA 无线网卡、PCI 无线网卡、MiniPCI 无线网卡、USB 无线网卡和 CF/SD 无线网卡几类产品。遵循的协议有 IEEE 802.11a/b/g 等。

图 7-12 所示），串行发到传输介质上；接收数据时则相反。对于网卡而言，每块网卡都有一个唯一的网络节点地址，是网卡生产厂家在生产时烧入 ROM（只读存储芯片）中的，我们把它称为 MAC 地址（物理地址），且保证绝对不会重复。MAC 为 48 bit，前 24 bit 由 IEEE（美国电气和电子工程师协会）分配，后 24 bit 由网卡生产厂家自行分配。

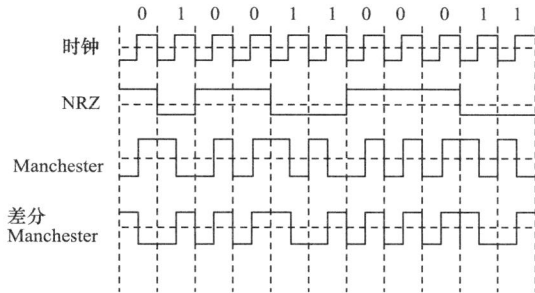

图 7-12　网卡中数据编码示意图

　　计算机之间在进行相互通信时，数据不是以流而是以帧的方式进行传输的。我们可以把帧看作是一种数据包，在数据包中不仅包含有数据信息，还包含有数据的发送地和接收地信息以及数据的校验信息。一块网卡包括 OSI 模型的两个层，即物理层和数据链路层，如图 7-13 所示。物理层定义了数据传送与接收所需要的电与光信号、线路状态、时钟基准、数据编码和电路等，并向数据链路层设备提供标准接口。数据链路层则提供寻址机构、数据帧的构建、数据差错检查、传送控制以及向网络层提供标准的数据接口等功能。

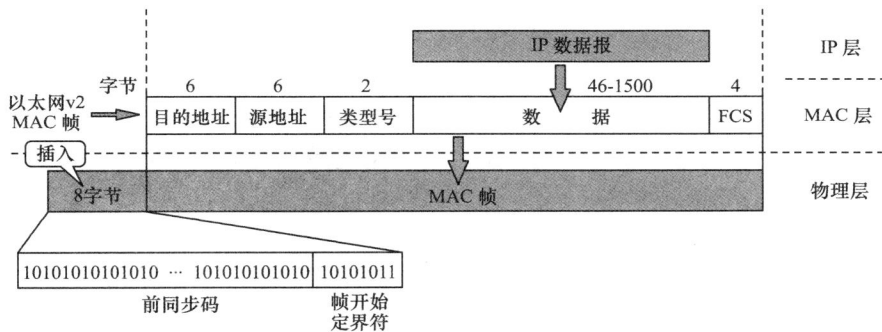

图 7-13　网卡包括的 OSI 模型两个层

# 本章小结

　　输入/输出接口是计算机系统与外设交互信息的渠道，是计算机系统中用来协助完成传送数据和控制信息任务的部件。在微型计算机系统中接口部件在与外设进行信息交换的过程中起着数据缓冲、隔离、数据格式变换、寻址、同步联络和定时控制等作用，各种方式的数据传送都是在接口的支持下实现的。作为计算机技术应用的重要方面，接口技术已成为智能化实际应用系统的关键技术，任何一个有实际应用价值的微型计算机系统都离不开接口技术的应用。

　　作为计算机的一项重要技术，中断机制是在现代计算机系统中提高计算机工作效率的一种重要手段。随着计算机系统结构的不断复杂和系统对计算机内部机制的要求的提高，中断的概念和应用领域也得到了很大的延伸,不但在输入/输出技术中用于协调 CPU 与外设的速度差别,而且适用范围也随之不断扩大。

随着微型计算机功能的不断增强,计算机系统的应用不仅是在办公自动化和信息处理等传统的领域,而且在工业自动化领域也得到了广泛的应用。为了全面了解计算机与外设进行数据传输的控制方式,本章从应用以及程序设计的角度较为详细地介绍了程序传输控制方式(包括无条件传输方式和查询传输方式)、中断传输方式以及 DMA 传输方式等不同的传输方式。简要地介绍了传输控制的机理、控制的指令格式以及应用的特征等。

# 习 题

**1. 选择题**

(1)微型计算机在数据输入/输出过程中采取的控制方式通常有(　　)。

A. 程序控制传送方式　　　　　　　　B. 中断控制传送方式

C. 存储器直接存取(DMA)控制传送方式　　D. 以上三种都是

(2)单步跟踪标志 TF=1 引发的单步中断程序却能连续执行,其原因是(　　)。

A. TF=0　　　　　　　　　　　　B. 中断允许

C. 现场已进栈保存　　　　　　　　　D. 与 TF 无关

(3)软中断 INT n(n=10H~FFH)的优先级排列原则是(　　)。

A. n 值愈小级别愈高　　　　　　　　B. 无优先级别

C. n 值愈大级别愈高　　　　　　　　D. 随应用而定

(4)I/O 指令将端口的地址存放在 DX 寄存器中的是(　　)。

A. 间接地址的 I/O 指令　　　　　　B. 直接地址的 I/O 指令

C. 16 位地址的 I/O 指令　　　　　　D. 8 位地址的 I/O 指令

(5)(　　)的优先级是所有中断中最低的。

A. BIOS 中断　　　　　　　　　　B. 单步中断

C. DOS 中断　　　　　　　　　　D. 特殊中断

(6)微型计算机中,系统给所有中断源都分配了一个中断源的代号,这个代号称为(　　)。

A. 中断类型号　　　　　　　　　　B. 中断向量

C. 中断源　　　　　　　　　　　　D. 中断代号

(7)下列输入/输出端口的编址方式中,关于独立编址的说法不正确的是(　　)。

A. 使用独立的读写控制逻辑访问 I/O 端口

B. 需使用较多的地址线

C. 使用了与存储器不同的地址空间

D. 不会影响对内存的使用

**2. 填空题**

(1)CPU 与输入/输出设备之间传送的信息通常包括_____、_____ 和 _____三类。

(2)CPU 对 I/O 端口的编址方式有_____和_____两类。

(3)Pentium 处理器将引起程序中断的来源分为_____、_____和_____三类。

(4)输入/输出接口的主要功能有_____、_____、_____、_____、_____

和_____。

### 3. 概念解释

中断,中断源,中断请求,中断响应,中断系统,中断优先权,中断嵌套。

### 4. 简答题

(1)中断系统应该有哪些功能?

(2)说明中断处理过程。

(3)中断技术的特点是什么?

(4)8086/8088 CPU 响应可屏蔽中断 INT R 的条件是什么?

(5)声卡中的声音控制芯(Codec 芯片)的主要功能是什么?

(6)什么是硬网卡和软网卡?

# 第8章

# 人机交互设备及人机 I/O 接口

为了充分发挥计算机系统的处理能力，实现人机的有效交互，人们为计算机系统配备了多种用于与计算机进行信息交流的外部设备，统称为人机交互设备，如图 8-1 所示。通过这些设备，人们可以把要执行的命令和数据等控制信息传送给计算机；也可以从计算机获得经计算机处理后的信息。

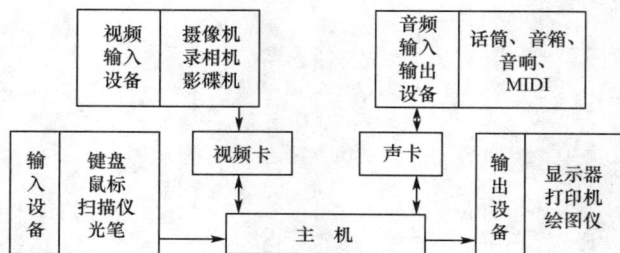

图 8-1　微型计算机一般配备的外部设备

要实现人机交互设备与计算机之间的信息传送以及控制人机交互设备的工作，需要在计算机与人机交互设备之间增加一个过渡的桥梁，即接口。通过与不同的人机交互设备工作相适应的接口，计算机可以实现与人机交互设备通信、交换信息，达到人机交互的目的。一般，人们将这种实现计算机与人机交互设备之间信息传送的控制电路和连接端口称为人机接口。为了适应不同的人机交互设备与计算机互联，计算机配置了不同的人机接口。

## 8.1　人机交互设备在微型计算机系统中的作用

人机交互设备是人和计算机之间进行人机对话的工具，人们通过这些设备利用人类最基本的信息传播渠道，如运动器官和感觉器官，使用视觉、听觉或其他方式与计算机尽可能方便地进行信息交流。利用人机交互设备，可以将外界的物理信息按一定的要求转换为计算机能识别的二进制信息，通过接口传送给计算机；也可以将计算机处理的中间结果或最后结果，以人们通常可以识别的形式记录、打印或显示出来供人接收。因此，人机交互设备就是指人和计算机之间建立联系和交流信息的相关输入/输出设备，是人机信息交流的重要渠道，是计算机系统中实现人和计算机之间进行信息交流的外部设备，是计算机系统或计算机应用系统中最基本的设备。

按人机交互设备的功能可将其分为输入设备和输出设备两类。常用的输入设备有键盘和鼠标等;常用的输出设备有显示器、打印机和绘图仪等。这些设备都是在计算机的控制下,通过与人体的器官直接交互达到与计算机进行信息交换的目的。

人机接口的作用是便于人机交互设备与计算机系统的连接,实现计算机与人机交互设备通信和交换信息。根据不同的结构形式,人机接口通常也可以看作是外部设备的一部分,也就是计算机与人机交互设备之间进行信息传输的控制电路。

通常,人机接口电路与人机交互设备一起完成人机交互的功能,它们的作用主要有两个方面:一是信息形式的转换,把外界信息转换成计算机能接收和处理的信息,或把计算机处理后的信息转换成外部设备能表现的音频视频或其他形式;二是计算机与外部设备的速度匹配,也就是完成信息速率与传输速率的匹配,即信息传输的控制问题。

随着计算机技术的高速发展和应用领域的不断拓展,计算机应用的范围和水平不断提高。传统的键盘输入、显示和打印输出已经满足不了人们的需要,人们希望与计算机有更生动、直观、灵活的交互形式,以更加智能化的方式最大限度地利用人的感官以及运动器官与计算机进行交互,使计算机不但能接收、识别并理解语音、文字和图形图像信息,而且又能给出声音和视频图像等信息的新型人机交互形式。这些新型的人机交互形式主要包括文字识别、语音识别、视频图像输入以及语音合成等。

## 8.2　微型计算机系统提供的外部设备接口

作为人机交互传递数据和信息的重要途径,人机交互设备在微型计算机诞生的那一天起就成为它不可分割的一部分。为了方便地与人机交互设备相连接,人们为微型计算机设计了方便快捷、用于与不同外部设备相连的接口。在这些接口中,有专门用于与特定设备相连的接口,如键盘接口、鼠标接口和显示器接口等,另外还有可以与多种不同设备连接的通用接口,如RS-232 串行口和 USB 接口等,如图 8-2 所示。

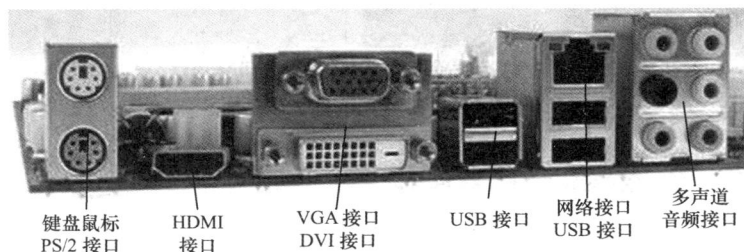

图 8-2　微型计算机接口

从个人计算机配置的外部设备接口来看,用于连接人机交互设备的接口除了提供一般的电气连接方式外,还具有以下几个方面的特征:

(1)具有连接的方便性,针对不同的连接设备,用标准化的方法提供了统一的接口形式。所以,不论哪个厂商或是何地生产的产品,只要是符合接口的标准,就可以方便地与设备相连。

(2)可以适应不同设备的信息交互要求。

(3)更加突出智能化。

(4)对于典型设备提供专用化的接口。

(5)即插即用,提供使用的方便性。

## 8.2.1　微型计算机人机交互设备接口的配置形式

在 1981 年，IBM 在最初设计的微型计算机中就根据当时人机接口的配置要求在主板上设计了专门用于连接键盘的接口。同时为了便于扩充其他外设，在主板上还设计了开放的系统总线插槽，具体配置如图 8-3 所示。随着微机技术的不断发展和进步，虽然接口的形式发生了很大的变化，但是这种基本的构架形式一直保持至今。

在这种结构模式下，除了键盘和鼠标外，各种用于系统扩充的外设都是通过开放的系统总线进行扩充的。通过专门设计的、位于系统总线和外设之间的接口电路（硬件）以及驱动程序（软件），可以方便地将各种外设与计算机系统互联。

图 8-3　微型计算机主板上的键盘接口和系统总线插槽

为了便于微型计算机系统的标准化以及用于一些专门的用途，微机的设计者还设计了专门在各种总线上扩充的板卡。例如，专门用于连接显示器的显卡、用于连接扩展标准接口的RS-232 和打印机的扩展接口卡等，如图 8-4 所示。

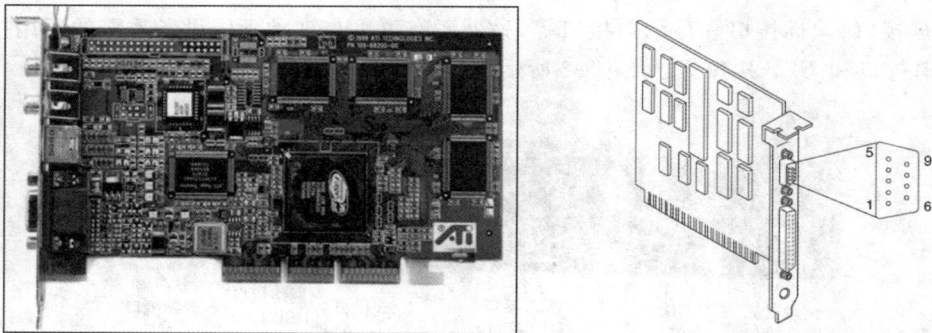

图 8-4　微机扩展接口卡

随着微型计算机技术的不断进步，尤其是主板芯片组的出现和集成功能的不断增加，现在的芯片组已经包括了大多数微机应配置的用于人机交互设备或其他外设的控制器。这样，一般的计算机系统不需要配置另外的接口卡就可以支持常用的人机接口设备。例如，键盘、PS/2接口的鼠标、打印机、RS-232 接口的调制解调器以及 USB 设备等。这些功能在 1995 年由 Intel 颁布的 ATX 主板标准中就已经将标准的人机接口设备连接器通过芯片组直接集成到了主板上，有的甚至包括了显示器的接口。这样，一般的微型计算机不需要任何接口卡就可以由主板构成一个完整的系统，大大地提高了主板功能和集成度，减轻了整机安装的复杂程度，同时也提高了系统的可靠性。

### 8.2.2　现代微型计算机接口的层次化配置模式

为了达到人机交互以及信号传输的目的,在计算机内部为 CPU 配置了多种数据传输的模式。这些数据传输的模式根据外设的不同连接要求,在速度、接口的形式以及配置的模式上都有很大的区别。随着计算机技术的不断发展,在现代微机中,它们已经演变成以系统的芯片组作为桥接构件进行连接、调节和控制,以保证它们有序地工作。

另外,随着芯片组构架的不断改进,在现代计算机中有更多的总线开放为端口,如 USB 总线。它在计算机外部配有新的通用标准连接器,使得在计算机上添加设备时不必再打开机箱,安装板卡,甚至不必重新启动,利用它的即插即用功能就可以使用新的设备,使计算机使用起来更加便捷。

根据现代微型计算机的架构特征,微型计算机系统内部构件以及接口间的数据都是通过不同的途径进行传输的。它们有的传输给系统内部的设备或部件,有的则通过计算机外部的端口连接人机交互设备或其他外设。

由主板的构架模式可知,不论是南北桥架构还是中心加速架构的模式,系统内部用于扩展外设的总线或端口都是以桥接芯片或 Hub 等关键部件为节点,它们在不同的层次上按接口的不同类型配置。

# 8.3　微型计算机系统常用外设及接口简介

### 8.3.1　键盘的工作原理及接口

键盘作为人与计算机之间建立联系和交流信息的工具,是计算机系统中最原始也是不可缺少的输入设备。人们通过操作键盘上的按键直接向计算机输入各种数据、发出命令及指令,从而控制计算机完成不同的运算及控制任务。

**1.键盘的种类以及接口形式**

最初的个人计算机(IBM PC)出现以后,IBM 公司已经为 PC 系统设计了多种不同类型的键盘。为了充分发挥 Windows 操作系统的强大功能,Microsoft 公司又针对方便用户的目的对标准的 IBM PC 键盘进行了扩展。目前,这些经过扩展的、功能强大的设计几乎成为工业上的实际标准,已经被所有的厂商采用。

根据微型计算机技术的发展过程,键盘主要有以下几种类型:

①83 键的 PC 和 XT 键盘;

②84 键的 AT 键盘;

③101 键的增强型键盘;

④104 键的 Windows 键盘。

目前在微机系统中主要使用的是 104 键的 Windows 键盘,其他种类的键盘已经基本淘汰。其标准结构形式如图 8-5 所示。

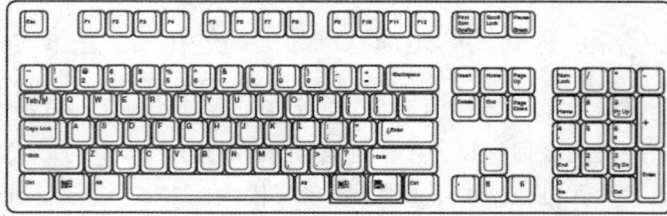

图 8-5　标准键盘结构

为了方便使用,有的键盘生产商又根据不同的要求对键盘进行了扩充。例如,将键数扩充为 107 键的多媒体键盘,或在标准的键盘上增加了满足不同需要的操作键,对键盘的排列位置进行了调整等,如图 8-6 所示。笔记本计算机由于体积限制,使用的键盘的按键虽然没有这么多,但基本原理基本都是一致的。

图 8-6　扩充了功能的键盘

下面介绍键盘的接口形式和连接器的种类。

目前键盘与主机的接口连接器可分为 5 芯连接器(俗称大口)、6 芯小口连接器(俗称 PS/2 接口)和 USB 连接器等几类。

5 芯连接器是早期 PC 机键盘使用的连接方式。在连接器的 5 个引脚中除了电源和地外,1 号引脚为键盘时钟信号,2 号引脚为键盘数据信号。在主板上的键盘接口电路通过这两个引脚同步地完成与键盘的数据传输。目前该种接口已经逐步淘汰,在新的产品中不再采用。

PS/2 连接器是如今大多数键盘使用的连接方式,这种接口最先由 IBM 公司于 1987 年在 PS/2 系统中实现,因此也称为 PS/2 接口。PS/2 接口是一种 6 针的圆形接口,但键盘只使用其中的 4 针传输数据和供电,其余两个为空脚,如图 8-7 所示。PS/2 接口的传输速率比 COM 接口稍快一些,而且是 ATX 主板的标准接口。

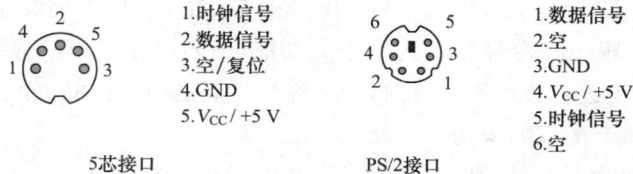

1.时钟信号
2.数据信号
3.空/复位
4.GND
5.$V_{CC}$/ +5 V

5芯接口

1.数据信号
2.空
3.GND
4.$V_{CC}$/ +5 V
5.时钟信号
6.空

PS/2接口

图 8-7　PS/2 键盘接口

随着计算机技术的不断进步,USB 接口已经成为微型计算机的标准接口。为了最大限度地统一计算机的外设接口,许多厂家推出了通过 USB 接口与计算机连接的键盘。

为了保证 USB 接口的键盘能够得到良好的硬件支持,在微型计算机的 BIOS 中必须嵌入支持 USB 键盘的驱动程序,以保证计算机系统在 Windows GUI 环境外不会将缺少 PS/2 的标准键盘视为错误。这样就可以保证系统用户在 MS DOS 环境下使用 USB 接口的键盘安装 Windows 系统或在系统状态下配置 BIOS。

### 3. 键盘的工作原理

（1）键盘的结构原理

从工作原理上来讲，键盘上的每个按键起着一个开关的作用，故又称为键开关。键开关方式又可分为接触式和非接触式两大类。

接触式键开关中有一对触点，最常见的接触式键开关是机械式按键，它是靠按键的机械动作来控制开关开启的。当键帽被按下时，两个触点被接通；当释放时，弹簧恢复原来触点断开的状态。这种键开关结构简单、成本低。非机械式按键开关是一种性能优良、通过电容变化反映按键状态的电容式开关。当按下按键时，与按键连接在一起的移动电容极板下移与固定电容极板距离接近而使两块电容极板间的电容发生变化，并通过电子线路检测该变化以反映开关的通断，工作原理如图 8-8 所示。

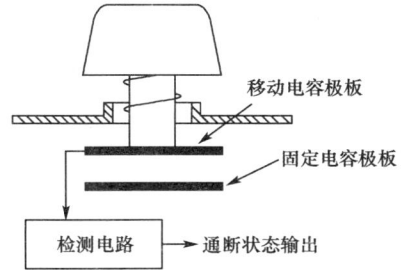

图 8-8　按键工作原理

在将键盘连接到计算机后，为使计算机能正确地识别按下的按键，必须将键盘上的每一个按键配备一条用于检测按键状态的输入线。随着使用按键的增多，占用的输入线数也随之增多。为了简化电路和安排尽量多的按键，在大多数键盘的设计中，键开关被排列成 M 行×N 列的矩阵结构，每个键开关位于行和列的交叉处，具体的排列方法如图 8-9 所示。

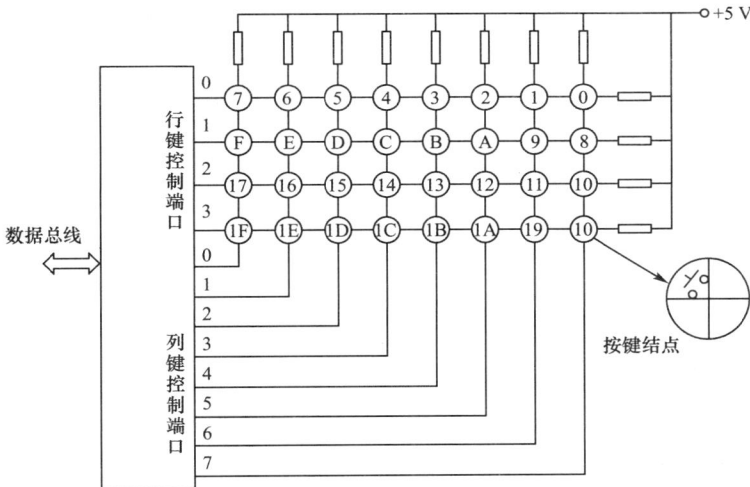

图 8-9　矩阵式结构键盘

键盘按照其实现方式可分为编码键盘和非编码键盘两种。

编码键盘一般采用专用芯片或单片机管理，当键盘上有键被按下时，键盘管理芯片能自动检测出被按下的键，自动生成与按键对应的编码（键值），并产生相应键值的 ASCII 码或 EBCDIC 码等信号。主机可通过键盘管理芯片的接口读入键值。这种键盘使用方便，接口简单，但价格较贵。

非编码键盘只简单地将按键开关按矩阵排列，识别按键键值的确定和防抖动等工作全部由主机通过软件完成。因此，非编码键盘硬件简单，成本低，是目前可得到的最便宜的微机输入设备。

在 IBM PC 系列微机中使用的键盘内部使用了一个专门用于键盘控制的单片机，能够自动地识别键的按下与释放,自动生成相应的扫描码(即行列位置码),并以串行方式与主机通信。此外,它还具有 20 个键扫描码的缓冲能力和出错情况下的自动重发能力,所以具有部分编码键盘的特征。但是,它向主机提供的信息仅是键的行列位置码,而不是与键的功能直接对应的键值或键码,只能由主机通过软件处理才能得到反映键定义的 ASCII 码。从这个角度看,它是介于编码和非编码这两种键盘之间的一种键盘。

(2)矩阵键盘的按键识别方式

在矩阵键盘中,由于每个按键不是对应唯一的输入线,所以不能单靠检测按键输出线电平的方法判断被按下键的位置。通常根据不同的要求使用行扫描法原理或线反转法检测被按下键的位置。原理如下:

行扫描法通过程序控制向键盘的所有行逐行输出低电平(即逐行扫描),若无按键按下,则所有列的输出均为高电平。若有一个按键按下闭合,就会将所在的列钳位在低电平。通过程序读入列线的状态,就可以判断有无键被按下及哪一个键被按下。这时,按键所在的行、列位置的编码就是该键的编码。行扫描法的工作流程大致如下:

①键盘扫描:该阶段的功能是对键盘进行全扫描以快速判断是否有键被按下。通过向所有行线输出低电平,同时读入各列线电平值并进行消抖处理和按键判定,若为全"1",则键盘无键按下,返回主程序;否则有键按下,继续向下执行判断被按下键的位置。

②逐行扫描:通过逐行扫描的方法确定被按键所在的行号与列号。具体方法是从第一行开始到最后一行依次向当前行输出低电平,其他行保持高电平不变,然后同时读入各列线电平值并判定,若不是全"1"则找到了被按键,其位置就在电平为"0"的行、列交叉点,结束本阶段工作,进入下一阶段;若为全"1",则说明当前行没有键被按下,接着扫描下一行,直至找到被按的键为止。

线反转法需要使用可编程并行接口来实现,其基本原理是:将与行线连接并行端口,先置于输出方式,将与列线连接另一个并行端口,工作在输入方式。编程通过行端口向全部行线输出逻辑"0",然后读入列线的位。如果有键被按下,则必有列线为逻辑"0"。然后将读入的值进行反转,并编程改变两个并行端口的工作方式。将列端口置于输出方式,并将反转的值输出到列线;行端口读取行线的值。这时,闭合键所在的行线必为逻辑"0"。于是,有键被按下时,就可以读到一对唯一的列值和行值。

例如,在图 8-9 中假定 C 键被按下,第一次往行线输出全"0"后,读入的列值为 11110111;将该列值反转向各列线输出后,改从行线可以读到行值 1101。分两次读入的行值和列值合并起来就唯一确定了 C 键的键值,从而不必再进行逐行扫描。

**4. PC 系列键盘的主要特点**

(1)按键为电容式开关,按键时的上下动作使电容量发生变化,从而实现键开关接通。

(2)属于非编码键盘,键盘上的按键排列成矩阵形式,对按下键的识别采用行列扫描原理,由键盘内部的 Intel 8048 或更高级的单片机完成。

(3)键盘通过 5 芯电缆与主机相连,PC 键盘与主机的连接示意如图 8-10 所示。从图中可以看出,该连接分成三个部分。

(4)由按键组成的非编码键盘矩阵。

(5)键盘控制器与键盘集成在一起,以 8 位单片机 Intel 8048 为核心组成,负责识别按键和向主机发送键盘数据。

(6)主机系统板上的键盘接口电路。

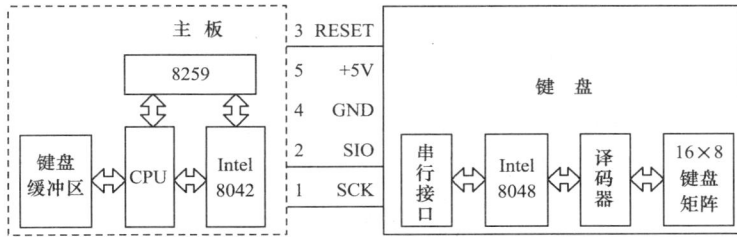

图 8-10　PC 主机与键盘的连接

在早期的 IBM PC 和 IBMPC/XT 中主要由移位寄存器接收键盘发送的串行扫描码,通过并行接口芯片将装配好的并行数据传送给 CPU,同时由 D 触发器产生中断信号发出中断请求。随着键盘技术的不断更新,使得 PC 系列的 83 键标准键盘与以后出现的 84 键、101 键增强型键盘和 104 键扩展键盘的接通和断开扫描码不相兼容。为了将不同键盘的扫描码转换成与 PC/XT 机兼容的系统扫描码,并能发送和接收一些键盘命令,在 IBM PC/AT 及以上档次的 PC 机中将键盘的接口电路改为以 Intel 8042 单片机或专门的外设接口芯片为核心组成,形成更加智能化、兼容性更好的键盘接口。

**5. PC 键盘的工作过程**

在 IBM PC 系列微机使用的键盘中,8048 单片机通过周期性执行固化在其 ROM 中的键盘控制和扫描程序完成键盘扫描、消除按键抖动、生成键扫描码、对扫描码数据进行并/串转换以及将转换后的串行按键扫描码和时钟发送到主机。

为了提高键盘扫描的速度,PC 系列键盘没有采用行扫描法和线反转法,而采用完全由硬件方式实现的行、列扫描。

在键盘工作时,键盘微处理器分两次将按键扫描码发送到键盘接口。当有键被按下时,键盘发送该按键的扫描码,称为接通扫描码;然后还要继续对键盘扫描检测,以发现该键是否释放。当按下的键释放时键盘向主机再次发送该键的断开扫描码。例如,在 PC/AT 机键盘中,当按下的键释放时,键盘向主机发送一个前缀字节 F0H,接着发送一个该键的扫描码,这两个字节就称为该键的断开扫描码。以键盘上的按键"A"为例,其键号为 31,该键按下时发送的接通扫描码为 1CH,断开后发送的扫描码为 F0H 和 1CH。

对于每一个按下的按键,只要没有释放键盘就连续发送其接通扫描码,直到释放为止。当按下多个键时,键盘只重复发送最后按下键的接通扫描码,并且在释放最后按下的键后,即使其他键仍然保持按下状态,键盘也不再发送任何接通扫描码。

**6. 键盘扫描码以及按键处理中断**

(1) 键盘扫描码

扫描码是唯一反映键盘上按键的编码。为了适应 PC 机系列的 83 键的标准键盘和 84 键、101 键增强型键盘以及 104 键扩展键盘的接通和断开扫描码的不同,IBM PC 键盘共有三套不同的扫描码标准。最早的 IBM PC/XT 使用第 1 类标准键盘扫描码(Scan Code Set 1)。在随后的系统中,默认的都是第 2 类扩展键盘扫描码(Scan Code Set 2)。为了满足系统更多的功能,出现了第 3 类扫描码(Scan Code Set 3),由于某些功能的特殊性,目前并非所有的键盘都支持该类扫描码。

从传递信息的角度来说,扫描码的组成既要反映键盘的动作,又要便于键盘矩阵的扫描。另外,从字符组成的角度来说,扫描码既要包括键盘上的标准字符,还要包括扩展字符。这里以应用最普遍的第二类扩展键盘扫描码为例,介绍键盘扫描码的构成和定义。

键盘扫描码的格式对于键盘上绝大多数按键而言,接通扫描码是单字节的,断开扫描码为双字节的。它们的定义规则为:如果接通扫描码为两位十六进制数 nn,则它的断开扫描码的第一个字节为 F0,而第二个字节与接通扫描码相同。例如,按键"A"的接通扫描码为 1CH,那么它的断开扫描码就为 F01CH。

除了单字节的扫描码外,还有一些键的接通扫描码是双字节的,在附加按键断开标志后,它们所形成的断开扫描码就为 3 字节的编码。其构成规则为:所有按键扫描码的第一个字节都是 E0H,对于后两个字节,定义规则与单字节扫描码相同。

（2）按键处理中断

当将键盘的扫描码输入到微机系统后,要成为系统可以应用的信息还需要进一步处理,通过与键盘有关的系统中断完成。在 IBM PC 微机系统中,与键盘有关的系统中断主要有以下三种:

①键盘接口的硬件中断 INT 09H

当键盘接口收到一个字节的数据后,立即向主机发 09H 号键盘硬件中断请求。当 CPU 响应中断请求后,执行类型码为 09H 的中断服务程序将系统扫描码变成字符的 ASCII 码或扩展码（即命令键和组合功能键等的编码）写入键盘缓冲区。这样,应用程序在需要的时候则可使用软中断（1NT 16H）调用键盘缓冲区的数据,并根据需要对它们进行处理。

从功能上讲,中断 INT 09H 是键盘接口的一部分,与键盘接口电路一同完成接口任务。该中断只能由硬件中断请求信号 IRQ$_1$ 激发,不能被用户调用。

②键盘服务功能软中断 INT 16H

当 INT 09H 将变换后的字符编码放入键盘缓冲区后,用户就可以通过软件中断指令 INT 16H 读取键盘的内容。INT 16H 中断调用封装了查询标志、查询指针和查询数据等缓冲区的操作,为程序员提供了基本的服务功能。具体为:0 号,从键盘读一个字符;1 号,读键盘缓冲区;2 号,读键盘状态字节。基本功能和出口参数见表 8-1。

**表 8-1　　　　　　　　键盘中断基本功能表**

| 调用号 | 功　　能 | 出口参数 |
|---|---|---|
| AH＝0 | 从键盘上输入一个字符 | AH＝键入字符的扫描码或扩展码<br>AL＝键入字符的 ASCII 码或 0 |
| AH＝1 | 判有无键入字符 | ZF＝1 键盘无输入<br>ZF＝0 键盘有输入（字符在 AX 中） |
| AH＝2 | 读特殊键状态 | AL＝KB_FLAG 标志单元的值 |

③DOS 键盘功能中断 INT 21H

除了使用 INT 16H 中断外,在 DOS 功能调用中,也有多个功能调用号用于获得所需要的键盘信息,常用的键盘操作功能见表 8-2。

**表 8-2　　　　　　　　键盘操作功能表**

| 调用号 | 功　　能 | 入口参数 | 出口参数 |
|---|---|---|---|
| AH＝01H | 键盘输入字符并显示 | | AL＝字符 |
| AH＝06H | 读键盘字符 | DL＝0FFH（输入） | AL＝字符 |
| AH＝07H | 键盘输入字符无回显 | | AL＝字符 |

(续表)

| 调用号 | 功　能 | 入　口　参　数 | 出　口　参　数 |
|---|---|---|---|
| AH＝08H | 键盘输入字符无回显<br>（检测 Ctrl＋Break） | | AL＝字符 |
| AH＝0AH | 输入字符到缓冲区 | DS:DX＝缓冲区首地址 | AL＝0FFH　有键入<br>AL＝00H　无键入 |
| AH＝0BH | 读键盘状态 | | |
| AH＝0CH | 清除键盘缓冲区并<br>调用指定的键盘功能 | AL＝键盘功能号<br>（1、6、7、8、A） | |

## 8.3.2　鼠标及接口

鼠标（Mouse）是一种移动光标和实现选择操作的输入设备，是与计算机图形用户界面（GUI）交互的必备标准工具，外形如图 8-11 所示。根据其功能，人们形象地将它定义为"指点"设备（Pointing Device）。它的原理是将鼠标器在平面运动中产生 X 方向与 Y 方向位移信息的数据送入计算机，以指示屏幕上光标的位置，或者把各种对鼠标器的操作翻译成能被现行应用程序所执行的动作，简单快捷地实现对微机的操作。

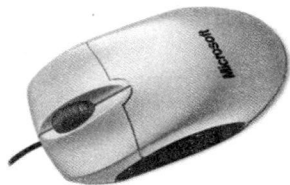

图 8-11　鼠标外观结构

世界上最早的鼠标诞生于 1964 年，由美国人道格·恩格尔巴特（Douglas Engelbart）发明。鼠标的发明，曾被全球最大的专业技术学会 IEEE（美国电气及电子工程师学会）列为计算机诞生 50 年来最重大的事件之一。

随着 Windows 等"所见即所得"计算机环境的不断普及和升级，鼠标器使计算机操作变得更容易、更有效，也更有趣，在某些场合鼠标的重要程度甚至超过了键盘。在各种应用软件的强大支持下，如今的鼠标不论是在功能上还是在性能上都产生了质的飞跃，并且向多功能、多媒体和符合人体工程学的方向继续发展。

**1.鼠标种类及基本工作原理**

根据鼠标的工作特征，其主要功能就是将检测到的鼠标位移送到计算机中。因此，不论是哪一种类型的鼠标器，基本结构都由两大部分组成：感应部分和电路部分。感应部分完成对鼠标在平台上移动的距离和方向的检测；电路部分完成对鼠标事件的判断、对信号的处理以及与主机通信，该项功能一般由鼠标器中的一个专用处理器来完成。

下面从感应部分的角度对鼠标进行分类，并介绍其工作原理。

从目前应用的主流鼠标器来看，按位移的检测原理可将其分为光电/机械式和光电式两大类。

(1)光电/机械式（光机式）鼠标器

也有人将光机式鼠标称为机电式鼠标。鼠标器中的感应部分主要由两大部分组成，即机械部分和光电部分。鼠标的底部有一个实心的橡胶球，内部有两个互相垂直的滚轴靠在橡胶球上。在两个滚轴的顶端上装有一个边沿开槽（或开窗格）的光栅轮。光栅轮两侧分别安装着由发光二极管和光敏三极管构成的光电检测电路。当移动鼠标器时，橡胶球在摩擦力的作用下滚动，带动滚轴及其上面的光栅旋转，由此产生光电脉冲信号，反映出鼠标器在垂直和水平方向的位移变化，再通过计算机程序的处理和转换来控制屏幕上光标箭头的移动，如图 8-12 所示。

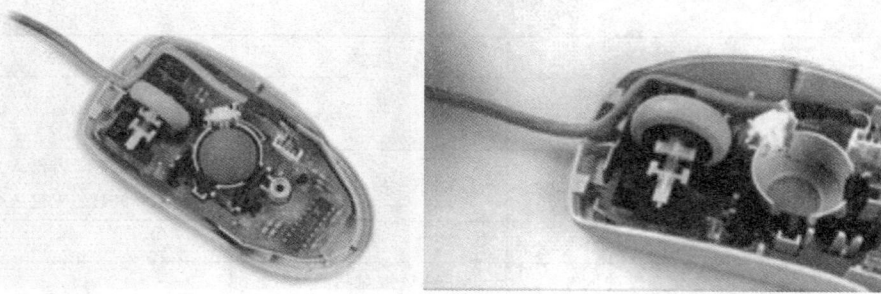

图 8-12　光电/机械式(光机式)鼠标器结构

因为光栅轮开槽处透光,未开槽处不透光,随着光栅轮在橡胶球的带动下使得光敏三极管接收到由发光二极管发出的光线时断时续,从而产生不断变化的脉冲电信号。互相垂直的两个轴对应着屏幕平面上的横(X)轴和纵(Y)轴两个方向。脉冲信号的数量对应位移的大小,并由控制芯片转换成数字量输入计算机。

(2)光电式鼠标

光电式鼠标没有橡胶球和带光栅的轮及滚轴。早期的光电式鼠标内的两对光电检测器互相垂直。工作时,鼠标在专用的、印有黑白网格的板上移动,X、Y 发光二极管发出的光经网格反射后再经镜头照在光敏 IC 上,检出信号送到专用处理芯片处理后输入到计算机。

由于老式的光电式鼠标工作时必须在下面垫有专用网格板,而且网格板的精细程度有限,所以鼠标的定位精确性较低,而且应用起来也十分不方便。

随着技术的进步,光电式鼠标的设计有了很大的改变。现代的光电式鼠标已经升级为光学鼠标,利用 Marble 光学技术原理制造,不但取消了专用的网格板,而且精确性有了很大的提高。

Marble 光学技术原理是以对位移光学测量为基础的,其核心技术是一种神经网络类比模糊技术,通过一个红外发光二极管,发出光至各单元间有着如同神经网络般紧密联系的光学感应阵列上。感应阵列每秒可以获取一千幅图像,图像经过内置芯片的处理,得到光标的位移和速度变化的数据,再通过接口传送给计算机。作为光学定位引擎核心的光学传感器,集成了三个主要的功能模块:图像获取系统(IAS)、数字信号处理系统(DSP)和串行外围设备接口(SPI)。鼠标处理器通过 SPI 和光学传感器实现双向通信。光电鼠标的工作原理如图 8-13所示。

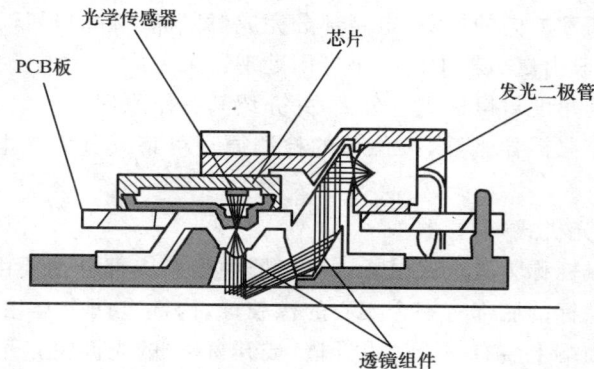

图 8-13　光电鼠标工作原理

借助 Marble 光学技术,输入设备完全以光学方式起作用,没有任何磨损,不受灰尘或碎屑的影响,因此鼠标不会有黏滞,其定位更精确,使用寿命更长,所需维护更少,并可以在许多不同表面上使用而无需鼠标垫。

除了感应定位系统外,为了完成选中等操作,鼠标上还配置了完成各种操作的按键。对于一般的鼠标,有两键和三键两种形式。随着 Windows 操作系统的流行,为了简化拉动滚动条的操作,人们将鼠标的中间键设计成了滚轮的形式,成为现在流行的滚轮式鼠标。在滚轮式鼠标中,不管是浏览网页还是编辑 Word 文档,都可以使用滚轮来上下移动画面或窗口,相当方便。

(3)其他类型鼠标

除了上述两种感应定位系统外,为了某些特殊的应用领域,还有一种轨迹球式鼠标,如图 8-14 所示。这种奇特的鼠标形式,可以把它看作是将机电式的橡胶球鼠标反过来使用。本来应该在下方滚动的球体被移到了鼠标器的上面,并将该球体露出来以便进行操作。这种鼠标适合于那些操作空间小、无法将鼠标放在桌上移动的用户。使用者只需拨动球体即可移动屏幕画面上的光标指针。

图 8-14　轨迹球式鼠标

有时人们还将普通的鼠标与轨迹球以及滚轮的各种功能集成在一只鼠标上,构成多功能合一的鼠标器。使用者可以用鼠标搭配专用软件随个人喜好不同而设定各种功能。例如,鼠标上有两组滚轮,可以通过专用的设定程序对这两组滚轮的功能进行调整,如设定其中的一组滚轮功能为水平卷动,另一组滚轮功能为垂直卷动等。

衡量鼠标器性能的最重要参数是分辨率。分辨率一般以 dpi(像素点/英寸)为单位,表示鼠标移动一英寸时所经历的像素点数。分辨率越高,必须移动鼠标到目的地的距离就越短。一般鼠标的分辨率多为 150～200 dpi。目前有的产品已达 300～400 dpi 或更高的分辨率。在这种精度下,一英寸范围内的移动就可以覆盖 VGA 屏幕宽度的 2/3 以上。这样,一般不用提起鼠标即可遍历整个屏幕。

**2. 鼠标的硬件接口**

为了与计算机交流信息,鼠标一般以串行数据的格式与计算机相连。目前,微型计算机的主板一般提供三种形式的硬件接口,下面一一进行介绍。

(1)串口(COM)接口

从鼠标开始普及起,鼠标与主机之间的接口最先使用的就是 RS-232-C 串行接口标准,通过 9 针 D 型插头接在计算机的串行口 COM1 上。在与目标器件相连时,数据通信使用串口的 TXD(Transmitted Data)由鼠标向主机发送数据;DTR(Data Terminal Ready)作为主机送往鼠标的应答信号。鼠标没有单独的供电回路,而是通过通信引脚 RTS(Request to Send)输出的高电平和信号地 SGND(Signal Ground)供电。目前由于微型计算机提供了专门用于连接键盘和鼠标的 PS/2 接口,鼠标的这种接口形式已经基本不用。

(2)PS/2 接口

现在的主板一般将 PS/2 端口作为标准配置集成在主板上。从原理上来说,PS/2 接口实际上也是串行接口,只是占用了与 COM1 不相同的 IRQ(中断申请号)和 I/O 端口地址。在连接器上不但提供了数据传送的引脚,而且在结构上也与键盘的接口类似。鼠标的 PS/2 接口也提供了专门的电源引脚为鼠标供电。

虽然键盘和鼠标都是使用 PS/2 格式的接口,从针脚定义来看二者的工作原理相同,但它们在计算机内部的信号定义是不同的,鼠标占用 IRQ$_{12}$ 主板资源。因此,这两个接口不能混插。按照 PC'99 颜色规范,鼠标的接口为浅绿色,而键盘的接口则是紫色。

（3）USB 接口

USB 接口因具有传输率高和即插即用的特性,目前市场上已经有许多支持 USB 接口的外围设备出现,鼠标当然也不例外。凭借 USB 接口的种种优良特性,使得 USB 接口的鼠标与主机之间的连接更方便。

（4）无线接口

与有线的连接形式不同,无线式鼠标利用无线接收器来传输信息。由于没有与主机连接的通信电缆,在一些特殊的工作场合,它的优势就十分明显。

根据实现无线数据传输的方式可以将无线鼠标分为高频无线电（射频）鼠标、蓝牙传输鼠标和红外线传输鼠标等多种。

**3. 鼠标数据的传输格式**

鼠标以串行的形式按照一定的格式向通信的主机传送数据。当一个鼠标事件发生时,它就向串行口发送有关数据。该数据由鼠标内置的专用处理器负责将传感器发出的位置脉冲装配成 8 位带符号的数据格式,包括 7 个数据位和 1 个停止位,无奇偶校验位。以 1200 b/s 的速率发送数据,数据格式为 Microsoft 公司为其鼠标驱动程序规定的字节格式。其中,三键鼠标提供的是五字节的数据流（包括按键状态信息和鼠标移动信息等）,称为五字节鼠标;两键鼠标提供的是三字节的数据流,称为三字节鼠标。无论五字节还是三字节的鼠标,在向计算机主机传送数据时采用的是同一通信协议。表 8-3 给出了三字节的数据传输格式。

表 8-3                                          三字节的数据传输格式

| 字节 | 字元(bit) | | | | | | | |
|---|---|---|---|---|---|---|---|---|
|  | 7 | 6 | 5 | 4 | 3 | 2 | 1 | 0 |
| BYTE1 | × | 1 | L | R | Y7 | Y6 | X7 | X6 |
| BYTE2 | × | 0 | X5 | X4 | X3 | X2 | X1 | X0 |
| BYTE3 | × | 0 | Y5 | Y4 | Y3 | Y2 | Y1 | Y0 |

其中各字母代表含义如下:

L:左按钮,0 为按下,1 为未按下;

R:右按钮,0 为按下,1 为未按下;

X7～X0:自上次发生数据后的 X 方向位移值;

Y7～Y0:自上次发生数据后的 Y 方向位移值。

在这 3 个字节中,bit7 均未用,bit6 为时钟,信息 X、Y 方向上的两个 8 位数据为有符号整数,为当前位置与上一次发送数据时位置的相对位移。

**4. 鼠标的软件接口**

（1）鼠标器驱动程序

鼠标器驱动程序解释鼠标器传送的数据并给操作系统提供统一的接口。因此,从硬件上将鼠标器与计算机连接好后,还要安装鼠标器驱动程序才能正常工作。在 IBM PC 微机系统中,通常有两个设备驱动程序,即 MOUSE. SYS 和 MOUSE. COM。其中一个用于 CONFIG. SYS,另一个用于 AUTOEXEC. BAT,实际中选用其中一个即可。通常,所有的 Windows 版本在系统引导时都能自动将鼠标的驱动程序加载到系统中。但是,在先前的 DOS 操作系统中,用户必须通过 CONFIG. SYS 或 AUTOEXEC. BAT 手动加载驱动程序。

（2）鼠标器程序设计

在应用程序中使用鼠标,通常可以用三种方法实现:使用控件中的鼠标事件、鼠标器函数或 Windows 中的鼠标器 API(Application Programming Interface,应用程序编程接口)函数以及直接调用 MS DOS 的中断 33H。

①使用 Windows 程序控件中的鼠标事件

Windows 程序中的控件是一种包括在窗体对象内的对象,它和窗体一样,都是创建界面的基本构造模块。控件的事件可以看作是控件对外部的响应,其中鼠标事件就是在程序运行时由鼠标的操作而触发的。

以 Visual Basic 为例,当程序运行时,单击鼠标就会触发 Click 事件,双击鼠标就会触发 DblClick 事件。对鼠标指针位置和状态变化操作做出响应的事件有:按下或释放鼠标按键按钮发生的事件 MouseDown 和 MouseUp 以及鼠标移动时发生的事件 MouseMove。

鼠标事件处理过程的格式如下:

```
Private Sub object_event(Button As Integer,Shift As Integer,X As Single,Y As Single)
```

其中,object 为接收鼠标事件的对象,event 则代表响应鼠标事件的事件名。

参数 Button 表示一个鼠标按下或释放,它的第 0 位表示鼠标的左键,第 1 位表示鼠标的右键,第 3 位表示鼠标的中键。当值为 0 时,表示该键释放,为 1 则表示该键按下。

参数 Shift 表示当鼠标按下或释放时,键盘上 Shift、Ctrl 和 Alt 键的状态。

参数 X 和 Y 表示当前鼠标横坐标和纵坐标的位置。

【例 8-1】 鼠标事件应用。

窗体的 MouseDown 事件:

```
Private Sub Form_MouseDown(Button As Integer,Shift As Integer,X As Single,Y As Single)
    Circle (3600,500),80
    If Button = vbLeftButton Then
        Line (X,Y) - (3600,500)
    End If
End Sub
```

窗体的 MouseUp 事件:

```
Private Sub Form_MouseUp(Button As Integer,Shift As Integer,X As Single,Y As Single)
    If Button = vbLeftButton Then
        Circle (X,Y),120
    End If
End Sub
```

程序运行后,当鼠标左键按下时,先在坐标(3600,500)点画一个圆,然后从坐标(3600,500)到鼠标光标当前位置画一条直线;当鼠标左键抬起时,以鼠标当前位置为圆心再画一个圆,如图 8-15 所示。

②鼠标器函数或 Windows 中的鼠标器 API 函数

鼠标器函数库的作用是在用户编写应用程序时为其提供支持鼠标器的功能。在安装鼠标驱动程序后,用户可以使用软件包中提供的 MOUSE. LIB 函数库作为 Microsoft 高级语言库函数。函数库允许在高级语言中使用驱动程序提供的鼠标器函数,把鼠标器功能变为高级语言中的函数或者过程供用户调用。

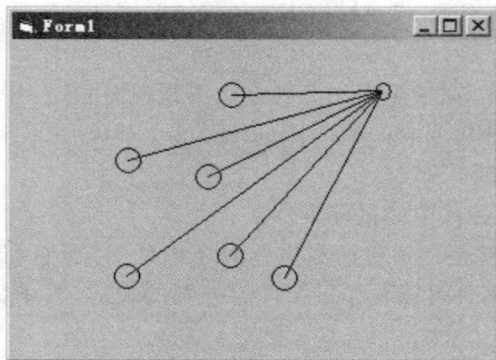

图 8-15  鼠标事件处理

Windows API 是一个操作系统支持的函数定义、参数定义和信息格式的集合,以供应用程序使用。Windows API 中包含了大量的函数、例程、类型和常数的定义,可以用于建立 Windows 应用程序。Windows API 提供的有关鼠标器操作的函数,可以用于编写鼠标操作的 Windows 应用程序。具体应用可参考有关资料。

③使用 BIOS 中断 INT 33H

用户可以通过 BIOS 中断 INT 33H 直接访问鼠标器驱动器程序,这时用户使用的功能与鼠标器函数库所提供的完全相同。但是由于函数调用的过程被省略了,所以同样的程序直接使用中断 33H 会比使用函数库更小更快。很多专业化的程序以及鼠标驱动程序都是直接使用中断 33H 编写的。

鼠标驱动程序以 INT 33H 的形式提供了几十个功能调用,这给用户使用鼠标功能进行编程带来方便。下面介绍几个常用的功能调用,更多的内容可以参考 I/O 的 BIOS 调用表中有关鼠标的服务功能 INT 33H。编程时将功能号放在 AX 中。

AX=00,鼠标初始化。若返回 AX=0,则表示鼠标未安装或系统不支持鼠标操作;若 AX 返回值非零,则支持鼠标操作,并在 BX 中给出返回值 2(不论是何种鼠标)。

AX=01,在当前位置显示鼠标光标。虽然在初始化完成后鼠标驱动程序一直跟踪鼠标的移动,但鼠标光标只有打开时才会显示出来。

AX=02,关闭鼠标光标。

AX=03,读取光标位置和按键状态。返回参数:寄存器 CX 放置鼠标光标的横坐标 X,DX 放置鼠标光标的纵坐标 Y,所获得的坐标值均以屏幕的像素(Pixel)为单位表示。在获取鼠标屏幕光标位置(X,Y)的同时,该功能还得到鼠标按键是否按下的状态信息。当鼠标的左键按下时,BX 的第 0 位的值为 1;当鼠标的右键按下时,BX 的第 1 位的值为 1;当鼠标的中键按下时,BX 的第 2 位的值为 1;当它们的值均为 0 时表示无键按下。

AX=04,设置鼠标光标位置。入口参数:CX 为欲设置鼠标光标的水平位置,DX 为欲设置的垂直位置,它们的值也以屏幕像素为单位。

AX=0B,读取鼠标光标的位移量。返回值为鼠标自上一次调用后在屏幕上移动的相对距离,其中 CX 为移动的水平距离 X,DX 为移动的垂直距离 Y。

【例 8-2】 使用 INT 33H 编写程序将鼠标的光标设置在屏幕的 80 行、100 列。

```
MOV    AX,04     ;设置鼠标光标位置功能号
MOV    CX,80     ;欲设置鼠标光标的水平位置
MOV    DX,100    ;欲设置鼠标光标的垂直位置
```

```
INT      33H
MOV      AX,1        ;显示鼠标光标功能
INT      33H
```

## 8.3.3　视频显示的原理及接口

**1. 视频显示技术在计算机系统中的意义**

虽然在人机交互的过程中,计算机获得信息的方式有很多种,但是人最直接、最敏锐的感觉还是视觉,所以在计算机系统中对使用影响最大、人们依赖最多的部件就是显示器,用以将计算机的内部信息转换成人们眼睛能够直接观察并识别的光信息。目前,显示器已经成为微型计算机中最常用的标准输出设备,用来显示字符、表格、图形和图像等信息。使用视频的方式进行输出信息,具有形象、直观、快速和信息量大的特点。

**2. 视频显示的基本原理**

在显示器上显示的图像实际上是在显示器的光栅扫描过程中将图像信号分解成按时间分布的视频信号,用以控制电子束在各条光栅位置上点的亮度和色彩。为了显示视觉信息,首先要在屏幕上产生由可控的发光点构成的像素矩阵。利用控制特定像素点的亮度和色彩不同组合的变化方式,产生不同的视觉信息,如图 8-16 所示。这些视觉信息可以是简单的几何图形,也可以是复杂的一帧(幅)图形或图像(Image)。通过图像的不断刷新,还可以产生一帧一帧的动态视频图像。

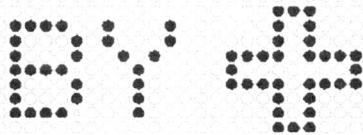
图 8-16　用点阵显示字符和图形

由于工作机理的不同,CRT 和 LCD 产生像素矩阵的方式是不同的。CRT 是由电子枪把穿过一连串强磁场的电子束打到涂有一层磷光材料的显示屏上的不同位置,使得磷光材料暂时性地发亮产生亮点。每个点代表一个像素,控制电子束的电压,就能调整每个点的明暗,在荧光屏上构成亮度和颜色可控的光点像素矩阵。而 LCD 则是基于液晶电光效应的显示器件,利用电场可使液晶旋转的原理,在每个像素点的两电极上加上电压使得液晶偏振化方向转向与电场方向平行,液态晶的折射率随液晶的方向而改变以控制像素点显示的亮度和色彩变化。屏幕上的像素矩阵是由屏幕上按矩阵排列的一个个液晶单元实现的。

**3. 视频显示系统的组成**

微型机中的数据从形成到显示出来大致要经历三个过程:CPU 的运算、总线的传输及图形卡的处理和输出,最后由显示设备产生视觉信号。因此,视频显示系统由显示设备、显示适配器(显卡)和显示系统软件组成,如图 8-17 所示。显示设备是独立于 PC 主机的一种外部设备,通过显示接口与 PC 机主机中的显示卡相连。

为了产生供显示的视频信号,显示器必须通过显示卡与主机打交道。一般,显示卡是一块插在 PC 主机中的扩展卡,主要作用是将 CPU 送来的影像数据处理成显示器可以接收的格式,再通过信号线的输出控制显示器件显示各种字符和图形的信号。PC 机对屏幕的任何操作都要通过显示卡来实现。

**4. 显示器的类型及工作原理**

显示器在微型计算机中的主要作用是在屏幕上产生亮度和颜色可控的光点矩阵。根据显示器件的不同可以将显示器分为阴极射线管显示器 CRT(Cathode Ray Tube)和平板显示器 FPD(Flat Panel Display)两大类。阴极射线管显示器(CRT)技术成熟、成本较低、寿命较长,

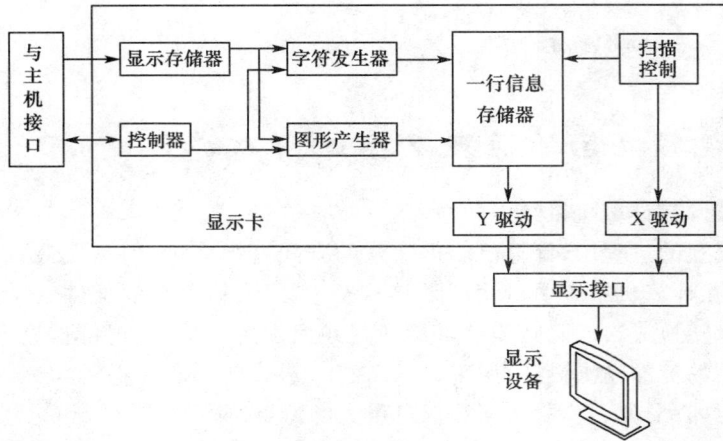

图 8-17　微型计算机显示系统

是计算机中最常用的显示设备。平板显示器是近年发展起来的新型显示设备,其特点是体积小、重量轻、耗电省。根据不同的显示原理,平板显示器可分为液晶显示器 LCD(Liquid Crystal Display)、场致发光显示器 EL(Electro Luminescent Display)、等离子体显示器 PDP(Plasma Display Panel)及真空荧光显示器 VFD(Vacuum Fluorescent Display)等。目前,随着技术的成熟和成本的降低,LCD 在便携式和台式微机中越来越普及。下面,就对最为广泛的阴极射线管显示器 CRT 和液晶显示器 LCD 做简单介绍。

(1)CRT 原理及标准

CRT 显示器,简称阴极射线管显示器,由真空玻璃管里面的阴极发射电子轰击屏幕上的荧光粉来显示图像。从 CRT 显示器显示的颜色上看,它经历了三个发展阶段,即由黑白、灰度再到彩色显示;从 CRT 显像管的形状上讲,它经历了四个发展阶段,即由球面型、直角平面型、柱面型到纯平型 CRT 显示器。

阴极射线管是一种电真空显示器件,主要由电子枪、偏转系统和荧光屏三部分组成。其基本工作原理是:阴极受热后发出电子,经电子枪将电子聚成一道很细的高速电子束,经过偏转系统,在电场(或磁场)的作用下发生偏转扫描并轰击荧光屏,使荧光屏上的荧光材料发光,在屏上产生光点矩阵,如图 8-18 所示。偏转电场(或磁场)强弱的变化,引起光点在屏幕上位置的改变。因此通过控制偏转信号可以使电子束在屏幕上形成各种不同的图像。

彩色 CRT 的色彩是根据"三基色原理"利用空间混色法构成的。其基本原理是:由三种独立的基本色彩即红、绿和蓝作为三基色,分别以 R、G 和 B 表示。由电子枪产生三个电子束,在电子线路的控制下,不同比例的信号强度打在屏幕上决定了颜色的深浅,混合后即可构成自然界中各种不同的颜色,如图 8-19 所示。

彩色显示器主要由视频驱动和输出电路、行扫描电路、场扫描电路、高压整流电路、CRT 显像管和机内直流电源组成。下面以彩色图形显示器为例(原理框图如图 8-20 所示),简单介绍其工作原理。在视频信号的控制下,视频放大驱动电路将主机显示卡送来的视频信号放大,经输出电路将信号送至显像管的阴极,使其产生电子束。电子束在偏转磁场的作用下对屏幕进行扫描,分别轰击荧光屏上的三色荧光粉(红、绿、蓝),使得荧光屏上的磷光材料暂时性地发亮,从而实现电—光转换,在屏幕上得到所需的图像。

自 IBM PC 微型计算机问世以来,显示技术有了长足的发展。为了不断提高显示的质量,

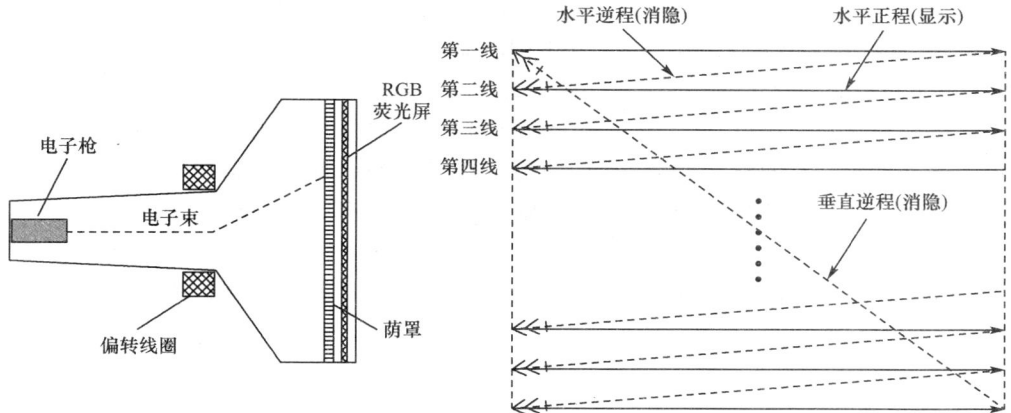

图 8-18　阴极射线管和扫描原理

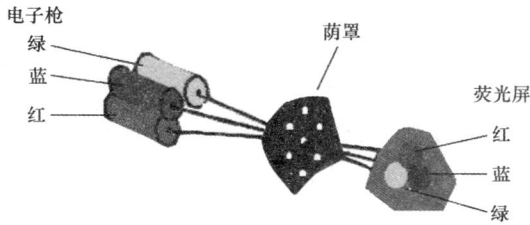

图 8-19　三基色混色原理

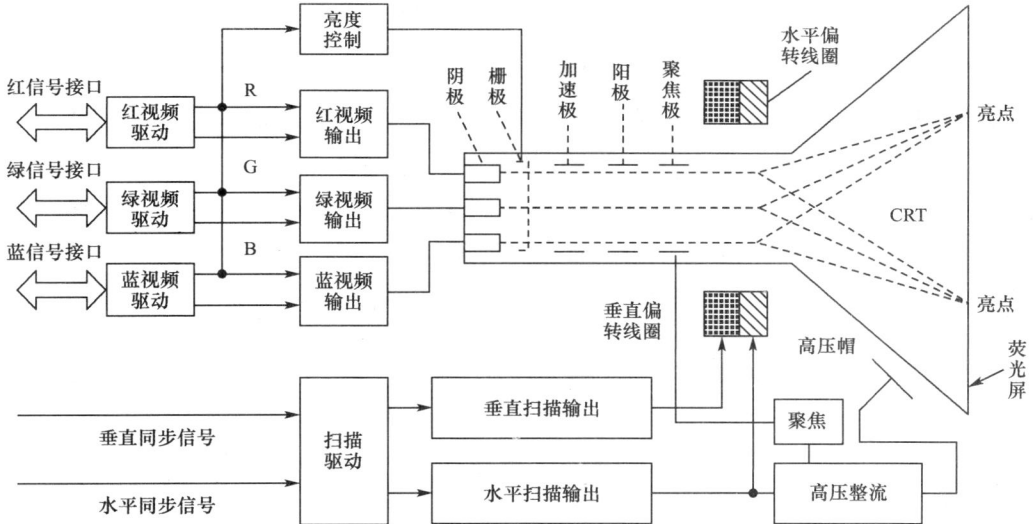

图 8-20　彩色图形显示器原理框图

IBM 以及其他公司开发了许多不同的显示标准并配置了相应的显示设备。这些标准通过图形显示卡的不同特性反映了各种视频显示系统的性能,包括显示工作方式、屏幕显示规格、分辨率以及显示色彩的种类。从 IBM 最早推出的视频显示标准 MDA 开始,陆续开发出了一系列新的标准 CGA、EGA、VGA 和 TVGA 等。在这些显示标准中,有许多现在已经不用了,有些即便是仍在使用,在名称上也有了很大的变化。但是 VGA 这个标准以其独有的特征,仍然用作表示基本的图形显示功能,同时得到了市场上所有视频设备的支持和以后显示标准的扩充。

VGA(Video Graphics Array,视频图形阵列显示适配器)是 IBM 公司推出的第三代图形显示适配器,支持在 640×480 的高分辨率下同时显示 16 种色彩或 256 种灰度,同时在 320×240 分辨率下可以显示 256 种颜色,字符显示为 9×16 点阵。VGA 的主要特点是采用了模拟信号输出接口与显示器接口,显示颜色由 D/A 转换的输出位数和调色板的位数决定,使显示颜色更加丰富多彩。它的标准是:R(红)、G(绿)、B(蓝),每一路视频信号均采用 6 位 D/A 转换,并用 18 位的彩色调色板,每次可以同时显示的颜色数还取决于每个像素在 VRAM 中的位数。在分辨率 640×480 时,每个像素对应 4 位信息,因此可以从 256 K 颜色中选择 16 种颜色;在分辨率 320×200 时,每个像素对应 8 位信息,可以从 256 K 种颜色中选择 256 种颜色。行频为 31.5 kHz,场频为 60 Hz 或 70 Hz。

TVGA(Trident VGA)是美国 Trident 公司开发的超级 VGA(也称 SVGA)标准。除了与 VGA 完全兼容外,其性能有了很大的提高。其中,分辨率有 640×480、800×600、1024×768 和 1024×1280 等,可显示的颜色也多达 16 M 色。

(2)LCD 的工作原理及类型

LCD(Liquid Crystal Display)从显示的作用和效果上来讲,液晶显示器和 CRT 显示器有许多共同之处。但是由于显示原理不同,两者又在许多方面存在着本质的差异。从原理上讲,液晶显示器属于电光效应显示器。液晶本身不发光,只用于控制光线,是液晶面板后面的背光(Backlight)透过液晶分子而让人感受到光的存在,所以从工作原理上来讲,液晶显示器属于被动发光显示器。

在液晶显示器中,是利用液晶的物理特性而工作的。置于两片导电玻璃之间的液晶,在两个电极间电场的驱动下,使液晶分子产生扭曲向列的电场效应,达到控制光源透射或遮蔽功能的目的,使得在电源关开之间产生明暗而将影像显示出来。若加上彩色滤光片,则可显示彩色影像,具体原理如图 8-21 所示。

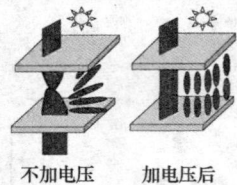

图 8-21　液晶显示原理

在封闭液晶的两片玻璃基板上装有带沟槽的配向膜,上下夹层中填充了多层液晶分子。在同一层内,液晶分子的位置虽不规则,但长轴取向都是平行于偏光板的。另一方面,在不同层之间,液晶分子的长轴沿偏光板平行平面连续扭转 90 度。其中,邻接偏光板的两层液晶分子长轴的取向,与所邻接的偏光板的偏振光方向一致。接近上部夹层的液晶分子按照上部沟槽的方向来排列,而下部夹层的液晶分子按照下部沟槽的方向排列。当玻璃基板没有加入电场时,光线透过偏光板随液晶做 90 度扭转,并穿过下方偏光板,液晶面板呈透光状态;当玻璃基板加入电场时,由于受到外界电压的影响,液晶会改变其初始状态,不再按照正常的方式排列,而变成竖立的状态。因此,经过液晶的光会被第二层偏光板遮蔽,从而整个结构呈现不透光的状态,其结果是在显示屏上显示黑色。

把液晶单元即像素(Pixel)排成矩阵,就构成液晶显示器的主体部分。彩色液晶显示器通常采用彩色滤光膜(Color Filter)混色法,通过红、绿、蓝三种颜色的滤光膜形成红绿蓝三基色。滤光膜划分成许多单元,与液晶显示器的像素一一对应,如图 8-22 所示。在液晶显示器中把像素按红绿蓝三基色分为三个子像素,通过控制每个子像素的亮度,即可形成不同的颜色层次,而三基色各种不同颜色层次的组合就构成了人眼能分辨的全部颜色,也就是常说的真彩色。

液晶的像素排成矩阵时,红绿蓝三个子像素放在一行,因此,扫描一行时,每个像素显示出来的都是合成后的色彩。彩色液晶显示器 TFT 的每个像素都由背后的三个薄膜晶体管驱

动。通过液晶显示器的控制和驱动线路,控制三个
薄膜晶体管的导通状态,就会改变三个子像素的灰
度级别,从而影响透过三色滤光膜的颜色层次,在三
基色基础上混合形成五彩缤纷的色彩。若薄膜晶体
管只能处于饱和或截止两种状态,则红绿蓝三基色
只能组合成 8 种颜色。当子像素的灰度级别为 64
时,红绿蓝三基色就可组合成 64×64×64 即 256 K
种颜色。

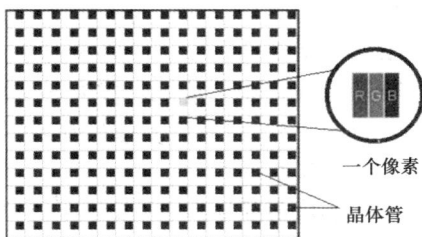

图 8-22　彩色液晶像素矩阵的结构

在微型计算机的控制下,视频显示信号即视频电压的高低决定了电场的强弱,而电场的强
弱又决定了液晶分子的透光率,从而决定了光线的亮度。所以,屏幕上的光线亮度是由视频信
号的强度决定的。液晶显示器就是基于这个工作原理,由视频信号将外来的光线调制成不同
的亮度,从而显示出与视频信号相应的信息。

根据液晶显示器的控制方式不同,可将其分为无源矩阵型(Passive Matrix,PM)LCD 和
有源矩阵型(Active Matrix,AM)LCD 两大类。

无源矩阵型 LCD 在亮度及可视角方面受到较大的限制,反应速度也较慢。由于画面质量
方面的问题,使得这种显示设备不利于用作桌面型显示器,但由于成本低廉的因素,市场上仍
有部分低端显示器采用。无源矩阵型被动矩阵式 LCD 又可分为 TN-LCD(Twisted Nematic-
LCD,扭曲向列 LCD)、STN-LCD(Super TN-LCD,超扭曲向列 LCD)和 DSTN-LCD(Double
layer STN-LCD,双层超扭曲向列 LCD)。

有源矩阵型 LCD,也称 TFT-LCD(Thin Film Transistor-LCD,薄膜晶体管 LCD),是目前
应用比较广泛的液晶显示器。TFT 液晶显示器在画面中的每个像素内建晶体管,使得每个像
素都由三个分别与红、绿、蓝子像素对应的薄膜晶体管驱动,所以称为"有源"。TFT-LCD 的
主要特点是高亮度、宽视角、快响应和全彩色,目前已成为液晶显示器市场上的主流产品,成为
计算机的标准配置。

液晶显示器主要由三部分组成,分别是显示存储器、显示控制器和显示模块。各部分的组
成和功能简要介绍如下:

①显示存储器

显示存储器用于存放要显示的数据。显存的大小与屏幕分辨率有关,显存的组织方式与
像素数据的组织方式相对应。

例如,有一显示分辨率为 1024×768 的彩色显示屏,每个像素数据集中放在 1 个字节,则
存放 1 帧图像数据需要的显存容量应不小于 1024×768×1 B,这时可选用 1 MB 的显存。

显存与显示控制器之间的连线有地址线、数据线(双向)和读写控制线等。

②显示控制器

显示控制器主要由四部分组成:接口部分、控制部分、数据处理部分和驱动部分。

接口部分用于在液晶显示器和主机之间交换信息,包括传送命令(命令字)、数据和状态,
并进行时钟的转换,使显示器与主机之间相互协调。接口部分由命令寄存器、数据输入/输出
寄存器、状态寄存器及相关的逻辑电路组成。

控制部分是显示控制器的核心,用于对液晶显示器的各部分进行统一的协调和控制。控
制部分包括时序发生器、逻辑控制电路、参数寄存器组、显示时序电路和光标发生器等。时序
发生器为逻辑控制电路和显示时序电路提供基本时序。

数据处理部分包括字符发生器、像素数据/颜色转换电路和显示缓冲区,用于把显存中不同类型的数据变换成显示所要求的格式。

驱动部分实际上是显示控制器与显示模块之间的接口电路,其作用是为液晶显示模块提供各种驱动信号,包括控制信号和数据信号。

③显示模块

显示模块由显示屏幕(液晶面板)和相应的驱动控制电路组成,将显示控制器提供的驱动信号输送到液晶面板并生成视觉图像。

**5. 视频显示信号的接口形式**

视频显示信号的接口是在计算机系统中连接显示设备的重要端口,其形式与显示的标准紧密相关。随着 VGA 标准的日益普及,目前几乎所有的微型计算机都配备了这种接口。VGA 接口是将计算机内部以数字方式生成的显示图像信息,由显卡中的数字/模拟转换器转变为 R、G、B 三原色信号和行、场同步信号,通过电缆传输到显示设备中的连接通道,属于模拟信号接口。对于模拟显示设备,如模拟 CRT 显示器,信号可以直接送到相应的处理电路,驱动控制显像管生成图像。

VGA(Video Graphic Array)即显示绘图阵列。VGA 接口也称 D-Sub 接口,共 15 针,分为 3 排,每排 5 针,接口为 D 字形非对称分布的连接方式,管脚排列及信号含义如图 8-23 所示。

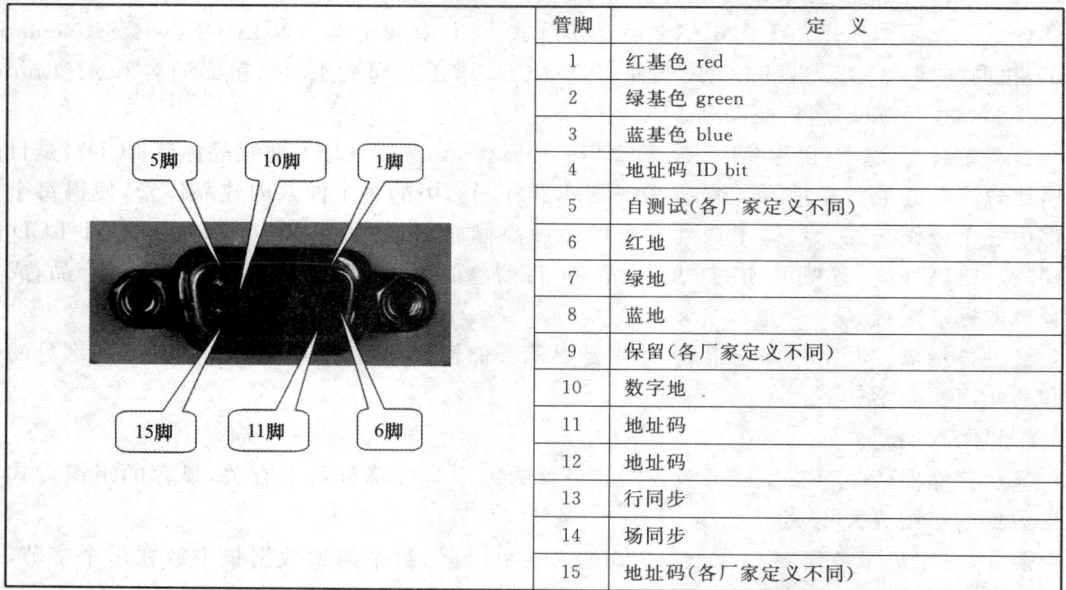

| 管脚 | 定　义 |
| --- | --- |
| 1 | 红基色 red |
| 2 | 绿基色 green |
| 3 | 蓝基色 blue |
| 4 | 地址码 ID bit |
| 5 | 自测试(各厂家定义不同) |
| 6 | 红地 |
| 7 | 绿地 |
| 8 | 蓝地 |
| 9 | 保留(各厂家定义不同) |
| 10 | 数字地 |
| 11 | 地址码 |
| 12 | 地址码 |
| 13 | 行同步 |
| 14 | 场同步 |
| 15 | 地址码(各厂家定义不同) |

图 8-23　VGA 管脚排列及信号含义

DVI(Digital Visual Interface)是 1999 年由 Silicon Image、Intel、Compaq(康柏)、IBM、HP(惠普)、NEC 和 Fujitsu(富士通)等公司共同组成的数字显示工作组 DDWG(Digital Display Working Group)推出的接口标准,其外观是一个 24 针的接插件。显示设备采用 DVI 接口主要具有有以下优点:

(1)速度快:DVI 传输的是数字信号,数字图像信息无须经过任何转换就会直接被传送到显示设备上,因此减少了数字→模拟→数字的烦琐转换过程,大大节省了时间,因此它的速度更快,有效消除拖影现象,而且使用 DVI 进行数据传输,信号没有衰减,色彩更纯净、更逼真。

(2)画面清晰:计算机内部传输的是二进制数字信号,使用 VGA 接口连接液晶显示器就需要先把信号通过显卡中的 D/A(数字/模拟)转换器转变为 R、G、B 三原色信号和行、场同步信号,这些信号通过模拟信号线传输到液晶内部还需要相应的 A/D(模拟/数字)转换器将模拟信号再一次转变成数字信号才能在液晶上显示出图像来。在上述的 D/A、A/D 转换和信号传输过程中不可避免会出现信号的损失和受到干扰,导致图像出现失真甚至显示错误,而 DVI 接口无须进行这些转换,避免了信号的损失,使图像的清晰度和细节表现力都得到了大大提高。

根据定义,DVI 分为 DVI-A、DVI-D 和 DVI-I 三种规格。其中:

DVI-A 接口用于传输模拟信号,其功能和 D-Sub 完全一样。

DVI-D 接口是真正意义上的数字视频信号接口。接口上只有 3 排 8 列共 24 个针脚,其中右上角的一个针脚为空。该接口能将显卡产生的数字信号原封不动地传输给显示器,从而避免了数/模转换过程和模拟传输过程中的信号损失。该接口只能接收数字信号,不兼容模拟信号,其连接器的外形及引脚布局如图 8-24(a)所示。

DVI-I 接口如图 8-24(b)所示,可同时兼容模拟和数字信号,包含 DVI-D 的 24 个针脚以及模拟视频接口 C1-C5。DVI-I 完全可以兼容 VGA 接口,甚至还可以实现 TV-OUT 等模拟视频功能。为兼容模拟信号,需要通过一个专用的转换接头与显示器的 D-Sub 接口连接,该转换接头的外形如图 8-25 所示。

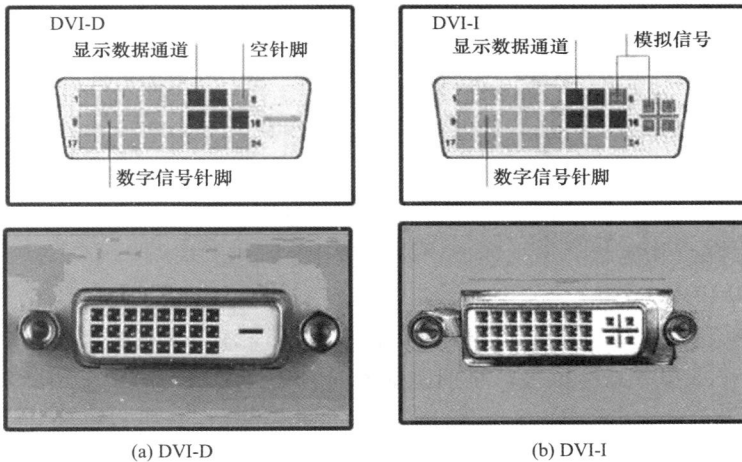

图 8-24　DVI 接口

图 8-25　DVI-VGA 接口转换器

**6. 视频显示适配器**

视频显示适配器也称显卡,在计算机系统中提供了计算机和显示器之间的接口。它的主要作用是将 CPU 通过总线送来的影像数据处理成显示器可以接收的格式,再送到显示屏上形成影像。

其具体工作过程是:首先将 CPU 发出的视频显示数据通过 AGP 或 PCI-E 总线送入显卡的图形芯片(即通常所说的 GPU,即 Graphic Processing Unit)中进行处理。当芯片处理完后,相关数据会被运送到显存内部暂时储存。为了得到模拟的 VGA 显示信号,数字图像数据将被送入 RAMDAC(Random Access Memory Digital Analog Converter,随机存储数字模拟转换器)并被转换成计算机显示需要的模拟数据。最后将转换完的类比数据送到显示器显示为我们所看到的图像。如果使用 DVI 输出接口,只需将显示适配器输出的数字信号原封不动地直接传输给显示器,而不需要数/模转换过程。在上述过程中,图形芯片对数据处理的快慢以及显存的数据传输带宽都会对显卡性能有明显影响。

为了提高显示适配器的图形处理能力,现在的显示卡大多为图形加速卡,显示卡上的芯片组能够提供图形函数计算能力,具有这个能力的芯片组称为加速引擎或图形处理器。由于图形加速卡拥有自己的图形函数加速器和显存,工作时可以大大缩短 CPU 所必须处理图形函数的时间。例如,要画一个圆,如果让 CPU 去运算,就要计算需要多少个像素来实现、构成图形的像素在屏幕上的位置以及使用的颜色等参数。如果图形加速卡芯片存储有画圆函数,则 CPU 只需要发出画圆的指令,剩下的工作就由加速卡来进行,由此可以大大提高计算机的整体性能。

目前的 PC 显示适配器主要由三个部件组成:显示控制器、显示存储器和 ROM BIOS 芯片。在使用 VGA 和 SVGA 的显示卡上还有 RAM DAC 数模转换器。其中,显示控制器可能是单一的芯片,也可能是由几个芯片组成。

(1)显示控制器

显示控制器是显卡上的一个重要部分,负责处理由主机 CPU 发出的图形处理软件指令和信息,使显卡能完成某些特定的绘图功能。显示控制器是显示适配器的显示核心。

(2)显示存储器

显示存储器也叫显示内存,用来暂存显示芯片要处理的图形数据,显示内存越大,显卡的图形处理速度就越快,在屏幕上出现的像素就越多,图像就更加清晰。

(3)显示 ROM BIOS

显示适配器上的 ROM BIOS 作用与主板上的 BIOS 相似,在其内部记录了显示芯片和驱动程序间的控制程序和产品标识等。早期的显示适配器上的 ROM BIOS 都采用掩膜 ROM,而现在显示适配器上的 ROM BIOS 都采用 EEPROM 芯片,用户可以在特定的条件下重新修改和升级。

(4)RAM DAC

RAM DAC(Random Access Memory DAC,数模转换芯片)是将计算机内的数字信号代码转换为模拟显示器所用的模拟信号。此芯片的性能决定显示器所表现出的分辨率及图像显示速度。RAM DAC 根据其寄存器的位数划分有 8 位、16 位和 24 位等。8 位 RAM DAC 只能显示 256 色;而真彩卡支持的 16 M 色彩,RAM RDC 必须为 24 位。另外,RAM DAC 的工作速度越高,则相应的显示速度也越快,如适配器要工作在 75 Hz 的刷新率和 1280×1024 分辨率状态下,RAM DAC 的速度至少要达到 150 MHz。

为了完成信号的连接和保证显示适配器的正常工作,在显示适配器上还有与显示器连接的 VGA 或 DVI 连接器以及与计算机系统连接的 AGP 或 PCI-E 接口等硬件部分。

另外,为了增强系统的 3D 加速功能,获得显示性能的有效提升,目前 API 应用程序开发商已开发了三种应用程序接口,即 Direct 3D、Open GL 和 Glide,并已将其定为行业标准。显示芯片厂商通常根据特定的标准来设计自己的硬件产品,以达到在 API 调用硬件资源时最优化。这样,设计的显示适配器就可以通过 API 自动和硬件的驱动程序沟通,达到了在 API 调用硬件资源时最优化,充分发挥 3D 芯片强大的 3D 图形处理功能,从而大幅度地提高了 3D 程序的设计效率。

当某个应用程序提出一个画图请求时,该请求首先要被送到操作系统中,然后通过 GDI (图形设备接口)和 DCI(显示控制接口)对所要使用的函数进行选择。这时,显卡驱动程序判断哪些函数可以被显卡芯片集运算,并将其送到显卡进行加速。如果某些函数无法被显示控制芯片进行运算,这些工作就交给 CPU 进行。由于 API 是存在于 3D 程序和 3D 显示卡之间的接口,它使软件运行在硬件之上,为了使用 3D 加速功能,就必须使用显示卡支持的 API 如 DirectX 和 OpenGL 等来编写程序,以获得性能上的提升,并可使不同厂家的硬件和软件得到最大范围的兼容。

**7. 显示系统的软件功能**

在微型计算机系统的 ROM BIOS 中,有专用于显示的中断处理程序,中断类型号为 10H。另外,在 VGA 和 SVGA 显示适配器中,也有专门配置的视频 ROM BIOS 芯片,其中的驱动程序对 10H 中断程序做了扩充,并在系统启动时,将其和原有的 10H 中断程序组合为一个整体。

系统启动以后,首先调用 10H 中断程序对显示系统进行初始化。除了在高级语言中使用函数或控件进行屏幕显示程序设计外,在使用汇编语言编程时,也可用 INT 10H 指令以软件中断的形式调用 10H 中断程序所提供的功能,包括设置显示方式(00H)、对光标位置的设置(02H)和读取(03H)、往光标位置写字符(09H)、从当前光标位置读字符(08H)、使屏幕往上滚动的设置(06H)和使屏幕往下滚动的设置(07H)以及设置像素颜色(0CH)等。调用前,在 AH 中设置功能调用号,并在有关的寄存器中设置其他必要参数,然后调用 10H 中断即可。具体应用时,可查阅相关资料。下面程序段置光标到 0 显示页的(20,25)位置,并以正常属性显示一个星号"*"。

```
MOV    AH,2       ;设置置光标位置功能号
MOV    BH,0       ;设置显示页(0 页)
MOV    DH,20      ;置光标位置(20 行)
MOV    DL,25      ;置光标位置(25 列)
INT    10H        ;BIOS 调用
MOV    AH,9       ;设置写字符功能号
MOV    AL,'*'     ;显示字符'*'
MOV    BH,0       ;设置显示页(0 页)
MOV    BL,7       ;设置显示属性(正常属性)
MOV    CX,1       ;设置字符重复次数
INT    10H        ;BIOS 调用
```

# 8.4  打印机及接口

## 8.4.1  打印机概述

打印机是常用的输出设备,其功能是把计算机输出的图形和文字资料等信息打印在纸上,转换为书面信息,用于阅读和较长时间保存。打印输出是计算机系统最基本的输出形式。打

印机在计算机系统中的地位随着其广泛应用而显得越来越重要,市场前景也越来越广阔。

随着计算机技术的飞跃发展和制造工艺水平的提高,打印机技术取得了惊人的进步。从最初出现的活字式打印机到后来的点阵式打印机,从静电式和热敏式打印机到目前普及率最高的喷墨打印机,以及倍受青睐的激光印字机。从诞生那一天起,打印机技术经历了从最初的追求某些单一性能的优良,到今天的整体性能全面提高的过程。目前打印机技术正伴随着计算机技术的发展而迅速发展,相信不久的将来,打印机将会在不断降低成本的基础上满足人们高速、低噪声、高分辨率和高质量的打印要求。同时,彩色打印机技术的日益成熟和成本的不断降低,使它们将以靓丽的色彩和生动美丽的画面吸引越来越多的用户,向人们呈现出一个更加五彩斑斓的世界。

## 8.4.2　主流打印设备简介

打印机是一种复杂而精密的机械电子装置,从结构上来讲,无论哪种打印机,在结构上基本都可分为机械装置和控制电路两大部分。机械装置包括打印头、字车机构、走纸机构、色带传动机构、墨水(墨粉)供给机构以及硒鼓传动机构等,它们都是打印机系统的执行机构,由控制电路统一协调和控制;而打印机的控制电路则包括 CPU 主控电路、驱动电路、输入/输出接口电路及检测电路等。另外,按照打印机的工作方式,可将打印机分为击打式和非击打式两大类。目前常用的打印机有针式打印机、喷墨式打印机和激光式打印机等。下面对这三种打印机的结构和工作原理进行简要介绍。

### 1. 针式打印机

针式打印机是最早出现的打印机,属于击打式打印机。从 9 针到 24 针,针式打印机在历史上的很长一段时间一直占有重要的地位。但是由于打印质量不高且噪音大使得它已基本走出打印机历史的舞台,目前只有在银行和超市等用于票单打印以及很少的特殊场合还一直在使用。

针式打印机之所以得名,关键在于其打印头的结构。打印头的结构比较复杂,大致说来,可分为打印针、驱动线圈、定位器和激励盘等。当打印头从驱动电路获得一个电流脉冲时,电磁铁的驱动线圈就产生磁场吸引打印针衔铁,驱动打印针击打色带,将色带上的油墨黏附在打印纸上打出一个点的信息。针式打印机的组成及控制逻辑如图 8-26 所示。

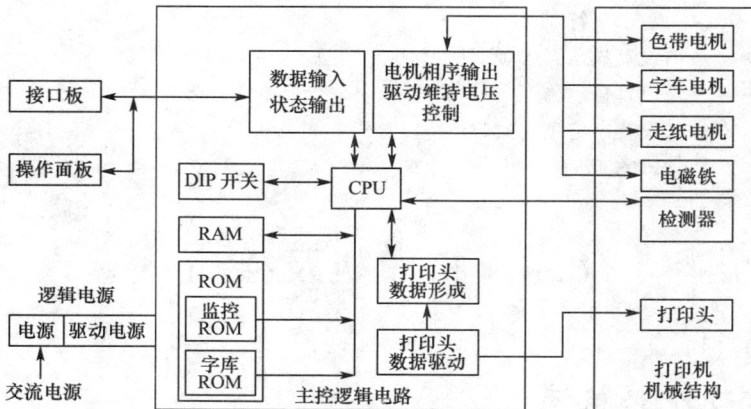

图 8-26　针式打印机的组成及控制逻辑

工作时,在主机发出打印指令后,系统通过总线将输出的代码送至打印机输入接口电路,经处理后进入打印机的主控电路。在控制程序的控制下,产生字符或图形的编码,驱动打印头以行列点阵的形式将字符或图形打印出来。

**2. 喷墨打印机**

喷墨打印机是继针式打印机之后开发出来的非击打工作方式打印机,也属于点阵式打印机。与针式打印机相比,这两者的本质区别在于打印头的结构。喷墨打印机的打印头是由成百上千个直径极其微小(约几微米)的墨水通道组成。每个通道内部都附着能产生振动或热量的执行单元。当打印头的控制电路接收到驱动信号后,即驱动这些执行单元产生振动,将通道内的墨水挤压喷出;或产生高温,加热通道内的墨水,产生气泡,将墨水喷出喷孔。喷出的墨水到达打印纸后形成文字和图像。喷墨打印机具有体积小、操作方便和打印噪音低等优点。最近几年,由于喷墨技术的关键性突破,使得其成本大幅度降低,应用数量急剧上升,彩色喷墨打印机因其良好的打印效果与低廉的价格而占领了广大中低端市场。

喷墨打印机按喷墨技术划分有连续式和随机式两种;按喷墨头的喷墨方式划分,喷墨打印机的打印头有电荷控制式和热电(热气泡)式两种。

(1)热电式

热电式喷墨的工作原理是通过喷墨打印头上电加热元件的迅速升温,使喷嘴底部的液态墨水汽化并形成气泡,该蒸汽膜将墨水和加热元件隔离,以避免将喷嘴内全部墨水加热。待加热信号消失后,加热陶瓷表面开始降温,但残留余热仍促使气泡迅速膨胀到最大,由此产生的压力压迫一定量的墨滴克服表面张力快速挤压出喷嘴。随着温度继续下降,气泡开始呈收缩状态。喷嘴前端的墨滴因挤压而喷出,后端因墨水的收缩使墨滴开始分离,气泡消失后墨水滴与喷嘴内的墨水便完全分开,从而完成一个喷墨的过程。

(2)电荷控制式

电荷控制式打印头喷嘴内部装有压电陶瓷,利用其在电压作用下会发生形变的原理使其变形产生压力,挤压喷头将内部的墨滴喷出。电荷控制式喷墨打印机的主要部件有喷墨头、充电电板、偏转电极、墨水供应与过滤系统(包括墨水泵、墨水槽、过滤器、收集槽和回收器管道等)以及相应的控制电路,其结构原理如图 8-27 所示。

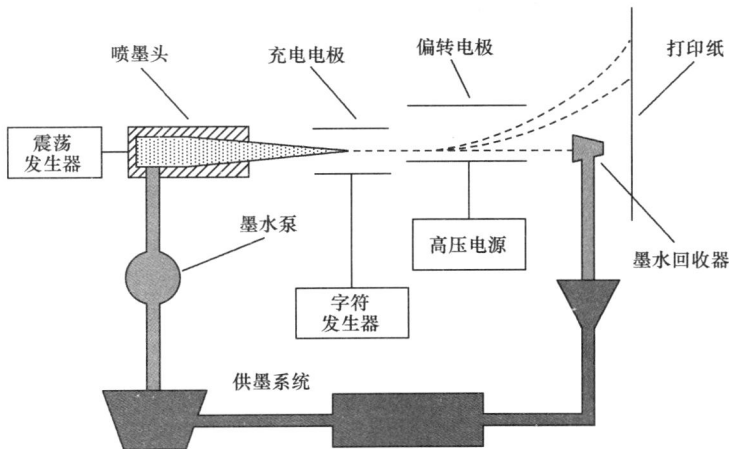

图 8-27　电荷控制式打印头结构原理

这种打印机喷墨过程的墨滴控制分为三个阶段:压电陶瓷首先在信号的控制下微微收缩;然后,压电陶瓷产生一次较大的延伸,把墨滴推出喷嘴;在墨滴马上就要飞离喷嘴的瞬间,压电陶瓷又会进行收缩,干净利索地把墨水滴从喷嘴处切断形成一束极细的、连续均匀的墨水滴流。为了对喷出的墨滴进行精确控制,在充电电极上施加一个静电场给墨水滴充电,所充电荷多少与墨滴喷在纸上的位置高低成正比,带不同电荷的墨滴通过加有恒定高压偏转电极形成的电场后垂直偏转到所需的位置。若在垂直线段上某处不需喷点,相应的墨滴不充电。这样,墨滴在偏转电场中不发生偏转而按原方向射入回收器。

由于用微压电喷墨技术制作的喷墨打印头成本比较高,所以为了降低用户的使用成本,一般都将打印喷头和墨盒做成分离的结构,更换墨水时不必更换打印头。

### 3. 激光打印机

激光打印机是近年来高科技发展的一种新产物,是将激光扫描技术和电子显像技术相结合的非击打式输出设备。它通过激光技术和电子照相技术完成印字功能,是一种高精度、高速度、低噪声的非击打式打印机,主要由激光扫描系统、电子照相系统和控制系统三部分组成。

激光打印机的打印原理是利用光栅图像处理器产生要打印页面的位图,然后将其转换为电信号脉冲送往激光发射器,在这一系列脉冲的控制下,激光发生器发出一系列有规律的激光束,通过光学系统使感光硒鼓感光,形成了由电荷组成的潜影。在带有电荷的硒鼓表面经过显影辊时,有电荷的部位就吸附了墨粉颗粒,潜影就变成了真正的影像。当带有电荷的打印纸经过吸附了墨粉的硒鼓时,硒鼓表面的墨粉就会转移到纸上,印成了页面的位图。最后当纸张经过一对加热辊后,墨粉被加热熔化,固化到了纸的表面,完成一副页面打印的全过程。

从功能结构上看,激光打印机分为打印引擎和打印控制器两大部分。打印控制器的作用是与计算机通过接口或网络进行通信,接收计算机发送的控制和打印信息,同时向计算机传送打印机的状态;打印引擎在打印控制器的控制下将接收到的打印内容转印到打印纸上。

打印引擎的结构如图 8-28 所示。从功能上可以将其分为激光扫描系统、成像系统和输纸系统等部分。

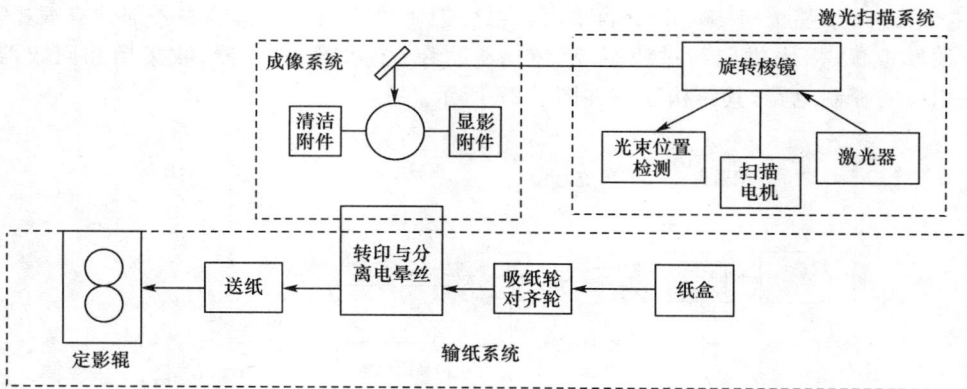

图 8-28　激光打印机打印引擎

从原理上来讲,所有的激光打印控制器都是一台功能完整的计算机,包括了通信接口、处理器、存储器和控制接口等四大基本功能模块。通信接口负责与计算机进行数据通信;存储器用以存储接收到的打印信息和解释生成的位图图像信息;控制接口负责引擎中的激光扫描器和电机等部件的控制以及打印机面板的输入/输出信息控制;处理器是控制器的核心,所有的数据通信、图像处理和引擎控制工作都由处理器完成。

## 8.4.3  微型计算机系统与打印机的接口

计算机和打印机的通信是通过打印机接口进行的。打印机一般都是通过专用的并行接口与微机通信的,打印机接口电路也称为打印机适配器,其功能主要是完成打印机与主机之间数据、控制和状态等信号的交换。如图 8-29 所示的是并行打印机接口逻辑图。

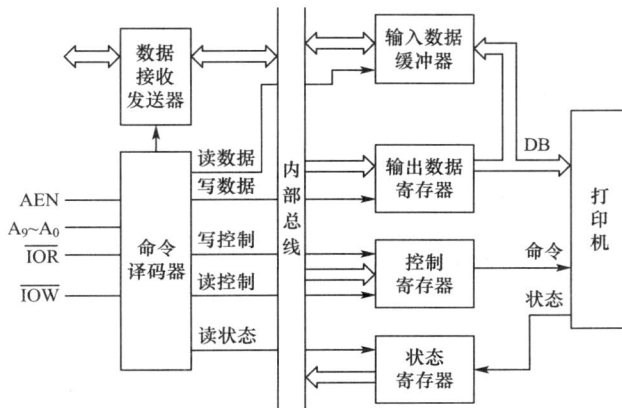

图 8-29  并行打印机接口逻辑图

计算机打印机适配器提供的打印机端口是一个 25 针的 D 形插座。接打印机的一端为 DB-36 型的 36 脚接插件,采用 Centronics 信号标准。表 8-4 列出了该标准各引脚信号的定义。

**表 8-4**                    **Centronics 信号标准及引脚信号定义**

| 打印机引脚<br>(Centronics) | 适配器引脚<br>(D-Type 25) | 信号名称 | I/O 方向<br>(适配器) | 信号功能 | 所在寄存器 |
|---|---|---|---|---|---|
| 1 | 1 | $\overline{\text{STROBE}}$ | 输出 | 数据选通 | 控制 |
| 2~9 | 2~9 | $\text{DATA}_0 \sim \text{DATA}_7$ | 输出 | 数据位 0~7 | 数据 |
| 10 | 10 | $\overline{\text{ACK}}$ | 输入 | 打印机准备接收数据 | 状态 |
| 11 | 11 | $\overline{\text{BUSY}}$ | 输入 | 打印机忙 | 状态 |
| 12 | 12 | PE | 输入 | 打印机缺纸 | 状态 |
| 13 | 13 | SLCT | 输入 | 打印机选中(联机) | 状态 |
| 14 | 14 | $\overline{\text{AUTOFEEDXT}}$ | 输出 | 打印一行后自动走纸换行 | 控制 |
| 32 | 15 | $\overline{\text{ERROR}}$ | 输入 | 无纸、脱机等错误指示 | 状态 |
| 31 | 16 | $\overline{\text{INIT}}$ | 输出 | 初始化命令(复位) | 控制 |
| 36 | 17 | $\overline{\text{SLCTIN}}$ | 输出 | 选择输入(允许打印机工作) | 控制 |
| 19~30,33 | 18~25 | GND | | 地 | |
| 16 | — | | | 逻辑地 | |
| 17 | — | | | 机壳地 | |
| 35 | — | | | +5 V | |
| 15、18、34 | — | | | 无定义 | |

　　微型计算机内部的打印机适配器提供了与主机连接的通道,当主机要向打印机写数据时,由命令译码器产生的控制信号将数据送至输出数据寄存器,等待写入打印机;主机向打印机发送命令时,欲写入的控制信号送至控制寄存器;反之,主机欲读取状态寄存器时,可以将状态寄存器中打印机送来的信息的内容传送至主机。在打印机适配器端口与外界交换信息的通道中涉及的三个寄存器数据格式如下:

　　(1)数据寄存器:8 位,用于存放传送的数据,各位定义如下:

| D7 | D6 | D5 | D4 | D3 | D2 | D1 | D0 |
|----|----|----|----|----|----|----|----|

　　(2)状态寄存器:8 位,存放 5 位状态信息,其他 3 位未用,各位定义如下:

| BUSY | $\overline{ACK}$ | PE | SLCT | $\overline{ERROR}$ | D3 | D2 | D1 |
|------|------|----|------|------|----|----|----|

　　(3)控制寄存器:8 位,存放 5 位控制信息,其他 3 位未用,各位定义如下:

| D7 | D6 | D5 | INTE | SLCT | $\overline{INIT}$ | AUTOFEEDXT | STROBE |
|----|----|----|------|------|------|-----------|--------|

　　其中,INTE 位是中断请求允许位,它的输出用于适配器内部控制。当值为 1 时,将使打印机的接收响应信号$\overline{ACK}$反向驱动后成为中断 IRQ$_7$ 信号,系统以中断方式向打印机传输数据。

　　在 IBM PC 微型计算机中,打印机适配器中定义的三个寄存器的端口地址见表 8-5。

表 8-5　　　　　　　　　打印机适配器中定义的端口地址

| 打印机接口 | 数据寄存器端口 | 状态寄存器端口 | 控制寄存器端口 |
|-----------|--------------|--------------|--------------|
| LPT1 | 378H | 379H | 37AH |
| LPT2 | 278H | 279H | 27AH |
| 单显打印机 | 3BCH | 3BDH | 3BEH |

　　下面程序使用直接对打印机端口操作的方法,将 AX 中的数据打印出来。

```
        MOV   DX,378H          ;指向输出数据端口
        OUT   DX,AL            ;输出要打印的字符
        MOV   DX,379H          ;指向状态寄存器端口
WAIT:   IN    AL, DX           ;读打印机状态
        TEST  AL,10000000B     ;检查打印机是否"忙"
        JE    WAIT             ;打印机"忙",等待
        MOV   AL,00001101B     ;不"忙",发选通信号
        MOV   DX,37AH          ;指向控制寄存器端口
        OUT   DX,AL            ;选通打印机(联机)
        MOV   AL,00001100B     ;设定选通位复位
        OUT   DX,AL            ;控制输出
```

　　除了使用直接控制打印机端口进行打印外,在 IBM PC 微型计算机中的 ROM BIOS 中固化有打印机 I/O 功能程序,用户可用软件中断 INT 17H 来调用。它包括三个子功能:

　　(1)0 号功能:送入打印机一个字符(AH＝0)。

　　入口参数:AL＝打印字符(ASCII 码),DX＝打印机号

　　出口参数:AH＝打印机状态字节

（2）1 号功能：初始化打印机（AH＝1）。

入口参数：DX＝打印机号

出口参数：AH＝打印机状态字节

（3）2 号功能：读打印机状态（AH＝2）。

入口参数：DX＝打印机号

出口参数：AH＝打印机状态字节

例如，可用下列程序段控制打印机打印字符 A：

```
MOV   AL,"A"      ;将要打印的字符写入寄存器 AL
MOV   AH,0        ;将中断功能号写入寄存器 AH
INT   17H         ;打印功能调用
```

　　随着计算机技术的不断发展，计算机接口发生了很大的变化。随着 USB 接口的出现和普及，越来越多的打印机开始使用 USB 接口。由于 USB 接口为通用的高速串行总线接口，所以在程序设计时越发体现出硬件的无关性。目前，各厂商生产的 USB 接口打印机有着不同的通信命令，软件接口一般也不支持汇编语言层面的底层开发。如果用户编写应用程序时要对打印机进行控制，在安装了打印机驱动程序后，可以使用专门控制打印机的 API 函数编程。这样，编程时就不必考虑系统资源的底层设计，从而加速应用程序的开发。

# 8.5　触摸屏

## 8.5.1　触摸屏概述

　　触摸屏（如图 8-30 所示）是目前最简单、方便、自然的一种人机交互方式。利用这种技术，用户只要用手指轻轻地触碰计算机显示屏上的图形或文字就能实现对主机的操作，从而使人机交互更为直截了当。这种技术大大方便了不懂计算机操作的用户。

图 8-30　触摸屏

　　触摸屏的应用范围非常广泛，如电信局、税务局、银行和电力等部门的业务信息查询以及城市街头的信息查询，此外还可应用于企业办公、工业控制、军事指挥、电子游戏、点歌点菜、多媒体教学和房地产预售等不同领域。触摸屏对于各种应用领域的计算机是必不可少的设备，极大地简化了计算机的使用，即使是对计算机一无所知的人，也照样能够信手拈来，使计算机展现出更大的魅力。

　　触摸屏是由触摸检测部件和触摸屏控制器等部件组成的。其中,触摸检测部件安装在显示器屏幕前面,用于检测用户触摸的位置,并将位置信息传送给触摸屏控制器;而触摸屏控制器的主要作用是从触摸点检测装置上接收触摸信息,并将其转换成触点坐标,再传送给 CPU,同时能接收 CPU 发来的命令并加以执行。

## 8.5.2　触摸屏的分类

　　按照触摸屏的工作原理和传输信息的介质,我们把触摸屏分为四种,即电阻式、电容感应式、红外线式和表面声波式。每一类触摸屏都有其各自的优缺点,要了解哪种触摸屏适用于哪种场合,关键就在于了解每一类触摸屏技术的工作原理和特点。其中,红外线式触摸屏价格低廉,但其外框易碎,容易产生光干扰,曲面情况下失真;电容感应式触摸屏设计构思合理,但其图像失真问题很难得到根本解决;电阻式触摸屏的定位准确,但其价格较高,且怕刮易损;表面声波式触摸屏解决了以往触摸屏的各种缺陷,清晰不容易被损坏,适于各种场合,缺点是屏幕表面如果有水滴和尘土会使触摸屏变得迟钝,甚至不工作。

## 8.5.3　触摸屏的基本原理

### 1. 电阻式触摸屏

　　电阻式触摸屏的示意图如图 8-31 所示,其主要部分是一块与显示器表面非常配合的电阻薄膜屏。这是一种多层的复合薄膜,以一层玻璃或硬塑料平板作为基层,表面涂有一层透明氧化金属(透明的导电电阻)导电层,上面盖有一层外表面硬化处理、光滑防刮擦的塑料层,其内表面也涂有一层涂层,在它们之间有许多细小的(小于 1/1000 英寸)透明隔离点把两层导电层隔开绝缘。当手指触摸屏幕时,两层导电层在触摸点位置就有了接触,电阻发生变化,在 X 和 Y 两个方向上产生信号,然后送触摸屏控制器。控制器侦测到这一接触并计算出(X,Y)的位置,从而模拟鼠标的方式进行工作。

　　电阻式触摸屏的关键是透明导电涂层材料,常用的材料有:

　　①ITO(Indium Tin Oxides)。ITO 是一种 N 型氧化物半导体——氧化铟锡,ITO 薄膜即铟锡氧化物半导体透明导电膜,通常有两个性能指标:电阻率和透光率。其特性是当厚度降到 1800 埃(埃 = $10^{-10}$ 米)以下时会突然变得透明,透光率为 80%,厚度下降时透光率反而下降,到 300 埃厚度时又上升到

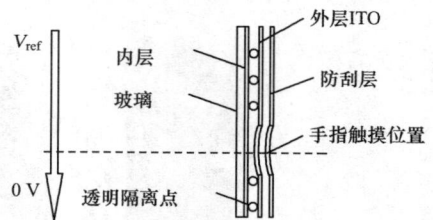

图 8-31　电阻式触摸屏的示意图

80%。ITO 是所有电阻技术触摸屏及电容技术触摸屏都用到的主要材料,实际上电阻和电容技术触摸屏的工作面就是 ITO 涂层。一般是通过真空离子溅射工艺将 ITO 涂层涂到塑料或者玻璃上。

　　②镍金涂层,五线电阻式触摸屏的外层导电层使用的是延展性好的镍金涂层材料。由于外导电层被频繁触摸,使用延展性好的镍金材料可有效延长使用寿命,但是成本较高。镍金材料虽然延展性好,但是只能做透明导体,不适合作为电阻式触摸屏的工作面,因为它导电率高,而且金属很难做到厚度非常均匀,不宜作为电压分布层,只能作为探层使用。

电阻式触摸屏可分为:四线电阻式触摸屏、五线电阻式触摸屏、六线电阻式触摸屏、七线电阻式触摸屏和八线电阻式触摸屏。下面分别进行介绍。

(1)四线电阻式触摸屏

四线电阻式触摸屏包含两个电阻层,其中一层在屏幕的左右边缘各有一条垂直总线,另一层在屏幕的底部和顶部各有一条水平总线,如图 8-32 所示。为了在 X 轴方向进行测量,将左侧总线偏置为 0 V,右侧总线偏置为 $V_{ref}$。将顶部或底部总线连接到 ADC(模数转换器),当顶层和底层相接触时即可做一次测量。

为了在 Y 轴方向进行测量,将顶部总线偏置为 $V_{ref}$,底部总线偏置为 0 V。将 ADC 输入端接左侧总线或右侧总线,当顶层与底层相接触时即可对电压进行测量。对于四线电阻式触摸屏,最理想的连接方法是将偏置为 $V_{ref}$ 的总线接 ADC 的正参考输入端,并将设置为 0 V 的总线接 ADC 的负参考输入端。

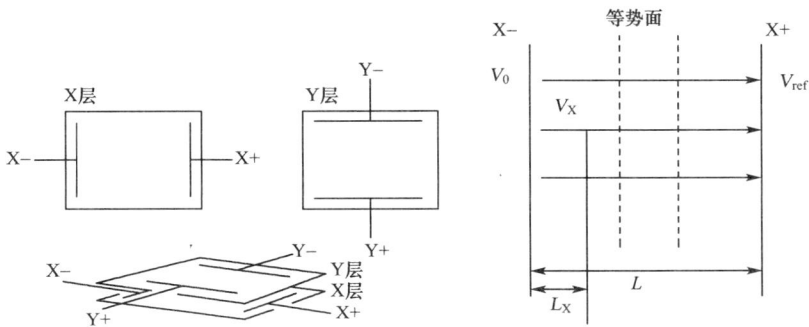

图 8-32　四线电阻式触摸屏的工作原理

四线电阻式触摸屏的基本工作原理为:

当某一层电极加上电压时,会在该网络上形成电压梯度。如果有外力使得上下两层在某一点接触,则在电极未加电压的另一层可以测得接触点处的电压,从而得知接触点处的坐标。

测量 X 坐标时:

①在 X+ 和 X- 两电极加上一个电压 $V_{ref}$,Y+ 接一个高阻抗的 ADC;

②两电极间的电场呈均匀分布,方向为 X+ 到 X-;

③手触摸时,两个导电层在触摸点接触,触摸点 X 层的电位被导至 Y 层所接的 ADC,得到电压 $V_X$;

④通过 $L_X/L = V_X/V_{ref}$,即可得到 X 点的坐标。

Y 轴的坐标可同理将 Y+ 和 Y- 接上电压 $V_{ref}$,然后 X+ 电极接高阻抗 ADC 得到。

(2)五线电阻式触摸屏

五线电阻式触摸屏的基层把两个方向的电压场通过精密电阻网络都加在玻璃的导电工作面上,我们可以简单地理解为两个方向的电压场分时工作加在同一工作面上,而外层镍金导电层仅用来当作纯导体,有触摸后通过分时检测内层 ITO 接触点 X 轴和 Y 轴电压值的方法测得触摸点的位置。五线电阻式触摸屏内层 ITO 需四条引线,外层只作导体且仅一条,触摸屏的引出线共有五条。

五线电阻式触摸屏的特点如下:

①解析度高,高速传输反应;

②表面硬度高,可有效减少擦伤、刮伤及防化学处理;

③同点接触 3000 万次尚可使用；

④导电玻璃为基材的介质；

⑤一次校正，稳定性高，永不漂移。

五线电阻式触摸屏的缺点是价位高和对环境要求高。

五线电阻式触摸屏的工作原理与四线电阻式触摸屏不同的是：五线电阻式的 X 和 Y 方向上的驱动电压均由下线路的 ITO 层产生，而上线路层仅扮演侦测电压探针的作用。即便上线路薄膜层被刮伤或损坏，触摸屏也能正常工作，所以五线电阻式的使用寿命远比四线电阻式长。

（3）六线电阻式触摸屏

六线电阻式触摸屏是在五线电阻式触摸屏的基础上，在玻璃基板的背面增加了一个接地的导电层，用来隔绝来自玻璃基板背面的信号串扰。

（4）七线电阻式触摸屏

由于四线和五线电阻式触摸屏没有考虑电极抽头引线和驱动电极的电路寄生电阻，这部分电阻并不包含在 ITO 电阻之内，很可能影响计算的正确性，因此七线电阻式触摸屏在五线电阻式触摸屏的基础上，从下线路的两端各引出一条线用来感应实际触摸屏末端电压，分别记为 $V_{max}$ 和 $V_{min}$，工作原理与五线电阻式触摸屏相同。

（5）八线电阻式触摸屏

八线电阻式触摸屏的结构与四线类似，如图 8-33 所示。不同的是除了引出 X－drive、X＋drive、Y－drive 和 Y＋drive 四个电极外，还在每个导电条末端引出一条线：X－sense、X＋sense、Y－sense 和 Y＋sense，这样一共八条线。

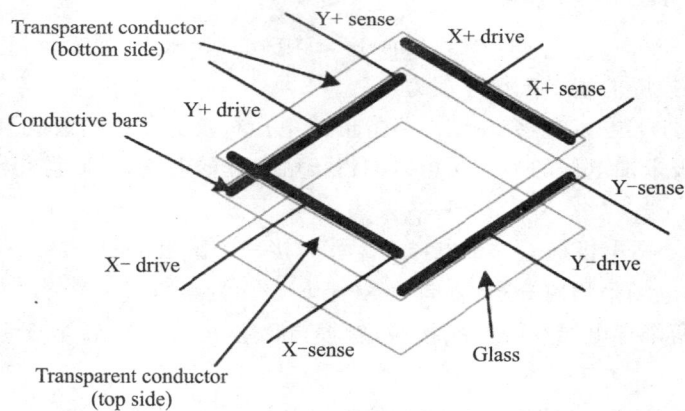

图 8-33　八线电阻式触摸屏示意图

**2. 电容式触摸屏**

电容式触摸屏是利用人体的电流感应进行工作的。电容式触摸屏是一个四层复合玻璃屏，玻璃屏的内表面和夹层各涂有一层 ITO，最外层是一薄层矽土玻璃保护层，夹层 ITO 涂层作为工作面，四个角上引出四个电极，内层 ITO 为屏蔽层以保证良好的工作环境。当手指触摸在金属层上时，由于人体电场的作用，用户和触摸屏表面形成以一个耦合电容，对于高频电流来说，电容是直接导体，于是手指从接触点吸走一个很小的电流。这个电流分别从触摸屏四角上的电极中流出，并且流经这四个电极的电流与手指到四角的距离成正比，控制器通过对这四个电流比例的精确计算，得出触摸点的位置。

电容式触摸屏的透光率和清晰度优于四线电阻屏，但不如表面声波屏和五线电阻屏。电容屏反光严重,而且电容技术的四层复合触摸屏对各波长光的透光率不均匀,存在色彩失真的问题,由于光线在各层间的反射,还造成图像和字符的模糊。电容屏在原理上把人体当作一个电容器元件的一个电极使用,当有导体靠近并与夹层 ITO 工作面之间耦合出足够量的电容值时,流走的电流就足够引起电容屏的误动作。电容值虽然与极间距离成反比,却与相对面积成正比,并且还与介质的绝缘系数有关。因此,当较大面积的手掌或手持导体物靠近电容屏而不是触摸时就能引起电容屏的误动作,在潮湿的天气,这种情况尤为严重。电容屏的另一个缺点是用戴手套的手或手持不导电的物体触摸时没有反应,这是因为增加了更为绝缘的介质。漂移是电容屏一个主要的缺点,当环境温度、湿度和电场发生改变时,都会引起电容屏的漂移,造成不准确。此外,理论上许多应为线性的关系实际上却是非线性,如体重不同或者手指湿润程度不同的人吸走的总电流量是不同的。由于没有原点,电容屏的漂移是累积的,在工作现场也经常需要校准。

**3. 红外线式触摸屏**

红外线式触摸屏(简称红红触摸屏)是利用 X、Y 方向上密布的红外线矩阵来检测并定位用户的触摸。红外触摸屏在显示器的前面安装一个电路板外框,电路板在屏幕四边排布红外发射管和红外接收管,一一对应形成横竖交叉的红外线矩阵。用户在触摸屏幕时,手指就会挡住经过该位置的横竖两条红外线,因而可以判断出触摸点在屏幕的位置。任何触摸物体都可改变触点上的红外线而实现触摸屏操作。

早期的红外触摸屏的分辨率低,触摸方式受限制并且易受环境干扰而产生误动作。第二代红外触摸屏部分解决了抗光干扰的问题,第三代和第四代在提升分辨率和稳定性能上有所改进,但在关键指标或综合性能上没有质的飞跃。但是,红外触摸屏不受电流、电压和静电干扰,适宜恶劣的环境条件,因此红外线技术是触摸屏产品最终的发展趋势。第五代红外线触摸屏是全新一代的智能技术产品,实现了 $1000 \times 720$ 高分辨率、多层次自调节和自恢复的硬件适应能力和高度智能化的判别识别,可长时间在各种恶劣环境下任意使用,并且可针对用户定制扩充功能,如网络控制、声感应、人体接近感应、用户软件加密保护和红外数据传输等。

**4. 表面声波触摸屏**

表面声波(超声波的一种)是在介质(如玻璃或金属等刚性材料)表面浅层传播的机械能量波。通过楔形三角基座(根据表面波的波长严格设计),可以做到定向、小角度的表面声波能量发射。表面声波性能稳定、易于分析,并且在横波传递过程中具有非常尖锐的频率特性。近年来在无损探伤、造影和退波器方向上应用发展很快,表面声波相关的理论研究、半导体材料、声导材料和检测技术等技术都已经相当成熟。

表面声波触摸屏的触摸屏部分可以是一块平面、球面或柱面的玻璃平板,安装在 CRT、LED、LCD 或等离子显示器屏幕的前面。玻璃屏的左上角和右下角各固定了竖直和水平方向的超声波发射换能器,右上角则固定了两个相应的超声波接收换能器。换能器是由特殊陶瓷材料制成的,分为发射换能器和接收换能器,其作用是把控制器通过触摸屏电缆送来的电信号转化为声波能和将由反射条纹汇聚成的表面声波能变为电信号。玻璃屏的四个周边则刻有 $45°$ 角由疏到密间隔非常精密的反射条纹。

表面声波触摸屏的三个角分别粘贴着 X 和 Y 方向的发射和接收声波的换能器,四个边刻着反射表面超声波的反射条纹。当手指或软性物体触摸屏幕时,部分声波能量被吸收,于是改变了接收信号,经过控制器的处理得到触摸的 X 和 Y 坐标。除了一般触摸屏都能响应的 X 和

Y坐标外,表面声波触摸屏还响应第三轴 Z 轴坐标,也就是能感知用户触摸的压力大小值。其原理是由接收信号衰减处的衰减量计算得到。三轴一旦确定,控制器就把它们传给主机。

表面声波触摸屏特点如下:

(1)清晰度较高,透光率好。

(2)高度耐久,抗刮伤性良好(相对于电阻和电容等有表面镀膜)。

(3)反应灵敏。

(4)不受温度和湿度等环境因素影响,分辨率高,寿命长(维护良好的情况下 5000 万次)。

(5)透光率高(92%),能保持清晰透亮的图像质量。

(6)没有漂移,只需安装时一次校正。

(7)有第三轴(即压力轴)响应,目前在公共场所使用较多。

但是表面声波触摸屏需要经常维护,因为灰尘、油污甚至饮料的液体沾污在屏的表面都会阻塞触摸屏表面的导波槽,使波不能正常发射,或使波形改变而控制器无法正常识别,从而影响触摸屏的正常使用,用户需严格注意环境卫生,保持屏面的光洁。

# 本章小结

人机交互设备是在微型计算机系统中用于人和计算机间建立联系、交互信息的专门用于信息输入和输出的设备。从微型计算机的使用特征上来看,这些设备的操作直接与人们的运动器官和感觉器官的功能有关,人们正是通过这些器官与人机交互设备的操作达到控制和使用计算机的目的的。

为了介绍人机交互设备的工作原理,本章首先介绍了人机交互设备的接口原理。它们是实现人机交互设备同计算机之间的信息传送、控制人机交互设备的工作以及在计算机与人机交互设备之间的重要信息传递通道。本章较为详细地介绍了它们的配置形式和接口原理。

在对人机交互接口有一个大体了解的基础上,本章以常用的人机接口设备如键盘、鼠标、显示器、打印机以及触摸屏等为例,介绍了它们的工作原理和软、硬件接口。在原理介绍的基础上,从应用的角度出发尽量与已有的知识相联系,以设备的应用和应用程序设计为目标对设备的基本原理和接口技术进行了较为详尽的分析和讲解。

# 习　题

**1. 名词解释**

人机交互设备、人机接口

**2. 填空题**

(1)人机交互的功能,主要有两个方面,即_____和_____。

(2)目前键盘与主机的接口连接器可分为_____、_____和_____。

(3)键盘按照其实现方式可分为_____和_____两种。

(4)鼠标的基本结构都由两大部分组成:_____和_____。

(5)按位移的检测原理,鼠标器可分为_____和_____两大类。

(6)微型机中的数据从形成到显示出来大致要经历三个过程：_____、_____和_____。

(7)根据显示器件的不同可以将显示器分为_____和_____两大类。

(8)荧光屏上的三色荧光粉分为_____、_____和_____。

(9)根据液晶显示器的控制方式不同可将液晶显示器分为_____和_____两大类。

(10)目前常用的打印机有_____、_____和_____。

(11)按照触摸屏的工作原理和传输信息的介质，我们把触摸屏分为四种：_____、_____、_____和_____。

**3. 选择题**

(1)下列有关非编码键盘说法中正确的是(　　　)。

A. 按键开关按矩阵排列，能自动进行按键的识别和键值的确定

B. 按键开关不按矩阵排列，也不能自动进行按键的识别和键值的确定

C. 防抖动等工作全部由主机靠软件完成

D. 防抖动等工作全部由键盘自身完成

(2)下列中不属于目前微型计算机的主板提供的鼠标器接口的是(　　　)。

A. COM 接口　　　　　　B. PS/2 接口　　　　　　C. USB 接口　　　　　　D. IDE 接口

(3)下列关于 CRT 的描述不正确的是(　　　)。

A. CRT 是一种电真空显示器件

B. 主要由电子枪、偏转系统和荧光屏三部分组成

C. 颜色上经历了三个发展阶段，即由黑白、灰度再到彩色

D. 形状上经历了三个发展阶段，即由球面型、柱面型到纯平型

(4)下列中不属于视频显示标准的是(　　　)。

A. CGA　　　　　　　　B. EGA　　　　　　　　C. DMA　　　　　　　　D. VGA

(5)专门用于数字视频显示接口的标准的是(　　　)。

A. D-Sub　　　　　　　B. DVI-A　　　　　　　C. DVI-D　　　　　　　D. DVI-I

**4. 简答题**

(1)微机主板一般提供哪几种形式的鼠标器接口？

(2)人机交互设备接口除了提供电气连接外，还具有哪几个方面的特征？

(3)键盘主要有哪几种类型？

(4)请简单描述矩阵键盘行扫描法的工作流程。

(5)请简单描述矩阵键盘线反转法的基本原理。

(6)请简单描述 CRT 和 LCD 产生像素矩阵的方式。

(7)请简单描述 LCD 的工作原理。

(8)简述打印机的分类以及工作原理。

(9)简述 DVI 接口的用途和特点。

(10)简述微型计算机中键盘的软、硬件接口的原理。

(11)简述触摸屏的分类及四线电阻式触摸屏的工作原理。

# 参考文献

[1] 杨全胜. 现代微机原理与接口技术[M]. 北京:电子工业出版社,2002.

[2] 田艾平. 微型计算机技术[M]. 北京:清华大学出版社,2005.

[3] David A Patternson,John L Hennseey. Computer Organization and Design[M]. 3rd ed. Morgan Kafmann Publishers,2005.

[4] [美]穆勒(Mueller S). PC 硬件工程师手册[M]. 吕俊辉,李志,等译. 13 版. 北京:机械工业出版社,2002.

[5] Randal E Bryant,David R O Hallaron. Computer Systems A Programmer's Perspective. 2004.

[6] IA-32 Intel Architecture,Software Developer's Manual,Copyright 1997～2006 Intel Corporation.

[7] 袁新燕. 计算机外设与接口简明教程[M]. 2 版. 北京:北京航空航天大学出版社,2005.